计算机科学丛书

原书第2版

云计算
概念、技术、安全与架构

[美] 托马斯·埃尔（Thomas Erl）
埃里克·巴塞洛·蒙罗伊（Eric Barceló Monroy） 著

佘堃 译

Cloud Computing
Concepts, Technology, Security & Architecture Second Edition

机械工业出版社
CHINA MACHINE PRESS

Authorized translation from the English language edition, entitled *Cloud Computing: Concepts, Technology, Security & Architecture, Second Edition*, ISBN: 9780138052256, by Thomas Erl, Eric Barceló Monroy, published by Pearson Education, Inc., Copyright © 2024 Arcitura Education Inc.

All rights reserved. No part of this book may be reproduced or transmitted in any form or by any means, electronic or mechanical, including photocopying, recording or by any information storage retrieval system, without permission from Pearson Education, Inc.

Chinese simplified language edition published by China Machine Press, Copyright © 2025.

Authorized for sale and distribution in the Chinese Mainland only (excluding Hong Kong SAR, Macao SAR and Taiwan).

本书中文简体字版由 Pearson Education（培生教育出版集团）授权机械工业出版社在中国大陆地区（不包括香港、澳门特别行政区及台湾地区）独家出版发行。未经出版者书面许可，不得以任何方式抄袭、复制或节录本书中的任何部分。

本书封底贴有 Pearson Education（培生教育出版集团）激光防伪标签，无标签者不得销售。

北京市版权局著作权合同登记　图字：01-2023-4436 号。

图书在版编目（CIP）数据

云计算：概念、技术、安全与架构：原书第 2 版 /（美）托马斯·埃尔,（美）埃里克·巴塞洛·蒙罗伊著；佘堃译 . -- 北京：机械工业出版社，2025.7. --（计算机科学丛书）. -- ISBN 978-7-111-78497-5

Ⅰ . TP393.027

中国国家版本馆 CIP 数据核字第 202586J3H4 号

机械工业出版社（北京市百万庄大街 22 号　邮政编码 100037）
策划编辑：曲　熠　　　　　　　　　责任编辑：曲　熠
责任校对：赵玉鑫　马荣华　景　飞　责任印制：任维东
河北鹏盛贤印刷有限公司印刷
2025 年 8 月第 1 版第 1 次印刷
185mm×260mm・20.75 印张・526 千字
标准书号：ISBN 978-7-111-78497-5
定价：99.00 元

电话服务　　　　　　　　　　　网络服务
客服电话：010-88361066　　　　机 工 官 网：www.cmpbook.com
　　　　　010-88379833　　　　机 工 官 博：weibo.com/cmp1952
　　　　　010-68326294　　　　金 书 网：www.golden-book.com
封底无防伪标均为盗版　　　　机工教育服务网：www.cmpedu.com

推 荐 序

Cloud Computing: Concepts, Technology, Security & Architecture, Second Edition

终于拿到了这本写给所有云计算用户的手册。

大多数企业都用错了云计算。虽然"停业"不一定是错的，但多数失败都源于一个优化不足的基于云的系统，它无法提供利益相关者预期的价值。

这是怎么回事呢？大多数人将其归咎于过度炒作的技术、"云洗白"以及云平台迁移速度超过所需的速度。然而，诚实的回答是，现在仍然没有足够合格的云计算解决方案的设计者和构建者。就连销售人员一开始也缺乏云的专业知识，无法为客户提供充分的建议。

复杂的新技术很难获得经验和资格，因为每次实施都需要定制的解决方案，尤其是目前想在云计算方面"领先"的需求如此之大，以至于方案的设计者和构建者很少有时间向他人传授云技能。

长期以来，我们一直基于这样的假设：如果某件事有效，那么它也是优化过的。但在云部署中，未经优化的成果会随着时间的推移逐渐降低方案带来的价值。如果不断重复这样的错误，你很快就会感受到云带来的负面价值。

早在 2008 年和 2009 年，当云计算首次在快速发展的技术市场中被炒作时，10 倍云投资回报率的承诺就很常见。也就是说，每投资 1 美元获得 10 美元的云回报，然而，多数企业只能获得 0.5 美元左右的回报。

可以这样思考这个问题：乘坐廉价航空的经济舱航班从洛杉矶飞往纽约的费用大约是乘坐私人飞机的 1%。两架飞机都会带你从 A 点飞到 B 点，但太多的企业云类似私人专机。与飞行成本一样，云计算中提供了许多折中选项，这将在效率和成本之间取得令人满意的平衡。这种平衡取决于数据、安全性、治理和所需的应用行为，这些都需要通过仔细配置的云计算架构和完全优化的解决方案支持技术来解决。

不可或缺的手册

我们面临的是教育问题，而不是技术问题。多数企业在最初的云实施过程中都使用了它们从传统平台中了解到的点点滴滴。关于新兴云计算技术的能力，存在太多影响深远的假设。

当然，没有任何一个源头可以提供有关"云"是什么和怎么用的所有知识。本书作为云实用知识的宝典脱颖而出，它提供了对云技术的全面理解，以及如何使用标准和高级云架构概念来有效解决大多数业务问题。更准确地说，本书提供了关于最初承诺的、想象中的云价值的知识。

与大多数优秀的用户手册一样，本书可作为"快速入门"指南的基础知识，以及成功利用云机制的建议。Erl 深入探讨了只能通过经验学到的高级概念。这些基础知识将帮助你通过云计算相关工作的面试。Erl 对高级概念的讨论超出了目前云架构领域的主流认知。

我觉得最吸引人的是 Erl 并不专注于特定企业的技术，因为他明白这些技术会快速发展。好的解决方案始于一个概念。不幸的是，我们经常在流程中过早地插入特定企业的技术，从而误解了这些解决方案应该做什么或是什么。在设计和构建云计算解决方案时尤其如此。Erl将企业背景排除在讨论之外，这使得本书中的概念在不同技术及其随时间演变的过程中变得更加有用和适用。

本着教师的初心，Erl将其他人的理解整合成有用的知识。通过阅读本书，你将了解云计算概念、设计、架构和其他高级概念如何合乎逻辑地建立在其他概念的结构中。书中所提供的知识对于那些刚踏上云旅程的人，以及那些已经熟悉云计算的人来说都是有意义的。

本书涵盖云计算领域各个层次，能满足读者的多样化需求。在你自己的云计算旅程中，你会多次参考这本书，以确保自己没有迷失方向。

最后，找到云计算的价值

我猜想你们中的大多数人之所以在读本书，是因为已经看到云计算对你的业务造成了影响，并且想知道如何解决问题。这是了解如何正确使用云计算所需的唯一一本结构良好且完整的手册。建议你将本书中提出的概念转化为优化的解决方案，以最大限度地提升企业部署云的价值。

本书讨论的是如何做出正确的选择、理解为什么做出这些选择，以及为企业确定最佳选择。如果有一本既包含高级概念又包含基本概念的云计算用户手册，那就是这本书了。

本书将帮助你更好地理解云技术的正确应用及其在解决问题时的实用性。事实上，它能帮你避免掉入许多"兔子洞"，即可能会浪费时间，甚至有可能导致你做出错误决定的情况。

愿你能够享受计算的快乐。

David S. Linthicum

作家、演说家、教育家和技术顾问

作者简介

托马斯·埃尔（Thomas Erl）

托马斯·埃尔是一位 IT 领域的畅销书作家和 Pearson 数字企业丛书的编辑。他撰写或合著了 15 本书籍，由 Pearson Education 和 Prentice Hall 出版，这些书籍致力于探讨当代商业技术及其实践。你可以在托马斯·埃尔的 YouTube 频道上找到他。他还是 Real Digital Transformation 系列播客（可通过 Spotify、Apple、Google Podcasts 等主流平台收听）的主理人，并定期在 LinkedIn 发布周更简报《数字企业》。托马斯已在《CEO 世界》《华尔街日报》《福布斯》和《CIO 杂志》等众多出版物上发表了 100 多篇文章和访谈。他还曾巡回访问过 20 多个国家，并在各种会议和活动中担任主讲人。

在 Arcitura Education（www.arcitura.com），托马斯负责开发国际上认可的、独立于供应商的培训和认证项目的课程。Arcitura 的产品目前包括 100 多门课程、100 多项 Pearson VUE 考试以及 40 多门认证课程，涵盖云计算架构、安全和治理，以及数字化转型、机器人流程自动化（RPA）、DevOps、区块链、物联网、容器、机器学习、人工智能（AI）、网络安全、面向服务的架构（SOA）和大数据分析。托马斯也是 Transformative Digital Solutions（www.transformative.digital）的创始人和高级顾问，并且还是 LinkedIn 的自由讲师和课件作者。

若想了解更多信息，请访问他的个人主页 www.thomaserl.com。

埃里克·巴塞洛·蒙罗伊（Eric Barceló Monroy）

埃里克·巴塞洛·蒙罗伊是一位 IT 专业人士，在 IT 战略规划、运营和管理流程再造、系统实施项目管理和 IT 运营方面拥有丰富的经验。他在实施超出用户期望的系统、同时降低成本和缩短响应时间方面有着卓越的成绩。他曾在私营和公共部门担任过各种高级职位，包括 Farmacéuticos MAYPO（一家药品经销商）的信息技术总监、iExplore（一家互联网冒险旅行社）的电信和技术运营副总裁，以及墨西哥塔巴斯科州教育部的信息技术和电信总监，在那时，他负责监督学校之间电信网络的实施，并为教师开发和提供计算机素养培训计划。

此外，他还是云技术咨询和培训公司 EGN 的合伙人兼技术咨询总监，提供有关大数据、云计算、虚拟化、高级网络和战略 IT 管理等先进主题的 IT 咨询。埃里克也是一名认证云计算技术专家、云虚拟化专家和云架构师等。他还是 VMware 认证专家、红帽认证系统管理员、红帽认证工程师和 AWS 认证解决方案架构师。

致　谢

Cloud Computing: Concepts, Technology, Security & Architecture, Second Edition

我们要感谢本书原书第 1 版的合著者：

- Zaigham Mahmood 教授，英国德比
- Ricardo Puttini，博士，核心咨询

原书第 2 版致谢（按姓氏字母顺序排列）：

- Gustavo Azzolin
- Jorge Blanco，Glumin 总经理、企业重塑和教育总监
- Emmett Dulaney，大学教授兼作家
- Valther Galván，首席信息安全官
- David Linthicum，德勤咨询
- Vinícius Pacheco，巴西利亚大学
- Jo Peterson，Clarify360 云与安全副总裁
- Pamela J.Wise-Martinez，惠而浦公司全球首席架构师
- Matthias Ziegler

原书第 1 版致谢（按姓氏字母顺序排列；隶属关系在第 1 版发布时是最新的，但可能已发生变化）：

- Ahmed Aamer，AlFaisaliah 集团
- Randy Adkins，Modus21
- Melanie Allison，综合咨询服务
- Gabriela Inacio Alves，巴西利亚大学
- Marcelo Ancelmo，IBM Rational 软件服务部
- Kapil Bakshi，思科系统公司
- Toufic Boubez，Metafor 软件
- Antonio Bruno，瑞银集团
- Paul Buhler 博士，Modus21
- Pethuru Raj Cheliah，Wipro
- Kevin Davis 博士
- Suzanne D'Souza，KBACE Technologies
- 龚奕利，武汉大学
- Alexander Gromoff，信息控制技术中心
- Chris Haddad，WSO2
- Richard Hill，德比大学
- Michaela Iorga 博士
- Johan Kumps，RealDolmen
- Gijs in't Veld，Motion10

- Masykur Marhendra，埃森哲劳动力咨询公司
- Damian Maschek，德国铁路公司
- Claynor Mazzarolo, IBTI
- Charlie Mead, W3C
- Steve Millidge, C2B2
- Jorge Minguez，泰雷兹德国公司
- Scott Morrison, Layer 7
- Amin Naserpour，惠普
- Vicente Navarro，欧洲航天局
- Laura Olson, IBM WebSphere
- Tony Pallas，英特尔
- Cesare Pautasso，卢加诺大学
- Sergey Popov, Liberty Global International
- Olivier Poupeney, Dreamface Interactive
- Alex Rankov，EMC
- Dan Rosanova，西门罗合伙人
- Jaime Ryan, Layer 7
- Filippos Santas，瑞士信贷
- Christoph Schittko，微软
- Guido Schmutz, Trivadis
- Mark Skilton, Capgemini
- Gary Smith，CloudComputingArchitect.com
- Kevin Spiess
- Vijay Srinivasan，高知特
- Daniel Starcevich，雷神公司
- Roger Stoffers，惠普
- Andre Toffanello, IBTI
- Andre Tost, IBM 软件部
- Bernd Trops，天才
- Clemens Utschig，勃林格殷格翰制药公司
- Ignaz Wanders，阿奇米德
- Philip Wik, Redflex
- Jorge Williams, Rackspace
- Johannes Maria Zaha 博士
- 钟杰夫，Futrend Technologies

特别感谢 Arcitura Education（www.arcitura.com）研发团队，该团队制作了本书配套的云计算、云架构、容器架构、云安全和网络空间安全课程。

目　录

Cloud Computing: Concepts, Technology, Security & Architecture, Second Edition

推荐序
作者简介
致谢

第1章　引言 ... 1
1.1 本书的目标 ... 1
1.2 本书未涵盖的内容 ... 1
1.3 本书的读者对象 ... 2
1.4 本书的结构 ... 2
1.5 资源 ... 4

第2章　案例研究背景 ... 5
2.1 案例研究1：ATN ... 5
2.1.1 技术基础设施和环境 ... 5
2.1.2 商业目标和新战略 ... 5
2.1.3 路线图和实施策略 ... 5
2.2 案例研究2：DTGOV ... 6
2.2.1 技术基础设施和环境 ... 7
2.2.2 商业目标和新战略 ... 7
2.2.3 路线图和实施策略 ... 8
2.3 案例研究3：Innovartus Technologies Inc. ... 8
2.3.1 技术基础设施和环境 ... 8
2.3.2 商业目标和新战略 ... 9
2.3.3 路线图和实施策略 ... 9

第一部分　基础云计算

第3章　理解云计算 ... 12
3.1 起源和影响 ... 12
3.1.1 简史 ... 12
3.1.2 定义 ... 13
3.1.3 业务驱动力 ... 13
3.1.4 技术创新 ... 14
3.2 基本概念和术语 ... 16
3.2.1 云 ... 16
3.2.2 容器 ... 17
3.2.3 IT资源 ... 17
3.2.4 本地私有 ... 18
3.2.5 云消费者和云供应商 ... 18
3.2.6 伸缩 ... 18
3.2.7 云服务 ... 20
3.2.8 云服务消费者 ... 20
3.3 目标和效益 ... 21
3.3.1 提高响应能力 ... 21
3.3.2 减少投资和按比例分摊成本 ... 21
3.3.3 提高可伸缩性 ... 22
3.3.4 提高可用性和可靠性 ... 23
3.4 风险与挑战 ... 23
3.4.1 由于信任边界重叠而增加的脆弱性 ... 23
3.4.2 由于共同的安全责任而增加的脆弱性 ... 24
3.4.3 日益严峻的网络空间威胁 ... 24
3.4.4 减少运营治理控制 ... 25
3.4.5 受限的云供应商间的移植性 ... 26
3.4.6 多区域合规和法律问题 ... 26
3.4.7 成本超支 ... 27

第 4 章 基本概念和模型 ………… 28

4.1 角色和边界 ……………………28
- 4.1.1 云供应商 …………………28
- 4.1.2 云消费者 …………………28
- 4.1.3 云经纪人 …………………29
- 4.1.4 云服务所有者 ……………29
- 4.1.5 云资源管理员 ……………30
- 4.1.6 其他角色 …………………31
- 4.1.7 组织边界 …………………31
- 4.1.8 信任边界 …………………32

4.2 云特征 ……………………………32
- 4.2.1 按需使用 …………………33
- 4.2.2 无处不在的访问 …………33
- 4.2.3 多租户（和资源池）……33
- 4.2.4 弹性 ………………………34
- 4.2.5 用量可度量 ………………34
- 4.2.6 韧性 ………………………34

4.3 云交付模式 ……………………35
- 4.3.1 基础设施即服务 …………35
- 4.3.2 平台即服务 ………………36
- 4.3.3 软件即服务 ………………37
- 4.3.4 比较云交付模式 …………38
- 4.3.5 组合云交付模式 …………38
- 4.3.6 云交付子模式 ……………40

4.4 云部署模型 ……………………42
- 4.4.1 公共云 ……………………42
- 4.4.2 专用云 ……………………42
- 4.4.3 多云 ………………………43
- 4.4.4 混合云 ……………………44

第 5 章 云支持技术 ………………45

5.1 网络和互联网架构 …………45
- 5.1.1 互联网服务供应商 ………45
- 5.1.2 无连接分组交换（数据报网络）…………………………46
- 5.1.3 基于路由器的互连 ………46
- 5.1.4 技术和商务上的考虑 ……48

5.2 云数据中心技术 ………………50
- 5.2.1 虚拟化 ……………………50
- 5.2.2 标准化和模块化 …………51
- 5.2.3 自主计算 …………………51
- 5.2.4 远程运营和管理 …………51
- 5.2.5 高可用性 …………………51
- 5.2.6 具有安全意识的设计、运营和管理 ……………………51
- 5.2.7 场地 ………………………52
- 5.2.8 计算硬件 …………………52
- 5.2.9 存储硬件 …………………52
- 5.2.10 网络硬件 ………………53
- 5.2.11 无服务器环境 …………53
- 5.2.12 NoSQL 集群 ……………54
- 5.2.13 其他考虑因素 …………55

5.3 当代虚拟化技术 ………………55
- 5.3.1 硬件独立性 ………………55
- 5.3.2 服务器整合 ………………56
- 5.3.3 资源复制 …………………56
- 5.3.4 基于操作系统的虚拟化 …56
- 5.3.5 基于硬件的虚拟化 ………57
- 5.3.6 容器和基于应用的虚拟化 ……58
- 5.3.7 虚拟化管理 ………………58
- 5.3.8 其他考虑因素 ……………58

5.4 多租户技术 ……………………59

5.5 服务技术和服务 API ………60
- 5.5.1 REST 服务 ………………61
- 5.5.2 Web 服务 …………………61
- 5.5.3 服务代理 …………………62
- 5.5.4 服务中间件 ………………63

5.5.5　基于Web的RPC ………… 63

第6章　理解容器化 ………… 66
6.1　起源和影响 ………… 66
6.1.1　简史 ………… 66
6.1.2　容器化和云计算 ………… 66
6.2　底层虚拟化和容器化 ………… 67
6.2.1　操作系统基础 ………… 67
6.2.2　虚拟化基础 ………… 67
6.2.3　容器化基础知识 ………… 69
6.2.4　虚拟化和容器化 ………… 72
6.3　理解容器 ………… 74
6.3.1　容器托管 ………… 74
6.3.2　容器和Pod ………… 75
6.3.3　容器实例和集群 ………… 77
6.3.4　容器包管理 ………… 77
6.3.5　容器编排 ………… 79
6.3.6　容器包管理器与容器编排器 ………… 80
6.3.7　容器网络 ………… 80
6.3.8　富容器 ………… 83
6.3.9　其他常见的容器特征 ………… 83
6.4　理解容器镜像 ………… 84
6.4.1　容器镜像类型和角色 ………… 84
6.4.2　容器镜像的不变性 ………… 85
6.4.3　容器镜像抽象 ………… 85
6.4.4　容器构建文件 ………… 86
6.4.5　定制容器镜像是如何创建的 ………… 87
6.5　多容器分类 ………… 88
6.5.1　sidecar容器 ………… 89
6.5.2　适配器容器 ………… 89
6.5.3　大使容器 ………… 90
6.5.4　一起使用多容器 ………… 91

第7章　理解云安全和网络空间安全 ………… 94
7.1　基本安全术语 ………… 94
7.1.1　机密性 ………… 94
7.1.2　完整性 ………… 94
7.1.3　可用性 ………… 95
7.1.4　真实性 ………… 95
7.1.5　安全控制 ………… 95
7.1.6　安全机制 ………… 95
7.1.7　安全策略 ………… 95
7.2　基本威胁术语 ………… 96
7.2.1　风险 ………… 96
7.2.2　漏洞 ………… 96
7.2.3　利用 ………… 96
7.2.4　零日漏洞 ………… 96
7.2.5　安全入侵 ………… 96
7.2.6　数据入侵 ………… 96
7.2.7　数据泄露 ………… 96
7.2.8　威胁（或网络空间威胁）………… 96
7.2.9　攻击（或网络空间攻击）………… 96
7.2.10　攻击者和入侵者 ………… 97
7.2.11　攻击矢量和攻击面 ………… 97
7.3　威胁代理 ………… 97
7.3.1　匿名攻击者 ………… 98
7.3.2　恶意服务代理 ………… 98
7.3.3　受信任的攻击者 ………… 98
7.3.4　恶意内部人员 ………… 98
7.4　常见威胁 ………… 98
7.4.1　流量窃听 ………… 98
7.4.2　恶意中间人 ………… 99
7.4.3　拒绝服务 ………… 99
7.4.4　授权限制不足 ………… 100
7.4.5　虚拟化攻击 ………… 101
7.4.6　重叠的信任边界 ………… 102
7.4.7　容器化攻击 ………… 102
7.4.8　恶意软件 ………… 103
7.4.9　内部威胁 ………… 104

7.4.10	社会工程和网络钓鱼	104
7.4.11	僵尸网络	105
7.4.12	权限提升	106
7.4.13	暴力攻击	107
7.4.14	远程代码执行	108
7.4.15	SQL 注入	108
7.4.16	隧道	109
7.4.17	高级持续威胁	110
7.5	其他注意事项	111
7.5.1	有缺陷的实施	111
7.5.2	安全策略差异	112
7.5.3	合同	112
7.5.4	风险管理	113

第二部分 云计算机制

第 8 章 云基础设施机制 116

8.1	逻辑网络边界	116
8.2	虚拟服务器	118
8.3	Hypervisor	122
8.4	云存储设备	123
8.4.1	云存储级别	123
8.4.2	网络存储接口	124
8.4.3	对象存储接口	124
8.4.4	数据库存储接口	125
8.5	云用量监视器	127
8.5.1	监视代理	127
8.5.2	资源代理	128
8.5.3	轮询代理	129
8.6	资源复制	131
8.7	预备环境	135
8.8	容器	136

第 9 章 专业云机制 137

9.1	自动调整侦听器	137
9.2	负载均衡器	141
9.3	SLA 监视器	142
9.4	计量付费监视器	146
9.5	审计监视器	149
9.6	故障恢复系统	151
9.6.1	主动-主动	151
9.6.2	主动-被动	153
9.7	资源集群	157
9.8	多设备代理	160
9.9	状态管理数据库	161

第 10 章 云安全和网络空间安全：面向访问的机制 164

10.1	加密	164
10.1.1	对称加密	165
10.1.2	非对称加密	165
10.2	哈希	166
10.3	数字签名	168
10.4	基于云的安全组	169
10.5	公钥基础设施系统	171
10.6	单点登录系统	173
10.7	强化虚拟服务器镜像	175
10.8	防火墙	176
10.9	虚拟专用网络	177
10.10	生物特征扫描器	178
10.11	多因素身份认证系统	179
10.12	身份和访问管理系统	180
10.13	入侵检测系统	182
10.14	渗透测试工具	183
10.15	用户行为分析系统	184
10.16	第三方软件更新实用程序	185
10.17	网络入侵监视器	186
10.18	身份认证日志监视器	186

10.19　VPN 监视器 ································ 187
10.20　其他面向云安全访问的操作和
　　　技术 ···································· 187

第 11 章　云安全和网络空间安全：面向数据的机制 ········· 188

11.1　数字病毒扫描和解密系统 ············ 188
　　11.1.1　通用解密 ························· 188
　　11.1.2　数字免疫系统 ···················· 188
11.2　恶意代码分析系统 ······················ 190
11.3　数据丢失防护系统 ······················ 191
11.4　可信平台模块 ···························· 192
11.5　数据备份与恢复系统 ··················· 193
11.6　活动日志监视器 ·························· 194
11.7　流量监视器 ································ 194
11.8　数据丢失防护监视器 ··················· 194

第 12 章　云管理机制 ···· 196

12.1　远程管理系统 ···························· 196
12.2　资源管理系统 ···························· 199
12.3　SLA 管理系统 ···························· 200
12.4　计费管理系统 ···························· 202

第三部分　云计算架构

第 13 章　基础云架构 ···· 206

13.1　工作负载分配架构 ······················ 206
13.2　资源池架构 ································ 207
13.3　动态伸缩架构 ···························· 210
13.4　弹性资源容量架构 ······················ 211
13.5　服务负载均衡架构 ······················ 213
13.6　云迸发架构 ································ 215
13.7　弹性盘预配架构 ·························· 215
13.8　冗余存储架构 ···························· 217
13.9　多云架构 ··································· 219

第 14 章　高级云架构 ···· 222

14.1　Hypervisor 集群架构 ·················· 222
14.2　虚拟服务器集群架构 ··················· 226
14.3　负载均衡的虚拟服务器实例架构··· 226
14.4　无中断服务重定向架构 ················ 229
14.5　零停机架构 ································ 231
14.6　云均衡架构 ································ 232
14.7　灾难韧性恢复架构 ······················ 233
14.8　分布式数据主权架构 ··················· 235
14.9　资源预留架构 ···························· 236
14.10　动态故障检测和恢复架构 ·········· 238
14.11　快速预配架构 ··························· 240
14.12　存储负载管理架构 ···················· 242
14.13　虚拟专有云架构 ······················· 245

第 15 章　专业云架构 ···· 248

15.1　直接 I/O 访问架构 ······················ 248
15.2　直接 LUN 访问架构 ···················· 249
15.3　动态数据规范化架构 ··················· 250
15.4　弹性网络能力架构 ······················ 252
15.5　跨存储设备垂直分层架构 ············ 252
15.6　存储设备内垂直数据分层架构 ····· 255
15.7　负载均衡虚拟交换机架构 ············ 257
15.8　多路径资源访问架构 ··················· 258
15.9　持久虚拟网络配置架构 ················ 260
15.10　虚拟服务器的冗余物理连接架构 ··································· 261
15.11　存储维护窗口架构 ···················· 263
15.12　边缘计算架构 ··························· 267
15.13　雾计算架构 ······························· 268
15.14　虚拟数据抽象架构 ···················· 269
15.15　元云架构 ································· 270
15.16　联合云应用架构 ······················· 270

第四部分 使用云

第 16 章 云交付模式注意事项 ……274
- 16.1 云交付模式：云供应商的角度 … 274
  - 16.1.1 构建 IaaS 环境 …………… 274
  - 16.1.2 配备 PaaS 环境 …………… 276
  - 16.1.3 优化 SaaS 环境 …………… 278
- 16.2 云交付模式：云消费者的角度 … 280
  - 16.2.1 使用 IaaS 环境 …………… 280
  - 16.2.2 使用 PaaS 环境 …………… 281
  - 16.2.3 使用 SaaS 服务 …………… 282

第 17 章 成本指标和定价模型 ……284
- 17.1 业务成本指标 ………………… 284
  - 17.1.1 前期成本和持续成本 …… 284
  - 17.1.2 额外费用 ………………… 284
- 17.2 云使用成本指标 ……………… 287
  - 17.2.1 网络使用情况 …………… 287
  - 17.2.2 服务器使用情况 ………… 288
  - 17.2.3 云存储设备使用情况 …… 288
  - 17.2.4 云服务使用情况 ………… 289
- 17.3 成本管理注意事项 …………… 289
  - 17.3.1 定价模型 ………………… 290
  - 17.3.2 多云成本管理 …………… 292
  - 17.3.3 其他注意事项 …………… 293

第 18 章 服务质量指标和 SLA ……297
- 18.1 服务质量指标 ………………… 297
  - 18.1.1 服务可用性指标 ………… 298
  - 18.1.2 服务可靠性指标 ………… 298
  - 18.1.3 服务能力指标 …………… 299
  - 18.1.4 服务伸缩性指标 ………… 300
  - 18.1.5 服务韧性指标 …………… 301
- 18.2 SLA 指南 ……………………… 302

第五部分 附录

附录 A 案例研究结论 ……………308

附录 B 通用容器化技术 …………310

第 1 章
Cloud Computing: Concepts, Technology, Security & Architecture, Second Edition

引言

　　云计算本质上是一种服务配置。与租用或外包（IT 或其他领域的）服务一样，人们普遍认为，我们将面临一个由质量和可靠性参差不齐的各种服务供应商构成的市场。有些供应商提供有吸引力的价格和条款，但部分业务经验未经验证或其环境高度封闭。其他的供应商可能拥有扎实的业务背景，但要求更高的价格和不太灵活的条款。另外一些供应商则可能只是临时性企业，它们会意外地消失或在短时间内被收购。

　　对于企业来说，没有什么比盲目地采用云计算带来的危险更大了。失败地采用云的严重程度不仅会影响 IT 部门，而且可能会使业务倒退到比采用之前还落后的程度，甚至可能比已经采用了该技术的竞争对手落后更多。

　　云计算提供了很多优势，但它的发展路径充满了陷阱、模糊性和虚假信息。在这种环境中，最佳方法是通过对项目应如何实施以及实施到什么程度做出明智的决定来规划旅程的每个部分。实施范围与其方法同样重要，这两方面都需要根据商业需求来确定，而不是由产品供应商、云供应商或自称的云专家来确定。你的企业的商业目标必须在每个已完成的实施阶段以具体且可衡量的方式来体现，这验证了你的范围、方法和项目的总体方向。换句话说，量化地验证项目实施进展与你的目标持续保持一致。

　　从行业角度获得对供应商中立的了解，使你能够清楚地确定什么实际上与云相关、什么不相关，以及什么与你的商业需求相关、什么不相关。有了这些信息，你就可以建立标准，过滤掉云计算产品和服务供应商市场中不相关的部分，只关注最有可能帮助你和你的企业取得成功的部分。

　　我们编写这本书就是为了帮助你实现这一目标。

1.1　本书的目标

　　本书是对商业云计算行业、云计算厂商进行大量研究和分析的成果，也反映了云计算行业标准组织和从业者带来的创新和贡献。本书的目的是将经过验证和成熟的云计算技术及其实践分解为一系列明确定义的概念、模型以及技术机制和架构。由此产生的章节基本涵盖了学术界所认可的云计算概念和技术。所涵盖的主题范围使用供应商中立的术语进行描述，并经过仔细定义以确保其与整个云计算行业习惯保持一致。

1.2　本书未涵盖的内容

　　由于本书是供应商中立的，因此不包含任何云计算供应商的产品、服务或技术内容。本书是对其他提供特定产品介绍的书籍以及供应商产品文献的补充。如果你是商业云计算领域的新手，我们鼓励你先使用本书作为起点，然后再继续学习针对供应商产品线的书籍和课程。

1.3 本书的读者对象

本书针对以下目标读者：

- 需要了解供应商中立的云计算技术、概念、机制和模型的 IT 从业者和专业人员。
- 寻求清晰理解云计算影响的 IT 经理和决策者。
- 需要对基本云计算主题进行深入研究和明确学术覆盖的教授、学生和教育机构。
- 需要评估采用云计算资源的潜在经济收益和可行性的业务经理。
- 想要了解构成当代云平台的移动部件的不同技术的技术架构师和开发人员。

1.4 本书的结构

第 1 章和第 2 章提供案例研究的简介和背景信息。后续章节分为以下部分：

- 第一部分　基础云计算
- 第二部分　云计算机制
- 第三部分　云计算架构
- 第四部分　使用云
- 第五部分　附录

第一部分的五章涵盖了为所有后续章节做铺垫的介绍性主题。请注意，第 3 章和第 4 章不包含案例研究内容。

第 3 章简要介绍云计算的历史并讨论业务驱动力和技术创新，引入云基本术语和概念，并描述采用云计算的常见好处和挑战。

第 4 章详细讨论云交付模式和云部署模型，然后是建立常见云特征、角色和边界的部分。

第 5 章讨论实现当代云计算平台和创新的技术，包括数据中心、虚拟化、容器化和基于 Web 的技术。

第 6 章提供虚拟化和容器化的比较，并详细介绍了容器化环境及其组件。

第 7 章介绍与云计算相关且不同的云安全和网络安全主题和概念，包括对常见云安全威胁和攻击的描述。

技术机制体现了 IT 行业内建立的明确定义的 IT 工件，通常与特定的计算模型或平台不同。云计算以技术为中心的本质要求建立规范化的机制，以便能够探索如何通过机制实现的不同组合来集成解决方案。

第二部分规范化了云环境中使用的 48 种技术机制，以实现通用和专门的功能。每种机制的描述都附有一个案例研究来演示其用法。第三部分涵盖的技术架构也进一步探讨了如何选择机制。

第 8 章涵盖了云平台的基础技术机制，包括逻辑网络边界、虚拟服务器、云存储设备、云用量监视器、资源复制、Hypervisor、预备环境和容器。

第 9 章描述了一系列专门的技术机制，包括自动调整侦听器、负载均衡器、SLA 监视器、计量付费监视器、审计监视器、故障恢复系统、资源集群、多设备代理和状态管理数据库。

第 10 章涵盖了可用于对抗和防止第 7 章所述部分威胁的与接入相关的安全机制，包括加密、哈希、数字签名、基于云的安全组、公钥基础设施系统、单点登录系统、强化虚拟服务器镜像、防火墙、虚拟专用网络、生物特征扫描器、多因素身份认证系统、身份和访问管理系统、入侵检测系统、渗透测试工具、用户行为分析系统、第三方软件更新实用程序、网络入侵监视器、身份认证日志监视器和 VPN 监视器。

第 11 章涵盖了可用于对抗和防止第 7 章所述部分威胁的与数据相关的安全机制，包括数字病毒扫描和解密系统、恶意代码分析系统、数据丢失防护系统、可信平台模块、数据备份与恢复系统、活动日志监视器、流量监视器以及数据丢失防护监视器。

第 12 章解释了基于云的 IT 资源的实际运营和管理机制，包括远程管理系统、资源管理系统、SLA 管理系统和计费管理系统。

云计算领域内的技术架构引入了现实需求和考虑，这些需求和考虑体现在宽广的架构层面和众多不同的架构模型中。

第三部分以第二部分介绍的云计算机制为基础，正式归档记录了 38 个基于云的技术架构和场景，包括基础、高级和专业云架构相关机制的多种组合。

基础云架构模型建立了基线功能和能力。第 13 章涵盖的架构包括工作负载分配、资源池、动态伸缩、弹性资源容量、服务负载均衡、云迸发、弹性盘预配、冗余存储和多云。

高级云架构模型建立了成熟而复杂的环境，其中一些直接构建在基础模型之上。第 14 章涵盖的架构包括 Hypervisor 集群、虚拟服务器集群、负载均衡的虚拟服务器实例、无中断服务重定向、零停机、云均衡、灾难韧性恢复、分布式数据主权、资源预留、动态故障检测和恢复、快速预配、存储负载管理和虚拟专用云。

专业云架构模型处理不同的功能领域。第 15 章涵盖的架构包括直接 I/O 访问、直接 LUN 访问、动态数据规范化、弹性网络能力、跨存储设备垂直分层、存储设备内垂直数据分层、负载均衡虚拟交换机、多路径资源访问、持久虚拟网络配置、虚拟服务器的冗余物理连接、存储维护窗口、边缘计算、雾计算、虚拟数据抽象、元云和联合云应用。

第四部分描述了多种不同程度采用云计算的技术和环境。

组织可以将选定的 IT 资源迁移到云，同时将所有其他 IT 资源保留在本地，或者可以通过迁移大量 IT 资源甚至使用云环境来创建这些资源，从而对云平台形成严重依赖。

对于任何组织来说，重要的是从实际和以业务为中心的角度评估用云的潜力，以查明与财务投资、业务影响和各种法律考虑有关的最常见因素。这部分探讨了采用云环境的真实考虑的相关主题，当然也有其他主题。

云环境需要由云供应商构建和发展，以满足云消费者的需求。云消费者在承担管理职责后可以使用云来创建或迁移 IT 资源。第 16 章从供应商和消费者的角度提供了对云交付模型的技术理解，每个角度都提供了对云环境的内部工作和架构层的深入见解。

第 17 章描述了网络、服务器、存储和软件的使用成本指标，以及用于计算与云环境相关的集成和所有权成本的各种公式。本章最后讨论了成本管理主题，因为它们与云供应商使用的常见业务术语相关。

服务水平协议（SLA）为云服务建立了保证和使用条款，并且通常由云消费者和云供应商商定的业务条款确定。第 18 章详细探讨了如何通过 SLA 表达和构建云供应商的保证，以及计算常见 SLA 值（例如可用性、可靠性、性能、伸缩性和韧性）的指标和公式。

附录 A 总结了各个案例，并总结了每个组织采用云计算工作的结果。

附录 B 作为第 6 章的补充，提供了 Docker 和 Kubernetes 环境的细节，并将这些环境与

第 6 章中建立的术语和组件相关联。

1.5 资源

本节介绍补充信息和资源。

- 订阅托马斯·埃尔（Thomas Erl）的 YouTube 频道（www.youtube.com/@terl），观看行业专家的视频和播客。该 YouTube 频道致力于数字技术、数字业务和数字化转型。
- LinkedIn 上的 Digital Enterprise 通讯（www.linkedin.com/newsletters/6909573501767028736）定期发布与当代数字技术和商业主题相关的文章和视频。
- Arcitura Education 提供供应商中立的培训和认证计划，包含 100 多个课程模块和 40 项认证。这本书是 Arcitura 云认证专家（CCP）课程的官方材料。如果想了解更多信息，可以访问 www.arcitura.com。

第 2 章

Cloud Computing: Concepts, Technology, Security & Architecture, Second Edition

案例研究背景

案例研究示例提供了一些组织评估、使用和管理云计算模型和技术的场景。本书对来自不同行业的三个组织的案例进行分析，每个组织都有其独特的业务、技术和架构目标。

进行案例研究的组织如下：

- ❑ Advanced Telecom Networks（ATN）——一家为电信行业提供网络设备的全球性公司。
- ❑ DTGOV——一家专业从事 IT 基础设施和技术的公共组织，为公共部门提供服务。
- ❑ Innovartus Technologies Inc.——一家为儿童开发虚拟玩具和教育娱乐产品的中型公司。

第一部分之后的大多数章节都包含一个或多个案例研究。附录 A 给出了这些研究的结论。

2.1 案例研究1：ATN

ATN 是一家为全球电信行业提供网络设备的公司。多年来，ATN 取得了长足的发展，其产品组合也不断丰富，以适应多次并购，其中包括专门为互联网、GSM 和蜂窝供应商提供基础设施组件的公司。ATN 现在是各种电信基础设施的领先供应商。

近年来，随着市场压力不断增大，ATN 已开始利用新技术来提高竞争力和效率，尤其是那些可以帮助降低成本的方法。

2.1.1 技术基础设施和环境

ATN 的各种并购导致了高度复杂且异构的 IT 环境。在每轮并购后，并没有整合这些 IT 环境，导致类似的应用程序同时运行，增加了维护成本。几年前，ATN 与一家主要的欧洲电信供应商合并，为其添加了另一套应用程序组合。IT 的复杂性如滚雪球般增长，成为公司发展的绊脚石，最终成为 ATN 董事会严重关切的问题。

2.1.2 商业目标和新战略

ATN 管理层决定采取整合举措，并将应用程序维护和运营外包到海外。这虽然降低了成本，但不幸的是并没有解决整体运营效率低下的问题。应用程序功能仍然重叠，无法轻易整合。最终人们发现，外包是不够的，因为只有当整个 IT 环境的架构发生变化时，整合才成为可能。

因此，ATN 决定试用云计算。然而，在最初的咨询之后，他们对云供应商和基于云的产品的丰富性感到不知所措。

2.1.3 路线图和实施策略

ATN 不确定如何正确地选择云计算技术和供应商，许多方案似乎仍然不够成熟，而且市场上还不断涌现新的基于云的产品。

本书讨论了云计算初期采用的路线图，以解决以下几个关键点：
- IT 战略——采用云计算需要推动当前 IT 框架的优化，并以较低的短期投资带来持续的长期成本的降低。
- 商业利益——ATN 需要评估当前应用和 IT 基础设施中哪些部分可以利用云计算技术来优化和降低成本。云计算的其他优势（例如更高的业务敏捷性、可扩展性和可靠性）可以提升商业价值。
- 技术方面的考虑——需要建立标准来帮助客户选择最适合的云交付和部署模型，以及云供应商和产品。
- 云安全——必须确定将应用程序和数据迁移到云的相关风险。

ATN 担心，如果委托给云供应商，它可能会失去对应用程序和数据的控制，从而导致与企业内部策略和电信市场法规相违背。它还想知道如何将现有遗留的应用程序集成到新的基于云的领域中。

为了制定简洁的行动计划，ATN 聘请了一家名为 CloudEnhance 的独立 IT 咨询公司，该公司因其在云计算 IT 资源的过渡和整合方面的专业能力而得到广泛认可。CloudEnhance 顾问首先提出了一个包含以下五个步骤的评估流程：

1）对现有应用程序进行简要评估，包括复杂性、关键业务、使用频率和活跃用户数量等参数。然后，将这些已知参数置于优先级层次结构中，以帮助确定最适合迁移到云环境的候选应用。

2）使用专门的评估工具对每个选定的应用程序进行更详细的评估。

3）开发目标应用程序架构，该架构展现基于云的应用程序之间的交互、它们与 ATN 现有基础设施和遗留系统的集成，以及这些开发和部署过程。

4）编写初步的商业案例，记录基于绩效指标（例如云准备成本、应用程序转换和交互的工作量、迁移与实施的难易程度，以及各种潜在的长期利益）的预期节省成本。

5）制定试点应用的详细项目计划。

ATN 按此流程推进，最终在自动化低风险业务领域应用方面构建了第一个原型。在此项目期间，ATN 将业务的几个运行在不同技术上的小型应用程序移植到平台即服务（PaaS）平台上。基于原型项目的积极成果和正反馈，ATN 决定启动一项战略措施，为公司的其他业务取得类似的收益。

2.2 案例研究 2：DTGOV

DTGOV 是一家上市公司，由美国社会保障部于 20 世纪 80 年代初创建。社会保障部根据私法将 IT 运营权力下放给一家上市公司，这为 DTGOV 提供了一个自治的管理结构，在治理和发展其 IT 事业方面具有极大的灵活性。

在成立之初，DTGOV 拥有约 1000 名员工，在全国 60 个地区设有运营分支机构，并运营着两个基于大型机的数据中心。随着时间的推移，DTGOV 已扩展到 3000 多名员工，在 300 多个地区设有分支机构，并拥有三个同时运行大型机和低水平平台环境的数据中心。其主要服务涉及处理美国范围内的社会保障福利。

在过去二十年中，DTGOV 扩大了其客户群。它现在为其他公共部门提供服务，并提供基本的 IT 基础设施和服务（例如服务器托管和服务器集中托管）。一些客户还将应用程序的运营、维护和开发外包给 DTGOV。

DTGOV 拥有大量的客户合同，其中包含各种 IT 资源和服务。然而，这些合同、服务和相关服务水平并未标准化；相反，协商的服务提供条件通常是为每个客户单独定制的。因此，DTGOV 的运营变得越来越复杂且难以管理，从而导致效率低下和成本高昂。

DTGOV 董事会不久前意识到，可以通过标准化其服务组合来改善整个公司结构，这意味着需要对 IT 运营和管理模式进行重新设计。这一过程可从硬件平台的标准化开始，通过创建明确定义的技术生命周期、统一的采购政策以及建立新的采购实践来实现。

2.2.1 技术基础设施和环境

DTGOV 运营着三个数据中心：一个专门用于低水平平台服务器，另外两个数据中心同时拥有大型机和低水平平台。主机系统为美国社会保障部保留，因此无法外包。

数据中心基础设施占据约 20 000 平方英尺⊖的机房空间，托管超过 100 000 台不同硬件配置的服务器。总存储容量约为 10 000TB。DTGOV 的网络具有冗余高速数据链路，以全网状拓扑连接数据中心。互联网连接之所以被认为独立于供应商，是因为它们的网络与所有主要的国家电信运营商互连。

目前，服务器整合和虚拟化项目已经实施五年了，这大大减少了硬件平台的多样性。因此，对与硬件平台相关的投资和运营成本的系统跟踪显示出显著的改善。然而，由于客户服务定制需求，DTGOV 的软件平台和配置仍然存在显著的多样性。

2.2.2 商业目标和新战略

DTGOV 服务组合标准化的主要战略目标是提高成本收益和运营优化水平。它成立了一个内部执行委员会来确定该计划的方向、目标和战略路线图。该委员会已将云计算确定为一个指导选项和机会，该机会将带来更多的多样性并改进服务与客户组合。

该路线图涵盖了以下关键点：

- 商业利益——需要定义在云计算交付模型下，各种服务组合标准对应的具体商业利益。例如，IT 基础设施和运营模式的优化如何带来直接且可度量的成本降低？
- 服务组合——哪些服务应该基于云？它们应该扩展哪些客户？
- 技术挑战——必须理解并记录与云计算模型的运行处理需求相关的当前技术基础设施的局限性。必须尽可能地利用现有基础设施来优化开发基于云的服务产品所承担的前期成本。
- 定价和 SLA——需要定义适当的合同、定价和服务质量策略。必须确定恰当的定价和服务水平协议（SLA）以支持该计划。

一个突出的问题涉及当前合同格式的变化及其对业务的影响。许多客户可能不想（或可能不准备）采用云合约和服务交付模型。考虑到 DTGOV 目前 90% 的客户组合由公共组织组成，而这些组织通常不具备在如此短的时间内自主或快速地切换运营方法的能力，这一点就显得更加重要。因此，迁移过程预计将是长期的，如果路线图没有恰当和明确的定义，则很可能带来风险。另一个突出问题涉及公共部门的 IT 合同法规，现有法规在应用于云技术时可能会变得无关紧要或不明确。

⊖ 1 平方英尺 ≈ 0.093 平方米。——编辑注

2.2.3 路线图和实施策略

为解决上述问题，开展了多项评估活动。首先是对现有客户的调查，以探究他们对云计算的理解程度、正在进行的举措和计划。大多数受访者都了解并意识到了云计算的发展趋势，这被认为是一个积极的发现。

对服务组合的调查清楚揭示了与托管和集中托管相关的基础设施服务。同时，还对技术专家和基础设施进行了评估，确定数据中心运营和管理是 DTGOV IT 员工的关键专业领域。

根据这些调查结果，委员会决定：

- 选择基础设施即服务（IaaS）作为目标交付平台来启动云计算配置计划。
- 聘请一家拥有足够的云供应商专业知识和经验的咨询公司，以正确识别和纠正可能对计划产生负面影响的任何业务和技术问题。
- 将新的硬件资源以统一的平台部署到两个不同的数据中心，旨在建立一个新的、可靠的环境，用于提供初始 IaaS 托管服务。
- 确定三个计划购买云服务的客户来建立试点项目，并定义合约条件、定价、服务水平政策和模型。
- 在向其他客户公开提供服务之前的六个月内，评估选定的三个客户的服务提供情况。

随着试点项目的进行，一个新的基于 Web 的管理环境将被发布，以允许自行配置虚拟服务器以及实时 SLA 和财务跟踪功能。这些试点项目被认为是非常成功的，下一步将向其他客户开放基于云的服务。

2.3 案例研究3：Innovartus Technologies Inc.

Innovartus Technologies Inc. 的主要业务是开发儿童虚拟玩具和教育娱乐产品。这些服务是通过一个门户网站提供的，该门户采用角色扮演模型来为个人计算机和移动设备创建定制的虚拟游戏。这些游戏允许用户创建和操作虚拟玩具（汽车、玩偶和宠物），这些玩具可以配备通过完成简单的教育任务获得的虚拟配件。主要受众是 12 岁以下的儿童。Innovartus 还拥有一个社交网络环境，这让用户能够与他人交换物品并合作。所有这些活动都可以被父母监控和跟踪，他们也可以通过为孩子创建特定的任务来参与游戏。

Innovartus 应用程序最有价值和最具革命性的功能是实验性端用户界面，该界面符合人们的使用习惯。用户可以通过语音命令、网络摄像头捕获的简单手势以及直接触摸平板电脑屏幕进行交互。

Innovartus 门户始终是基于云的。它最初是通过 PaaS 平台开发的，此后一直由同一云供应商托管。然而，最近这种环境暴露了一些影响 Innovartus 用户界面编程框架功能的技术限制。

2.3.1 技术基础设施和环境

Innovartus 的许多其他办公自动化解决方案（例如共享文件存储和各种生产力工具）也是基于云的。自主本地企业 IT 环境相对较小，主要由工作区设备、笔记本电脑和图形设计工作站组成。

2.3.2 商业目标和新战略

Innovartus 一直致力于实现基于 Web 和移动应用的 IT 资源功能的多样化。该公司还加大了应用程序国际化的力度：网站和移动应用程序目前都提供五种不同的语言。

2.3.3 路线图和实施策略

Innovartus 打算继续构建基于云的解决方案。然而，当前的云托管环境存在需要克服的局限性：

- 需要提高可伸缩性以适应不断增加且不可预测的云客户交互。
- 需要提高服务水平以避免比预期更频繁发生的中断。
- 需要提高成本效益，因为与其他云供应商相比，当前云供应商的租赁费更高。

这些因素以及其他因素导致 Innovartus 决定迁移到更大、更全球化的云供应商。此迁移项目的路线图包括：

- 有关迁移的风险和影响的技术及经济报告。
- 决策树和严格的研究计划，重点关注选择新云供应商的标准。
- 对应用程序进行可移植性评估，以确定每个现有云服务架构中有多少应用是当前云供应商环境专属的。

Innovartus 进一步关注当前云供应商将如何以及在多大程度上支持和配合迁移过程。

第一部分
基础云计算

第3章 理解云计算
第4章 基本概念和模型
第5章 云支持技术
第6章 理解容器化
第7章 理解云安全和网络空间安全

接下来的章节将定义云的概念和术语，这些概念和术语会被后续章节所引用。即使是那些已经熟悉云计算基础知识的人，也建议阅读第3章和第4章。已经熟悉相应技术和安全主题的读者可以有选择地跳过第5～7章中的部分内容。

第 3 章

Cloud Computing: Concepts, Technology, Security & Architecture, Second Edition

理解云计算

本章是概要性介绍云计算的两章中的第一章，首先简要介绍了云计算的历史，并简要描述了推动其发展的业务和技术因素。接下来定义了基本概念和术语，并解释了采用云计算的优势和所面临的挑战。

3.1 起源和影响

3.1.1 简史

"云"计算的想法可以追溯到效用计算的起源，这是计算机科学家 John McCarthy 在 1961 年公开提出的概念：

> "如果我所提倡的那种计算机在未来得到实现，那么有一天计算可能会被组织为一种公共设施，就像电话系统是一种公共设施一样……计算机公共设施可能会成为一种新的重要行业的基础。"

1969 年，美国国防部高级研究计划局 ARPANET 项目（该项目诞生了互联网）的首席科学家 Leonard Kleinrock 表示：

> "到目前为止，计算机网络仍处于起步阶段，但随着它们的进步和复杂化，我们可能会看到'计算机公共设施'的普及……"

自 20 世纪 90 年代中期以来，公众一直通过各种形式的搜索引擎、电子邮件服务、开放发布平台和其他类型的社交媒体来利用基于互联网的计算机公共设施。尽管这些服务以消费者为中心，但它们普及并验证了构成现代云计算基础的核心概念。

1999 年，Salesforce.com 率先提出了将远程配置服务引入企业的概念。2006 年，Amazon.com 推出了 Amazon Web Services（AWS）平台，这是一套面向企业的服务，提供远程配置的存储、计算资源和业务服务。

20 世纪 90 年代初，整个网络行业对"网络云"或"云"一词的使用略有不同。它指的是一个抽象层，该抽象层源自跨异构公共和半公共网络传输数据的方法，这些网络主要是分组交换的，尽管蜂窝网络也使用"云"这一术语。此时的联网方法支持将数据从一个端点（本地网络）传输到"云"（广域网），然后数据进一步分解到另一个预期端点。这些方法和概念具有重要的价值，因为网络行业仍然沿用该术语，并且被认为是效用计算基础概念的早期采用者。

直到 2006 年，"云计算"一词才出现在商业领域。正是在这段时间，亚马逊推出了弹性计算云（EC2）服务，这使得各种组织机构能够"租赁"计算能力和处理能力来运行其企业应用。Google Apps 也在同年开始提供基于浏览器的企业应用，三年后，Google App Engine 成为另一个历史性的里程碑。

3.1.2 定义

Gartner 的一份报告将云计算列为战略技术领域的首位，进一步确认了其作为行业趋势的重要性，并宣布其正式定义为：

"……一种计算方式，使用互联网技术将可伸缩且弹性的 IT 支持功能作为服务提供给外部客户。"

这是对 Gartner 于 2008 年给出的原始定义的轻微修订，当时使用"大规模可伸缩"而不是"可伸缩且弹性"。这一变化承认了可伸缩性对于纵向扩展能力的重要性，而不仅仅是巨大比例的水平扩展。

Forrester Research 给出了自己对云计算的定义：

"……一种通过互联网技术以按需付费、自助服务方式提供的标准化 IT 能力（服务、软件或基础设施）。"

该定义由美国国家标准与技术研究院（NIST）制定，得到了全行业的认可。NIST 于 2009 年发布了最初的定义，经过进一步审查和行业考虑后于 2011 年 9 月发布了修订版：

"云计算是一种模型，用于对可配置的计算资源（例如网络、服务器、存储、应用程序和服务）共享池的无处不在、便捷和按需的网络访问，通过最少的管理成本或与服务供应商的互动，快速配置和发布这些资源。这种云模型由五个基本特征、三种服务模型和四种部署模式组成。"

本书的定义更简洁：

"云计算是分布式计算的一种特殊形式，它引入了用于远程配置的可伸缩和可测量资源的效用模型。"

这个简化的定义与云计算行业内其他组织提出的所有前述定义的变体都一致。第 4 章进一步介绍了 NIST 定义中引用的特征、服务模型和部署模式。

3.1.3 业务驱动力

在深入研究云背后的支撑技术之前，必须首先了解该行业领头羊创建云的动机。本节将介绍促进当前云技术发展的几个主要的业务驱动因素。

后续章节中涵盖的许多特征、模型和机制的起源和灵感都可以追溯到接下来要讨论的业务驱动力。值得注意的是，这些驱动力塑造了云和整个云计算市场。它们激励组织采用云计算来支持其业务自动化的需求。相应地，它们也激励其他组织成为云环境的供应商和云技术销售商，从而创造需求并满足消费者的需求。

1. 降低成本

IT 成本和业务绩效之间的矛盾一直存在。IT 环境的投资增长通常与其最大利用率的评估相一致。对新的、增长型业务自动化的支持成为不断增加投资的基础。所需投资的大部分都用于基础设施扩展，因为给定自动化解决方案的使用潜力始终受到其底层基础设施处理能力的限制。

我们需要考虑两项成本：获取新基础设施的成本及其持续拥有的成本。运营开销占 IT 预算的很大一部分，通常超过前期投资成本。

与基础设施相关的运营开销的常见形式包括：

❑ 保持环境正常运行所需的技术人员。

❏ 引入额外的测试和部署，如升级和补丁工作。
❏ 电力和制冷的公共设施账单和资本投入。
❏ 需要维护和强制执行的保护基础设施资源的安全性和访问控制措施。
❏ 可能需要行政和会计人员来跟踪许可证及支持协议。

内部技术基础设施的持续所有权可能会带来一些责任，从而对企业预算产生间接影响。因此，IT 部门可能会成为一个重要的部门（有时甚至是压倒性的部门），可能会影响企业的响应能力、盈利能力和整体发展。

2. 业务敏捷性

企业需要具备适应和发展的能力，才能成功应对内部和外部因素带来的变化。业务敏捷性（或组织敏捷性）衡量的是组织对变革的响应能力。

IT 企业常常需要响应这类业务变革——IT 资源扩展到超出先前预测或计划的范围。例如，如果以前的扩容规划工作受到预算不足的限制，基础设施建设可能会受到约束，从而使得组织不能响应用量的波动（即使是预期的波动）。

在其他情况下，不断变化的业务需求和优先级可能要求 IT 资源比以前更稳定和更可靠。即使组织拥有足够的基础设施来支持预期的用量，也可能会产生运行时异常，从而导致托管服务器瘫痪。由于基础设施内缺乏可靠性控制，对消费者或客户需求的响应能力可能会降低到威胁业务整体连续运营的程度。

在更广泛的意义上，实施新的或可扩展的业务自动化解决方案所需的前期投资和基础设施拥有成本本身可能就足以让企业选择质量不太理想的 IT 基础设施，从而降低其满足实际需求的能力。

更糟糕的是，企业在审查其基础设施预算后，可能会决定不再继续采用自动化解决方案，因为它根本无力承担。这种无能为力的情况会阻碍组织跟上市场需求、应对竞争压力和实现自身的战略业务目标。

3.1.4 技术创新

成熟的技术经常被用作灵感来源，有时甚至被用作新技术创新的实际基础。本节简要描述了被认为对云计算有主要影响的现有技术。

1. 集群

集群是一组相互连接并作为单个系统工作的独立 IT 资源。由于冗余和故障恢复能力是集群固有的，因此集群系统的故障率降低，同时可用性和可靠性提高。

硬件集群的一般先决条件是其成员系统具有相当一致的硬件和操作系统，以便在一个故障组件被另一个组件替换时能提供相似的性能水平。形成集群的成员设备通过专用的高速通信链路保持同步。

内置冗余和故障恢复的基本概念是云平台的核心。作为资源集群机制描述的一部分，集群技术将在第 9 章中进一步探讨。

2. 网格计算

计算网格（或"计算型网格"）提供了一种平台，其中计算资源被组织到一个或多个逻辑池中。这些池共同协调以提供高性能分布式网格，有时被称为"超级虚拟计算机"。网格计算与集群的不同之处在于网格系统的耦合和分布更松散。因此，网格计算系统可能涉及异构且地理上分散的计算资源，这对于基于集群计算的系统来说通常是不可能的。

自 20 世纪 90 年代初以来，网格计算一直是计算科学中一个持续研究的领域。网格计算项目使用的技术进一步影响了云计算平台和机制的各个方面，特别是与网络访问、资源池化、可伸缩性和弹性等公共特性集相关的方面。网格计算和云计算可以使用各自独特的方法来实现这些类型的特性。

例如，网格计算基于部署在计算资源上的中间件层。这些 IT 资源参与到一个网格池中，该网格池实现了一系列工作负载分配和协调功能。该中间层可以包含负载均衡逻辑、故障恢复控制和自主配置管理，每一项都曾启发过类似（有时甚至更复杂）的云计算技术。正因如此，一些人将云计算归类为早期网格计算项目的衍生产物。

3. 产能规划

产能规划是确定和满足组织未来 IT 资源、产品和服务需求的过程。在此语境中，产能表示 IT 资源在给定时间段内能够交付的最大工作量。IT 资源的产能与其需求之间的差异可能会导致系统效率低下（过度配置）或无法满足用户需求（配置不足）。产能规划的重点是最大限度地减少这种差异，以实现可预测的效率和性能。

存在不同的产能规划策略：

- 主导策略——根据预期需求，增加 IT 资源的产能。
- 滞后策略——当 IT 资源达到其满负荷时增加产能。
- 匹配策略——根据需求上涨，小幅增加 IT 资源产能。

产能规划具有挑战性，因为它需要估计用量负载波动。始终需要平衡峰值用量要求，同时避免在基础设施上造成不必要的超支。一个例子是按最大用量负载部署 IT 基础设施，这可能会带来不合理的财务投资。在这种情况下，调整投资可能会导致供应不足，从而导致交易丢失和阈值降低带来的其他使用限制。

4. 虚拟化

虚拟化是将物理 IT 资源转换为虚拟 IT 资源的过程。绝大多数类型的 IT 资源都可以虚拟化，包括：

- 服务器——物理服务器可以抽象为虚拟服务器。
- 存储——物理存储设备可以抽象为虚拟存储设备或虚拟磁盘。
- 网络——物理路由器和交换机可以抽象为逻辑网络结构，例如 VLAN。
- 电源——物理 UPS 和配电单元通常抽象为虚拟 UPS。

笔记

术语虚拟服务器和虚拟机（VM）在本书中作为同义词使用。

虚拟化软件层允许物理 IT 资源提供自身的多个虚拟镜像，以便其基础处理能力可以被多个用户共享。

通过虚拟化软件创建新的虚拟服务器的第一步是分配物理 IT 资源，然后安装操作系统。虚拟服务器使用自己的客户操作系统，这些操作系统独立于创建它们的操作系统。

虚拟服务器上运行的客户操作系统和应用软件都不知道虚拟化过程，这意味着这些虚拟化 IT 资源的安装和执行就像在独立的物理服务器上运行一样。这种执行的一致性使得程序像在物理系统上一样运行在虚拟系统上，这是虚拟化的一个重要特征。客户操作系统通常需要无缝使用软件产品和应用程序，而不需要定制、配置或修补即可在虚拟化环境中运行。

虚拟化软件运行在称为主机或物理主机的物理服务器上，虚拟化软件可以访问其底层硬件。虚拟化软件的功能涵盖与特定虚拟机管理相关的系统服务，这些服务通常不存在于标准操作系统之中。这就是为什么该软件有时被称为虚拟机管理器或虚拟机监视器（VMM），尽管它最常被称为 Hypervisor——超级管理程序。（超级管理程序在第 8 章中正式被当作一种云计算机制来描述。）

在虚拟化技术出现之前，软件仅限于驻留在静态硬件环境中并与其耦合。虚拟化过程消除了这种软件-硬件依赖性，因为可以通过在虚拟化环境中运行的仿真软件来模拟硬件要求。

成熟的虚拟化技术可以追溯到多种云特性和云计算机制，这些特性和机制派生出了许多核心功能。随着云计算的发展，新的现代虚拟化技术的出现克服了传统虚拟化平台在性能、可靠性和可扩展性方面的限制。现代虚拟化技术将在第 5 章中讨论。

5. 容器化

容器化是虚拟化技术的一种形式，用于创建称为"容器"的虚拟托管环境，而不需要为每个解决方案部署虚拟服务器。容器在概念上与虚拟服务器类似，它提供了一个具有操作系统资源的虚拟环境，可用于托管软件程序和其他 IT 资源。

下一节将简要描述容器，第 6 章将详细介绍容器化技术。

6. 无服务器环境

无服务器环境是一种特殊的操作运行时环境，它不需要开发人员或系统管理员部署或配置服务器。相反，它配备了允许部署的已包含所需服务器模块和配置信息的特殊软件包技术。

部署后，无服务器环境会自动实施并激活应用程序部署及其打包服务器程序，而管理员不需要执行任何进一步的操作。程序是与底层所需运行时的描述符以及可能存在的任何依赖程序一起设计、编码和部署的。部署后，无服务器环境可以运行和扩展应用程序，并确保其持续的可用性和可伸缩性。

部署在云中的现代软件架构从无服务器环境中受益匪浅。第 5 章提供了更多有关无服务器技术的信息。

3.2 基本概念和术语

本节定义了一组基本术语，这些术语代表与云概念及其最原始模块相关的基本概念和多方面特性。

3.2.1 云

云是指一种独特的 IT 环境，旨在远程配置可伸缩和可测量的 IT 资源。这个术语最初是对互联网的比喻，互联网本质上是一个网络的网络，提供对一组无中心化的 IT 资源的远程访问。在云计算成为正式的 IT 产业之前，云的符号通常在各种规范和基于 Web 架构的主流文档中用来代表互联网。同样的符号现在用于专门表示云环境的边界，如图 3.1 所示。

图 3.1 用于表示云环境边界的符号

区分术语"云"和互联网上的云符号是非常重要的。云作为用于远程配置 IT 资源的特定环境，其边界是有限的。有许多可通过互联网访问的独立的云。互联网提供对许多基于 Web 的 IT 资源的开放访问，而云通常是专属的，并提供对计量 IT 资源的访问。

互联网的许多内容通过万维网发布的基于内容的 IT 资源来访问。另一方面，云环境提供的 IT 资源专门用于提供后端处理能力和对于这些能力的基于用户的计量访问。另一个关键区别是，云不一定基于 Web，即使它们通常基于互联网协议和技术。协议是指允许计算机以预定义和结构化的方式进行相互通信的标准和方法。云可以基于任何允许远程访问其 IT 资源的协议。

> **笔记**
>
> 本书中的图表使用此符号描绘互联网。

3.2.2 容器

容器（如图 3.2 所示）通常在云中使用，以提供高度优化的虚拟托管环境，该环境能够刚好提供其托管的软件程序所需的资源。

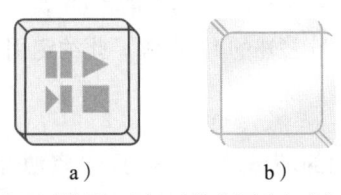

图 3.2 图 a 是用来表示容器的通用符号。图 b（带有圆边）在架构图中用于表示容器，尤其当需要显示容器的内容时

3.2.3 IT资源

IT 资源是与 IT 相关的物理或虚拟模块，它可以是基于软件的，例如虚拟服务器或自定义软件程序，也可以是基于硬件的，例如物理服务器或网络设备（如图 3.3 所示）。

物理服务器　虚拟服务器　软件程序　设备　存储设备　网络设备

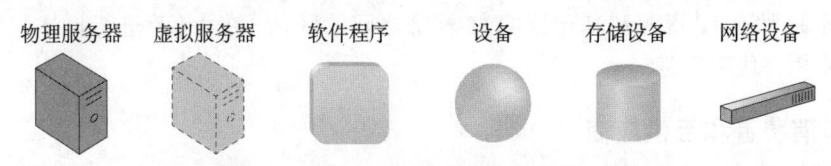

图 3.3 常见 IT 资源及其相应符号的示例

> **笔记**
>
> 图 3.3 中显示的虚拟服务器 IT 资源将在第 5 章和第 8 章中进一步讨论。物理服务器有时被称为物理主机（或简称为主机），因为它们负责托管虚拟服务器。

图 3.4 说明了如何使用云符号来定义托管和配置一组 IT 资源的基于云的环境的边界。因此，图中显示的 IT 资源被认为是基于云的 IT 资源。

图 3.4　托管八种 IT 资源的云：三台虚拟服务器、两个云服务和三套存储设备

涉及 IT 资源的技术架构和各种交互场景如图 3.4 所示。在研究和使用这些图表时，请务必注意以下几点：

- 给定云符号边界内显示的 IT 资源通常并不代表该云托管的所有可用 IT 资源。为了演示特定主题，通常会突出显示 IT 资源的子集。
- 关注某个主题的相关方面需要使用许多此类图表来有意地提供底层技术架构的抽象视图。因此，图中仅显示了实际技术细节的一部分。

此外，一些图表将显示云符号之外的 IT 资源。此约定用于指示不基于云的 IT 资源。

3.2.4　本地私有

作为一种独特且可远程访问的环境，云代表了 IT 资源部署的一种选择。托管在组织边界内的传统 IT 企业中的 IT 资源（不具体代表云）被视为位于 IT 企业场所内的。因此，本书出于澄清的目的，本地私有的 IT 资源不能基于云，反之亦然。

请注意以下要点：

- 本地私有 IT 资源可以访问基于云的 IT 并与之交互。
- 本地私有 IT 资源可以迁移到云端，从而将其更改为基于云的 IT 资源。
- IT 资源的冗余部署既可以存在于本地私有环境，也可以存在于基于云的环境中。

如果本地私有 IT 资源和基于云的 IT 资源之间的区别（在 4.4 节进行描述）令人困惑，那么可以使用替代限定符。

3.2.5　云消费者和云供应商

提供基于云的 IT 资源的一方是*云供应商*。使用基于云的 IT 资源的一方是*云消费者*。这些术语常常代表合同中与云和相应的云配置相关的组织角色。这些角色将在第 4 章中正式定义。

3.2.6　伸缩

从 IT 资源的角度来看，伸缩代表 IT 资源处理随着用量需求而增加或减少的适应能力。以下是缩放类型：

- 水平调整——水平扩展（scaling out）和缩减（scaling in）。
- 垂直调整——垂直升级（scaling up）和降级（scaling down）。

接下来将简要描述每种类型。

1. 水平调整

同一类型 IT 资源的分配或释放称为水平调整（如图 3.5 所示）。资源的水平分配称为水平扩展，资源的水平释放称为缩减。水平调整是云环境中缩放的常见形式。

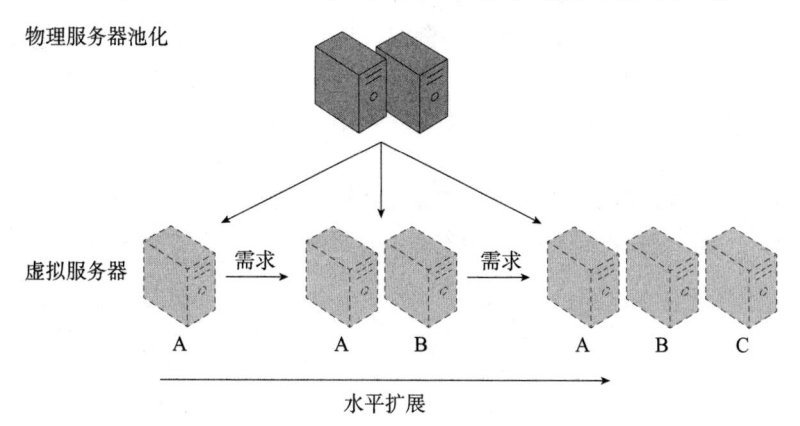

图 3.5 通过添加更多相同的 IT 资源（虚拟服务器 B 和 C）来水平扩展 IT 资源（虚拟服务器 A）

2. 垂直调整

当现有 IT 资源被能力更高或更低的其他 IT 资源取代时，就认为发生了垂直调整（如图 3.6 所示）。具体而言，用具有更高能力的另一 IT 资源替换现有 IT 资源被称为垂直升级，而用具有较低能力的另一 IT 资源替换现有资源则被称为降级。由于更换时需要停机，因此垂直调整在云环境中不太常见。

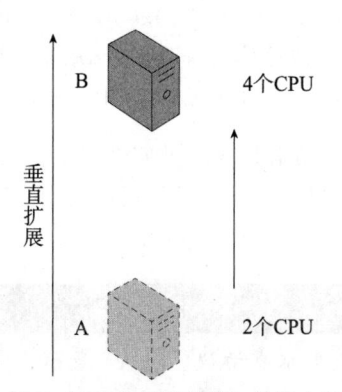

图 3.6 通过将 IT 资源（具有 2 个 CPU 的虚拟服务器）替换为具有更大数据存储容量的更强大的 IT 资源（具有 4 个 CPU 的物理服务器）来进行扩展

表 3.1 简要概述了与水平调整和垂直调整相关的常见优缺点。

表 3.1 水平调整和垂直调整的比较

水平调整	垂直调整
更便宜（通过商品硬件组件）	更昂贵（专用服务器）
IT 资源立即可用	IT 资源通常立即可用
资源复制和自动调整	通常需要额外的设置
需要额外的 IT 资源	不需要额外的 IT 资源
不受硬件能力限制	受最大硬件能力限制

3.2.7 云服务

尽管云是一种远程访问环境，但并非云中驻留的所有 IT 资源都可用于远程访问。例如，部署在云中的数据库或物理服务器只能由同一云中的其他 IT 资源访问。可以专门部署具有已发布 API 的软件程序以允许远程客户端访问。

云服务是可通过云远程访问的任何 IT 资源。与服务技术范畴内的其他 IT 领域（例如面向服务的架构）不同，云计算上下文中的"服务"一词尤其广泛。云服务既可以作为简单的基于 Web 的软件程序（通过使用消息传递协议调用的技术接口），也可以作为管理工具或更大环境和其他 IT 资源的远程访问点。

在图 3.7 中，图 3.7a 中的圆形符号用于将云服务表示为一个简单的基于 Web 的软件程序。在后一种情况下，可以使用不同的 IT 资源符号，这具体取决于云服务提供的访问的性质。

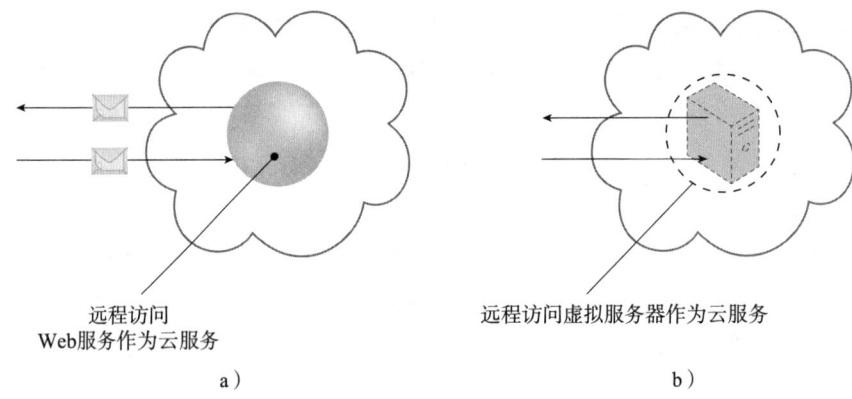

远程访问
Web 服务作为云服务

远程访问虚拟服务器作为云服务

a)   b)

图 3.7　云外部的消费者正在访问具有已发布技术接口的云服务（图 a）。作为虚拟服务器存在的云服务也可以从云边界外部访问（图 b）。图 a 的云服务可能由旨在访问云服务的已发布技术接口的消费者程序调用。图 b 的云服务可以由远程登录到虚拟服务器的人类用户访问

云计算背后的驱动力是将 IT 资源作为服务向外提供，该服务也封装了其他 IT 资源，同时为客户提供远程使用的功能。已经出现了多种通用类型云服务的模型，其中大部分都标有"即服务"(as a service) 的后缀。

笔记

云服务使用条件通常以服务水平协议（SLA）表示，它是云供应商和云消费者之间的服务合同中人类可读的部分，描述了基于云的服务或其他规定的服务质量（QoS）功能、行为和限制。

SLA 提供与 IT 成果相关的各种可衡量特征的详细信息，例如正常运行时间、安全特征和其他特定的 QoS 功能，包括可用性、可靠性和性能。由于服务的实施对云消费者是透明的，因此 SLA 成为一项关键规范。第 18 章将详细介绍 SLA。

3.2.8 云服务消费者

云服务消费者是软件程序在访问云服务时所承担的临时运行时角色。

如图 3.8 所示，常见类型的云服务消费者可以包括能够通过已发布的服务合同远程访问云服务的软件程序和服务，以及能够远程访问作为云服务的其他 IT 资源的软件所运行的工

作站、笔记本电脑和移动设备。

图 3.8 云服务消费者的示例。根据给定图的性质，标记为云服务消费者的模块可以是软件程序或硬件设备（此处暗指它正在运行能够充当云服务消费者的软件程序）

3.3 目标和效益

本节将介绍采用云计算的常见好处。

> **笔记**
>
> 以下各节引用术语"公共云"和"专用云"。这些术语在 4.4 节中进行描述。

3.3.1 提高响应能力

云计算在提升组织的业务敏捷性方面发挥着重要作用，它使组织能够更好地响应业务和使用场景，而这些业务和使用场景可以通过利用云固有的能力更有效地完成，例如按需伸缩性、数据可用性、减少基础设施维护、降低业务复杂性、自动化和增加有效运行时间。

例如，更高的数据可用性可以使员工更容易远程工作，从而为员工提供更高的灵活性和生产效率。

利用云供应商维护的平台常常可以使组织摆脱在内部管理这些平台时才有的责任。这还可以降低基础设施环境的复杂性，从而为员工引入新的协作方式，通过更快、更简单的技术部署来规划和实现新的业务。

最终，云计算通过消除或减少与业务解决方案开发、部署和维护相关的许多组织负担，缩短上市时间，使组织能够显著提高业务响应能力。

3.3.2 减少投资和按比例分摊成本

与以较低价格批量购买商品的批发商类似，公共云供应商的业务模式建立在大规模采购 IT 资源的基础上，然后通过价格极具吸引力的租赁套餐向云消费者提供这些资源。这为组织打开了无须自行购买即可访问强大基础设施的大门。

投资基于云的 IT 资源最常见的经济理由是减少或彻底消除前期的 IT 投资，即硬件和软件购买以及拥有成本。云的计量使用特征代表了一种功能设定，允许计量的运营成本（与业务绩效直接相关）取代预期的资本投入。这也称为按比例分摊成本。

这种前期财务承诺的消除或最小化允许企业从小规模开始，并根据需要增加相应的 IT 资源分配。而且，前期资本投入的减少使得资本可以重新定向到核心业务投资。从最根本来看，降低成本的机会来自主要云供应商部署和运营的大型数据中心。此类数据中心通常位于房地产、IT 专业人员和网络带宽成本较低的地方，从而节省资本和运营成本。

同样的原理也适用于操作系统、中间件或平台软件以及应用软件。池化的 IT 资源可供多个云消费者使用和分享，从而提高甚至达到最大可能的利用率。通过应用已验证的实践和模式来优化云架构，改善其管理和治理方式，可以进一步降低运营成本和提升效率。

云消费者常见的可量化的好处包括：

- 短期内按需访问即用即付的计算资源（例如按小时计量的处理器），并能够在不再需要时释放这些计算资源。
- 拥有无限可用计算资源的预读要求，从而减少了准备供应的工作。
- 能够在细粒度级别添加或删除 IT 资源，例如以单个 GB 增量修改可用存储磁盘空间。
- 基础设施的抽象化，使得应用程序不会被锁定到某台设备或位置，并且可以根据需要轻松迁移。

例如，拥有大量以批处理为中心的任务的公司可以在其应用软件扩展的情况下，尽快完成这些任务。使用 100 台服务器一小时与使用一台服务器 100 小时的成本相同。这种 IT 资源的"弹性"使得不需要大量初始投资即可创建大型计算基础设施，因此非常引人注目。

尽管许多人很容易粗算出云计算的经济效益，但实际的经济学计算和评估可能很复杂。决定采用云计算策略不仅仅涉及租赁成本和购买成本之间的简单比较。例如，还必须考虑动态伸缩的财务收益以及过度配置（利用不足）和配置不足（过度利用）的风险转移。第 17 章探讨详细的财务比较和评估的通用标准和公式。

> **笔记**
>
> 云提供的另一个成本节约领域是"即服务"使用模式，通过该模式，IT 资源配置的技术和操作实施细节从云消费者中抽象出来，并打包成"即用型"或"预备的"的解决方案。与使用本地解决方案执行同等任务相比，这些基于服务的产品可以简化并加快 IT 资源的开发、部署和管理。由此可能节省很多时间，并且所需的 IT 专业知识可能也是巨大的，这有助于证明采用云计算的合理性。

3.3.3 提高可伸缩性

通过提供 IT 资源池以及旨在集中利用这些资源的工具和技术，云可以按需或通过云消费者的直接配置，及时动态地将 IT 资源分配给云消费者。这使云消费者能够扩展其基于云的 IT 资源，自动或手动应对负载波动和峰值。同样，当处理需求减少时，可以（自动或手动）释放基于云的 IT 资源。图 3.9 提供了 24 小时内使用需求波动的简单示例。

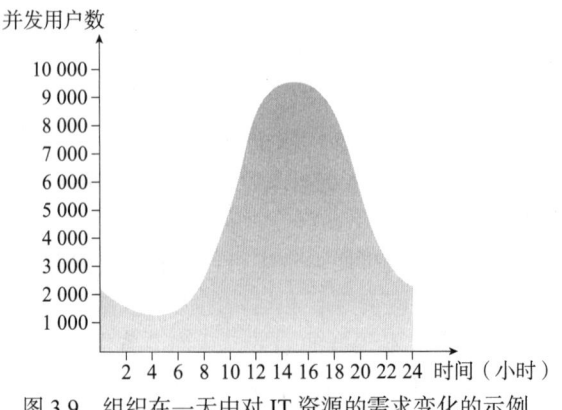

图 3.9 组织在一天中对 IT 资源的需求变化的示例

云为 IT 资源提供弹性伸缩的灵活性，这种固有的特性与上述按比例的成本分摊直接相关。除了这种资源伸缩的自动减少带来的明显财务收益之外，IT 资源还具有始终满足和实现不可预测的用量需求的能力，以避免在达到使用阈值时可能发生的潜在业务损失。

> **笔记**
>
> 将增强可伸缩性的好处与前面介绍的产能规划策略相关联时，由于云的伸缩能力，滞后和匹配策略通常更适用于按需扩展 IT 资源。

3.3.4 提高可用性和可靠性

IT 资源的可用性和可靠性与有形的商业利益直接相关。业务中断限制了 IT 资源为其客户提供"开放业务"的时间，从而限制了其用量和创收潜力。未立即纠正的运行时故障可能会在高用量期间产生更大的影响。此时，IT 资源不仅无法响应客户请求，而且意外故障会降低客户的信心。

典型云环境的一个标志是其固有的、广泛具有的能力：增强基于云的 IT 资源的可用性，以最大限度地减少甚至消除业务中断；提高其可靠性，从而最大限度地降低运行时故障的影响。具体来说：

- 可用性更高的 IT 资源可以拥有更长时间的访问（例如，一天 24 小时中的 22 小时）。云供应商通常提供"弹性"IT 资源，以保证高水平的可用性。
- 可靠性更高的 IT 资源能够更好地避免异常情况并从中恢复。云环境的模块化架构提供了广泛的故障恢复支持，从而提高了可靠性。

在考虑租赁基于云的服务和 IT 资源时，组织必须仔细检查云供应商提供的 SLA，这一点非常重要。尽管许多云环境能够提供非常高水平的可用性和可靠性，但这取决于 SLA 中所做的保证，这些保证通常代表其实际的合同义务。

3.4 风险与挑战

本节展示并检验了几个最关键的云计算挑战。

3.4.1 由于信任边界重叠而增加的脆弱性

将业务数据转移到云端意味着组织与云供应商共同承担数据安全的责任。IT 资源的远程使用需要云消费者扩大信任边界，将组织外部的云包括在内。除非云消费者和云供应商碰巧支持相同或兼容的安全框架，否则很难建立跨越这样的信任边界而不引入漏洞的安全架构，而这对于公共云来说是不可能的。

重叠信任边界的另一个后果与云供应商对云消费者数据的特权访问有关。数据的安全程度现在仅限于云消费者和云供应商应用的安全控制和策略。此外，由于基于云的 IT 资源通常是共享的，因此不同云消费者的信任边界可能会重叠。

信任边界的重叠和数据暴露的增加可以为恶意云消费者（人类和自动化程序）提供更多的机会来攻击 IT 资源并窃取或损坏业务数据。图 3.10 说明了一个场景，其中两个访问同一云服务的组织需要将各自的信任边界扩展到云，从而导致信任边界重叠。云供应商需要提供满足云服务消费者安全要求的安全机制。

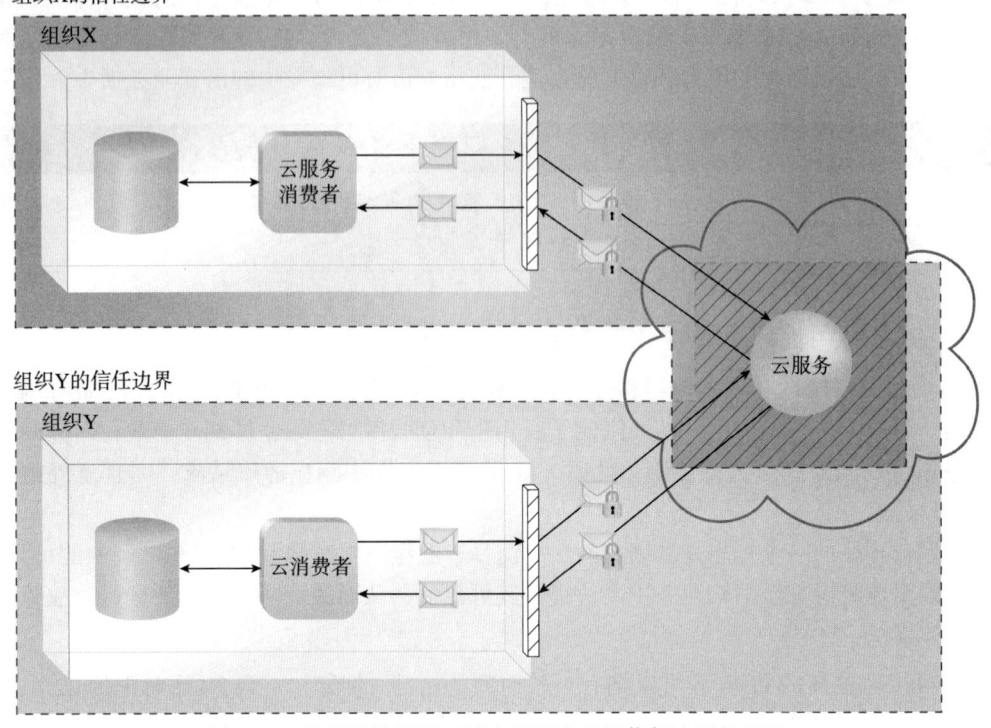

图 3.10 带斜线的阴影区域表示两个组织信任边界的重叠

重叠信任边界是一种安全威胁，第 7 章将对此进行更详细的讨论。

3.4.2 由于共同的安全责任而增加的脆弱性

与本地资源相关的信息安全显然是拥有这些资源的组织的责任。然而，与基于云的资源相关的信息安全并不是云供应商的唯一责任，即使这些基于云的资源归云供应商所有。这是因为其中存储和处理的信息归云消费者所有。

因此，云中的信息安全是一项共同的责任，云供应商和云消费者都在保护云环境方面发挥着作用。重要的是能够理解和确定每个角色的责任从哪里开始和结束，以及知道如何满足与云消费者相对应的安全要求。

云供应商通常会提出云共享责任模型作为 SLA 的一部分。该模型本质上描述了云供应商和云消费者在保护云中数据和应用程序时各自的责任。

3.4.3 日益严峻的网络空间威胁

现代数字技术和数字化转型实践的日益普及促使组织将更多 IT 资源转移到云环境中并在云环境中构建更多解决方案。这为来自网络空间的安全威胁和风险打开了大门，这些威胁和风险对于组织来说可能是新的，因此需要它们做好准备（如图 3.11 所示）。

由于互联网暴露程度的增加，网络空间威胁的暴露风险也随之增加，这就要求组织采取行动保护其 IT 资产（无论是本地还是基于云）。基于云的 IT 资源具有云供应商和云消费者共同承担安全和访问控制责任的优势。然而，最终的责任在于云消费者，他们需要负责任地、有方法地应对风险管理和网络空间安全风险。

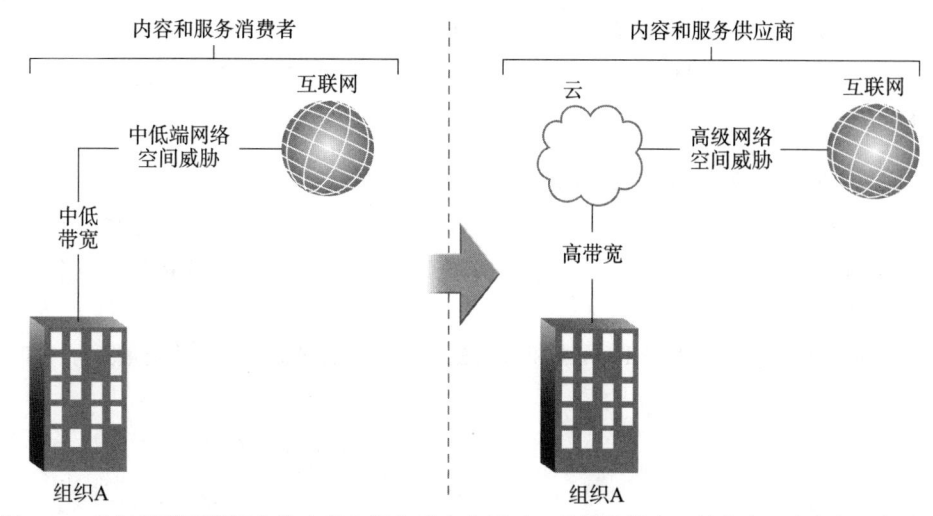

图 3.11　从仅使用互联网上的内容和服务转变为通过互联网提供自己的内容和服务的组织会面临更多来自网络空间的威胁

3.4.4　减少运营治理控制

为云消费者分配的治理控制级别通常低于其对本地 IT 资源的控制级别。这可能会带来与云供应商如何运营云服务以及云与云消费者之间通信所需的外部连接相关的风险。

考虑以下示例：

- 不可靠的云供应商可能无法维持其在服务中所做的保证，这些保证写在为其云服务发布的 SLA 中。这可能会危及依赖这些云服务的云消费者解决方案的质量。
- 云消费者和云供应商之间的地理距离较长，可能需要额外的网络跃点，从而引入波动的延迟和潜在的带宽限制。

后一种情况如图 3.12 所示。

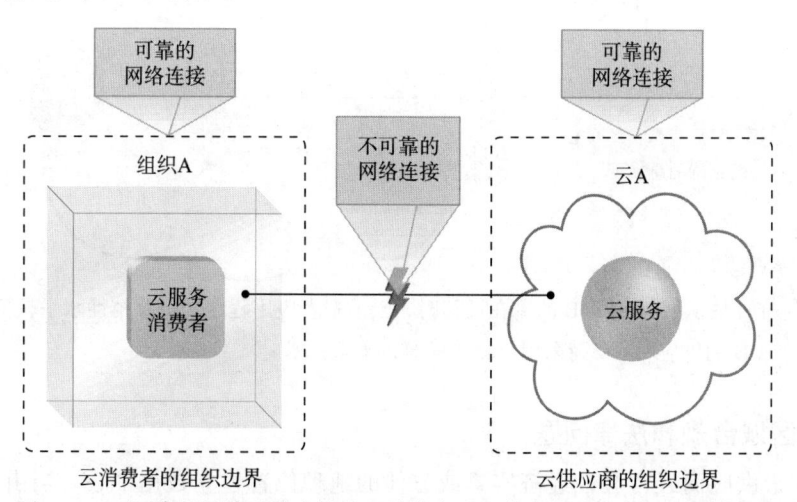

图 3.12　不可靠的网络连接会影响云消费者和云供应商环境之间的通信质量

法律合同与 SLA、技术检查和监视相结合，可以减轻治理风险并减少可能发生的问题。鉴于云计算的"即服务"性质，云治理系统是通过 SLA 建立的。云消费者必须跟踪云供应商提供的实际服务级别以及云供应商做出的其他保证。

请注意，不同的云交付模式为云消费者提供了不同程度的操作控制，这将在第 4 章中进一步解释。

3.4.5 受限的云供应商间的移植性

由于云计算行业缺乏既定的行业标准，公共云通常在不同程度上是专属的。对于拥有依赖于这些专属环境的定制解决方案的云消费者来说，从一个云供应商迁移到另一个云供应商可能存在挑战。

移植性是一种确定云消费者 IT 资源和数据在云之间移动的影响效果的衡量指标（如图 3.13 所示）。

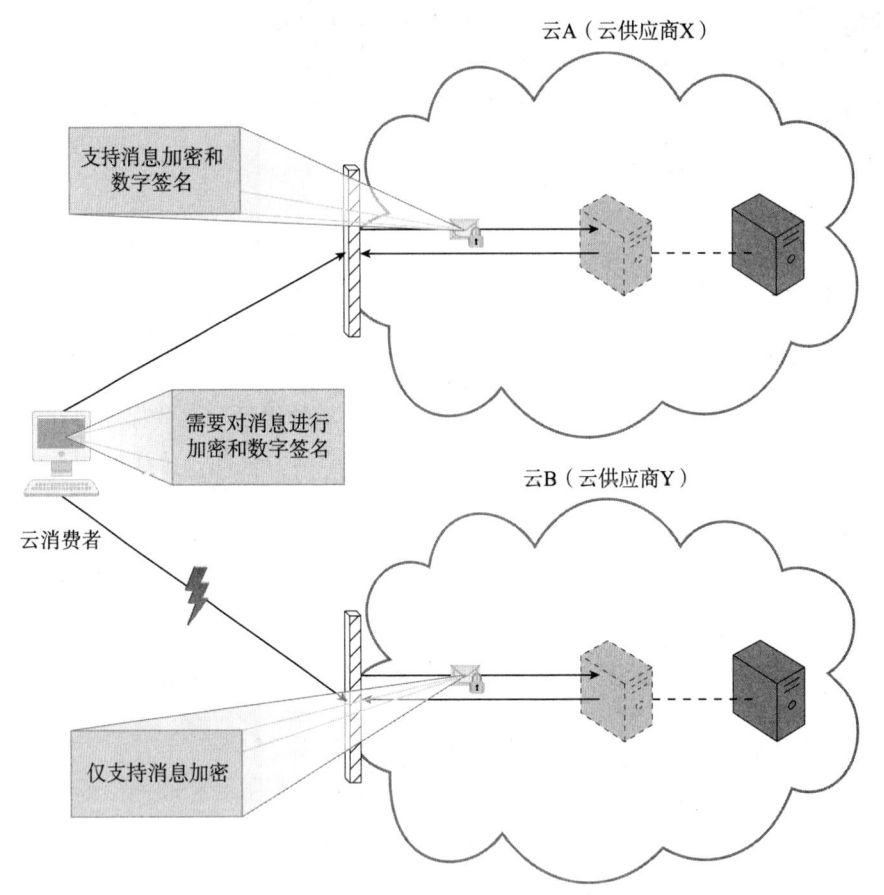

图 3.13 在评估从云 A 到云 B 的潜在迁移时，云消费者应用程序的可移植性水平较低，因为云 B 的供应商不支持采用与云 A 一样的安全技术

3.4.6 多区域合规和法律问题

第三方云供应商经常会在经济实惠或方便的地理位置建立数据中心。当由公共云托管时，云消费者通常不会知道其 IT 资源和数据的物理位置。对于某些组织来说，这可能会引起与特定数据隐私和存储政策的行业或政府法规相关的严重法律问题。例如，一些英国法律要求将属于英国公民的个人数据保存在英国境内。

另一个潜在的法律问题涉及数据的可访问性和披露。各国通常都有法律要求向某些政府机构或数据主体披露某些类型的数据。例如，与位于许多欧盟国家的数据相比，位于美国的欧洲云消费者的数据更容易被政府机构访问（根据《美国爱国者法案》）。

大多数监管框架都认识到，云消费者最终对其自身数据的安全性、完整性和存储负责，即使这些数据由外部云供应商持有。

3.4.7 成本超支

由于需要兼顾众多需求、考虑因素和利益相关者，为云计算创建商业案例可能是一项艰巨的挑战。许多组织在没有为这些项目创建适当的商业案例的情况下就着手进行云迁移计划。这是云项目成本超支的根本原因之一，并导致规划不善、治理不善或缺乏治理，以及成本高昂的云风险缓解策略。

传统上，商业案例进程由证明大资本投资的合理性而触发。然而，由于云环境允许用户快速获得所需的功能，组织可能会错误地认为它们不需要额外的资本投入。随着云采用率的增长，人们最终认识到这种运营模式需要迁移本身之外的资本投资，但可能没有任何一种方法可以在采用或迁移之前估算所需的投资金额。

第 4 章

Cloud Computing: Concepts, Technology, Security & Architecture, Second Edition

基本概念和模型

接下来的部分涵盖与用于分类和定义云及其最常见服务的基础模型相关的介绍性主题领域，同时定义了组织角色和特有的特征集。

4.1 角色和边界

组织和人员可以承担不同类型的预定义角色，具体取决于它们与云及其托管 IT 资源的关系和 / 或交互方式。每个即将到来的角色都会参与并履行与云相关活动的职责。以下部分定义了这些角色并确定它们之间的关联。

4.1.1 云供应商

提供基于云的 IT 资源的组织称为云供应商。当承担云供应商的角色时，组织负责根据商定的 SLA 保证向云消费者提供云服务。云供应商还承担任何所需的管理和行政职责，以确保整个云基础设施的持续运行。

云供应商通常拥有可供云消费者租赁的 IT 资源；然而，一些云供应商也"转售"从其他云供应商租用的 IT 资源。

4.1.2 云消费者

云消费者是与云供应商签订正式合同或意向来使用云供应商提供的 IT 资源的组织（或个人）。具体来说，云消费者使用某个云服务消费者程序来访问云服务（如图 4.1 所示）。

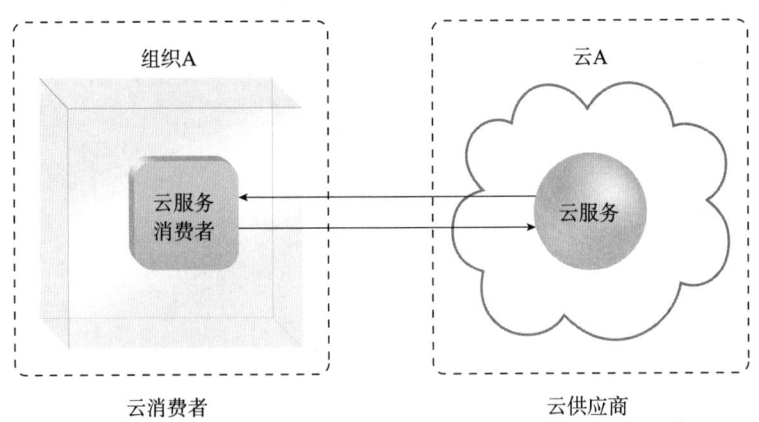

图 4.1 云消费者（组织 A）与云供应商（拥有云 A）的云服务进行交互。在组织 A 内，云服务消费程序访问云服务

本书中的图并不总是明确地将符号标记为"云消费者"。相反，通常暗示远程访问基于云的 IT 资源的组织或人员被视为云消费者。

> **笔记**
>
> 在描述基于云的 IT 资源和消费者组织之间的交互场景时，本书对于如何使用术语"云服务消费者"和"云消费者"没有严格的规则。前者通常用于标记通过编程使用云服务技术合约或 API 接口交互的软件程序或应用程序。后一个术语更广泛，它可以用来标记组织、访问用户界面的个人或在与云、基于云的 IT 资源或云供应商交互时承担云消费者角色的软件程序。"云消费者"一词的广泛使用是有意为之的，因为这可以刻画在不同技术和业务环境中的不同类型消费者－供应商关系。

4.1.3 云经纪人

承担谈判、管理和代表云消费者操作云服务的第三方组织扮演着云经纪人的角色。云经纪人可以在云消费者和云供应商之间提供中介服务，包括调解、集成和套利等。

云经纪人通常为多个云消费者（这些云消费者交替或同时与多个云供应商合作）提供这些服务，充当云服务的集成者和云消费者的聚合者，如图 4.2 所示。

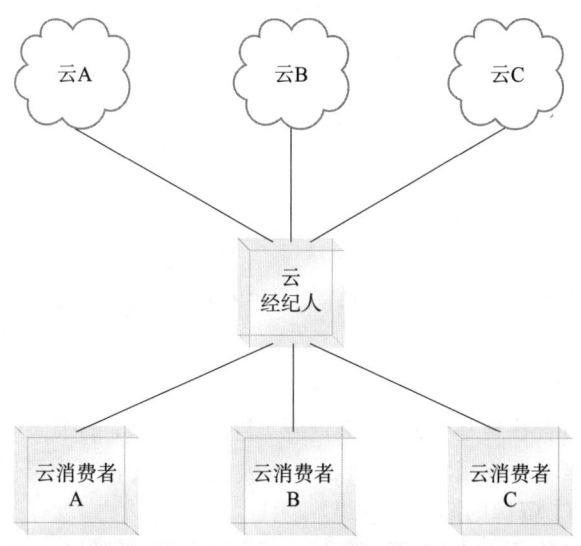

图 4.2　云经纪人向其客户（云消费者 A、B 和 C）提供来自三个不同云供应商的基于云的服务和 IT 资源

4.1.4 云服务所有者

合法拥有云服务的个人或组织称为云服务所有者。云服务所有者可以是云消费者，也可以是拥有云服务所在云的云供应商。

例如，云 X 的云消费者或云 X 的云供应商都可以拥有云服务 A（如图 4.3 和图 4.4 所示）。

注意，拥有第三方云托管的云服务的云消费者不一定是该云服务的用户（或消费者）。一些云消费者组织在第三方云中开发和部署云服务，以便向广大公众提供这些云服务。

云服务所有者之所以不被称为云资源所有者，是因为云服务所有者角色仅适用于云服务（如第 3 章所述，云服务是驻留在云中的外部可访问的 IT 资源）。

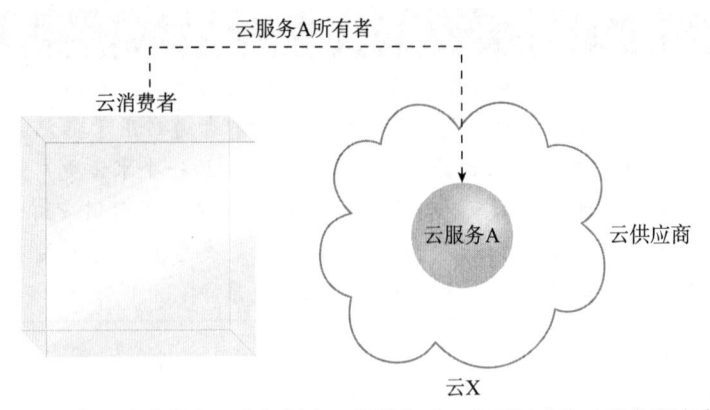

图 4.3 当云消费者在云中部署自己的服务时,它可以成为云服务所有者

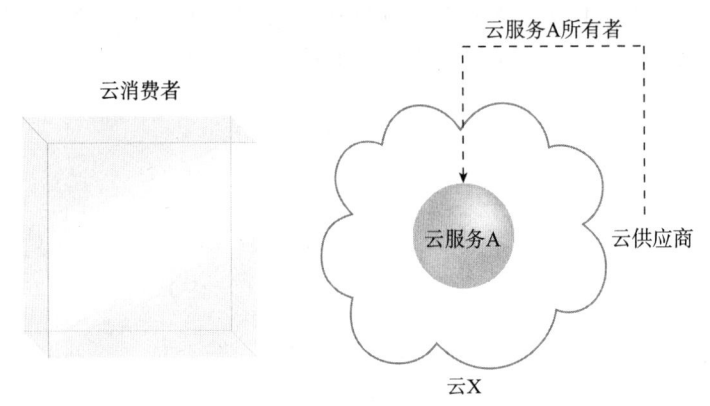

图 4.4 如果云供应商部署自己的云服务(通常供其他云消费者使用),那么它就成为云服务所有者

4.1.5 云资源管理员

云资源管理员是负责管理基于云的 IT 资源(包括云服务)的个人或组织。云资源管理员可以是(或属于)云服务所在云的云消费者或云供应商。或者,它可以是(或属于)签订了合约来管理基于云的 IT 资源的第三方组织。

例如,云服务所有者可以与云资源管理员签订合同来管理云服务(如图 4.5 和图 4.6 所示)。

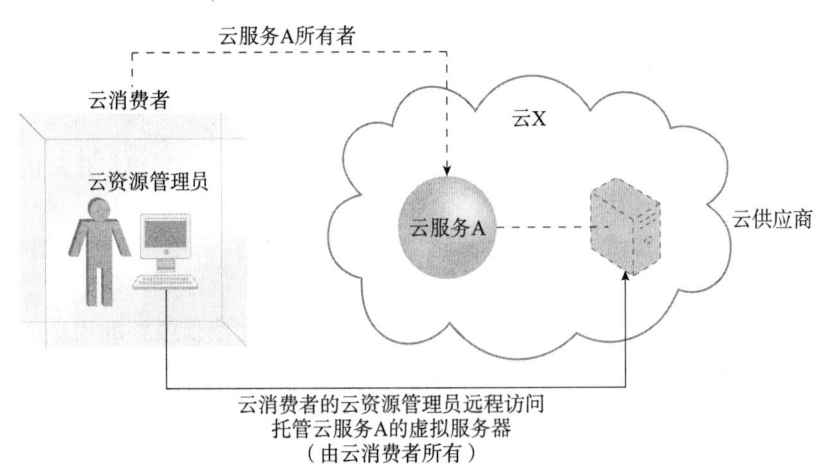

图 4.5 云资源管理员可以与云消费者组织合作,管理属于云消费者的可远程访问的 IT 资源

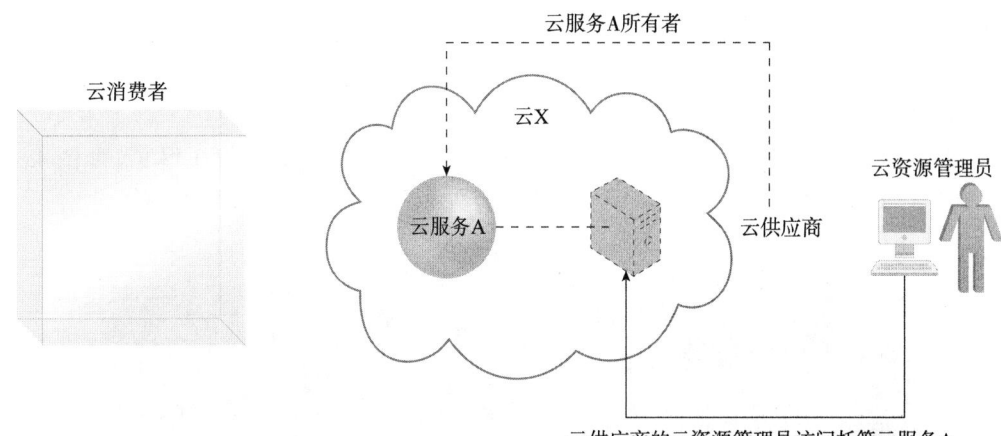

图 4.6 云资源管理员可以隶属于云供应商组织，为其管理云供应商的内部和外部可用 IT 资源

云资源管理员之所以不能被称为"云服务管理员"，是因为该角色可能负责管理不以云服务形式存在的基于云的 IT 资源。例如，如果云资源管理员属于云供应商（或与云供应商签订合同），则该角色管理无法远程访问的 IT 资源（并且这些类型的 IT 资源不属于云服务）。

4.1.6 其他角色

NIST 云计算参考架构定义了以下几个补充角色：

- 云审计员——对云环境进行独立评估的第三方（通常是经过认证的）。与此角色相关的典型职责包括评估安全控制、隐私影响和性能。云审计员角色的主要目的是提供对云环境的公正评估（以及可能的认可），以帮助加强云消费者和云供应商之间的信任关系。
- 云运营商——负责在云消费者和云供应商之间提供线路级连接的一方。这一角色通常由网络和电信供应商承担。

虽然每个角色都是合法的，但本书中介绍的大多数架构场景都不包含这些角色。

4.1.7 组织边界

组织边界表示围绕组织拥有和管理的一组 IT 资源的物理边界。组织边界并不代表实际组织的边界，而仅代表 IT 资产和 IT 资源的组织集合。同样，云也有组织边界（如图 4.7 所示）。

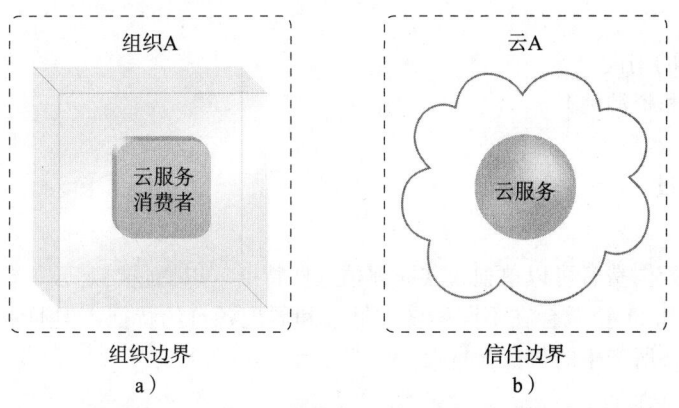

图 4.7 云消费者（图 a）和云供应商（图 b）的组织边界，用虚线表示

4.1.8 信任边界

当组织承担云消费者的角色来访问基于云的 IT 资源时，它需要将其信任扩展到组织的物理边界之外，以包括云环境的一部分。

信任边界是一个逻辑边界，通常跨越物理边界，表示 IT 资源的信任程度（如图 4.8 所示）。在分析云环境时，信任边界最常与充当云消费者的组织发布的信任相关联。

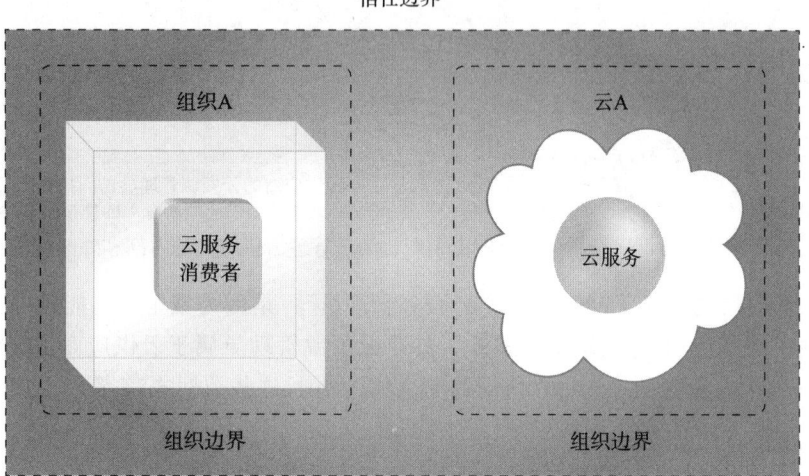

图 4.8　扩展的信任边界涵盖云供应商和云消费者的组织边界

> **笔记**
>
> 另一种与云环境相关的边界是逻辑网络边界。这种边界被归类为云计算机制，将在第 8 章对它进行介绍。

4.2 云特征

IT 环境需要一组特有的特征，才能以有效的方式远程配置可伸缩和可测量的 IT 资源。这些特征需要达到一定的程度，IT 环境才能被视为有效云。

大多数云环境具有以下共同特征：

- 按需使用
- 无处不在的访问
- 多租户（和资源池）
- 弹性
- 用量可度量
- 韧性

云供应商和云消费者可以单独或共同评估这些特征，以衡量给定云平台提供的价值。尽管基于云的服务和 IT 资源会在不同程度上继承和展现各自的特征，但通常它们得到支持和利用的程度越高，所产生的价值就越大。

4.2.1 按需使用

云消费者可以单方面访问基于云的 IT 资源,从而使云消费者可以自由地自行配置这些 IT 资源。配置完成后,可以自动使用自配置 IT 资源,不需要云消费者或云供应商进一步的人工参与。这就形成了按需使用的环境。这一特征也称为"按需自助服务",它支持主流云中基于服务和需求驱动的能力。

4.2.2 无处不在的访问

无处不在的访问代表了云服务可广泛访问的能力。建立无处不在的云服务访问可能需要支持一系列设备、传输协议、接口和安全技术。为了实现这种级别的访问,通常需要根据不同云服务消费者的特定需求定制云服务架构。

4.2.3 多租户(和资源池)

软件程序的一个特性是程序的一个实例能够为不同的消费者(租户)服务,而且每个消费者彼此隔离,这种特性称为多租户。云供应商常常使用依赖于虚拟化技术的多租户模型,将 IT 资源池化来为多个云服务消费者提供服务。通过使用多租户技术,IT 资源可以根据云服务消费者的需求进行动态配置和重新分配。

资源池使云供应商能够池化大规模 IT 资源来服务多个云消费者。不同的物理和虚拟 IT 资源根据云消费者需求,通常通过统计复用机制动态配置和重新分配。资源池通常是通过多租户技术实现的,因此具有多租户特征。有关更详细的说明,可以参阅第 13 章中的资源池架构部分。

图 4.9 和图 4.10 说明了单租户和多租户环境之间的差异。

如图 4.10 所示,多租户允许多个云消费者使用相同的 IT 资源或其实例,而每个实例都不知道它可能被其他人使用。

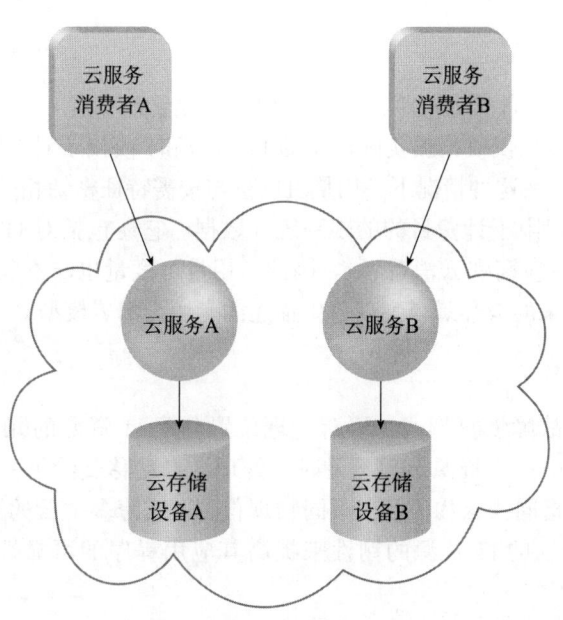

图 4.9 在单租户环境中,每个云消费者都有一个单独的 IT 资源实例

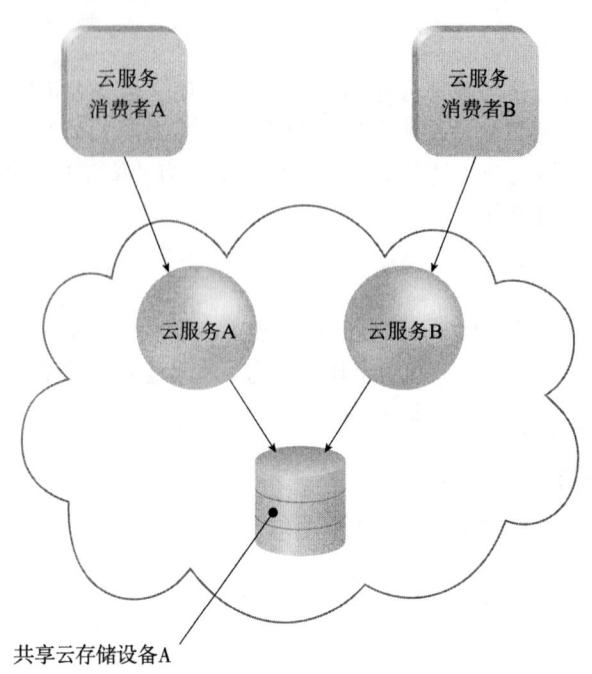

图 4.10　在多租户环境中，IT 资源的单个实例（例如云存储设备）可以为多个消费者提供服务

4.2.4　弹性

弹性是云透明地自动伸缩 IT 资源的能力，这种伸缩使得云能够跟随运行时条件的需要或云消费者/云供应商的预先确定而自动变化。弹性通常被认为是采用云计算的核心理由，主要是因为它与"减少投资和按比例分摊成本"密切相关。拥有大量 IT 资源的云供应商可以提供最大范围的弹性。

4.2.5　用量可度量

用量可度量表示云平台具有跟踪其 IT 资源（主要是云消费者）使用情况的能力。根据度量的结果，云供应商可以仅仅根据实际使用的 IT 资源和/或授予对 IT 资源访问权限的时间范围向云消费者收费。在这种情况下，用量可度量与按需特征密切相关。

用量可度量不仅仅限于计费目的的跟踪统计数据。它还包括对 IT 资源的常规监视和相关使用报告（针对云供应商和云消费者）。因此，用量可度量也与不收取使用费用的云相关（这可能适用于即将到来的云部署模型部分中描述的专用云部署模型）。

4.2.6　韧性

韧性计算是一种故障恢复形式，可跨物理位置分配 IT 资源的冗余设施。IT 资源可以预先配置，以便在其中一个资源出现不足时，处理会自动移交给另一个冗余设施。在云计算中，韧性特征可以指同一云内（但在不同物理位置）或跨多个云的冗余 IT 资源。云消费者可以通过利用基于云的 IT 资源的韧性来提高其应用程序的可靠性和可用性（如图 4.11 所示）。

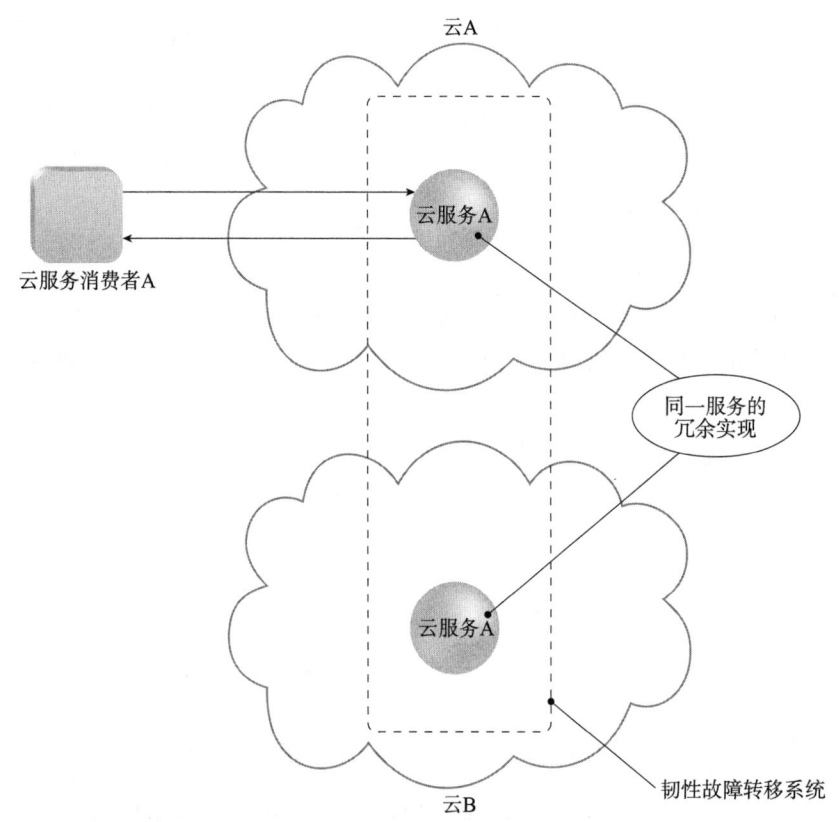

图 4.11 一个韧性系统，其中云 B 托管云服务 A 的冗余实现，以便在云 A 上的云服务 A 不可用时提供故障转移

4.3 云交付模式

云交付模式代表云供应商提供的特定的、预先打包的 IT 资源组合。三种常见的云交付模式已得到广泛建立和正式化：

- 基础设施即服务（IaaS）
- 平台即服务（PaaS）
- 软件即服务（SaaS）

这三种模式在一个模式的范围如何涵盖另一个模式的范围方面是相互关联的，正如本章后面的"组合云交付模式"部分中所探讨的。

> **笔记**
>
> 云交付模式可以称为云服务交付模式，因为每种模式都被归类为不同类型的云服务产品。

4.3.1 基础设施即服务

IaaS 交付模式代表一个独立的 IT 环境，它由以基础设施为中心的 IT 资源组成，可以通过基于云服务的界面和工具访问、管理这些资源。该环境可以包括硬件、网络、连接、操作系统和其他"原始"IT资源。与传统的托管或外包环境相比，通过IaaS，IT资源通常被虚拟化并打包成捆绑包，从而简化了基础设施的前期运行时伸缩和定制。

IaaS环境的总体目的是为云消费者提供对其配置和使用的高级控制和责任。IaaS提供的IT资源通常不会预先配置，从而将管理责任直接置于云消费者身上。因此，需要对想要创建的基于云的环境进行高水平控制的云消费者使用此模型。

有时，云供应商会与其他云供应商签订IaaS产品合同，以扩展自己的云环境。不同云供应商的IaaS产品所提供的IT资源的类型和品牌可能有所不同。通过IaaS环境可用的IT资源通常作为新初始化的虚拟实例提供。典型IaaS环境中的核心和主要IT资源是虚拟服务器。虚拟服务器通过指定服务器硬件要求（例如处理器能力、内存和本地存储空间）来租用，如图4.12所示。

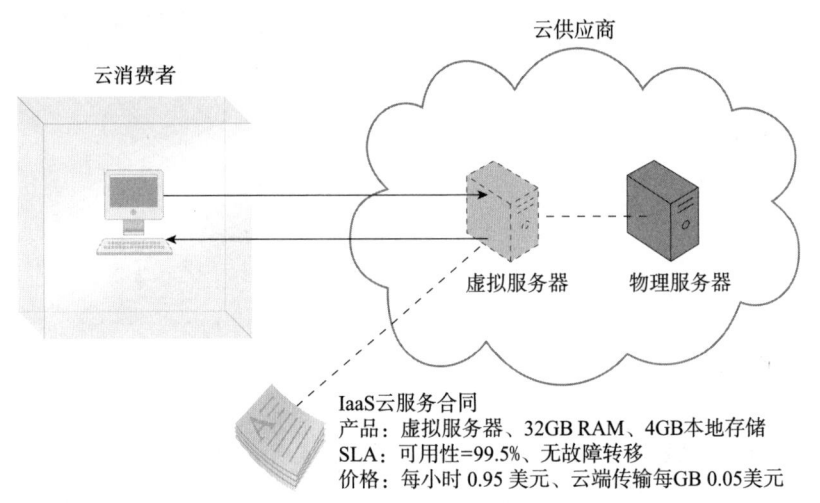

图4.12 云消费者正在IaaS环境中使用虚拟服务器。云供应商向云消费者提供一系列与容量、性能和可用性等特征相关的合同保证

4.3.2 平台即服务

PaaS交付模式代表预定义的"即用型"环境，通常由已部署和配置的IT资源组成。具体来说，PaaS依赖于（并且主要由其定义）预备环境的使用，该环境建立了一组预打包的产品和工具，用于支撑自定义应用的整个交付生命周期。

云消费者使用和投资PaaS环境的常见原因包括：

❑ 出于可伸缩性和经济目的，云消费者希望将本地环境扩展到云中。
❑ 云消费者使用预备环境来完全替代本地环境。
❑ 云消费者希望成为云供应商并部署自己的云服务，供其他外部云消费者使用。

通过在预备平台中工作，云消费者可以免除设置和维护通过IaaS模型提供的裸基础设施IT资源的管理负担。相反，云消费者对托管和配置平台的底层IT资源拥有较低级别的控制权（如图4.13所示）。

PaaS产品可采用不同的开发栈。例如，Google App Engine提供基于Java和Python的环境。

第8章进一步将预备环境作为一种云计算机制进行描述。

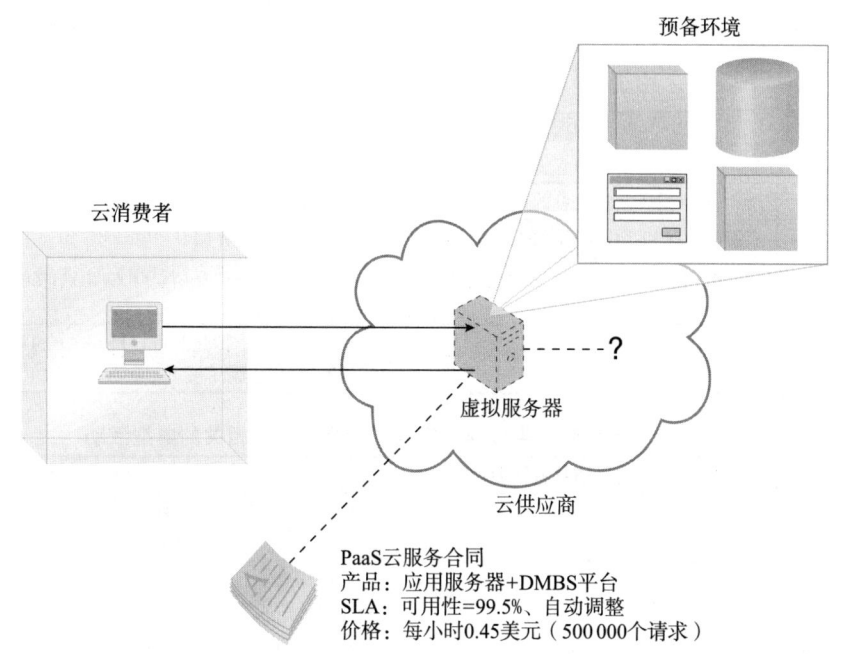

图 4.13　云消费者正在访问预备 PaaS 环境。问号表明云消费者被有意屏蔽以了解平台的实现细节

4.3.3　软件即服务

一个定位为共享云服务并作为"产品"或通用工具形式提供的程序，体现了 SaaS 产品的典型特征。SaaS 交付模式通常向一系列云消费者提供广泛可重用的云服务（通常是商业性的）。围绕 SaaS 产品存在一个完整的市场，这些产品可以根据不同的条款和不同的目的进行租赁和使用（如图 4.14 所示）。

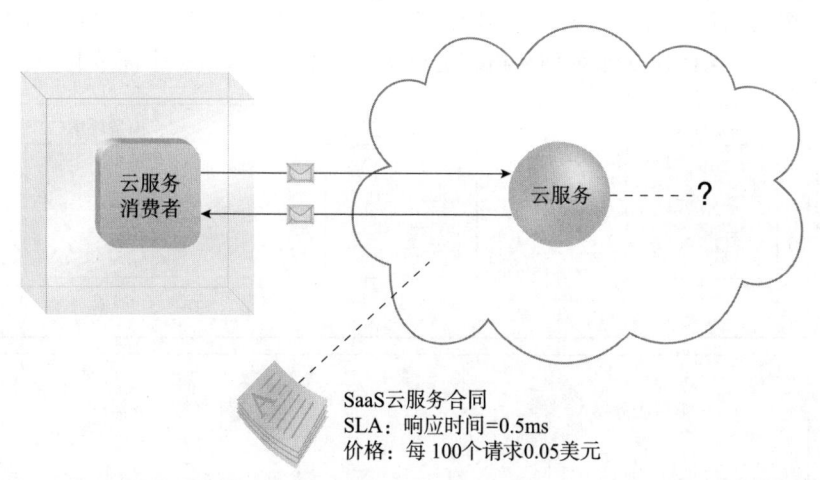

图 4.14　云服务消费者可以了解云服务合约，但不知道任何底层 IT 资源或实施细节

云消费者通常被授予对 SaaS 实施非常有限的管理控制权。该权利通常由云供应商提供，但它可以由承担云服务所有者角色的任何实体合法拥有。例如，在使用 PaaS 环境时充当云消费者的组织可以构建云服务，并决定将其部署在与 SaaS 产品相同的环境中。那么，该组织就有效地扮演了云供应商的角色，这时，基于 SaaS 的云服务供充当云消费者的其他组织使用。

4.3.4 比较云交付模式

本节提供两个表格，用于比较云交付模式使用和实施的不同方面。表 4.1 对比了控制级别，表 4.2 对比了典型的职责和用法。

表 4.1 典型云交付模式控制级别的比较

云交付模式	典型授予云消费者的控制级别	典型可供云消费者使用的功能
SaaS	用量情况和与用量相关的配置	访问前端用户界面
PaaS	受限管理	对与云消费者平台用量相关的 IT 资源进行中等程度的管理控制
IaaS	完全管理	完全访问与虚拟化基础设施相关的 IT 资源，并可能访问底层物理 IT 资源

表 4.2 云消费者和云供应商执行的与云交付模型相关的典型活动

云交付模型	常见的云消费者行为	常见的云供应商行为
SaaS	使用和配置云服务	实现、管理和维护云服务 监视云消费者的使用情况
PaaS	开发、测试、部署和管理云服务和基于云的解决方案	根据需要，预配置平台并提供底层基础设施、中间件和其他所需的 IT 资源 监视云消费者的使用情况
IaaS	设置和配置裸基础架构，并安装、管理和监视任何所需的软件	提供和管理所需的物理处理、存储、网络和托管 监视云消费者的使用情况

4.3.5 组合云交付模式

三种基本云交付模式组成了一个自然的配置层次结构，为探索模式的组合应用提供了机会。接下来的部分将简单介绍与两种常见组合相关的注意事项。

1. IaaA+PaaS

PaaS 环境将构建在与 IaaS 环境中提供的物理和虚拟服务器以及其他 IT 资源相当的底层基础设施之上。图 4.15 显示了如何从概念上将这两个模型组合成一个简单的分层架构。

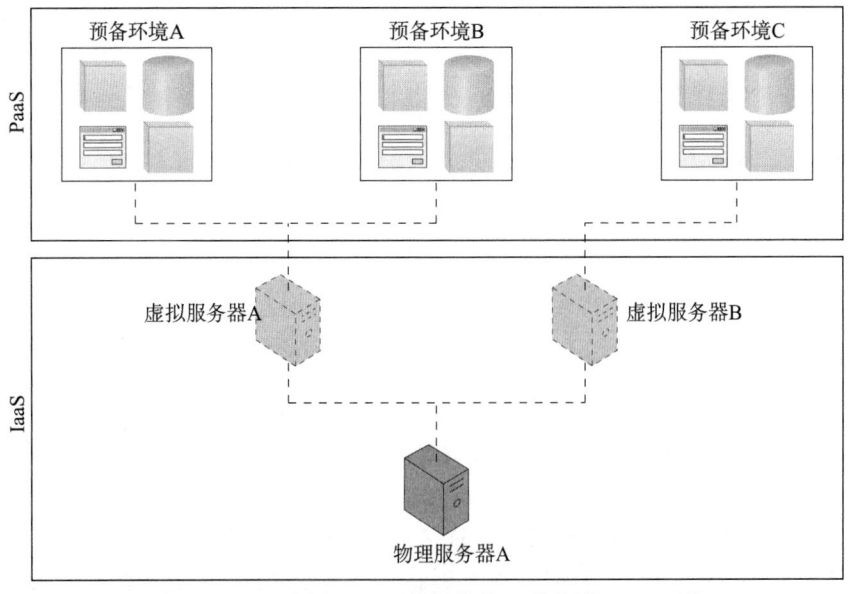

图 4.15 基于底层 IaaS 环境提供的 IT 资源的 PaaS 环境

云供应商通常不需要从自己的云中配置 IaaS 环境来为云消费者提供 PaaS 环境。那么，图 4.16 提供的架构视图有用或适用吗？假设提供 PaaS 环境的云供应商选择从不同的云供应商租用 IaaS 环境。

这种安排的动机可能受到经济因素的影响，也可能是因为第一个云供应商通过服务其他云消费者而接近超出其现有能力。或者，也许特定的云消费者对数据物理存储在特定区域（不同于第一个云供应商的云所在的位置）提出了法律要求，如图 4.16 所示。

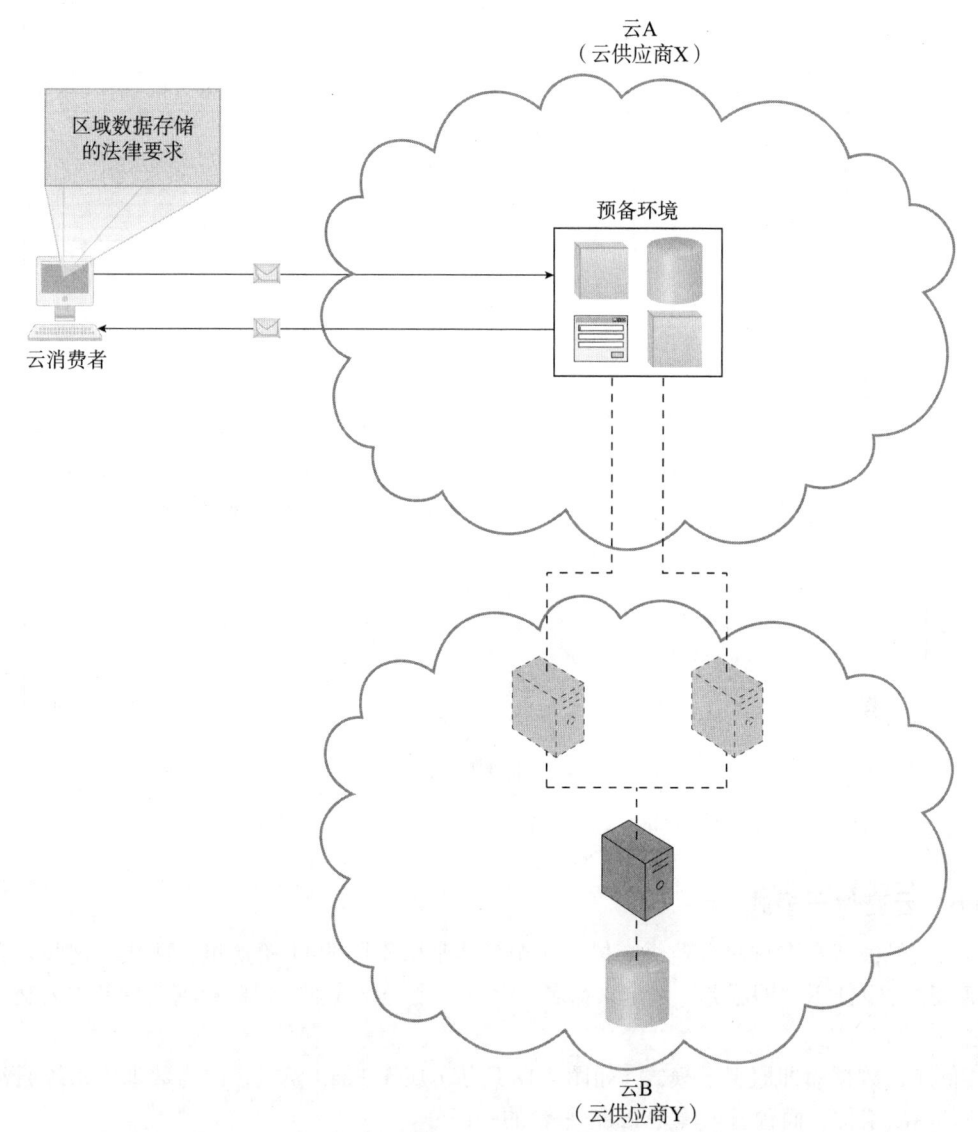

图 4.16 云供应商 X 和 Y 之间的合约示例，其中云供应商 X 提供的服务物理托管在属于云供应商 Y 的虚拟服务器上。法律要求保留在特定区域的敏感数据物理上保存在云 B 中，其物理位置位于该云 B 区域

2. IaaS+PaaS+SaaS

所有三种云交付模式都可以组合起来建立互相支持的 IT 资源层。例如，通过添加前面图 4.16 所示的分层架构，云消费者组织可以使用 PaaS 环境提供的预备环境来开发和部署自

己的 SaaS 云服务，然后将其提供为商业产品（如图 4.17 所示）。

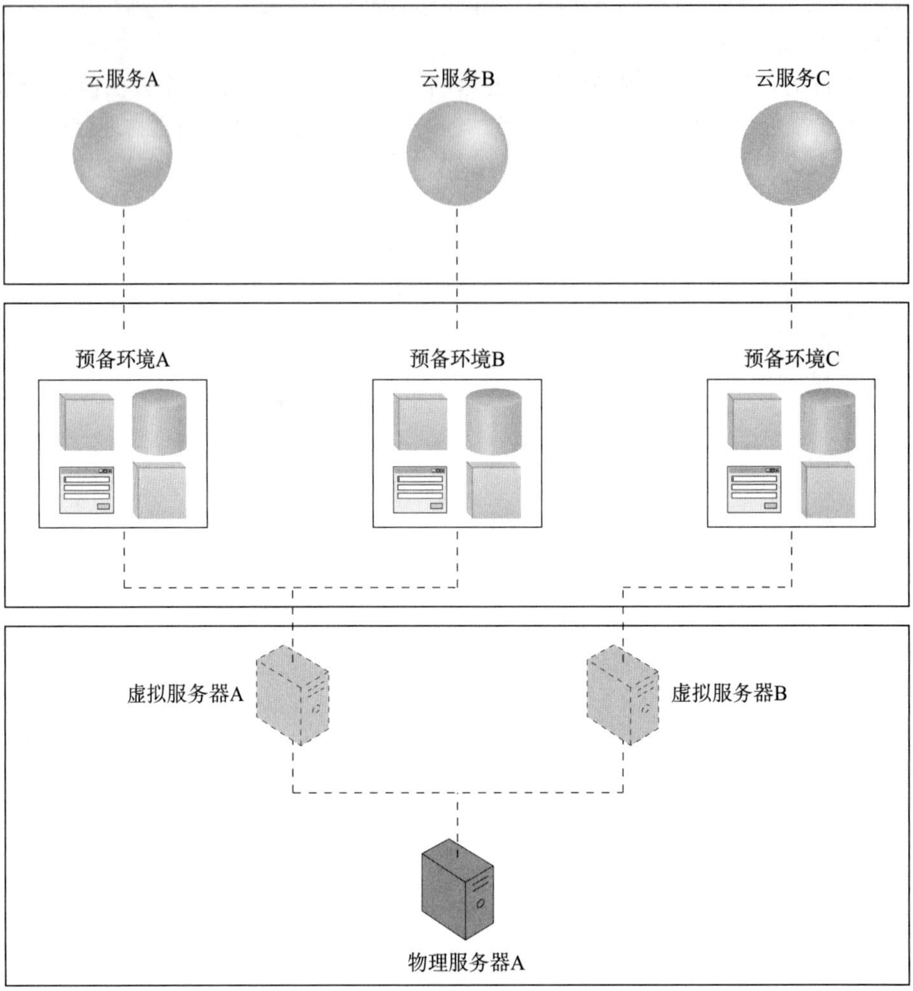

图 4.17　托管了三种 SaaS 云服务实现的 IaaS 和 PaaS 合成环境架构的简单分层视图

4.3.6　云交付子模式

云交付模式存在许多专业级变体，每个变体都由不同的 IT 资源组合而成。这些云交付子模式通常也使用"即服务"约定来命名，并且每个子模式都可以映射到三种基本云交付模式之一。

例如，数据库即服务子模式（如图 4.18 所示）属于 PaaS 模式，因为数据库系统通常是预备环境的组件，而预备环境是 PaaS 平台的一部分。

同样，安全即服务是 SaaS 的子模式，用于提供对可用于保护云消费者 IT 资产的功能的访问。

另一个例子是 IaaS 的存储即服务子模式（如图 4.19 所示），云供应商可以使用它向云消费者提供云存储相关的服务。

云原生交付子模型也被视为 SaaS 的子模型，它将云原生应用程序的构建和部署以轻量容器形式打包成独立服务包。

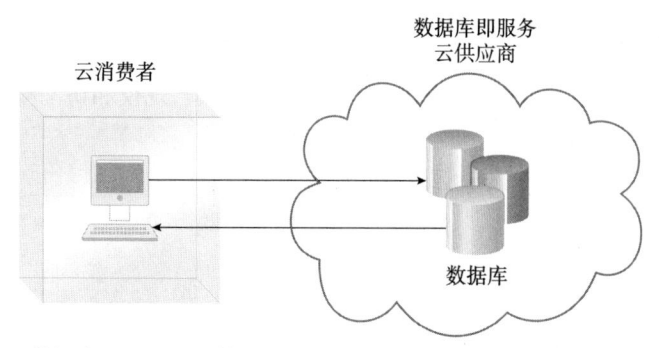

图 4.18　数据库即服务云交付子模式由云供应商表示，以提供对数据库的访问

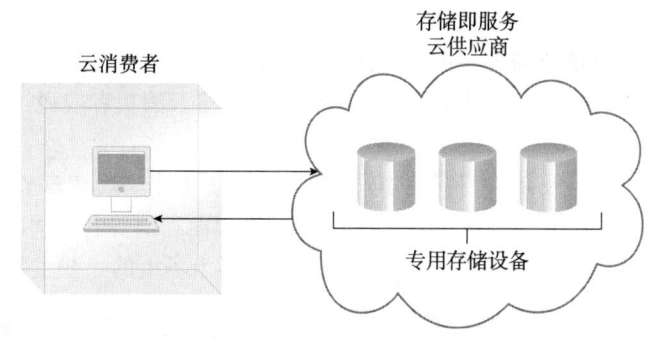

图 4.19　存储即服务产品可以提供多种存储相关服务，例如结构化和非结构化数据存储、文件存储、对象存储和长期归档存储

云原生应用程序（如图 4.20 所示）不依赖特定的操作系统或计算机，以更高抽象程度运行。这些类型的应用程序在虚拟化、共享和具有弹性的基础设施上运行。它们可以与底层基础设施协同，随着负载波动动态伸缩。

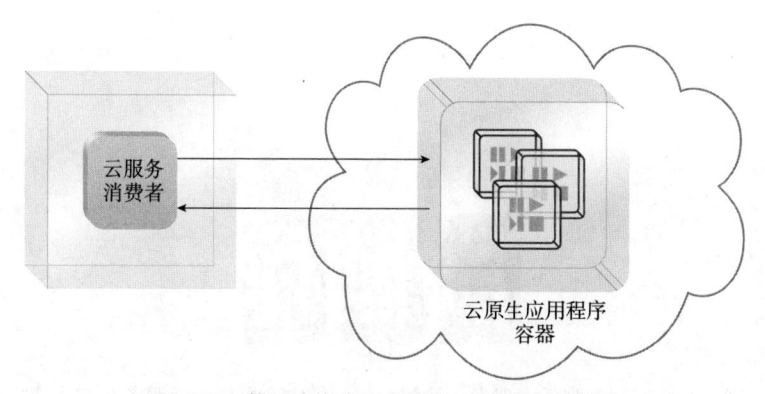

图 4.20　使用多个容器部署的云原生应用程序

常见云交付子模式的其他示例包括（但不限于）以下内容：
- 通信即服务（SaaS 的子模式）
- 集成即服务（PaaS 的子模式）
- 测试即服务（SaaS 的子模式）
- 流程即服务（SaaS 的子模式）
- 桌面即服务（IaaS 的子模式）

4.4 云部署模型

云部署模型代表特定类型的云环境，主要通过所有权、规模和访问权限来区分。

常见的云部署模型有四种：

- 公共云
- 专用云
- 多云
- 混合云

以下部分介绍每个模型。

4.4.1 公共云

公共云是第三方云供应商拥有的可公开访问的云环境。公共云上的 IT 资源通常通过前面描述的云交付模式来配置，并且通常以一定成本提供给云消费者或通过其他途径（例如广告）进行商业化。

云供应商负责公共云及其 IT 资源的创建和持续维护工作。后续章节中探讨的许多场景和架构都涉及公共云以及通过公共云实现的 IT 资源供应商和消费者之间的关系。

图 4.21 显示了公共云场景的部分视图，突出显示了市场上的一些主要云供应商。

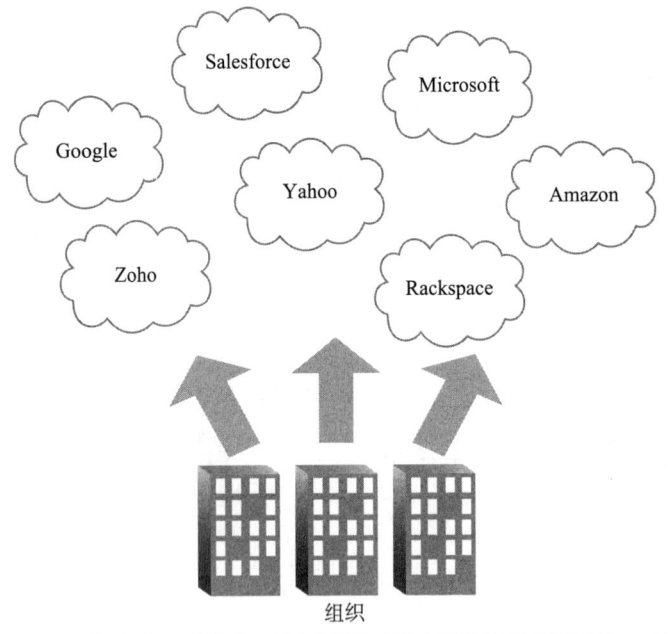

图 4.21 组织充当云消费者，访问不同云供应商提供的云服务和 IT 资源

4.4.2 专用云

专用云由单个组织拥有。专用云使得组织能够将云计算技术作为一种手段，让组织的不同部分、不同位置或不同部门集中访问 IT 资源。当专用云作为受控环境存在时，第 3.4 节中描述的问题往往不适用。

专用云的使用可以改变组织和信任边界的定义和应用方式。专用云环境的实际管理可以由内部或外包人员执行。

对于专用云，从技术上讲，同一个组织既是云消费者又是云供应商（如图 4.22 所示）。为了区分这些角色：

- 通常由一个单独的组织部门负责配置云，承担云供应商的角色；
- 需要访问专用云的部门承担云消费者角色。

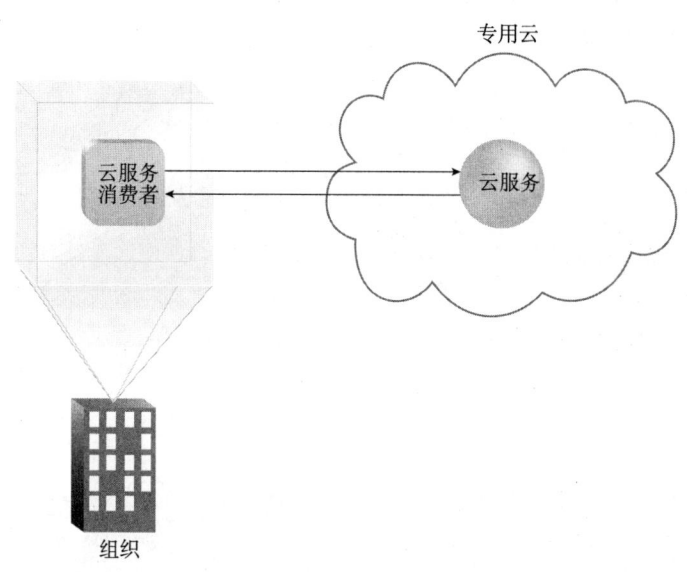

图 4.22 组织本地环境中的云服务消费者通过虚拟专用网络访问托管在同一组织的专用云上的云服务

在专用云环境中正确使用术语"本地"和"基于云"非常重要。尽管专用云可能实际驻留在组织的场所内，但只要云消费者可以远程访问其托管的 IT 资源，它们仍然被视为"基于云"的。因此，相对于基于专用云的 IT 资源而言，充当云消费者的部门在专用云外部托管的 IT 资源被视为"本地"的。

4.4.3 多云

采用多云部署模型时，云消费者组织可以使用多个云供应商提供的来自不同公共云的云服务和 IT 资源，如图 4.23 所示。

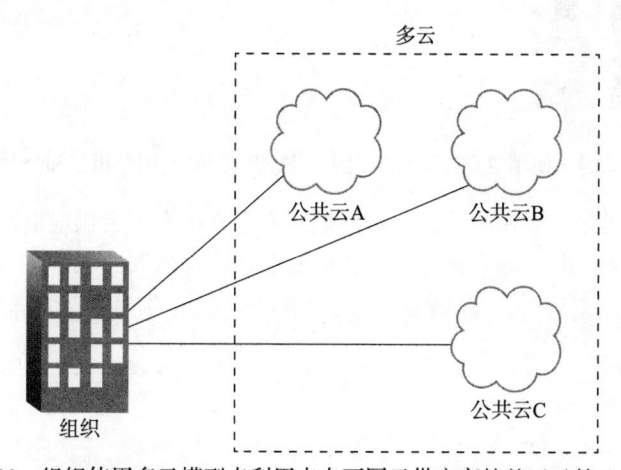

图 4.23 组织使用多云模型来利用来自不同云供应商的基于云的 IT 资源

例如，此部署模型可用于改进冗余和系统备份方案，通过减少供应商锁定来提高移动性，或者可以利用来自不同云供应商的优质云服务。

4.4.4 混合云

混合云是由两种或多种不同的云部署模型组成的云环境。例如，云消费者可以选择将处理敏感数据的云服务部署到专用云，而将其他不太敏感的云服务部署到公共云。这种组合的结果是一个混合部署模型（如图 4.24 所示）。

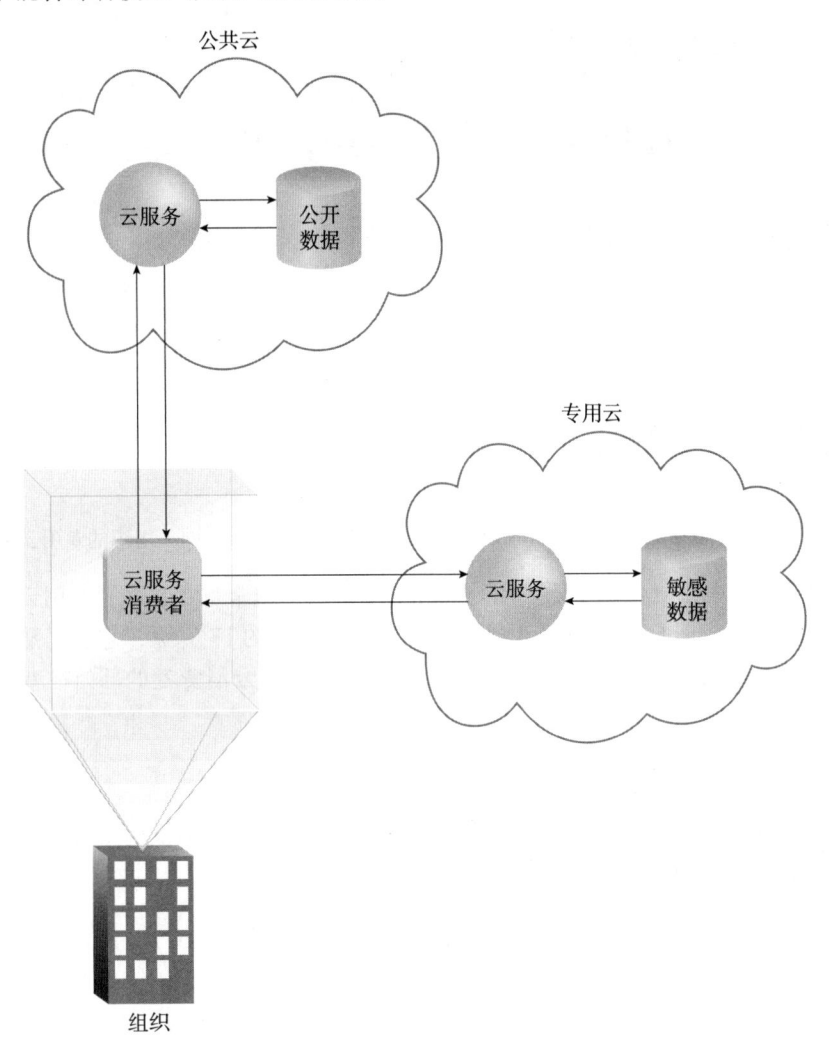

图 4.24 使用混合云架构的组织，该架构同时使用专用云和公共云

由于云环境可能存在潜在的差异，且管理职责通常由专用云供应商组织和公共云供应商分担，因此创建和维护混合部署架构可能会很复杂且具有挑战性。

第 5 章

Cloud Computing: Concepts, Technology, Security & Architecture, Second Edition

云支持技术

当前的云由一组共同支撑当代云计算关键功能和特性的技术组件组成。

尽管云计算的进步推动了相关云支持技术的发展，但大多数技术在云计算出现之前就已存在并成熟了。

5.1 网络和互联网架构

所有云都必须连接到网络。这一必然要求决定了网络互联的不可或缺性。

互联网络或 internet 允许远程配置 IT 资源，并直接支持无处不在的网络访问。尽管大多数云都支持互联网，但云消费者可以选择仅使用 LAN 中的私有和专用网络链接来访问云。因此，云平台的潜力通常随着互联网连接和服务质量的进步而增长。

5.1.1 互联网服务供应商

互联网最大的骨干网络由 ISP 建立和部署，并通过核心路由器进行战略互连，这些核心路由器连接多国网络。如图 5.1 所示，一个 ISP 网络与其他 ISP 网络和各种组织互连。

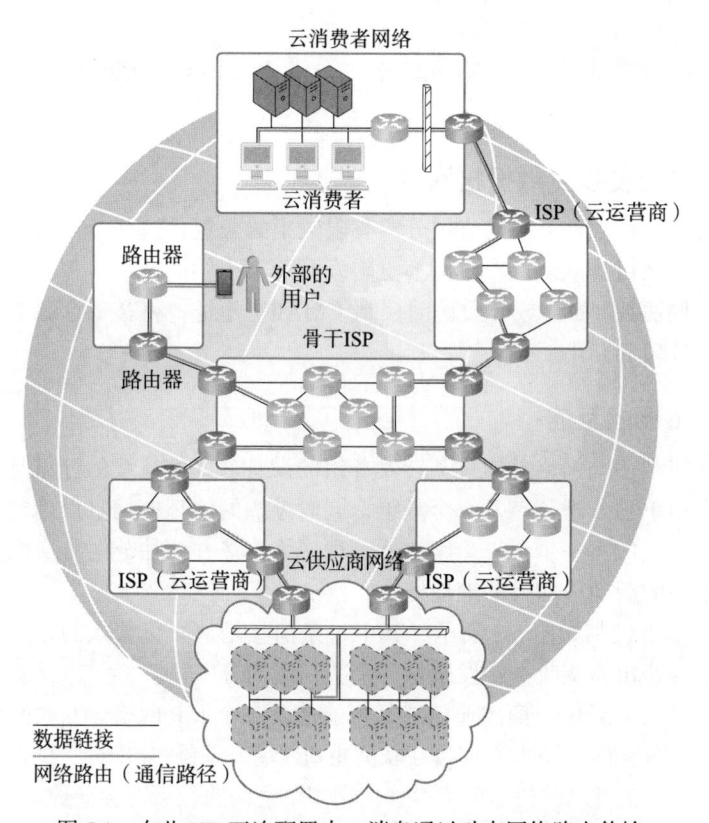

图 5.1　在此 ISP 互连配置中，消息通过动态网络路由传输

互联网的概念基于去中心化的配置和管理模型。ISP除了可以选择合作ISP进行互连外，还可以自由部署、运营和管理其网络。尽管像互联网名称与数字地址分配机构（ICANN）这样的机构负责监督和协调互联网通信，但没有一个中央实体来全面管理互联网。

政府和监管法律规定了国内外组织和ISP的服务提供条件。互联网的某些领域仍然需要划定国家管辖权和法律边界。

互联网的拓扑结构已成为ISP的动态且复杂的聚合，这些ISP通过其核心协议高度互连。更小的分支从这些主要的互连节点延伸出来，通过较小的网络向外分，直到最终触达每个支持互联网的电子设备。

全球连接是由第一、第二和第三层（如图5.2所示）组成的分层拓扑实现的。核心的第一层由大型国际云供应商组成，这些云供应商负责监管大规模互连的全球网络，这些网络连接第二层的大型区域级供应商。第二层的互连ISP与第一层供应商以及第三层的本地ISP连接。云消费者和云供应商可以通过第一层供应商直接连接，因为任何运营的ISP都可以启用互联网连接。

互联网和ISP网络的通信链路和路由器是分布在无数流量生成路径中的IT资源。用于构建互联网架构的两个基本组件是无连接分组交换（数据报网络）和基于路由器的互连。

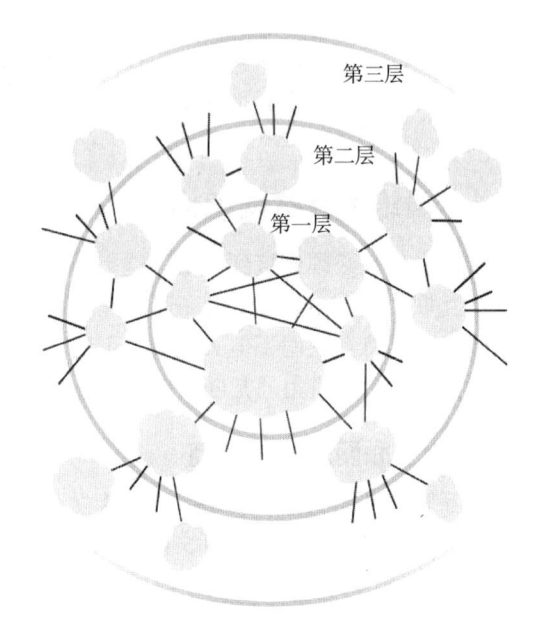

图5.2　互联网互连结构的抽象

5.1.2　无连接分组交换（数据报网络）

端到端（发送－接收对）数据流被分成有限大小的分组，这些分组通过网络交换机和路由器接收和处理，然后排队从一个中间节点转发到下一个中间节点。每个分组携带必要的位置信息，如互联网协议（IP）或介质访问控制（MAC）地址，将在每个源节点、中间节点和目标节点上进行处理和路由。

5.1.3　基于路由器的互连

路由器是连接到多个网络并通过其转发分组的设备。即使连续的分组是同一数据流的一部分，路由器也会单独处理和转发每个分组，同时维护网络拓扑信息以确定源节点和目标节点之间的通信路径上的下一个节点。路由器管理网络流量并评估分组传送的最有效跃点，因为它们了解分组中的源地址和目的地地址。

网络互连的基本机制如图5.3所示，其中一条消息是从一组传入的无序分组中合并而来的。图中所描绘的路由器接收并转发来自多个数据流的分组。

连接云消费者与其云供应商的通信路径可能涉及多个ISP网络。互联网的网状结构使用运行时确定的多个替代网络路由来连接互联网主机（端点系统）。因此，即使在同时出现多处网络故障的情况下，也可以维持通信，尽管使用多个网络路径可能会导致路由波动和延迟。

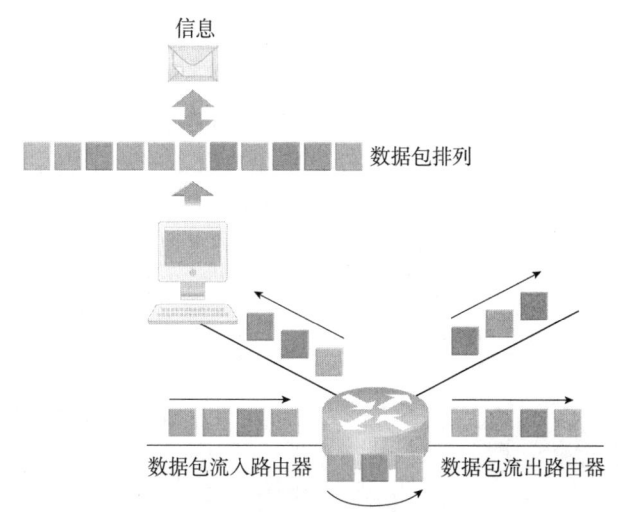

图 5.3 通过互联网传输的分组由路由器引导，路由器将它们排列成消息

这适用于互联网互连层，并与其他网络技术交互的 ISP，如下所示。

1. 物理网络

IP 报文通过连接相邻节点的底层物理网络进行传输，如以太网、ATM 网络、3G 移动 HSDPA 等。物理网络包括控制相邻节点之间的数据传输的数据链路层，以及通过有线介质和无线介质传输数据位的物理层。

2. 传输层协议

传输层协议（例如传输控制协议 TCP 和用户数据报协议 UDP）使用 IP 提供标准化的端到端通信支持，从而促进数据分组在互联网上的航行。

3. 应用层协议

HTTP、用于电子邮件的 SMTP、用于 P2P 的 BitTorrent 和用于 IP 电话的 SIP 等协议使用传输层协议来标准化，并启用互联网上特定的数据分组传输方法。许多其他协议也满足以应用程序为中心的要求，并使用 TCP/IP 或 UDP 作为跨互联网和 LAN 数据传输的主要方法。

图 5.4 展示了互联网参考模型和协议栈。

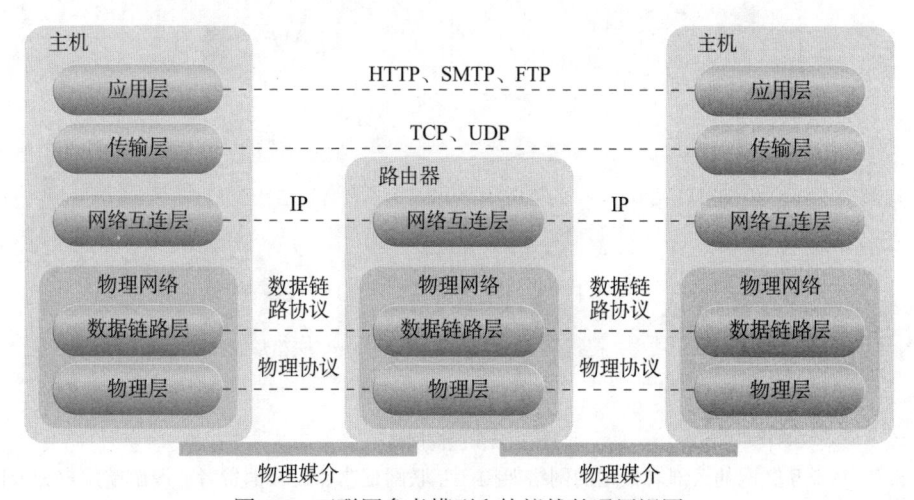

图 5.4 互联网参考模型和协议栈的通用视图

5.1.4 技术和商务上的考虑

1. 连接问题

在传统的本地部署模型中，企业应用程序和各种IT解决方案通常托管在位于组织自己的数据中心内的集中式服务器和存储设备上。端用户设备（例如智能手机和笔记本计算机）通过企业网络访问数据中心，提供不间断的互联网连接。

TCP/IP促进了互联网访问，以及通过LAN进行的本地数据交换（如图5.5所示）。尽管通常不会被称为云模型，但此配置已在大中型本地网络中得到了广泛应用。

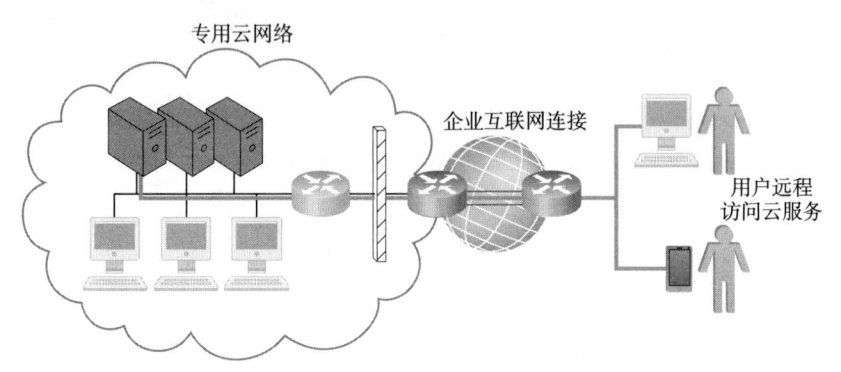

图 5.5　专用云的互联架构，构成云的物理IT资源在组织内定位和管理

使用此部署模型的组织可以直接访问进出互联网的网络流量，通常可以完全控制其企业网络，并可以使用防火墙和监视软件来保护它们。这些组织还承担部署、运营和维护其IT资源和互联网连接的责任。

通过互联网连接到网络的端用户设备可以持续访问云中的集中式服务器和应用程序（如图5.6所示）。

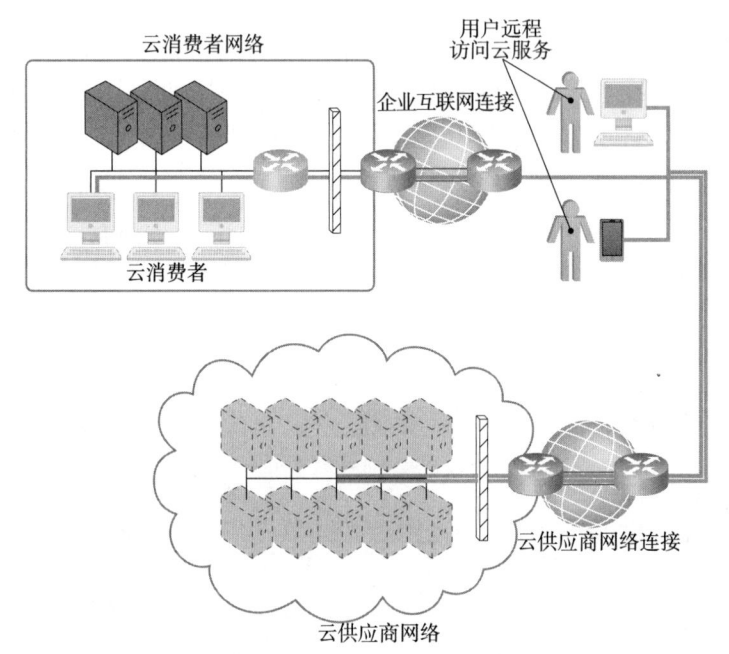

图 5.6　基于互联网的云部署模型的网络架构。互联网是非邻近云消费者、漫游端用户和云供应商自己网络之间的连接代理

适用于端用户功能的一个显著云功能是如何使用相同的网络协议访问集中式 IT 资源，无论它们位于企业网络内部还是外部。IT 资源是位于本地还是基于互联网，决定了内部和外部端用户如何访问服务，即使端用户本身并不关心基于云的 IT 资源的物理位置（如表 5.1 所示）。

表 5.1　本地 IT 资源和基于云的 IT 资源的比较

本地 IT 资源	基于云的 IT 资源
内部端用户设备通过企业网络访问企业 IT 服务	内部端用户设备通过互联网连接访问企业 IT 服务
内部用户在外部网络漫游时通过企业互联网连接访问企业 IT 服务	内部用户在外部网络漫游时通过云供应商的互联网连接访问企业 IT 服务
外部用户通过企业互联网连接访问企业 IT 服务	外部用户通过云供应商的互联网连接访问企业 IT 服务

云供应商可以轻松配置基于云的 IT 资源，以便内外部用户通过互联网连接访问（如图 5.6 所示）。这种互连架构有利于需要随处访问企业 IT 解决方案的内部用户，也有利于需要向外部用户提供基于互联网服务的云消费者。主要云供应商提供的互联网连接优于单个组织的连接，这导致额外的网络使用费成为其定价模型的一部分。

2. 网络带宽和延迟问题

端到端带宽除了受到连接网络到 ISP 的数据链路带宽的影响外，还取决于连接中间节点的共享数据链路的传输能力。ISP 需要使用宽带网络技术来构建保证端到端连接所需的核心网络。随着网络加速技术的发展（例如动态缓存、压缩和预读技术的发展）这种类型的带宽也在不断增加，从而不断改善终端用户的连接性。

延迟也称为时间时延，指分组从一个数据节点传输到另一个数据节点所需的时间。延迟随着数据分组路径上中间节点的增加而增加。网络基础设施中的传输队列可能会导致负载过重，从而增加网络延迟。网络依赖于共享节点中的流量状况，因此互联网延迟高度可变且通常不可预测。

具有"尽力而为"服务质量（QoS）的分组网络通常按照先来/先服务的方式传输分组。当网络发生拥塞时，如果未对流量进行优先级排序，那么使用该路径的数据流就会遭遇服务水平下降的问题，表现为带宽减少、延迟增加或分组丢失。

分组交换的性质允许分组在通过互联网的网络基础设施时动态选择路由。这种动态选择可能会影响端到端 QoS，因为分组的传输速度容易受到网络拥塞等条件的影响，所以造成速度不均匀。

IT 解决方案需要评估受网络带宽和延迟影响的业务需求，而网络带宽和延迟是云互连的本质。带宽对于需要在云中传输大量数据的应用程序来说至关重要，而延迟对于要求快速响应的业务应用来说也同样至关重要。

3. 无线和蜂窝网络

基于云的解决方案需要可以在任何地方通过任何设备进行访问，特别是那些针对移动客户和消费者的解决方案，需要可以通过无线和蜂窝通信链路进行访问。例如，移动边缘计算（MEC）是一种车联网（IoV）支持技术，为跨车辆共享处理能力以及其他预备资源提供了前瞻性的解决方案。

自主车辆边缘（AVE）是一种分布式车辆边缘计算技术，可以通过车辆对车辆（V2V）通信共享附近汽车的可用资源。AVE 是一种可应用于更广泛的在线解决方案（称为混合车辆边缘云，即 HVC）的理念，它可以通过多路访问网络，有效共享所有可用的计算资源，包括路边单元（RSU）和云。

这些都是无线和蜂窝网络技术如何通过克服其许多固有带宽和延迟限制，从而被调整或演进为基于云的解决方案中有效互连部件的示例。

4. 云运营商和云供应商选择

云消费者和云供应商之间的互联网连接的服务水平由其 ISP 决定，这些 ISP 通常是不同的，因此在其路径中包括多个 ISP 网络。在实践中很难实现跨多个 ISP 的 QoS 管理，这需要多方云运营商的协作，以确保其端到端的服务水平足以满足业务需求。

云消费者和云供应商可能需要多家云运营商来为其云应用程序实现所需的连接性和可靠性，从而产生了额外的费用。因此，对于延迟和带宽要求更宽松的应用程序来说，采用云可能更容易些。

5.2 云数据中心技术

将 IT 资源集中在一起而不是分散在不同的地理位置，可以实现权力共享，提高共享 IT 资源的使用效率，并提高 IT 人员的可访问性。这些优势自然而然地普及了数据中心的概念。现代数据中心作为专业的 IT 基础设施而存在，用于容纳集中的 IT 资源，例如服务器、数据库、网络和电信设备以及软件系统。云供应商的数据中心通常需要额外的技术。

数据中心通常由以下技术和组件组成。

5.2.1 虚拟化

数据中心由物理 IT 资源和虚拟化 IT 资源组成。物理 IT 资源层指容纳计算 / 网络系统和设备，以及硬件系统和操作系统的基础设施（如图 5.7 所示）。虚拟化层的资源抽象和控制由运营和管理工具组成，这些工具通常基于虚拟化平台，将物理计算和网络 IT 资源抽象为虚拟化组件，从而更易于分配、运营、释放、监视和控制。

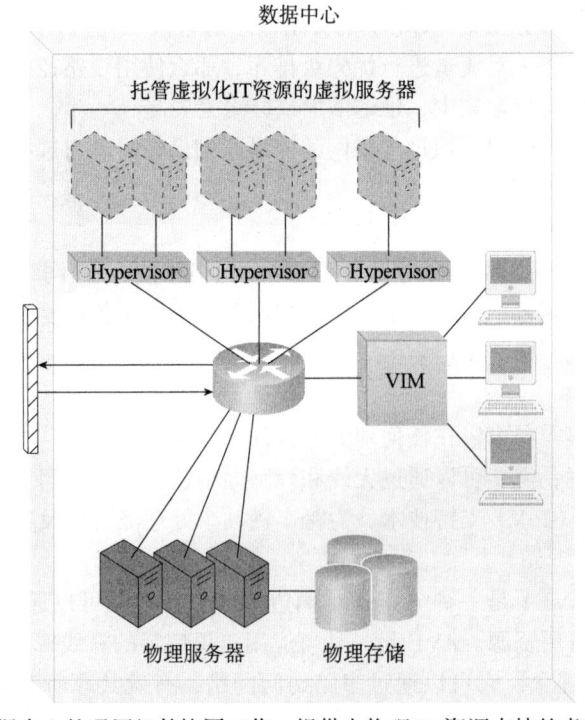

图 5.7 数据中心的通用组件协同工作，提供由物理 IT 资源支持的虚拟化 IT 资源

虚拟化组件将在 5.3 中单独讨论。

5.2.2 标准化和模块化

数据中心建立在标准化的商品硬件之上，采用模块化架构设计，该架构聚合多个相同的基础设施和设备构建块，以支持可扩展性、增长和快速硬件更换。标准化和模块化是降低投资和运营成本的关键需求，因为它们可以支撑采购、购置、部署、运营和维护流程的规模经济。

常见的虚拟化策略以及不断提高的物理设备的容量和性能都有利于 IT 资源整合，因为复杂配置所需的物理基础设施少了。整合的 IT 资源可以服务于不同的系统，并在不同的云消费者之间共享。

5.2.3 自主计算

自主计算是系统自我管理的能力，这意味着它可以对外部输入做出反应，而不需要人工干预。使用自主计算，云可以自行管理某些任务，不需要人工参与。

自我管理的共同特征包括：

- 自配置，即云服务可以自动配置自己，快速响应既定策略，避免云资源管理员的手动干预。此功能还涉及在预设置时自动配置新的云资源。
- 自优化，即云资源不断努力提高其性能，通过在运行时修改其配置参数来调整性能指标，例如动态垂直或水平调整。
- 自修复，即云服务可以从硬件或软件故障中恢复，预先自动检测和诊断问题。
- 自保护，即云计算平台能够保护自己免受恶意攻击或级联故障情况的影响。这是可能的，因为它们能够根据日志和诊断分析来预测潜在的问题，其中通常涉及数据科学技术。

5.2.4 远程运营和管理

数据中心 IT 资源的大部分运营和管理任务都是通过网络的远程控制台和管理系统来指挥的。技术人员不需要（而且很多时候是不允许）访问托管服务器的专用房间，除非执行高度特定的任务，例如设备处理和布线或硬件级安装和维护。

5.2.5 高可用性

由于任何形式数据中心的服务中断都会严重影响使用其服务的组织的业务连续性，因此数据中心被设计为以越来越高的冗余级别运行，以维持可用性。数据中心通常拥有冗余的不间断电源、布线和环境控制子系统以应对系统故障，同时配备支持负载均衡的通信链路和集群硬件。

5.2.6 具有安全意识的设计、运营和管理

数据中心的安全要求（例如物理和逻辑访问控制以及数据恢复策略）需要彻底且全面地思考，因为对于存储和处理业务数据而言，数据中心结构是集中式的。

由于构建和运营本地数据中心有时会受到阻碍，因此几十年来外包基于数据中心的 IT 资源一直都是该行业的常见做法。然而，外包模式通常需要消费者的长期承诺，并且通常无法提供弹性，而典型的云通过其内禀特性就能解决这些问题，例如无处不在的访问、按需配置、快速弹性和计量付费。

5.2.7 场地

数据中心场地是经过定制设计的,这里配备了专业的计算、存储和网络设备。这些场地拥有多个功能布局区域,以及调节供暖、通风、空调、消防和其他相关子系统的各种供电、布线和环境控制站。特定数据中心场地的选址和布局通常会划分为独立的空间。

5.2.8 计算硬件

数据中心许多繁重的处理工作常常由具有强大计算能力和存储容量的标准化商业服务器执行。这些模块化服务器集成了多种计算硬件技术,例如:

- 机架式服务器设计由带有电源、网络和内部冷却互连的标准化机架组成。
- 支持不同的硬件处理架构,例如 x86-32 位、x86-64 和 RISC。
- 高能效的多核 CPU 架构,在空间小至单个标准化机架单元里容纳数百个处理核心。
- 冗余和热插拔组件,例如硬盘、电源、网络接口和存储控制器卡。

类似刀片服务器的计算架构使用机架嵌入式物理互连单元(刀片组件)、网络(交换机)以及共享电源单元和冷却风扇。这些互连单元强化了组件间的网络化和管理,同时优化了物理空间和供电。这些系统通常支持单台服务器的热插拔、伸缩、更换和维护,这有利于基于计算机集群的容错系统的部署。

当代计算硬件平台通常支持行业标准和专属运营和管理软件系统,这些系统可以通过远程管理控制台对硬件 IT 资源进行配置、监视和控制。通过正确建立的管理控制台,单个操作员可以监视成百上千台物理服务器、虚拟服务器和其他 IT 资源。

5.2.9 存储硬件

数据中心拥有专业的存储系统,可以维护大量数字信息,以满足相当大的存储容量需求。这些存储系统是容纳大量硬盘的容器,这些硬盘被组织成阵列。

存储系统通常涉及以下技术:

- 硬盘阵列——这些阵列本质上在多个物理驱动器之间划分和复制数据,并通过配置备用磁盘来提高性能和冗余能力。该技术通常使用独立磁盘冗余阵列(RAID)方案来实现,该方案通常利用硬件磁盘阵列控制器来实现。
- I/O 缓存——这一般通过磁盘阵列控制器执行,并通过数据缓存缩短磁盘访问时间并提高性能。
- 热插拔硬盘——不需要事先断电即可安全地从阵列中移除这些硬盘。
- 存储虚拟化——通过使用虚拟化硬盘和存储共享来实现。
- 快速数据复制机制——其中包括快照和卷克隆。快照将虚拟机内存保存到虚拟机管理程序可读的文件中,以供将来重新加载;卷克隆复制虚拟或物理硬盘卷和分区。

存储系统包含三级冗余,例如自动化磁带库,通常被当作具有可移动介质特性的备份和恢复系统。此类系统可以作为网络 IT 资源或直连存储(DAS)存在,DAS 存储系统使用主机总线适配器(HBA)直接连接到计算 IT 资源。在前一种情况下,存储系统通过网络连接到一个或多个 IT 资源。

网络存储设备通常属于以下类别之一:

- 存储区域网络(SAN)——物理数据存储介质通过专用网络连接,并使用小型计算机系统接口（SCSI）等行业标准协议提供块级数据存储访问。
- 网络附接存储（NAS）——硬盘阵列由该专用设备包含和管理，该设备通过网络进行连接，并使用网络文件系统（NFS）或服务器消息块（SMB）等以文件为中心的数据访问协议来访问数据（中小企业）。

NAS、SAN 和其他更高级的存储系统在许多组件中提供容错能力，这些能力来自控制器冗余、冷却冗余和使用 RAID 存储技术的硬盘阵列。

5.2.10 网络硬件

数据中心需要广泛的网络硬件来实现多种级别的连接。对于网络基础设施的简化版本，数据中心被分为五类网络子系统，后面总结了用于其实现的最常见要素。

1. 运营商与外部网络互连

作为与网络基础设施相关的子系统，这种互连通常由提供外部 WAN 连接和数据中心 LAN 之间路由的主干路由器，以及防火墙和 VPN 网关等外围网络安全设备组成。

2. Web 层负载均衡和加速

该子系统包括 Web 加速设备，例如 XML 预处理器、加密/解密设备以及执行内容感知路由的第 7 层交换设备。

3. 局域网编织架构

LAN 编织架构（LAN fabric）构成内部 LAN，并为数据中心所有支持网络的 IT 资源提供高性能和冗余连接。它通常通过多个网络交换机来实现，促使网络通信以高达每秒 10GB 的速度运行。这些先进的网络交换机还可以执行多种虚拟化功能，例如将 LAN 隔离为 VLAN、链路聚合、网络之间的受控路由、负载均衡以及故障恢复。

4. 存储区域网络编织架构

与在服务器和存储系统之间提供连接的 SAN 的实施相关，存储区域网络编织架构（SAN fabric）通常使用光纤通道（FC）、以太网光纤通道（FCoE）和 InfiniBand 网络交换机来实现。

5. NAS 网关

该子系统为基于 NAS 的存储设备提供连接点，并实现协议转换硬件，促进 SAN 和 NAS 设备之间的数据传输。

数据中心网络技术具有可伸缩性和高可用性的操作要求，这些要求可以通过采用冗余和/或容错配置来满足。这五种网络子系统提高了数据中心的冗余性和可靠性，确保它们即使面对多重故障也有足够的 IT 资源来维持一定的服务水平。

超高速网络光链路可利用密集波分复用（DWDM）等复用技术将各个 Gbit/s 通道聚合到单模光纤中。光链路分布在多个位置，用于互连服务器群、存储系统和复制数据中心，增强传输速率和韧性。

5.2.11 无服务器环境

无服务器环境包括多种技术，这些技术自动为可以部署的应用程序提供运行时资源，而不需要设置它们运行所需的底层资源。部署的逻辑仍然运行在服务器上，无论是物理的、虚拟的、容器化的或其他方式的，但服务管理员不需要关心产能规划、管理、韧性或弹性配置，因为这些是无服务器环境负责的方面。

无服务器技术包括自动化、虚拟化、基础设施与软件部署和管理、基础设施即代码和持续部署，所有这些都包含在高度定制的云服务中，开发人员以每个云供应商特定的语言简单地上传其代码以及其运行时要求的随附描述。然后，无服务器环境将从那里接管。

无服务器环境通常由公共云供应商提供和运营，该供应商依赖容器引擎或虚拟机将一个应用程序的运行时间与另一个应用程序隔离。运行时详细信息对云消费者是隐藏的，云供应商负责管理底层基础设施，包括操作系统、虚拟机和容器。

使用这些无服务器技术部署的程序所需的资源由云供应商仅根据程序实际运行的时间计费。当程序不运行时，不会产生任何成本。这可以被认为是无服务器技术最重要的优势之一。此外，整个部署过程一直到生产的自动化也为开发团队提供了易用性。

5.2.12 NoSQL 集群

NoSQL（Not only SQL 的缩写）指用于开发下一代具有高度可伸缩和容错能力的非关系数据库的技术。这些技术之所以实现了高水平的可伸缩和容错能力，是因为它们在设计上将多个服务器集群当作单个数据库或存储实体，这被称为 NoSQL 集群。

集群是通过网络连接在一起的集中管理的节点组，用于并行处理任务，其中每个节点负担一个大问题中的某些子任务（如图 5.8 所示）。集群支持分布式数据处理。理想情况下，集群由低成本商用节点组成，这些节点共同提供增强的处理能力以及固有的冗余和容错能力，而集群由物理上独立的节点组成，这些冗余和容错特性才成为可能。

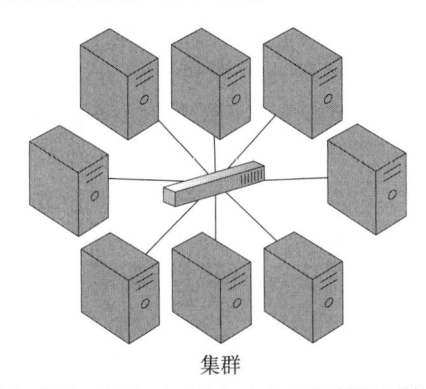

集群

图 5.8 集群可以用作各种类型的基于云的解决方案的部署环境，包括 NoSQL 数据库

集群具有高度伸缩性，支持线性水平调整能力。它们为处理引擎提供了理想的部署环境，因为大型数据集可以分为较小的数据集，然后以分布式方式并行处理。

集群是云计算平台提供的基础资源。集群技术用于提供大数据平台相关服务、高级的容器管理环境、自动伸缩的应用程序开发以及部署环境（如 PaaS）等。

NoSQL 集群提供了具有可伸缩性、可用性、容错性的存储设备，并且读/写速度非常快。然而，这些设备不提供与关系数据库管理系统（RDBMS）相同的事务和一致性支持。

以下是 NoSQL 存储设备的一些主要功能：

❏ 无模式数据模型——数据可以以其原始形式存在。
❏ 水平调整而非垂直调整——根据需要添加其他节点，而不是用更好、更高性能的节点替换现有节点。
❏ 高可用性——NoSQL 存储设备基于集群技术构建开箱即用的容错能力。

- 更低运营成本——这些设备构建在开源平台上，无授权成本，并且可以部署在商业级硬件上。
- 最终一致性——跨多个节点的读取在写入后可能不会立即一致。然而，所有节点最终都会处于一致的状态。
- BASE 而非 ACID——BASE 合规性需要数据库在网络或节点发生故障时维持高可用性，同时不要求数据库在更新发生时处于一致状态。数据库可以处于软状态或不一致状态，直到最终达到一致性。
- API 驱动的数据访问——一般通过基于 API 的查询（包括 RESTful API）支持数据访问。某些实现还可以提供类似 SQL 的查询功能。
- 自动切片和复制——为了支持水平调整并提供高可用性，NoSQL 存储设备自动采用切片和复制技术，将数据集横向分片，然后复制到多个节点。
- 集成缓存——此功能减少了对第三方分布式缓存层（例如 Memcached）的需求。
- 分布式查询支持——NoSQL 存储设备维持跨多个分片的查询一致性。
- 多语言持久性——使用 NoSQL 设备存储并不需要强制淘汰传统的 RDBMS。两种类型的存储可以同时使用，从而支持多语言持久性，这是一种使用不同类型的存储技术来持久化数据的方法。这对于需要开发结构化以及半结构化或非结构化数据的系统很有帮助。
- 以聚合为中心——与在完全规范化数据上最有效的关系数据库不同，NoSQL 存储设备存储的是非规范化聚合数据（包含融合的、常常是嵌套的对象数据的实体），从而减少了应用程序对象与数据库中存储数据之间的连接和映射的需要。

5.2.13 其他考虑因素

IT 硬件技术的更新速度很快，其生命周期通常只有五到七年。持续更换设备的需求经常导致硬件混装，其异构性可能使整个数据中心的运营和管理变得复杂，尽管通过虚拟化可以在一定程度上缓解这一问题。

在考虑数据中心的作用及其内部包含的大量数据时，安全性是另一个主要问题。即使采取了广泛的安全预防措施，但如果将数据仅存储在一个数据中心设施内，那么一旦安全防线被成功突破，所波及的范围将远大于数据分布在多个独立的单元中的情况。

5.3 当代虚拟化技术

当代虚拟化技术是当代云平台的基础。它提供了多种虚拟化类型和技术层次，本节将对其进行介绍。

5.3.1 硬件独立性

在单一 IT 硬件平台上安装操作系统的配置和应用软件会导致许多软件-硬件依赖性。在非虚拟化环境中，操作系统是针对特定硬件型号进行配置的，如果需要修改这些 IT 资源，则需要重新配置操作系统。

虚拟化是一个转换过程，它将单一 IT 硬件转换为基于模拟和标准化的软件副本。通过硬件独立性，虚拟服务器可以轻松迁移到另一个虚拟化主机上，自动解决多个软硬件不兼容的问题。因此，克隆和操作虚拟 IT 资源比复制物理硬件要容易得多。本书第三部分探讨的架构模型提供了许多这样的例子。

5.3.2 服务器整合

虚拟化软件提供的协调功能使得同一虚拟化主机上可以同时创建多个虚拟服务器。虚拟化技术可以使不同的虚拟服务器共享一台物理服务器。此过程称为服务器整合，通常用于提高硬件利用率、负载均衡和优化可用 IT 资源。由此产生的灵活性使得不同的虚拟服务器可以在同一主机上运行不同的客户操作系统。

这一基本功能直接支持常见的云特征，例如按需使用、资源池、弹性、可伸缩性和韧性。

5.3.3 资源复制

虚拟服务器被创建为包含硬盘内容的二进制文件副本的虚拟磁盘镜像。这些虚拟磁盘镜像可供主机操作系统访问，这意味着可以使用简单的文件操作（例如复制、移动和粘贴）来复制、迁移和备份虚拟服务器。这种易操作性和可复制性是虚拟化技术最显著的特性之一，因为它可以：

- 创建标准化虚拟机镜像，通常包括虚拟硬件功能、客户操作系统和附加应用软件，这些附加应用软件预打包在虚拟磁盘镜像中以支持即时部署。
- 通过快速水平和垂直调整，提高了虚拟机新实例迁移和部署的灵活性。
- 回滚能力，即通过将虚拟服务器内存和硬盘镜像的状态保存到主机上的文件中，来即时创建 VM 快照。（操作员可以轻松回滚到这些快照并将虚拟机恢复到之前的状态。）
- 通过高效的备份和恢复过程以及创建关键 IT 资源和应用程序的多个实例来支持业务连续性。

5.3.4 基于操作系统的虚拟化

基于操作系统的虚拟化是在预先存在的操作系统（称为主机操作系统）中安装虚拟化软件（如图 5.9 所示）。例如，安装了特定版本 Windows 的工作站用户想要创建虚拟服务器并将虚拟化软件像任何其他程序一样安装到主机操作系统中。该用户需要使用该应用程序来生成和操作一台或多台虚拟服务器。用户需要使用虚拟化软件来直接访问任何生成的虚拟服务器。由于主机操作系统可以为硬件设备提供必要的支持，因此即使虚拟化软件无法使用硬件驱动程序，操作系统虚拟化也可以解决硬件兼容性的问题。

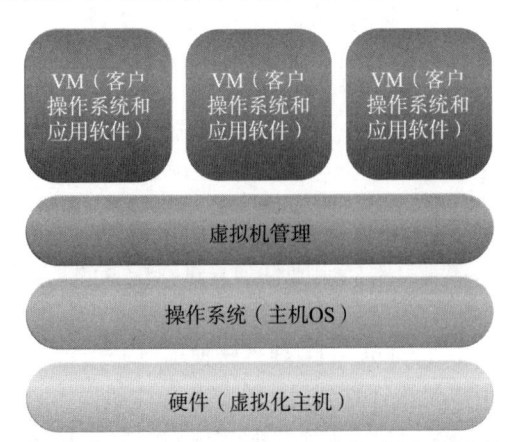

图 5.9 基于操作系统的虚拟化的逻辑层次，其中 VM 预先安装到主机操作系统中，然后用于生成虚拟机

虚拟化实现的硬件独立性使得可以更灵活地使用硬件 IT 资源。例如，考虑这样一种情况，其中主机操作系统具有控制五个网络适配器所需的软件，这五个网络适配器可用于物理计算机。即使虚拟化操作系统无法在物理上容纳五个网络适配器，虚拟化软件也可以使这五个网络适配器供虚拟服务器使用。

虚拟化软件将需要单一软件才能运行的硬件 IT 资源转换为与一系列操作系统兼容的虚拟 IT 资源。由于主机操作系统本身就是一个完整的操作系统，因此许多可用作管理工具的基于操作系统的服务都可用于管理物理主机。

此类服务的示例包括：

- 备份和恢复
- 与目录服务集成
- 安全管理

基于操作系统的虚拟化可能会带来与性能开销相关的需求和问题，例如：

- 主机操作系统消耗 CPU、内存和其他硬件 IT 资源。
- 来自客户操作系统的、与硬件相关的调用需要遍历多个层往返于硬件，这会降低整体性能。
- 除了每个客户操作系统需要单独的许可证外，主机操作系统通常也需许可证。

基于操作系统的虚拟化的一个问题是运行虚拟化软件和主机操作系统所需的处理开销。实现虚拟化层会对整体系统性能产生负面影响。估计、监视和管理由此产生的影响可能具有挑战性，因为这需要具备系统工作负载、软件和硬件环境以及复杂的监视工具方面的专业知识。

5.3.5 基于硬件的虚拟化

该选项表示直接在物理主机硬件上安装虚拟化软件，以绕过主机操作系统，这可能与基于操作系统的虚拟化有关（如图 5.10 所示）。允许虚拟服务器直接与硬件交互而不需要主机操作系统的中间操作通常会使基于硬件的虚拟化更加高效。

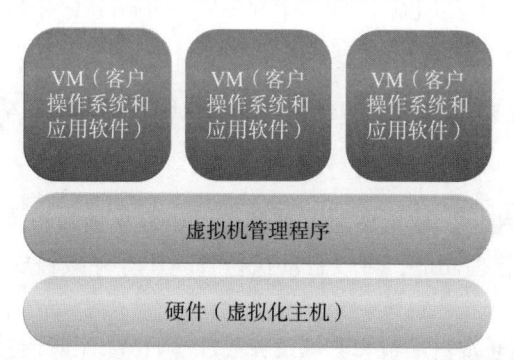

图 5.10 基于硬件的虚拟化具有不同的逻辑层次，并且不需要额外的主机操作系统

通常将用于此类处理的虚拟化软件称为超级管理程序（Hypervisor）。Hypervisor 具有简洁的用户界面，需要的存储空间可以忽略不计。它作为薄软件层存在，负责处理硬件管理功能以建立虚拟化管理层。尽管并未实现许多标准操作系统功能，但设备驱动程序和系统服务针对虚拟服务器的配置进行了优化。这种类型的虚拟化系统本质上用于优化协调固有的性能

开销，使多个虚拟服务器能够与同一硬件平台进行交互。

　　基于硬件的虚拟化的一个主要问题涉及硬件设备的兼容性。虚拟化层旨在直接与主机硬件通信，这意味着所有相关的设备驱动程序和支持软件需要与 Hypervisor 兼容。硬件设备驱动程序对于 Hypervisor 平台来说可能不像操作系统那样可用。主机管理和管理功能还不包括操作系统中常见的一些高级功能。

5.3.6　容器和基于应用的虚拟化

　　应用虚拟化是一种在不依赖操作系统的情况下创建和使用应用程序的方法。对于许多类型的应用程序和服务，容器提供了一个可移植、兼容且高度可管理的部署环境，使得独立自主的软件程序和系统几乎可以在任何平台上运行，这符合应用虚拟化的定义。

　　在容器中运行的软件几乎可以部署在任何地方，并且无论它部署在哪个运行时环境中，都始终提供相同的功能。容器适合基于应用的虚拟化，因为容器中运行的应用可以在任何平台上运行，无论底层操作系统或硬件架构如何，只要在该平台上运行兼容的容器化引擎即可，如图 5.11 所示。

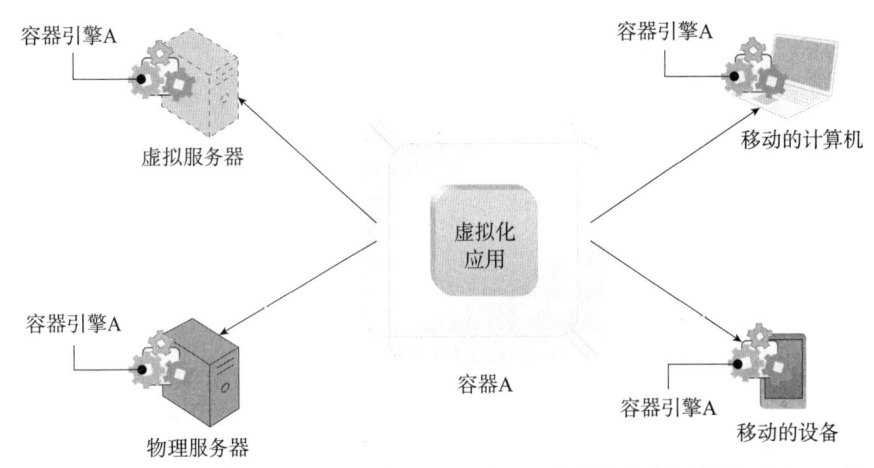

图 5.11　在容器中运行的虚拟化应用可以部署在安装了相应容器化引擎的任何地方，而与底层硬件或操作系统架构无关

　　容器化已成为当代云环境中的一项基本的基础设施技术，第 6 章将对此进行详细介绍。

5.3.7　虚拟化管理

　　与使用物理服务器相比，使用虚拟服务器可以更轻松地执行许多管理任务。现代虚拟化软件提供了多种高级管理功能，可以自动执行管理任务并减轻虚拟化 IT 资源的总体运营负荷。

　　虚拟化 IT 资源管理通常由虚拟化基础设施管理（VIM）工具支持，这些工具集中管理虚拟化 IT 资源，并依赖于在专用计算机上运行的集中管理模块（也称为控制器）。VIM 包含在第 12 章中描述的资源管理系统机制中。

5.3.8　其他考虑因素

　　❑ 性能开销——虚拟化对于复杂系统来说可能并不是理想的解决方案，这些复杂系统工作负载高且很少使用资源共享和复制功能。制定不当的虚拟化计划可能会导致过高的性能开销。用于解决性能开销问题的常见策略是一种称为半虚拟化的技术。该技术为虚拟机提供一种软件接口，该接口与底层硬件的接口不同。相反，这个软件接口被修改，以减少客户操作系统的处理开销，这使得管理更加困难。这种方法的一个主要缺点是需要使客户操作系统适应半虚拟化 API，这可能会妨碍标准客户操作系统的使用，同时降低解决方案的可移植性。

❏ 特殊硬件兼容性——许多分发专用硬件的硬件供应商可能没有与虚拟化软件兼容的设备驱动程序版本。相反，软件本身可能与最近发布的硬件版本不兼容。这些类型的不兼容性问题可以通过使用现有的商用硬件平台和成熟的虚拟化软件产品来解决。容器引擎不受此因素的影响，因为它们运行在主机操作系统之上，主机操作系统抽象了任何潜在的硬件兼容性，使容器成为一种高度可移植的虚拟化技术。

❏ 可移植性——为虚拟化程序建立管理环境以与各种虚拟化解决方案一起运行的编程和管理接口，可能会由于不兼容而引入可移植性问题。例如，用于标准虚拟磁盘镜像格式的开放虚拟化格式（OVF）就致力于缓解这种问题。进而，容器化提供了一种替代类型的虚拟化技术，具有非常高的可移植性。

5.4 多租户技术

创建多租户应用的目的是使多个用户（租户）能够同时访问相同的应用逻辑。每个租户都有自己的应用视图，可以将其作为软件的一个专用实例来使用、管理和定制，同时不会察觉到其他租户也在使用同一应用。

多租户应用确保租户无法访问不属于自己的数据和配置信息。租户可以单独定制应用程序的功能，例如：

❏ 用户界面——租户可以为其应用定义专业的"外观和感觉"化接口。
❏ 业务流程——租户可以自定义业务的规则、逻辑和工作流，这就是要在应用程序中实现的业务流程。
❏ 数据模型——租户可以扩展应用的数据模式，以包含、排除或重命名应用数据结构中的字段。
❏ 访问控制——租户可以独立控制用户和组（group）的访问权限。

多租户应用架构通常比单租户应用复杂得多。多租户应用需要支持多个用户共享各种工件（包括门户、数据模式、中间件和数据库），同时维护隔离各个租户操作环境的安全级别。

多租户应用的常见特征包括：

❏ 使用隔离——单个租户的使用行为不影响该应用对其他租户的可用性和性能。
❏ 数据安全——租户无法访问属于其他租户的数据。
❏ 恢复——备份和恢复过程分别针对每个租户单独处理。
❏ 应用升级——租户不会受到同步更新的共享软件升级的负面影响。
❏ 可伸缩性——应用可以随着现有租户使用量的增加或租户数量的增加而扩展。
❏ 计量使用——租户只需要为实际使用的应用处理和功能付费。

❑ **数据层隔离**——租户可以拥有与其他租户隔离的单独数据库、表或模式。或者，数据库、表或模式也可以被设计为由租户有意共享的。

由两个不同租户同时使用的多租户应用如图 5.12 所示。这种类型的应用是 SaaS 实施的典型应用。

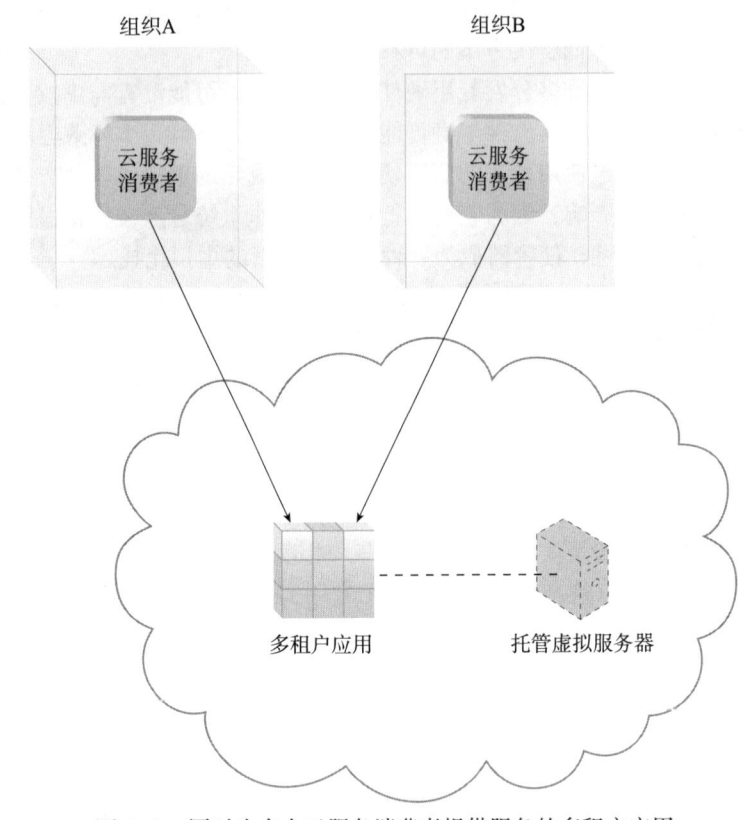

图 5.12 同时为多个云服务消费者提供服务的多租户应用

多租户与多租户虚拟化

多租户有时会与虚拟化混淆，因为多租户的概念与虚拟化实例的概念类似。
两者的差异在于充当托管机的物理服务器是否倍增。

❑ **虚拟化**：服务器环境的多个虚拟副本可以由单个物理服务器托管。每个副本可以提供给不同的用户，可以独立配置，并且可以包含自己的操作系统和应用。
❑ **多租户**：托管应用的物理或虚拟服务器旨在允许多个不同的用户使用。每个用户都感觉只有自己在使用该应用。

5.5 服务技术和服务API

服务技术领域是云计算的基石，它构成了"即服务"云交付模式的基础。本节描述用于实现和构建基于云环境的几种著名服务技术。

> **关于基于 Web 的服务**
>
> 基于 Web 的服务依赖于标准化协议的使用，是自包含的逻辑单元，支持通过网络进行可互操作的机器-机器交互。这些服务通常被设计为根据行业标准和惯例，通过非专有技术进行通信。由于它们的唯一功能是处理计算机之间的数据，因此这些服务有公开的 API，而没有用户界面。Web 服务和 REST 服务代表了基于 Web 的服务的两种常见形式。

5.5.1 REST服务

REST 服务是根据一组约束来设计的，这些约束塑造了服务架构以模拟万维网的属性，从而导致依赖于使用核心 Web 技术的服务实现。

六类 REST 设计约束：

- 客户-服务器。
- 无状态。
- 缓存。
- 接口/统一契约。
- 分层系统。
- 按需编码。

REST 服务没有单独的技术接口，而是共享一个通用的技术接口，该技术接口被称为统一契约，通常通过使用 HTTP 方法来建立。

> **笔记**
>
> 要了解更多有关 REST 服务的信息，请阅读"Pearson 数字企业系列"中的《SOA 与 REST：用 REST 构建企业级 SOA 解决方案》(Thomas Erl)。

5.5.2 Web服务

Web 服务通常还带有"基于 SOAP"的前缀，它代表了复杂的、基于 Web 的服务逻辑的既定且通用的媒介。除了 XML 之外，Web 服务背后的核心技术还由以下行业标准代表：

- Web 服务描述语言（WSDL）——该标记语言用于创建 WSDL 定义，定义了 Web 服务的应用程序接口（API），包括其各个操作（功能）以及每个操作的输入和输出消息。
- XML 模式定义语言（XML 模式）——Web 服务交换的消息必须使用 XML 表示。创建 XML 模式是为了定义 Web 服务交换的基于 XML 的输入和输出消息的数据结构。XML 模式可以直接链接到或嵌入到 WSDL 定义中。
- SOAP——以前称为简单对象访问协议，该标准定义了用于 Web 服务交换的请求和响应消息的通用消息传递格式。SOAP 消息由正文和头部组成。前者包含主要消息内容，后者包含可以在运行时处理的元数据。
- 通用描述、发现与集成（UDDI）——该标准规范了服务注册中心，其中 WSDL 定义可以作为服务目录的一部分发布，以便用户发现该服务。

这四种技术共同构成了第一代 Web 服务技术（如图 5.13 所示）。已经开发出一套全面的第二代 Web 服务技术（通常称为 WS-*）来应对各种增加的功能，例如安全性、可靠性、事务处理、路由和业务流程自动化。

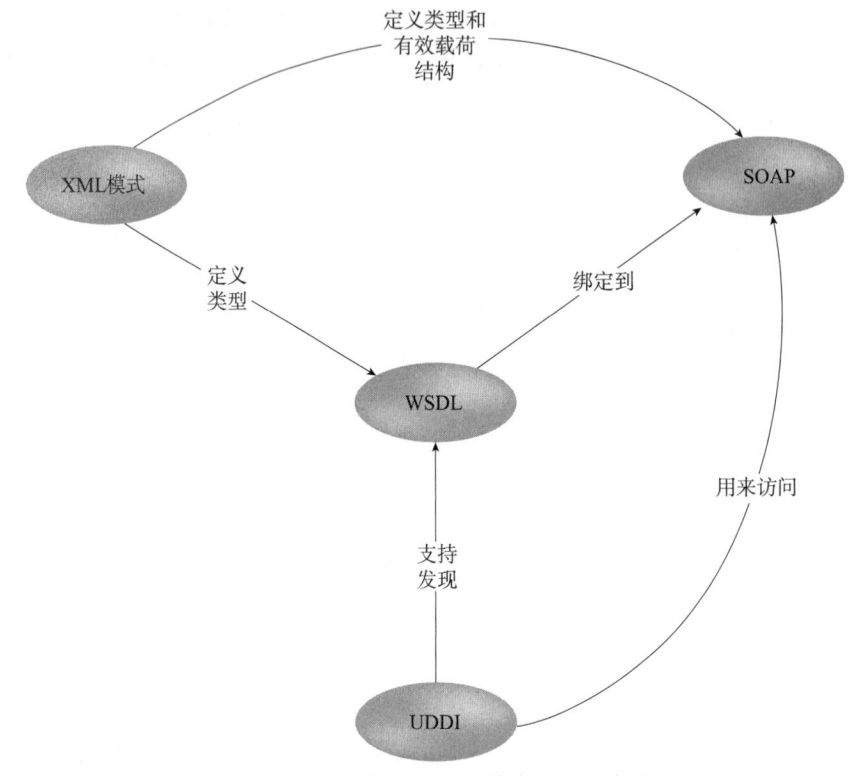

图 5.13 第一代 Web 服务技术之间的关联

笔记

要了解更多有关 Web 服务技术的信息，请阅读"Pearson 数字企业系列"中的《SOA Web Service 合约设计与版本化》（Thomas Erl）。本标题涵盖了第一代和第二代 Web 服务标准的技术细节。

5.5.3 服务代理

服务代理是事件驱动的程序，它在运行时拦截消息。云环境中常见的服务代理有主动服务代理和被动服务代理两种。主动服务代理在拦截和读取消息内容时执行操作。此操作通常需要更改消息内容（最常见的是消息头部数据，少部分会要求修改正文内容）或更改消息路径本身。而被动服务代理则不会修改消息内容。相反，它们会读取消息，并可能捕获其内容的某些部分，这通常用于监视、记录或报告。

基于云的环境严重依赖于使用系统级和自定义服务代理来执行所需的大部分运行时监视和测量，以确保可以即时执行弹性伸缩和计量付费等功能。

本书第二部分中描述的一些机制就是作为服务代理而存在的，或者依赖于服务代理的使用。

5.5.4 服务中间件

落于服务技术范畴的是中间件平台的巨大市场，它从主要用于促进集成的面向消息的中间件（MOM）平台发展到旨在适应复杂服务组合的高级服务中间件平台。

与服务计算相关的两种最常见的中间件平台类型是企业服务总线（ESB）和编排平台。ESB 包括一系列中间处理功能，如服务代理、路由和消息队列。编排环境旨在承载并执行为服务运行时组合提供驱动的工作流逻辑。

这两种形式的服务中间件都可以在基于云的环境中部署和运行。

5.5.5 基于Web的RPC

云供应商通常通过 RESTful 服务访问其提供的资源。RESTful 服务与其服务消费者之间的交互需要大量的会话带宽，并且需要通过网络交换多条消息。

传统的 RPC 框架可以克服 RESTful 架构带来的一些性能挑战，但它们必须通过 TCP/IP 进行通信，这与基于 Web 的应用不兼容。为了克服这两种方案的局限性，一组新的现代协议被开发出来，它们既利用 RPC 的性能优势，又支持基于 Web 的通信。这些包括：

- gRPC（最初由 Google 开发）
- GraphQL（最初由 Facebook 开发）
- Falcor（最初由 Netflix 开发）

这些协议中的每一个都是由某个组织开发的，以满足克服已有协议的局限性的需要。

案例研究
DTGOV 在其每个数据中心都组装了云感知基础设施，这些基础设施由以下组件组成： - 3 层基础设施，为所有数据中心设施层的中心子系统提供冗余配置。 - 与已安装本地发电和供水能力的公用事业服务供应商建立冗余连接，以便在发生全面故障时激活。 - 一个通过专用链路在三个数据中心之间提供超高带宽互连的互连网络。 - 每个数据中心都与多个 ISP 和 .GOV 外联网建立了冗余互联网连接，.GOV 外联网将 DTGOV 与其主要的政府客户连接起来。 - 具有更高聚合能力的标准化硬件，这种能力是由云感知虚拟化平台抽象出来的。 物理服务器在服务器机架上组织，每个服务器机架都有两个连接到每个物理服务器的冗余架顶路由交换机（3 层交换机）。这些路由交换机与已配置为集群的 LAN 核心交换机互连。核心交换机连接到提供网络互连功能的路由器和提供网络访问控制功能的防火墙。图 5.14 显示了数据中心内部服务器网络连接的物理布局。 安装了一个独立网络来连接存储系统和服务器，该网络安装了集群存储区域网络（SAN）交换机，以及类似的与各种设备连接的冗余连接（如图 5.15 所示）。

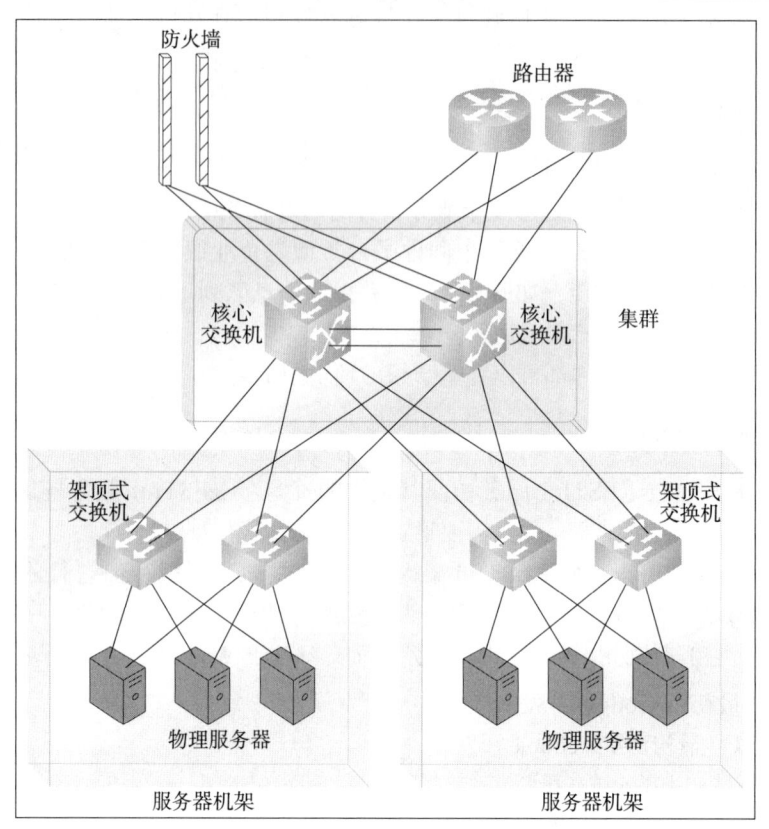

图 5.14　DTGOV 数据中心内部服务器网络连接视图

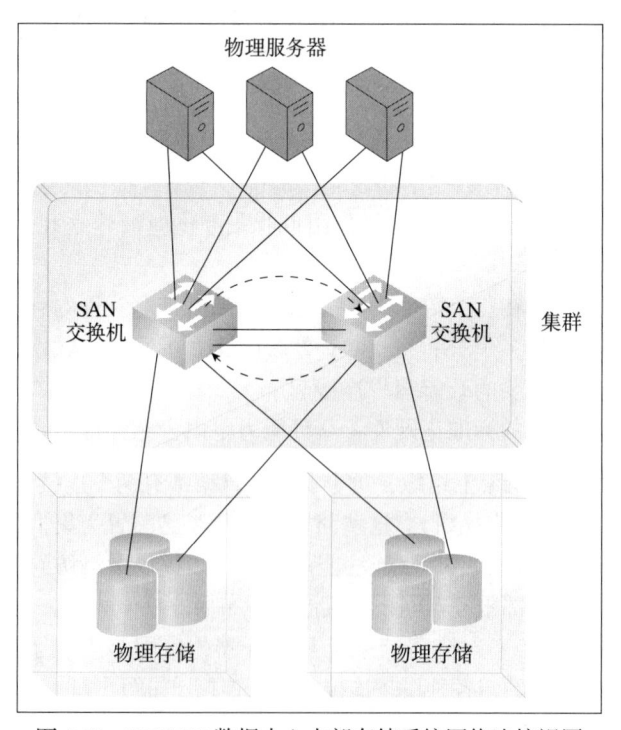

图 5.15　DTGOV 数据中心内部存储系统网络连接视图

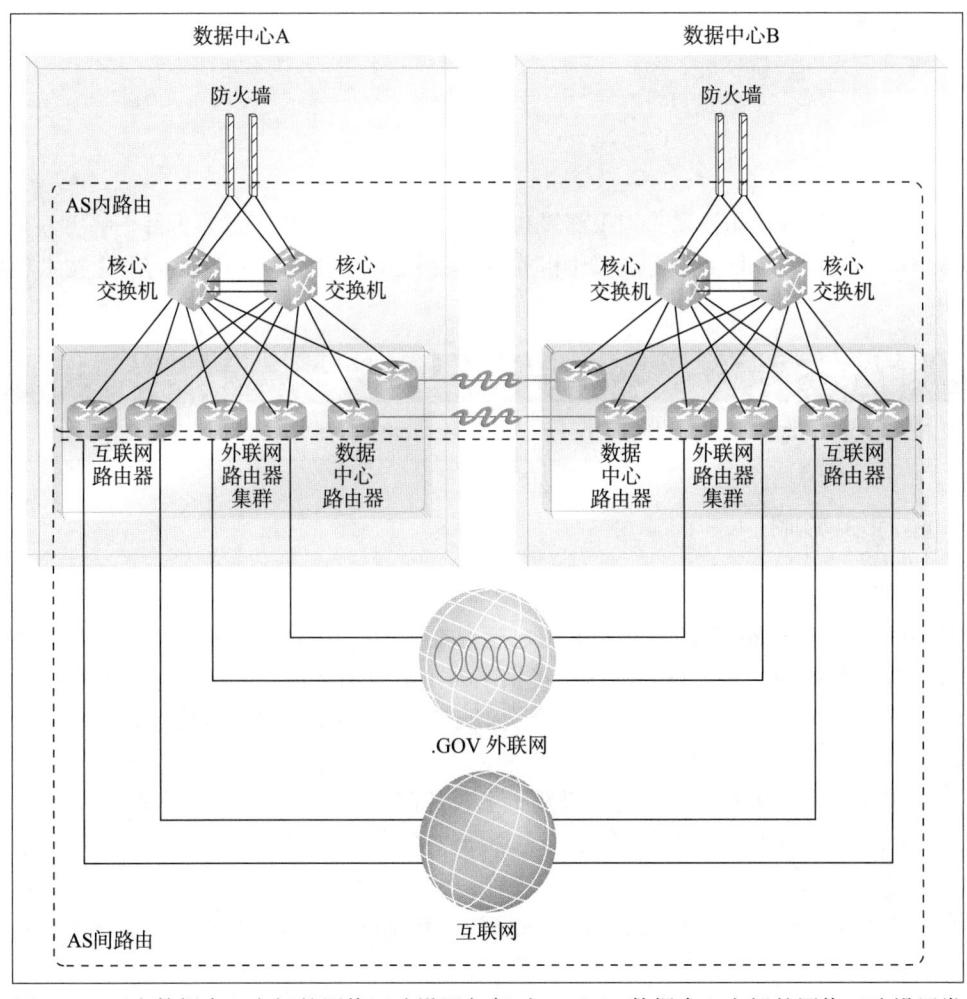

图 5.16 显示了在 DTGOV 公司基础设施内的每个数据中心对之间的互连架构。

图 5.16 两个数据中心之间的网络互连设置与每对 DTGOV 数据中心之间的网络互连设置类似。DTGOV 互联网络被设计为能跨互联网的自治系统（AS），这意味连接数据中心与 LAN 互连的链路定义了 AS 内路由域。与外部 ISP 的互连通过 AS 间路由技术进行控制，该技术可调整互联网流量，并为负载均衡和故障恢复提供灵活的配置

如图 5.15 和图 5.16 所示，将互连的物理 IT 资源与物理层上的虚拟 IT 资源相结合，可以实现虚拟 IT 资源的动态且良好管理的配置和分配。

第 6 章
Cloud Computing: Concepts, Technology, Security & Architecture, Second Edition

理解容器化

容器化是一种虚拟化技术，用于部署和运行应用及服务，而不需要为每个解决方案都部署一台虚拟服务器。本章涵盖与虚拟化相关的核心主题，然后深入研究了容器化技术和容器的使用。

> **笔记**
>
> 本章补充了附录 B 中提供的 Docker 和 Kubernetes 容器化技术的介绍。

6.1 起源和影响

6.1.1 简史

容器的概念自 20 世纪 70 年代以来就已经存在，最初它指的是 Unix 系统中用于更好地隔离应用程序代码的能力。早期的容器提供了一个隔离的环境，服务和应用可以在其中运行而不会干扰其他进程，从而形成了一个类似于沙盒的环境，用于测试应用、服务和其他进程。

几十年后，由于大量 Linux 发行版发布了新的部署和管理工具，容器获得了广泛的使用。在 Linux 系统上运行的容器被转变为一种操作系统级的虚拟化技术，专门设计用于使多个隔离的 Linux 环境能够在单个 Linux 主机上运行。然而，虽然在 Linux 平台上运行容器拓宽了它们的用途，但仍有一些关键障碍需要解决，包括统一管理、真正的可移植性、兼容性和规模控制。

Apache Mesos、Google Borg 和 Facebook Tupperware 的推出（所有这些都提供了不同程度的容器编排和集群管理功能）标志着在 Linux 系统上使用容器的重大进步。这些系统支持即时创建数百个容器，以及自动故障恢复和容器所需其他关键任务的规模化管理。Docker 容器推出后，容器化开始成为 IT 主流的一部分。Docker 的突出地位促成了先进容器化平台的创新，包括 Marathon、Kubernetes 和 Docker Swarm。

6.1.2 容器化和云计算

云计算推动了虚拟化技术的普及，而云计算技术的进一步发展则推动了当代容器化技术的实现。容器化现已成为云计算基础设施的基本组成部分。

容器的使用可以帮助支持云计算背后的主要业务驱动力。

容器化建立的简化且灵活的部署架构可以直接支持云计算背后的主要驱动力，即降低成本和业务的敏捷性（如第 3 章所述），并可以进一步使基于云的解决方案能够更好地响应波动需求。

6.2 底层虚拟化和容器化

本节涵盖与操作系统和虚拟化技术相关的基本术语和概念。接着解释了容器化的基本组成部分，并在最后对虚拟化和容器化进行了比较。

6.2.1 操作系统基础

操作系统是安装在计算机上的软件，它提供一系列用于管理计算机的程序、工具、库和其他资源，以及用于托管和支持安装在操作系统上的应用的持续操作的程序。操作系统的安装还可以包括各种消费者应用程序。

用于支持应用执行和主动操作的操作系统程序统称为运行时（如图 6.1 所示）。应用本身可以引入在操作系统运行时环境之上运行的自己的运行时软件。

图 6.1　用于表示运行时的符号

6.2.2 虚拟化基础

为了更好地理解容器化，首先了解一些有关虚拟化的基础知识是非常重要的。正如第 3 章中已经解释的那样，虚拟化是一种使物理 IT 资源能够提供自身的多个虚拟镜像，以便其底层处理能力可以被多个解决方案共享的技术。

1. 物理服务器

最常被虚拟化的物理 IT 资源是物理服务器（如图 6.2 所示）。物理服务器提供一个操作系统环境，可以承载应用、服务和其他软件。

2. 虚拟服务器

利用虚拟化技术，可以将物理服务器提供的操作系统托管环境抽象为一台或多台虚拟服务器（如图 6.3 所示）。

图 6.2　用于表示一台物理服务器的符号　　图 6.3　用于表示一台虚拟服务器的符号

然后，每个虚拟服务器可以提供操作系统托管环境的全新且专用的副本（或镜像），这可以进一步称为客户操作系统。每个虚拟服务器都可以向一组不同的消费者应用或服务提供其虚拟化操作系统环境，而不需要了解底层物理服务器如何存在或运行（如图 6.4 所示）。随着消费者使用需求的波动，物理服务器可以相应地伸缩。

负责物理服务器的管理员可以保留对物理服务器硬件及其操作系统的管理控制。负责各个虚拟服务器的管理员无权（也不需要）访问底层物理服务器，但他们可以独立控制各自的虚拟操作系统环境。

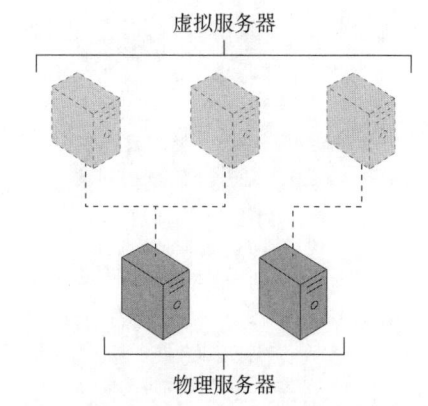

图 6.4　两台物理服务器上存在三台虚拟服务器

3. Hypervisor

负责从物理服务器创建和运行多个虚拟服务器的组件是超级管理程序 Hypervisor（如图 6.5 和图 6.6 所示）。

图 6.5　用于表示 Hypervisor 的符号

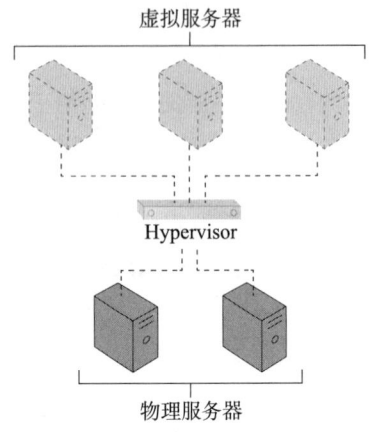

图 6.6　由存在于两台物理服务器上的 Hypervisor 创建和运行的三台虚拟服务器

虚拟服务器将 Hypervisor 提供给它们的模拟硬件视为真实硬件。每个虚拟服务器都有自己的操作系统（也称为客户操作系统），需要将其部署在虚拟服务器内部，并像部署在物理服务器上一样对其进行管理和维护。

4. 虚拟化环境类型

虚拟化环境有两种类型，主要区别在于物理服务器是否安装了操作系统。

在 Type 1 虚拟化环境中，物理服务器没有安装操作系统。相反，只有 Hypervisor 安装在物理服务器上，它负责创建虚拟服务器并为其提供虚拟化操作系统环境（如图 6.7 所示）。

在 Type 2 虚拟化环境中，物理服务器安装了操作系统，并且也可能安装了 Hypervisor。这种情况下，物理服务器可以通过其操作系统进行访问，而 Hypervisor 仍然负责创建虚拟服务器并为其提供虚拟化操作系统环境（如图 6.8 所示）。

图 6.7　物理服务器仅托管创建虚拟服务器的 Hypervisor，每个虚拟服务器都有自己的操作系统

图 6.8　物理服务器托管自己的操作系统以及 Hypervisor，该 Hypervisor 使用自己的操作系统环境创建虚拟服务器

6.2.3 容器化基础知识

1. 容器

容器（如图6.9所示）是一个虚拟化托管环境，可以对其进行优化，以仅提供其托管的软件程序所需的资源。

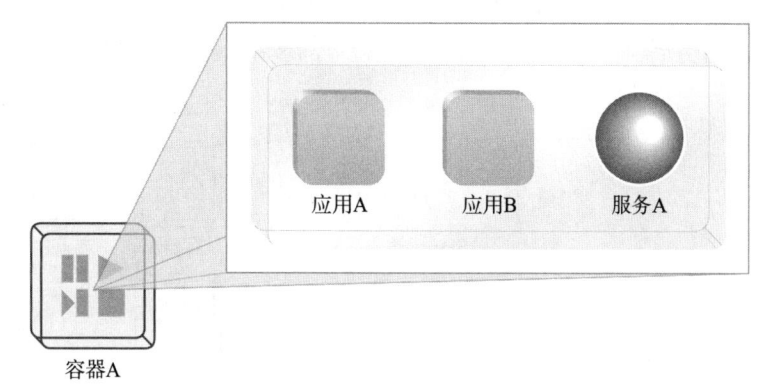

图6.9 左侧的符号是容器图标。右侧的符号也用于表示容器并显示其内容

容器具有各种功能和特性，在即将到来的6.3节中将更详细地探讨这些功能和特性。

2. 容器镜像

容器镜像（如图6.10所示）类似于用于创建已部署容器的预定义模板。

容器镜像的定义和使用对于容器化平台的运行方式来说是至关重要的。即将到来的6.4节提供了更多的信息。

3. 容器引擎

容器引擎（如图6.11所示）也称为容器化引擎，负责根据预定义的容器镜像创建容器。容器引擎部署在物理或虚拟服务器的操作系统中，可以从中提取给定容器所需的资源。

图6.10 用于表示容器镜像的符号 　　图6.11 用于表示容器引擎的符号

容器引擎是容器化平台的核心部分，负责许多主要的处理任务。其实施分为两个"平面"，如下所示：

- 管理平面——GUI和命令行工具可供人类管理员配置和维护容器引擎环境。
- 控制平面——所有其他容器引擎的功能和特性，容器引擎自动执行并响应通过管理平面发出的设置和命令。

一个给定的容器引擎可以创建多个容器（如图6.12所示）。

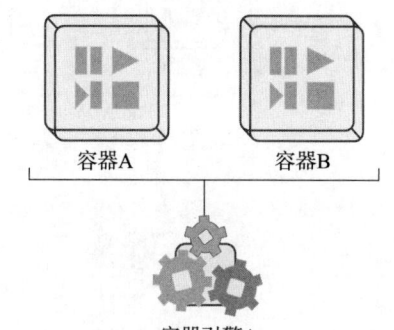

4. Pod

Pod（也称为逻辑Pod容器）是一种特殊类

图6.12 创建两个不同容器的容器引擎

型的系统容器，可用于托管单个容器或一组具有共享存储和/或网络资源的容器（如图 6.13 所示），并且还共享确定容器如何运行的相同配置。

即将到来的 6.3.2 节将进一步探讨容器和 Pod 部署的关系。

5. 主机

主机是容器部署的环境。主机可以称为服务器或节点。主机提供操作系统，容器从中提取支持其所托管的程序所需的资源。可以在单个主机上部署和运行多个容器（如图 6.14 所示）。

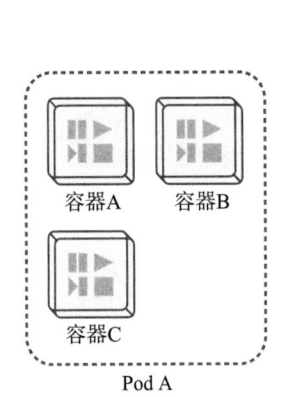

图 6.13 Pod 被描述为一个带孔的轮廓，展示它所托管的容器

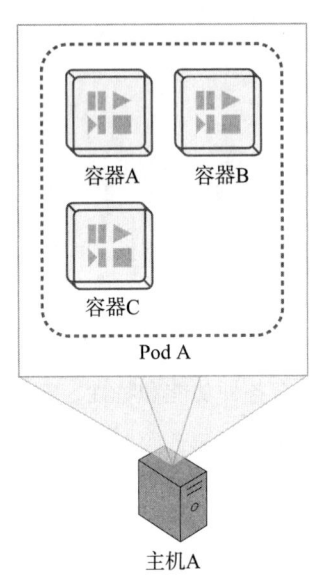

图 6.14 单个 Pod 中的 3 个容器驻留在主机 A 上，该主机是一台物理服务器

容器和 Pod 的不同组合可以部署在不同的主机上（如图 6.15 所示）。但是，单个 pod 不能跨越多个主机。

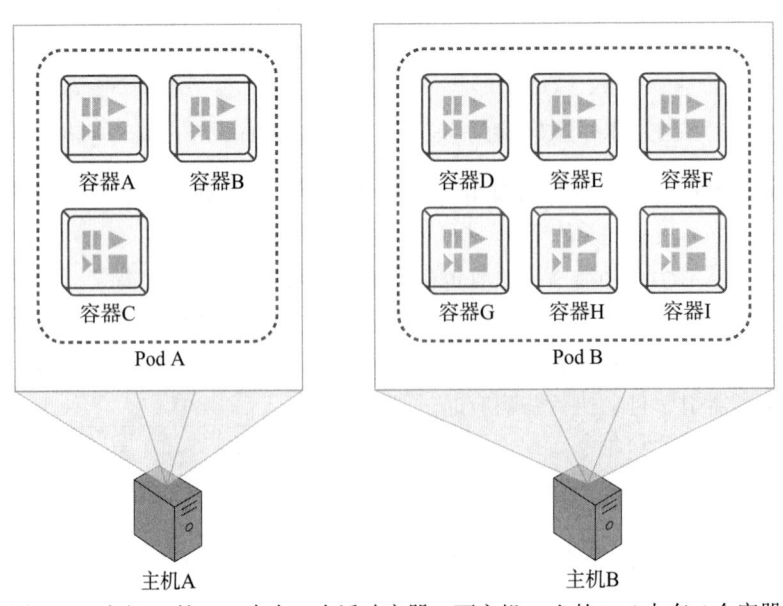

图 6.15 主机 A 的 Pod 中有 3 个活动容器，而主机 B 上的 Pod 中有 6 个容器

当部署的容器引擎不支持 Pod 时，容器也可以在没有 Pod 的主机上运行（如图 6.16 所示）。

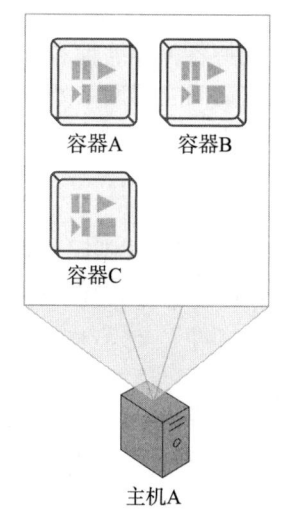

图 6.16　主机 A 上部署了 3 个容器，没有 Pod 参与

主机通常作为物理服务器存在，但主机也可以是虚拟服务器。当容器部署在虚拟服务器上时，它被视为一种嵌套虚拟化形式，因为一个虚拟化系统部署在另一个虚拟化系统上。

6. 主机集群

主机服务器可以组合成"集群"，这些集群可以收集和建立一个随时可用的处理资源池，并提高计算能力。物理主机和虚拟主机都可以进行集群（如图 6.17 和图 6.18 所示）。在集群环境中，主机服务器通常称为节点。

图 6.17　用于表示物理主机集群的符号 　　图 6.18　用于表示虚拟主机集群的符号

常见的主机集群类型包括：

- 负载均衡集群——这种类型的主机集群专门用于在主机之间分配工作负载，以增加资源利用率，同时保持资源的集中管理。它通常实现一个负载均衡器，该负载均衡器嵌入集群管理平台或设置为独立统一的资源。
- 高可用性（HA）集群——这种类型的集群可在多个主机发生故障时保持系统可用性。它通常提供大多数或全部集群资源的冗余实现，并实现一个故障恢复系统，该系统监视故障情况并自动将工作负载从故障主机环境中重定向出去。
- 规模调整集群——这种类型的集群用于支持垂直和水平调整。

容器化平台利用所有上述类型的主机集群模型来支撑高性能和韧性要求，以及优化的部署能力。

7. 主机网络和覆盖网络

每台主机都有自己的容器引擎，该容器引擎负责生成容器镜像并在该主机上部署和运行容器。主机内的相关容器可以使用本地主机网络相互通信。不同主机上的相关容器和容器引擎可以通过覆盖网络相互通信。这两种类型的网络都被视为容器网络（如图 6.19 所示）。

管理员可以配置容器网络，以支持各种伸缩性和韧性功能，并控制哪些托管程序可以访问容器网络外部的资源，这将在即将到来的 6.3 节中进一步探讨。

图 6.19　用于表示容器网络的符号

6.2.4　虚拟化和容器化

虚拟服务器和容器之间的主要区别在于，虚拟服务器提供物理服务器上整个操作系统的虚拟版本，而容器仅提供其软件程序实际所需的操作系统资源的子集。因此，容器比虚拟服务器消耗的空间更少，执行效率更高。

1. 物理服务器上的容器化

当在物理服务器上部署容器时，容器化平台不需要虚拟化环境，因为不需要虚拟服务器。底层物理服务器安装了操作系统，容器化平台可以创建容器，每个容器仅抽象与其托管软件程序相关的操作系统子集（如图 6.20 所示）。

2. 虚拟服务器上的容器化

当在一台或多台虚拟服务器上部署容器时，容器化平台可以在 Type 1 虚拟化环境（如图 6.21 所示）或带有 Hypervisor 的 Type 2 虚拟化环境（如图 6.22 所示）上实现。这两种类型的虚拟化环境都允许创建可以托管容器化引擎的虚拟服务器。

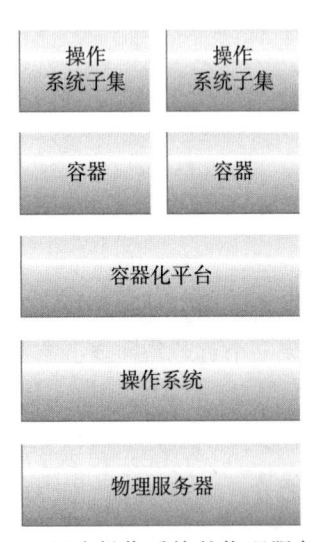

图 6.20　具有操作系统的物理服务器托管一个用于创建容器的容器化平台，每个容器都有一个仅包含底层操作系统子集的环境

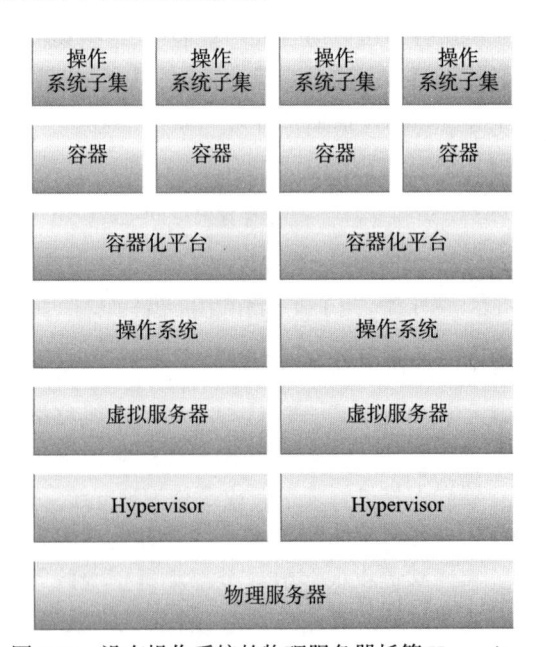

图 6.21　没有操作系统的物理服务器托管 Hypervisor，它创建带有操作系统的虚拟服务器，每个虚拟服务器托管一个容器化平台，该平台可以创建仅具有操作系统子集的容器

在虚拟服务器上部署容器的动机通常与物理服务器安装操作系统时存在的安全漏洞有关。因此，Type 1 虚拟化环境在大多数生产环境中更为常见。Type 2 虚拟化通常出现于构建和测试容器化解决方案的开发环境中。

当底层物理服务器需要操作系统以便与容器化平台一起托管其他程序和系统时，Type 2 虚拟化也可用于较小的解决方案或较小的组织。

接下来的两节重点介绍利用容器化技术的主要优势和挑战，重点比较容器与虚拟服务器。

3. 容器化的好处

以下部分重点介绍了利用容器化技术的主要优势，其中许多优势是通过容器与虚拟服务器的比较来描述的。

- 解决方案优化——通过为解决方案定制隔离环境，最大限度地减少其占用空间，使解决方案仅要求其实际需要的基础设施资源而获得优化。
- 增强的伸缩性——容器的 CPU、内存和存储占有量减少，使其能够更有效、更快速地伸缩，以满足使用需求。
- 增强的韧性——使用容器环境的特殊特性，可以自带内禀韧性，确保故障时自动生成新的解决方案实例。
- 提高部署速度——与虚拟服务器相比，容器可以更快地创建和部署，它支持快速部署并促成了 DevOps 方案，例如持续集成（CI）。
- 支持版本控制——容器允许跟踪软件代码的版本及其依赖项。有些平台允许开发人员维护和跟踪解决方案的版本，检查不同版本之间的差异，并在需要时回滚到以前的版本。
- 增强的可移植性——容器化解决方案可以更轻松地在服务器托管环境中移动，而不需要更改容器内的解决方案软件。

4. 容器化的风险和挑战

以下是使用容器化的常见风险和挑战：

- 缺乏与主机操作系统的隔离——当多个容器同时运行并部署在同一台物理服务器上时，它们最终会共享同一主机操作系统。这意味着如果底层物理服务器发生故障或受到损害，则该服务器上运行的所有容器都可能会受到影响。
- 容器化攻击威胁——虚拟服务器的管理员不能像容器管理员一样，访问或修改底层物理服务器的操作系统，因为该操作系统内核在同一物理服务器上运行的所有容器之间共享。当在没有虚拟服务器参与的情况下部署容器化平台时，这会带来严重的安全漏洞。

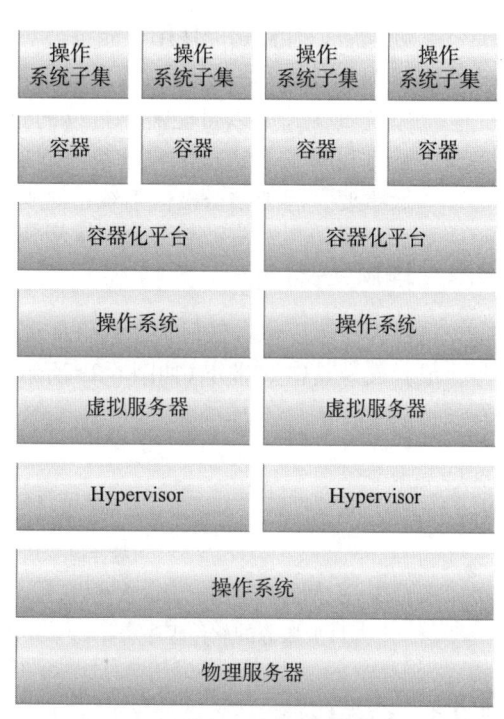

图 6.22 具有操作系统的物理服务器托管 Hypervisor，它使用自己的操作系统创建虚拟服务器环境。每个虚拟服务器都托管一个容器化平台，该平台创建托管操作系统子集的容器

❑ 复杂性增加——容器化技术的增加带来了新的层次和设计考虑，从而增加了底层解决方案基础设施的复杂性和开销。这可能会带来额外的工作量和风险，并增加负责构建解决方案及其底层基础设施环境的人员的学习曲线。此外，由于引入了额外的处理层，容器化的使用可能也会对解决方案的性能产生负面影响。

❑ 增加管理开销——因为给定的容器为给定的解决方案版本仅提供包含其所需的操作系统资源，所以可能需要持续的管理工作来维护后续容器版本的创建，以满足这些版本可能需要适应未来解决方案版本不断变化的需求。在虚拟服务器环境中，这不太重要，因为整个操作系统始终支撑该解决方案及其后续版本。

6.3 理解容器

虽然容器可以包含任何类型的软件程序，但它最常用于包含更大自动化方案的应用或服务，或者成为其中一部分（如图 6.23 所示）。

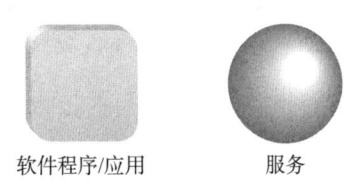

图 6.23 左侧的符号用于表示软件程序，该软件程序是应用或应用组件。右侧的符号代表被设计成服务的软件程序

6.3.1 容器托管

单个容器可以托管单个软件程序，多个容器可以在同一环境中并排共存（如图 6.24 所示）。当多个容器驻留在同一底层环境中时，它们之间是安全隔离的，这使得每个容器都可以独立运行。

图 6.24 3 个不同的容器承载 3 个不同的软件程序

单个容器还可用于托管多个相关或不同的软件程序（如图 6.25 所示）。

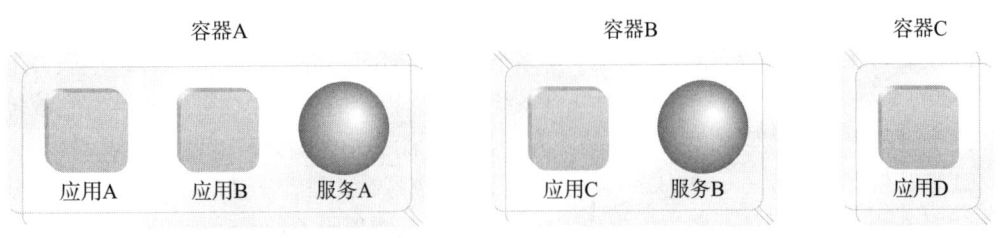

图 6.25 3 个容器中的每一个都承载一个或多个不同的软件程序

容器是根据预定义的容器镜像动态生成的,稍后将对此进行解释。

6.3.2 容器和 Pod

将单个容器分组到一个 Pod 中可以让相关的软件程序保持在一起,例如当它们是同一完整分布式解决方案(或命名空间)的一部分,并且需要在单个 IP 地址下运行时(如 6.3.7 节中所述;如图 6.26 所示)。Pod 内的容器可以通过部署 Pod 的主机相互查找和发现,并且可以使用标准的进程间通信方法(例如共享内存)相互通信。正如稍后所解释的,Pod 中的容器还可以共享文件系统、数据集,或数据存储设备。

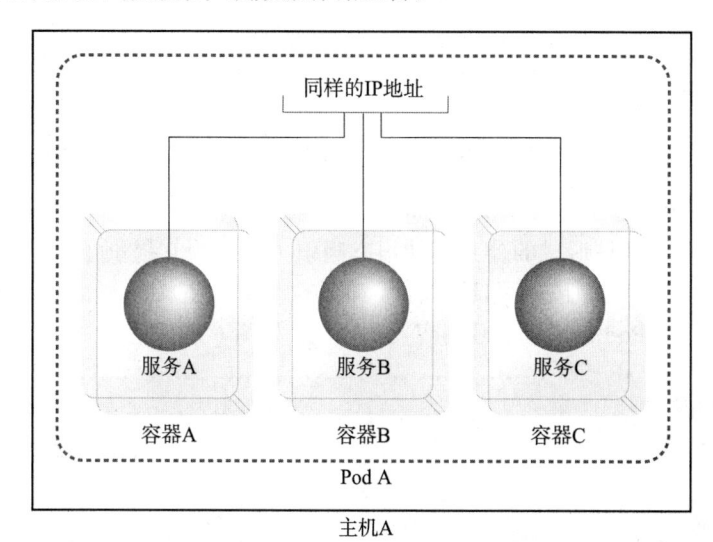

图 6.26 部署在虚拟服务器上的单个 Pod 允许托管服务共享相同的 IP 地址。Pod 也可以直接部署在物理服务器上

Pod 建立了这个环境,同时确保了托管程序仍然相互隔离。Pod 还提供与容器链、编排和伸缩相关的特殊容器化能力。因此,容器化平台经常需要使用 Pod,这就是为什么单个 Pod 经常用于托管单个容器。

管理员创建并配置一个 Pod,然后添加容器(如图 6.27 和图 6.28 所示)。

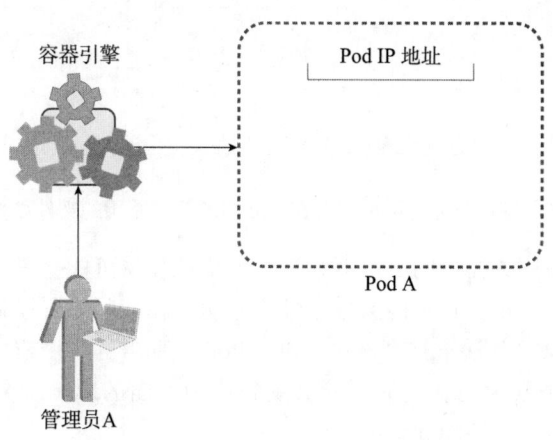

图 6.27 管理员 A 创建了一个空 Pod A

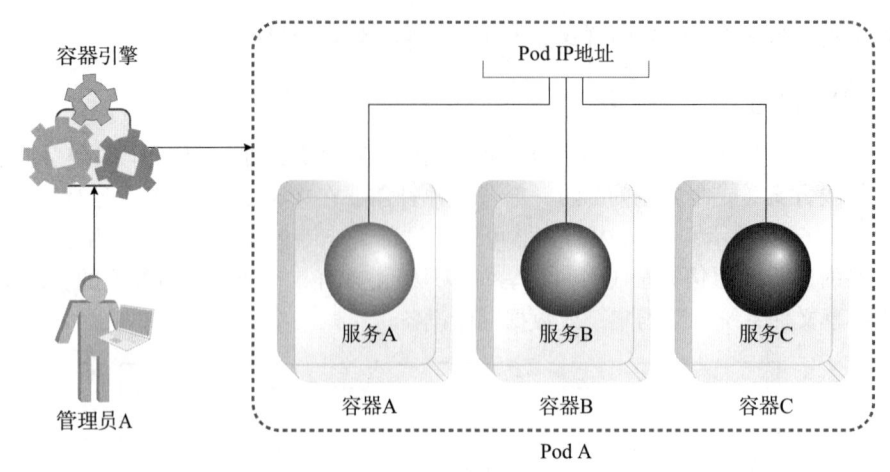

图 6.28　管理员 A 指示容器引擎将容器 A、B、C 添加到 Pod A 中

Pod 的一个共同特征是它能够为其中驻留的容器提供公共存储。存储通常以称为卷的文件系统的形式存在。这种形式的公共存储很有吸引力，因为它提供了对存储内容的高速访问。存储在卷中的文件类型包括了日志文件、媒体文件和配置文件。

管理员可以配置 Pod 以启用对驻留容器的访问（如图 6.29 所示）。

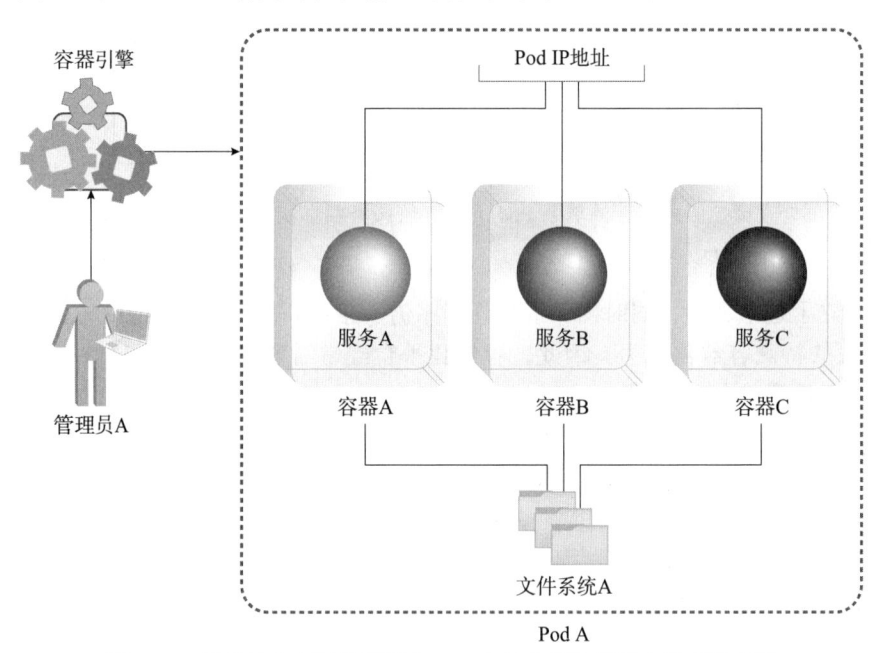

图 6.29　管理员分配可供部署在 Pod 内的容器使用的文件系统存储

当部署托管在虚拟服务器上的 Pod 时，额外的虚拟化层可能会增加运行时处理延迟。根据托管的应用或服务的要求，这可能会导致性能问题。在某些部署场景中，性能可能会受到同一主机上托管的其他虚拟服务器的影响。如果 Pod 中部署的应用或服务对延迟敏感，那么当 Pod 驻留在虚拟服务器上时，它们可能会受到特别负面的影响。在确定 Pod 的最佳部署位置之前，最好先测试一下性能和延迟。

6.3.3 容器实例和集群

可以生成具有相同软件程序的同一容器的多个实例（如图 6.30 所示）。当多个消费者程序需要同时使用托管软件程序时，这样做很有必要。容器的实例通常称为副本。

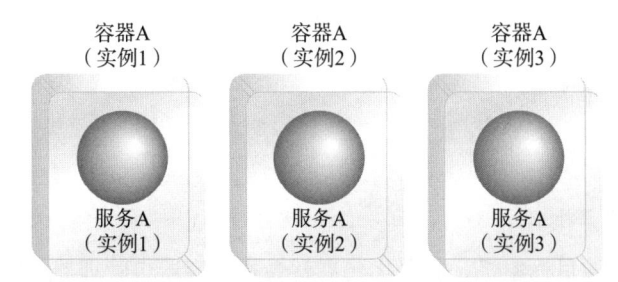

图 6.30　容器的三个实例生成 A 及其托管的服务 A。这允许服务 A 的每个实例与不同的消费者交互

容器集群（如图 6.31 所示）是在实际使用之前实例化的容器实例池。容器集群可以手动创建，也可以自动生成。它们被加载到内存中，并处于空闲状态，等待被调用。可以对它们进行调度，以便它们仅在预定时间段（例如预期的高峰期）内驻留在内存中。

图 6.31　用于表示容器集群的符号

容器集群主要是为了支持高性能需求而创建的，通常用于基于服务的解决方案，确保可以快速配置容器化服务实例来响应使用需求。容器集群环境可以提供自动伸缩功能，使它们能够根据需求动态调整集群的大小。

6.3.4 容器包管理

容器包管理指管理容器化应用中的软件包及其依赖项的过程。它使应用及其依赖项能够组合成一个称为包的单个可移植单元，该单元可以部署在支持容器化技术的任何系统上。

容器包管理器是一种使容器化应用打包和分发变得更容易的工具。它使得容器镜像及其依赖项被分组到单个可分发包中，该包可以跨多个容器编排器进行部署和管理（6.3.5 节中描述的机制）。

容器包管理器通常包括一组命令行工具，用于创建、标记容器镜像并将其提交到容器注册表，以及创建和管理容器镜像及其依赖项。它们通常使用模板或配置文件来定义包的内容及其依赖项，以及一种随时间推移对包进行版本控制和管理的方法。

容器包管理器用于根据预定义的工作流逻辑协调容器的初始部署。部署工作流逻辑在包（也称为容器部署文件）中定义，如图 6.32 所示。通常，主机集群需要提供主机池来支持部署要求。

容器部署文件可以从包存储库提取（如图 6.33 所示）。

然后将容器部署文件提供给容器包管理器（如图 6.34 所示）。

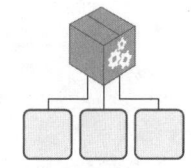

图 6.32　用于表示包的符号　　图 6.33　用于表示包存储库的符号　　图 6.34　用于表示容器包管理器的符号

在容器包管理器执行部署工作流之前，一个特殊的部署优化程序（如图 6.35 所示）会研究包的内容，然后评估集群中的可用主机，以确定要部署的容器的最佳目的地。

除了候选主机的处理能力之外，部署优化器可能考虑的其他一些因素包括：

- 硬件和软件政策限制
- 亲和性和反亲和性规范
- 数据本地性
- 工作负载间的干扰

图 6.35　用于表示部署优化器的符号

一旦选择了合适的目标主机，部署优化器就会指示容器包管理器将容器部署到何处。部署优化器可以进一步监视已部署的容器，以确保其当前主机一直适合该容器。

> **笔记**
>
> 在容器化的背景下，部署优化通常称为"调度"。此外，容器包管理器和部署优化器程序通常仅限于部署驻留在 Pod 中的容器。

通常，一个包代表一组具有完整解决方案的容器堆。因此，容器包管理器是为一组相关容器创建的。从这个意义上说，包存储库可以为应用版本管理提供一种手段。

包中定义的示例包括：

- 给定容器将部署在哪台主机上
- 给定容器将部署在哪台 Pod 中
- 一组容器的部署顺序是什么

管理员创建一个包，将其存储在包存储库中，然后在部署容器时将其分配给容器包管理器（如图 6.36 所示）。

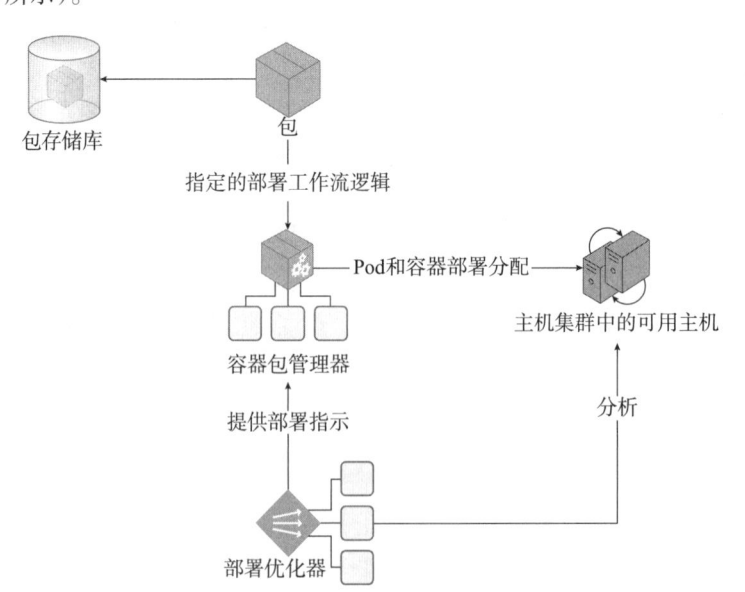

图 6.36　容器包管理器根据包中提供的部署工作流逻辑，以及从部署优化器收到的主机部署指令来协调容器的部署

部署后，包通常仍保留在包存储库中，因为它们通常是可重用的。例如，如果需要将一组容器移植到新主机上，则可以使用新主机信息修改相同的容器部署文件，然后重用它们。

Docker Compose 和 Helm 是一些流行的容器包管理器。这些工具通过简化容器化应用的打包和分发，使开发人员能够更轻松地在各种容器编排器上部署和管理容器化应用。

6.3.5 容器编排

在分布式计算环境中自动化部署、伸缩和管理容器化应用的过程称为容器编排，这需要使用容器编排器，也称为容器编排工具或容器编排平台。

容器编排器在分布式计算环境中执行各种操作。以下是容器编排器执行的一些关键操作：

- 容器部署——容器编排器跨一个集群中多个节点部署容器，确保容器能够得到正确配置和联网。
- 负载均衡——编排器在运行同一应用的多个容器之间分配流量，以确保高可用性和伸缩性。
- 伸缩性——编排器根据需求自动垂直缩放、水平扩展或减少调整运行应用的容器数量，确保最佳的资源利用率和成本效率。
- 运行状况监视——编排器监视容器的运行状况，并可以自动重新启动失败的容器或用健康的容器替换它们。
- 服务发现——编排器维护服务注册表，允许应用通过网络发现彼此并进行通信。
- 存储编排——编排器管理容器的持久存储需求，确保数据被正确地存储和检索。
- 网络编排——编排器管理容器的网络需求，为每个容器提供唯一的 IP 地址并在容器之间路由网络流量。
- 配置管理——编排器管理容器的配置，并可以自动将更改应用到正在运行的容器上。

容器编排器通常由多个协同工作的组件组成。以下是容器编排器的一些关键组件：

- 容器运行时——负责运行和管理容器，这些容器在集群中的每个节点上。
- API 服务器——提供与编排器交互的中央接口。它接受来自客户端的 API 请求，并与编排器的其他组件通信以执行请求的操作。
- 调度程序——负责决定在集群中的哪个节点上部署一个新的容器，这基于资源可用性和工作负载均衡等因素。
- 控制器管理器——负责管理各种控制器，这些控制器可以使容器化应用生命周期的不同方面得到自动化，例如伸缩、复制和运行状况监视。
- 分布式 K-V（键值）存储——由编排器存储配置数据、服务发现信息和其他元数据。
- 联网——提供必要网络基础设施的组件，允许容器跨集群通信，包括路由和负载均衡。
- 存储——管理容器持久存储需求的组件，包括提供对共享存储资源的访问和确保数据完整性。

容器编排涉及的基本步骤是：

- 创建容器镜像——开发人员创建一个容器镜像，包含他们的应用代码及其所有依赖项。
- 将镜像推送到容器注册表——容器镜像被推送到容器注册表，这是容器镜像的集中式远程存储库。

- 定义应用部署——开发人员使用容器编排器定义容器化应用的部署方式，包括副本数量、网络配置和任何存储要求。
- 部署应用——容器编排器跨集群中的多个节点部署应用，确保运行所需数量的副本，并确保用户可以访问该应用。
- 监视和管理应用——容器编排器监视应用的运行状况，根据需要自动垂直缩放调整应用，并在不导致停机的情况下推出更新和补丁。它还提供日志记录和监视功能，以识别和解决出现的任何问题。
- 管理多个应用——容器编排器可以同时管理多个容器化应用，确保它们根据自己的需求，进行部署、伸缩和管理。

6.3.6 容器包管理器与容器编排器

容器包管理器与容器编排器具有不同的功能。主要区别如下：

- 功能——容器包管理器负责管理容器镜像及其依赖项，而容器编排器负责在分布式计算环境中自动化部署、伸缩和管理容器化应用。
- 范围——容器包管理器专注于管理容器镜像及其依赖项，而容器编排器在整个容器化应用的生命周期内实施管理，从部署到伸缩再到管理。
- 抽象级别——容器包管理器在比容器编排器更低级别的抽象上运行。包管理器处理单个容器镜像及其依赖项，而编排器则提供整个容器化应用的高级视图。
- 工具集——容器包管理器通常提供一组有限的工具集，主要用于管理容器镜像及其依赖项。另一方面，容器编排器提供了一系列用于管理容器、联网、存储和其他基础设施资源的工具和 API。

6.3.7 容器网络

容器化平台通常提供虚拟容器网络来实现需要相互连接的容器之间的通信。需要容器网络来启用各种容器化平台和系统功能，以支持提供：

- 容器可用性
- 容器伸缩性
- 容器韧性

容器网络通常作为虚拟网络存在（如图 6.37 所示），可以独立管理、配置和加密。

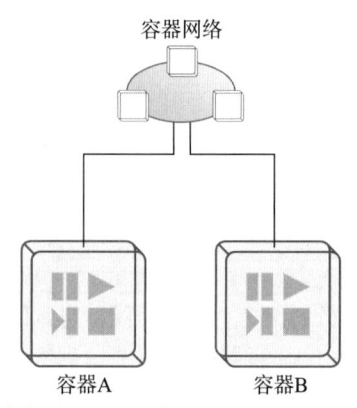

图 6.37 容器网络允许容器之间的通信独立于它们托管的软件程序之间的通信

如 6.2 节所述，容器网络有两种主要类型：
- 主机网络
- 覆盖网络

主机网络由单个容器引擎管理，以支持同一主机上的容器之间的通信，而覆盖网络使部署在不同服务器上的容器引擎能够实现不同主机上的容器之间的通信。

例如，如果一个分布式解决方案包含两个服务，每个服务都在自己的容器中，则为属于该解决方案的两个容器建立一个容器网络。如果容器位于同一主机上，则会创建一个主机网络（如图 6.38 所示）。如果一个容器位于一台主机上，而另一个容器位于另一台主机上，则会创建一个覆盖网络（如图 6.39 所示）。

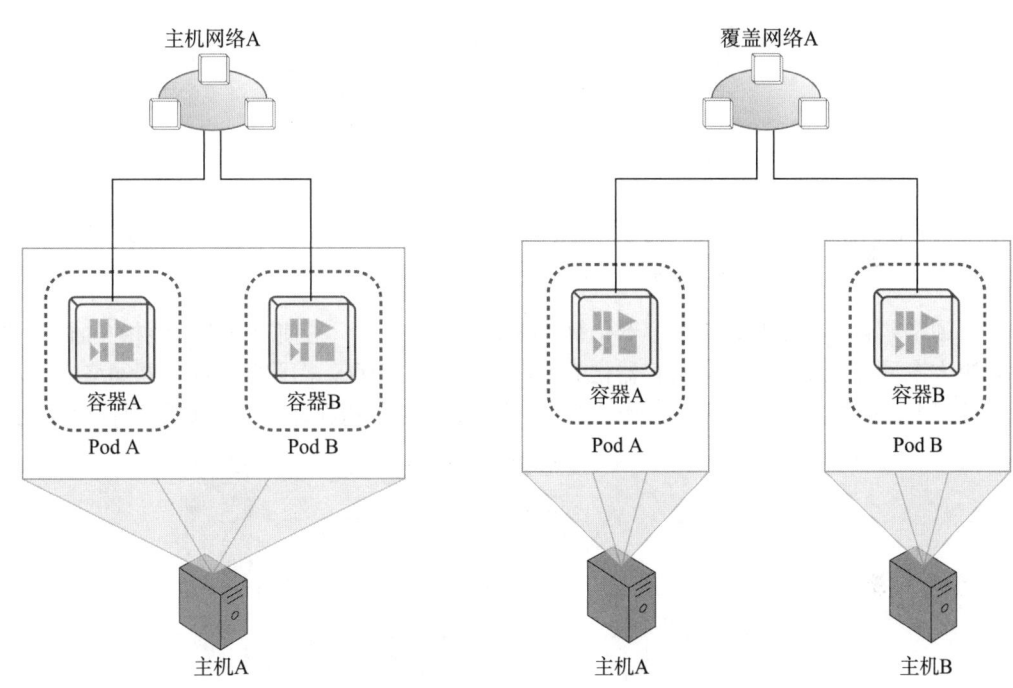

图 6.38 容器 A 和 B 驻留在同一主机上的不同 Pod 中，并且可以通过主机网络 A 相互通信

图 6.39 容器 A 和 B 位于不同的主机上，可以通过覆盖网络 A 相互通信

1. 容器网络范围

容器网络的范围通常等于给定解决方案的范围。这是因为解决方案的范围仅包含属于该解决方案一部分的软件程序托管的容器。因此，当托管多个解决方案时，将需要多个容器网络。

一些解决方案共享软件程序，例如可重用实用服务或共享数据库。如果可重用软件程序位于容器中，则该容器可以参与多个容器网络（如图 6.40 所示）。

> **笔记**
>
> 管理员可以在容器镜像的构建文件以及容器部署包中描述容器想加入的容器网络。如果未指定网络，容器引擎可能会自动将容器分配给"默认"主机网络。构建文件将在本章后面的 6.4.5 节中介绍。

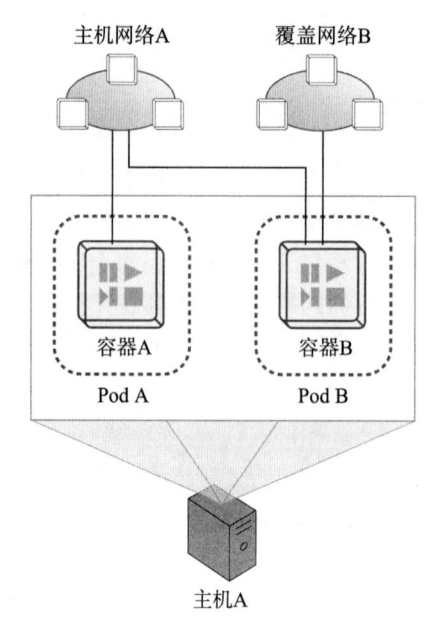

图 6.40　容器 A 和 B 驻留在同一主机上，可以通过主机网络 A 进行通信。容器 B 也是覆盖网络 B 的一部分，通过它可以与其他容器进行通信

通常，容器网络默认限制容器化解决方案软件的通信，这使得它们只能相互通信。然而，解决方案可能需要能够访问未容器化的软件程序或 IT 资源，因此驻留在容器网络之外。在这种情况下，需要配置容器网络以允许解决方案在容器网络边界之外进行通信（如图 6.41 所示）。

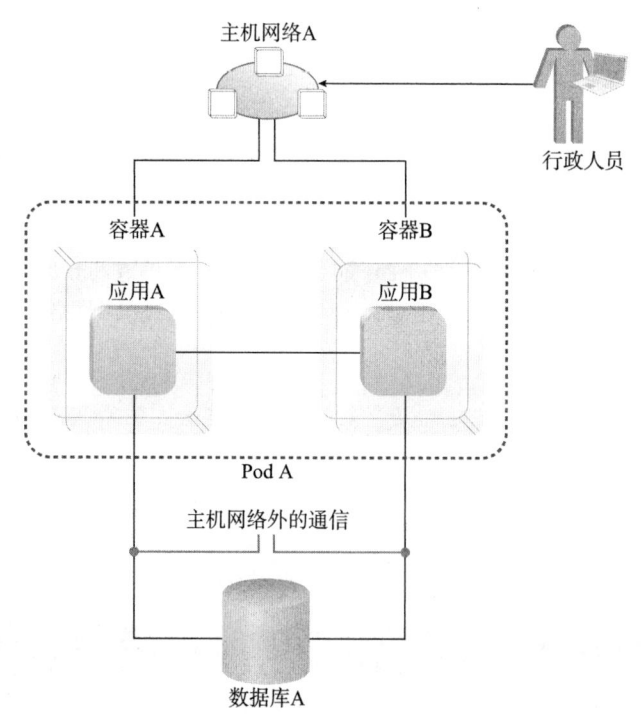

图 6.41　容器 A 和 B 通过主机网络 A 相互通信。容器化应用 A 和 B 需要相互通信，以及与主机网络 A 之外的数据库 A 进行通信。管理员通过显式配置主机网络 A 以允许所需的外部访问来实现此目的

2. 容器网络地址

每个部署的容器都会收到一个网络地址，使其能够参与容器网络。网络地址通常以 IP 地址的形式存在。如果一个容器需要参与多个容器网络，则每个容器网络都需要一个单独的网络地址。例如，如果托管软件程序的容器在两个容器网络之间重复使用（如图 6.40 所示的示例），则该容器将需要两个网络地址。

网络地址通常由容器引擎在容器部署后分配。它们也可以由管理员在部署包中手动分配。位于同一 Pod 中的容器共享相同的网络地址，并通过不同的网络端口进行单独标识。

6.3.8 富容器

不同类型的容器化平台在给定容器所支持的功能范围上可能有所不同。功能更丰富的容器称为富容器（如图 6.42 所示）。

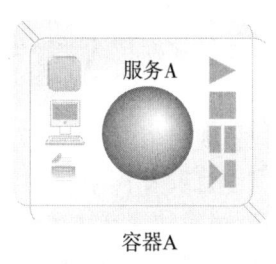

图 6.42 服务 A 部署在一个富容器内，该容器提供额外的功能，包括可以提供有关服务的持续状态和运行状况信息的监视功能

容器功能的丰富程度取决于负责创建容器的底层容器引擎的功能。
更先进的容器引擎提供的功能示例如下：

- 通过限制容器消耗的最大资源数目来控制和治理容器资源。
- 出于审计和监管目的来收集使用日志。
- 可以指定容器重新启动标准。例如，容器可以配置为在发生特定事件或错误时自动重新启动，而发生其他类型的事件或错误时则不会。
- 可以管理容器存储。这包括启用一个可由多个容器化服务共享的隔离的文件系统。
- 主机和运行在主机上的容器之间可以共享存储。这可能是出于监管和审计的目的，或者为了确保在容器关闭时仍然可以访问数据。
- 支持服务组合逻辑的执行。这可用于部署在同一主机上共同托管的一个容器内的服务。

一些容器引擎还提供代理功能，使它们能够充当消费者对其托管服务请求的代理。

6.3.9 其他常见的容器特征

这里提供一些其他常见的容器特征：

- 由于每个程序都托管在容器中，因此还可以部署许多支持程序（例如数据库、实用程序和监视器）。
- 可以对容器进行配置，从而限制每个容器消耗的基础设施资源量。
- 容器及其托管程序可访问的外部程序和 IT 资源的可见性可能会受到限制。
- 由容器托管的程序通常与容器本身具有相同的生命周期。这意味着托管程序通常在启动、停止、暂停和恢复方面与容器同步。

6.4 理解容器镜像

容器镜像是容器化平台的核心部分。它们构成了持续创建容器的基础。容器镜像的处理是容器引擎的主要职责之一。

6.4.1 容器镜像类型和角色

容器镜像的使用、存储和处理方式取决于它们的类型或它们扮演的角色。

容器镜像有两种主要类型：

- 基础容器镜像——这些容器镜像充当定制容器镜像的模板。在本书中，这种类型的容器镜像被称为"基础"容器镜像。基础容器镜像也称为部分容器镜像。
- 定制容器镜像——这些容器镜像由容器引擎创建，然后容器引擎使用它们来创建实际的、已部署的容器。本书中，这种类型的容器镜像可能符合也可能不符合"定制"容器镜像的资格。当一个符号仅被标记为"容器镜像"时，就意味着它已经被定制了。

这些类型的容器镜像之所以可以被视为角色，是因为从基础容器镜像创建的自定义容器镜像本身可以成为基础容器镜像，以作为未来不同的定制容器镜像的模板。

如图 6.43 所示，分类为基础容器镜像的容器镜像被发布到镜像注册表，然后容器引擎可以从那里访问它，以形成定制容器镜像的基础（稍后将详细解释）部分。

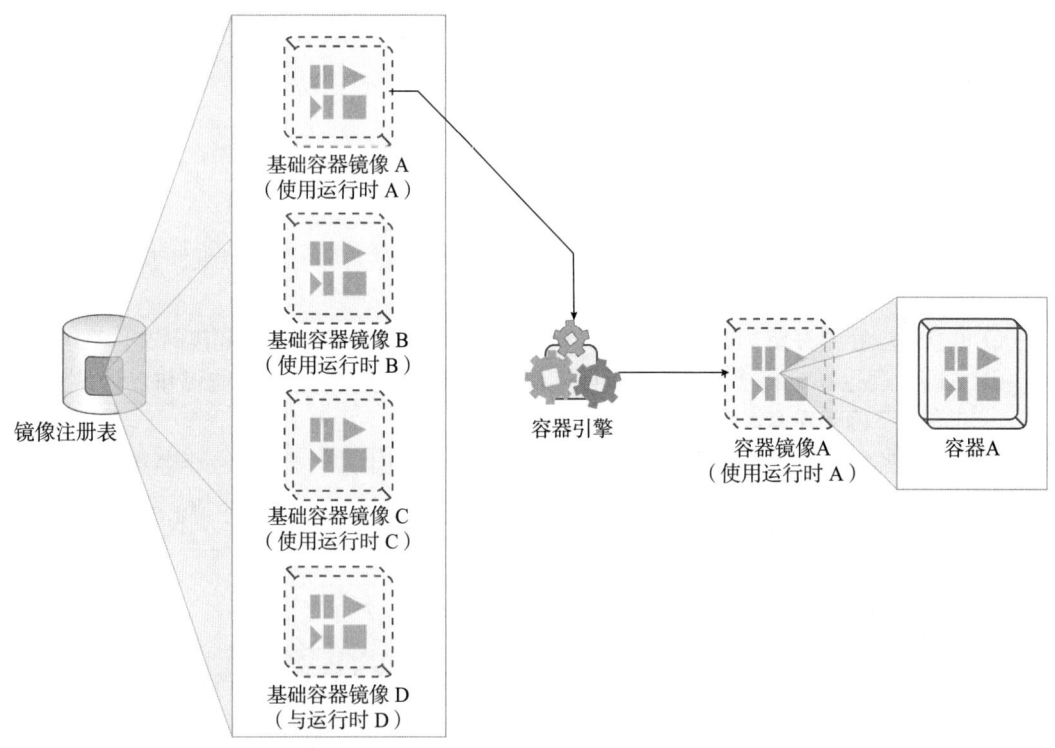

图 6.43　容器引擎支持四种可以部署在容器中的不同运行时。应用 A 需要运行时 A 的功能。容器引擎使用基础容器镜像 A 来创建定制容器镜像 A，然后使用该定制容器镜像 A 来为应用 A 创建和部署实际的容器 A

6.4.2 容器镜像的不变性

容器镜像的一个关键特征是，一旦创建，它们就是不可变的。这意味着它们不能被更改（既不能修补也不能更新，更不能进行任何其他类型的更改）。如果需要更改容器镜像，则需要创建新的或修订的构建文件，并需要生成新版本的容器镜像，进而需要已部署容器的新版本。

容器不变性的范围与构建文件的内容有关。管理工具允许更改容器上的设置。这些更改与构建文件无关，因此不需要创建新版本的容器即可进行更改。

容器引擎为每个单独的容器镜像分配一个唯一的自动生成的镜像密钥，该密钥进一步保存在容器镜像的存储位置上（或者在镜像注册表中，或者容器引擎的内部存储中）。

6.4.3 容器镜像抽象

基础容器镜像通常会提供底层主机操作系统功能的子集，这被称为操作系统抽象，或简称为抽象。然而，并非操作系统的所有部分都是由容器镜像抽象的，正如接下来的两小节所解释的那样。

1. 操作系统内核抽象

每个操作系统都有一个内核，它作为一组最基本的操作系统功能而存在。不同操作系统的内核功能都非常相似。例如，Windows 操作系统的内核与 Linux 操作系统的内核具有类似的功能。

内核提供的常见功能包括：

- 访问 CPU 资源
- 获得处理权
- 访问主机内存
- 访问主机中的输入/输出设备
- 访问硬件存储
- 访问设备驱动程序
- 访问服务器文件系统
- 访问电源管理

内核不是从容器镜像抽象出来的。相反，它被容器引擎所包含。因此，容器镜像不需要复制内核，这有助于进一步减少其占用空间。

容器引擎充当某种联络者或中介的角色，使容器能够在运行时完全访问整套内核函数。容器引擎通常能够与不同操作系统的内核进行交互，这有助于实现容器及其平台跨不同托管环境的可移植性。

2. 内核之外的操作系统抽象

内核之外的操作系统部分可以被抽取并包含在容器镜像中。存在于内核之外的常见操作系统功能和资源可以包括：

- 编程语言库和编译器
- 各种系统库
- 加密平台
- 系统监视器和监视功能

❑ 配置文件和编辑器
❑ 管理功能和平台
❑ 管理工具（供人类管理员使用）
❑ 本地化程序

这种形式的抽象代表了容器镜像所拥有的操作系统子集，以便为从该容器镜像生成的容器中的软件程序提供定制和优化的托管环境。

当抽象这些类型的功能和资源时，容器仍然保持了可移植性，因为抽象的功能和资源被复制到容器并随容器一起移植。

6.4.4　容器构建文件

容器构建文件（或只是构建文件；如图 6.44 所示）是人类可编辑、机器可处理的配置文件，它描述了定制容器镜像中所包含的内容（或由其抽象的内容）。

具体来说，构建文件可以识别：

❑ 将用于构成定制基础容器镜像基础的基础容器镜像。
❑ 定制容器镜像中需要添加（或由其抽象的）的额外操作系统资源。
❑ 部署的定制容器需要参与的容器网络。

图 6.44　用于表示容器构建文件的符号

随着容器引擎的类型的不同，构建文件中的语法和格式可能也会有所不同。

容器镜像层次

容器镜像将其内容按层次组织。每一层都对应于一个容器构建文件语句或指令。

容器镜像层中的内容示例包括：

❑ 数据文件和文件夹
❑ 配置文件
❑ 数据库和存储库
❑ 可执行文件
❑ 操作系统
❑ 操作系统程序文件和运行时

除了最后一层之外，所有层都是只读的。容器化平台使用联合文件系统（UFS）作为容器镜像分层的基础。UFS 和分层的使用使得基础容器镜像的可重用性成为可能。

基础容器镜像由多个代表其抽象内容的层组成（如图 6.45 所示）。

从基础容器镜像派生的定制容器镜像将为基础容器镜像所提供的内容添加新层。在定制的容器镜像中，整个基础容器镜像代表底层（如图 6.46 所示）。

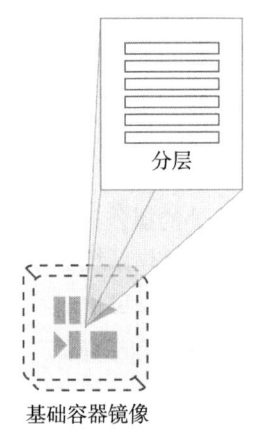

图 6.45　基础容器镜像有自己的一组层

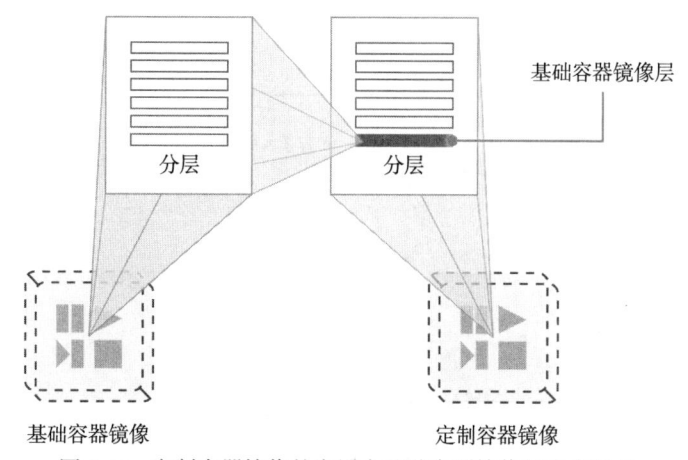

图 6.46　定制容器镜像的底层由基础容器镜像的内容组成

由定制容器镜像生成的要部署的容器所托管的软件程序本身可以位于定制容器镜像的一层中（如图 6.47 所示）。

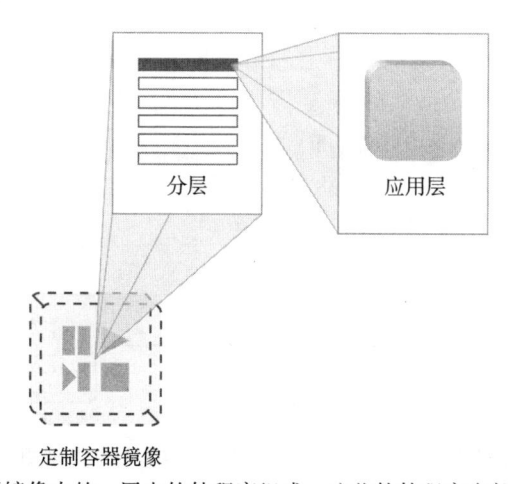

图 6.47　定制容器镜像内的一层由软件程序组成，这些软件程序由部署的容器负责托管

由于容器镜像是不可变的，因此如果需要删除或添加镜像中的某个层，则需要创建新的容器镜像版本。

6.4.5　定制容器镜像是如何创建的

容器引擎使用构建文件和基础容器镜像来生成定制的容器镜像（如图 6.48 所示）。

一旦从定制容器镜像创建并部署了实际的容器实现，可能不再需要保留构建文件，因为容器引擎现在拥有定制的容器镜像，可以使用它在未来创建更多的容器实例。

请注意，定制容器镜像通常不会存储在镜像注册表中。相反，它存储在容器引擎的内部存储中，以便引擎可以保留对它的即时访问，从而支持高效、快速地创建新的容器实例，并提供伸缩性和韧性。

如果管理员确定定制容器镜像可作为新型定制容器镜像的基础容器镜像，则也可以将定制的容器镜像发布到镜像注册表。

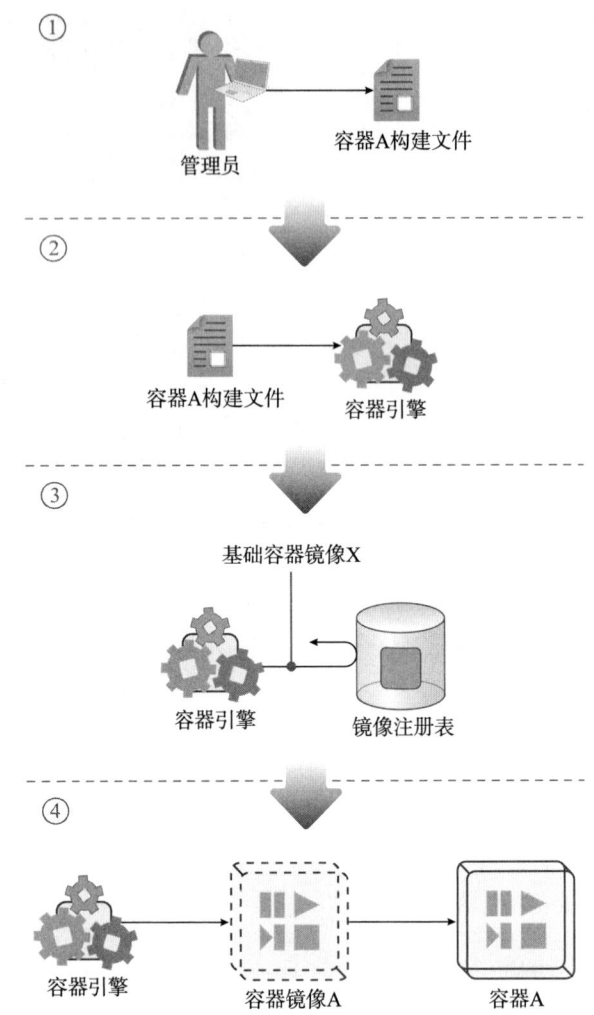

图 6.48　管理员编写容器 A 构建文件（1）。管理员向容器引擎提供构建文件（2）。容器引擎从镜像注册表中检索所需的基础容器镜像（3）。然后，容器引擎使用基础容器镜像和构建文件中的信息来创建新的定制容器镜像 A，接着从中生成并部署容器（4）

6.5　多容器分类

到目前为止，所展示的大多数容器都托管应用和服务，这些应用和服务大概负责处理主要业务逻辑。然而，为了使应用在分布式环境中运行，还需要其他类型的容器辅助（或效用）处理。

本节介绍以下一组基本的多容器类型，每类都添加一个带有辅助组件的容器，该辅助组件抽象与效用程序相关的处理：

- sidecar 容器
- 适配器容器
- 大使容器

6.5.1 sidecar容器

当负责处理主要业务逻辑的应用也要处理通用效用程序逻辑时，应用可靠且有效地处理其业务逻辑的能力可能会受到损害（如图 6.49 所示）。

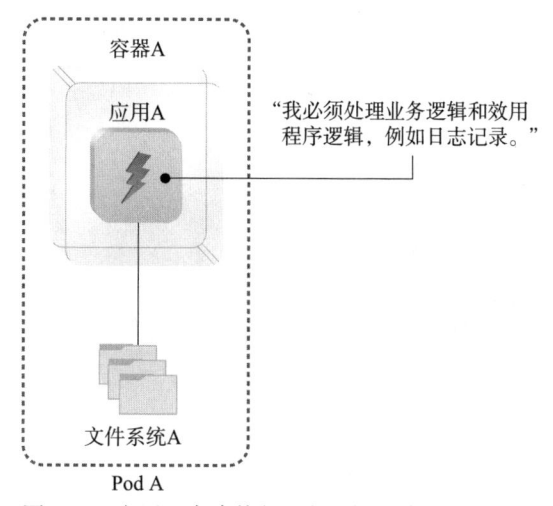

图 6.49 应用 A 负责执行业务逻辑和效用程序逻辑

添加辅助容器化应用组件（称为 sidecar 组件），以抽象与效用程序逻辑相关的处理（如图 6.50 所示）。sidecar 组件部署在单独的容器中，通常与应用程序位于同一个 Pod 中。根据效用程序处理的性质，应用可能需要也可能不需要与 sidecar 组件通信。

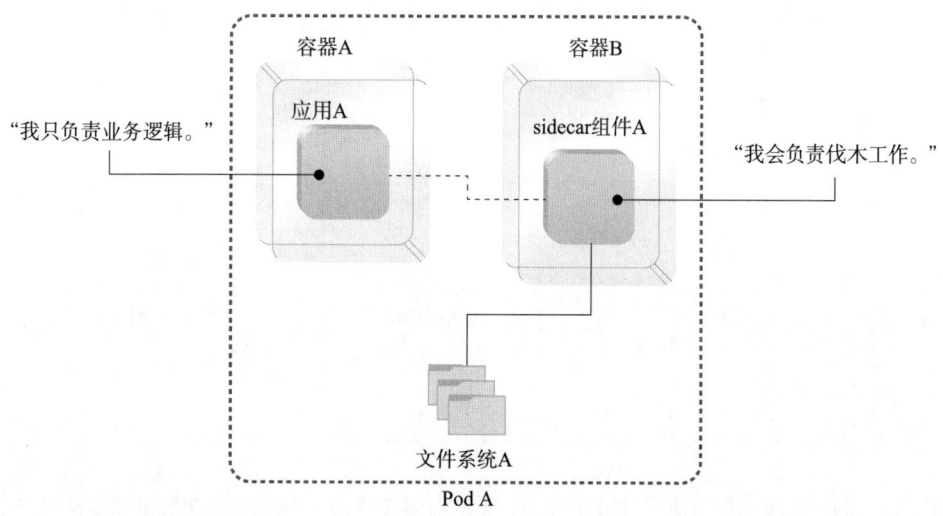

图 6.50 效用程序逻辑放置在 sidecar 组件 A 中，该组件位于同一 Pod 中的单独容器 B 中。这使得应用 A 能够专注于执行其业务逻辑

6.5.2 适配器容器

当负责处理主要业务逻辑的应用也用于执行数据转换逻辑以适应外部消费者时，应用可靠、有效地处理其业务逻辑的能力也可能会受到损害（如图 6.51 所示）。此外，通过将此转

换逻辑嵌入应用中，它可能会耦合到多个不同的外部消费者程序，当这些消费者程序随着时间的推移而改变时，这可能会变得很麻烦。

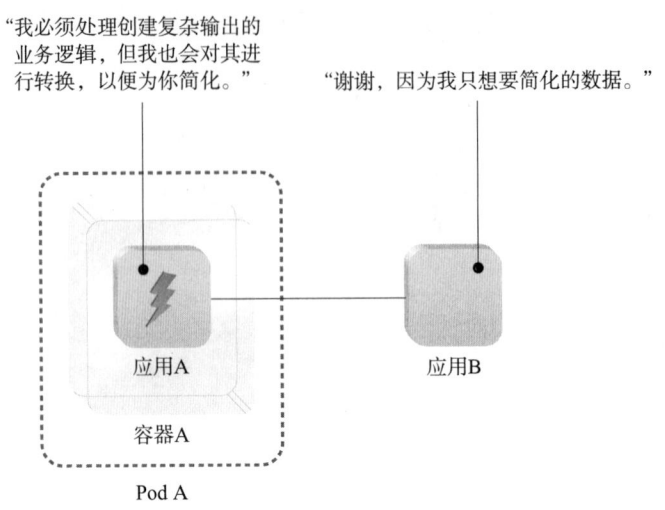

图 6.51　应用 A 负责执行应用 B 所需的业务逻辑和特定转换逻辑

添加辅助容器化应用组件（称为适配器组件）以抽象任何必要的数据转换处理逻辑（如图 6.52 所示）。适配器组件部署在单独的容器中，通常与应用位于同一 Pod 内。可以为需要不同输出数据表示的每个消费者应用部署单独的适配器组件。

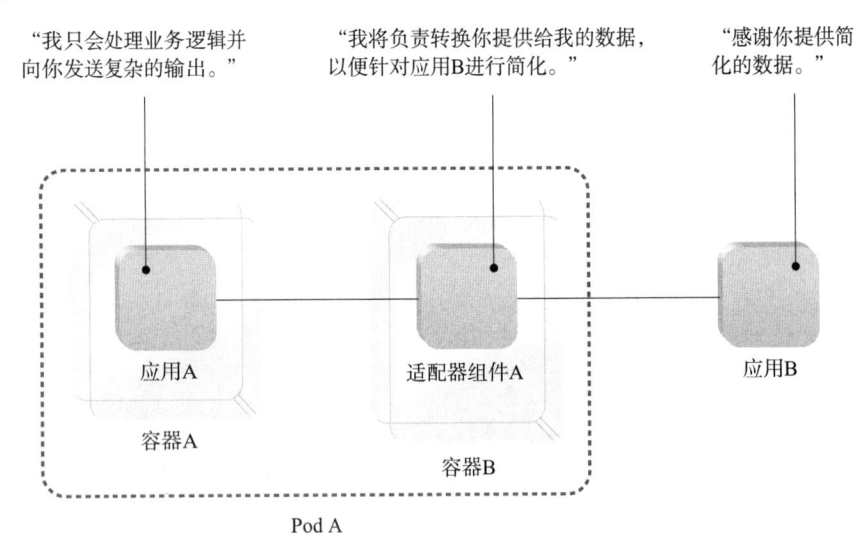

图 6.52　转换逻辑放置在适配器组件 A 中，适配器组件 A 位于同一 Pod 中的单独容器 B 中。这使得应用 A 能够专注于执行其业务逻辑

6.5.3　大使容器

当负责处理主要业务逻辑的应用也要执行外部通信处理逻辑以与外部消费者连接时，该应用可靠、有效地处理其业务逻辑的能力也可能会受到损害（如图 6.53 所示）。此外，通过将这种特定的通信逻辑（例如与协议、消息传递和安全相关的逻辑）嵌入应用中，它可能会

与多个不同的外部程序耦合，当这些程序的 API 随着时间的推移而发生变化时，这可能会变得很麻烦。

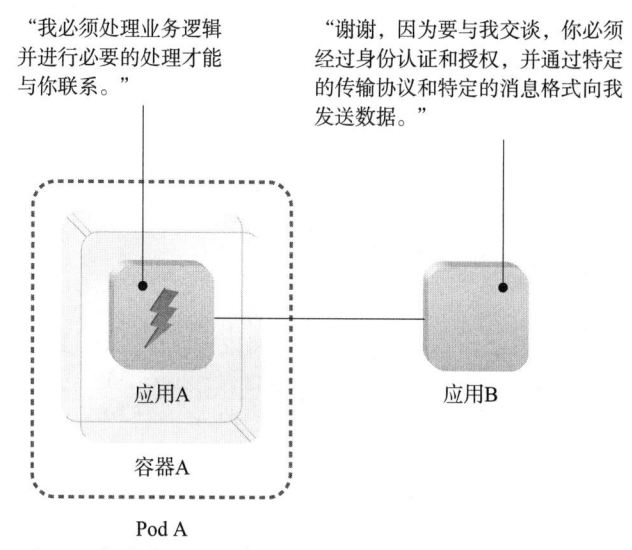

图 6.53 应用 A 负责执行与应用 B 连接所需的业务逻辑和特定通信处理逻辑

添加辅助容器化应用组件（称为大使组件）以抽象任何必要的通信处理逻辑（如图 6.54 所示）。大使组件部署在单独的容器中，通常与应用位于同一个 Pod 内。可以为具有一组不同通信要求的每个应用部署单独的大使组件。

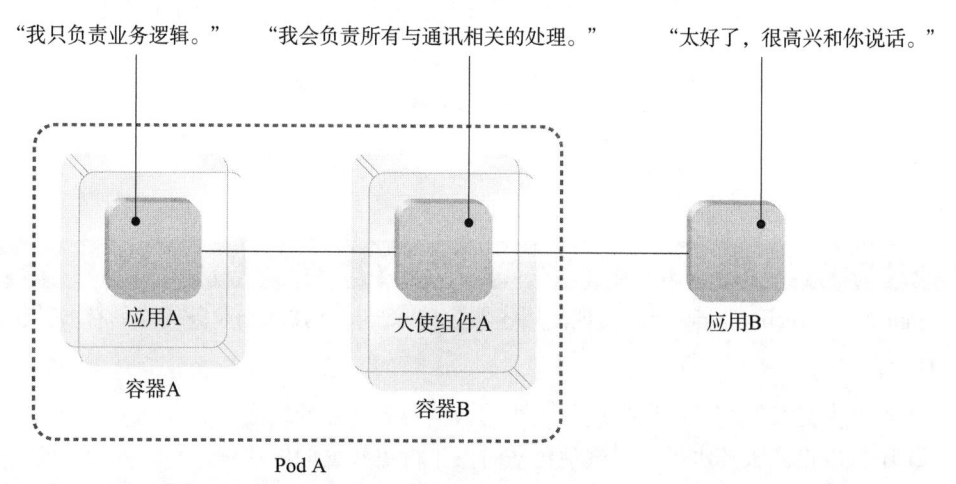

图 6.54 通信逻辑位于大使组件 A 中，该组件位于同一 Pod 中的单独容器 B 中。这使得应用 A 能够专注于执行其业务逻辑

6.5.4 一起使用多容器

三种类型的多容器可以根据需要单独或一起使用。例如，根据此业务逻辑的性质，应用可能需要与部分或全部辅助容器一起部署（如图 6.55 所示）。

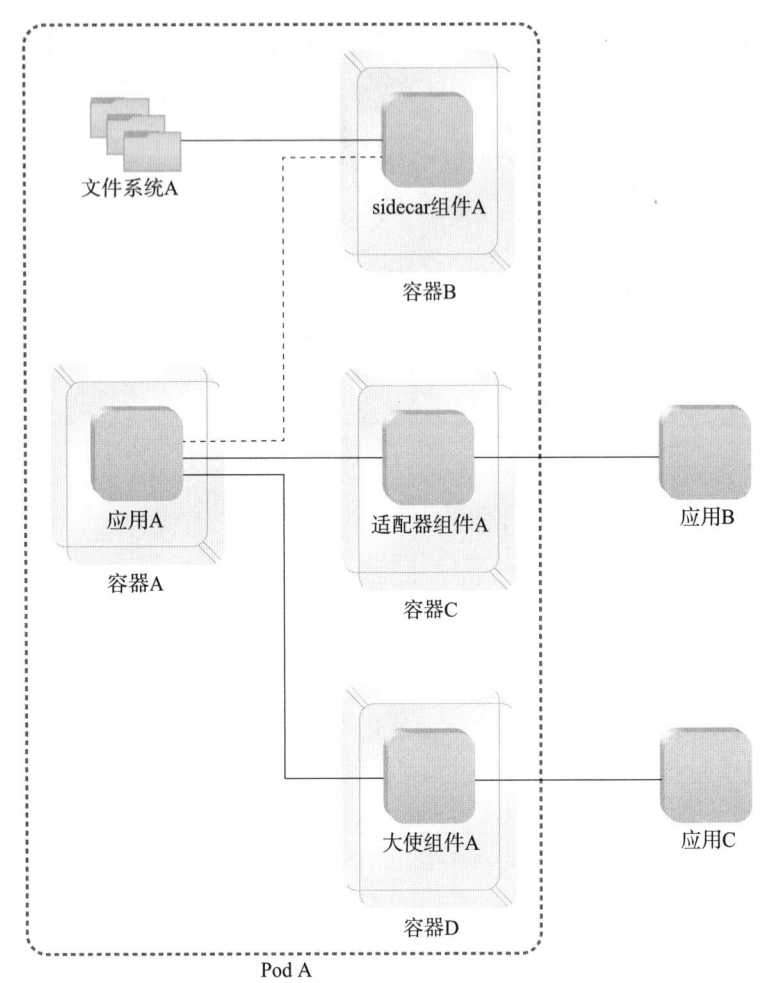

图 6.55　应用 A 由三个辅助容器支持

案例研究

　　Innovartus Technologies Inc. 发现使用容器化技术支持其技术和业务战略具有多种优势，包括：

- 可大大提高伸缩性，以适应可预测的云消费者交互的增减。
- 还可以提高服务水平，以避免比平时发生得更频繁的停业。
- 通过减少交付虚拟产品所需的虚拟服务器数量，可以提高成本效益，因为这些产品现在可以部署在容器中，而不是虚拟服务器中。

　　Innovartus 为儿童提供的虚拟玩具和教育娱乐产品被设计为由多个独立服务组成的应用，这些服务共同提供必要的功能。这使得每个单独的服务都部署在其单独的容器中，并根据其性能和总容量要求动态水平调整。

　　由于某些与安全相关的要求，为家长提供访问权限以配置其孩子虚拟玩具的三个服务需要共享相同的 IP 地址。将它们部署在单个逻辑 Pod 内的单独容器中为这一要求提供了理想的部署解决方案。

监视虚拟玩具和娱乐产品的使用、性能和安全性是其业务战略的基础。然而，为了让每个在独立容器中运行的服务都能够专注于其作为虚拟玩具或其他娱乐产品所必须交付的功能，可以使用 sidecar 容器将其中与效用程序相关的功能，例如将日志或报告数据写入到性能和安全监示逻辑，分离到 sidecar 容器运行的组件中。

服务需要向两个远程部署的监视系统发送遥测数据。在这种情况下，大使容器用于将服务与远程系统的通信委托给大使组件，这样服务可专注于它们旨在提供的核心功能。

最后，适配器容器用于整个 Innovartus 架构，以允许用户通过不同的设备（例如智能手机、平板电脑和计算机）使用其产品，适配器容器运行父母和孩子单独访问每个设备所需的逻辑。

第 7 章

Cloud Computing: Concepts, Technology, Security & Architecture, Second Edition

理解云安全和网络空间安全

本章介绍了云中有关基本信息安全的术语和概念，然后通过定义一组公共云环境中常见的威胁和攻击来推导结论。第 10 章和第 11 章中介绍的云安全和网络空间安全机制建立了用于应对这些威胁的安全控制。

7.1 基本安全术语

信息安全综合了一系列技能、技术、法规，以及一切保护计算机系统／数据完整性和访问的行为。IT 安全措施旨在防御由恶意和无意的用户错误引起的威胁和干扰。

接下来的部分将定义与云计算相关的基本安全术语并描述相关概念。

7.1.1 机密性

机密性是指只有授权方才能访问的某些内容的特征（如图 7.1 所示）。在云环境中，机密性主要涉及限制对传输和存储中的数据的访问。

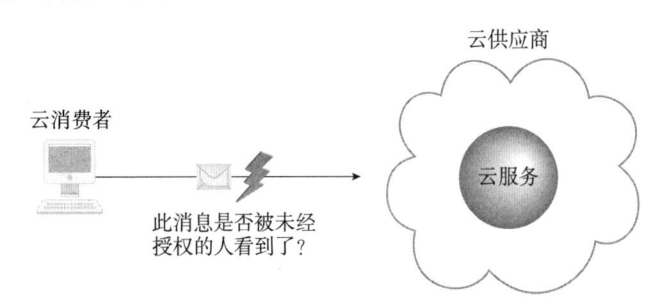

图 7.1　仅当未授权方不能访问或读取云消费者向云服务发出的消息时，该消息才被视为机密

7.1.2 完整性

完整性是指未被未授权方更改的特征（如图 7.2 所示）。与云中数据完整性有关的一个重要问题是能否保证云消费者传输到云服务的数据与该云服务接收的数据相匹配。完整性可以扩展到云服务和基于云的 IT 资源存储、处理和检索数据的方式。

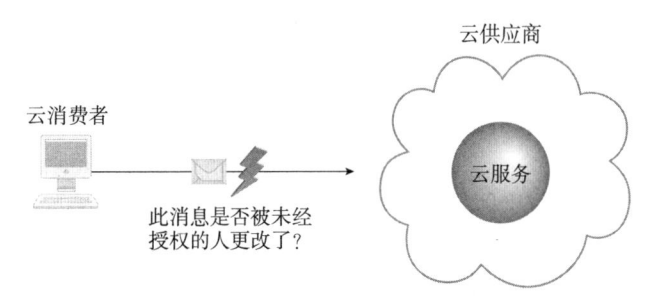

图 7.2　云消费者向云服务发出的消息如果没有被改变，则被认为是完整性的

7.1.3 可用性

可用性是指在指定时间段内可访问和可用的特征。在典型的云环境中，云服务的可用性可以是云供应商和云运营商共同承担的责任。扩展到云服务消费者的基于云的解决方案的可用性进一步由云消费者共享。

图 7.3 描述了一个场景，演示了一系列安全技术如何帮助确保互联网上数据交换的机密性和完整性，以及包含私有数据的中央数据库的可用性。

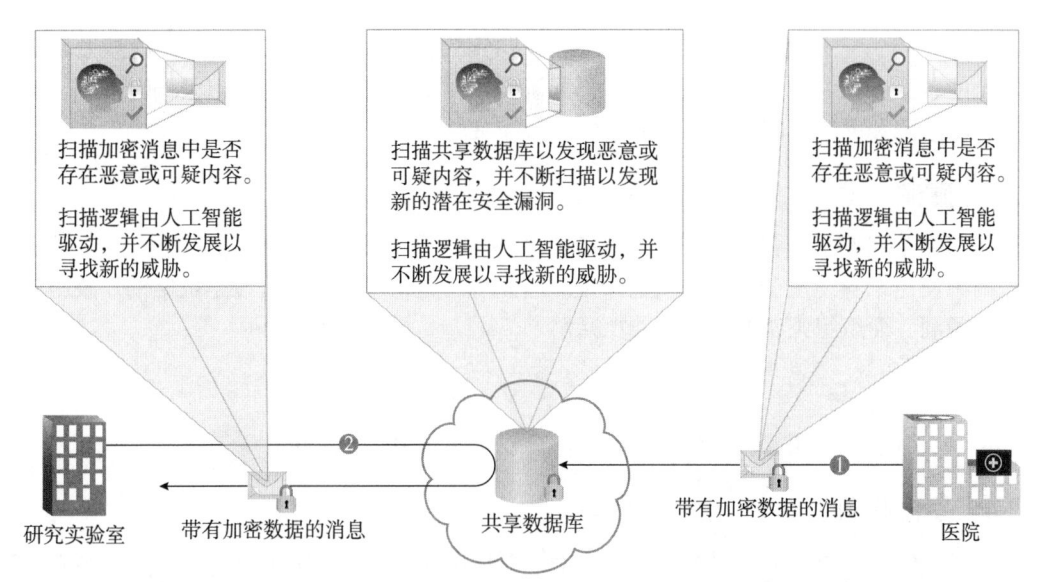

图 7.3　医院将机密医疗数据贡献到云中的数据库（1）该数据库由检索数据的研究机构共享（2）。支持网络空间安全技术：通过加密提供机密性，通过运行时扫描提供完整性，并通过确保共享云数据库的持续安全性提供可用性

7.1.4 真实性

真实性是指授权来源提供的事物的特征。这个概念包含不可否认性，即一方无法否认或质疑交互的身份认证。不可否认交互中的身份认证提供了这些交互唯一链接到授权源的证据。例如，用户无法在不生成该访问的记录的情况下访问不可否认的文件。

7.1.5 安全控制

安全控制是用于预防或响应安全威胁以及减少或避免风险的对策。有关如何使用安全对策的详细信息通常在安全策略中概述，其中包含一组规则和实践，指示如何实施系统、服务或安全计划，以最大限度地保护敏感和关键 IT 资源。

7.1.6 安全机制

对策通常用安全机制来描述，安全机制是包含防御框架的组件，防御框架用于保护 IT 资源、信息和服务。第 10 章和第 11 章描述了一系列云安全和网络空间安全机制。

7.1.7 安全策略

安全策略建立了一套安全规则和规定。通常，安全策略将进一步定义如何实施和执行这些规则和法规。例如，安全控制和机制的定位和使用可以由安全策略来确定。

7.2 基本威胁术语

本节涵盖了一些有助于确定网络空间安全实践和技术的主要目的和范围的基本主题，以及一些基本词汇。

7.2.1 风险

风险是指特定行为可能导致的潜在的、不必要的和意外的损失。风险可能涉及网络空间安全的各个方面，包括外部威胁、内部漏洞和针对威胁采取的响应，以及与可能的人为错误、技术故障和网络空间安全环境的整体质量相关的风险。

7.2.2 漏洞

在网络空间安全的背景下，漏洞是指 IT 环境或相关策略、流程中的缺陷、差距或弱点，这些漏洞使组织容易遭受潜在的安全入侵。漏洞可以是物理的，也可以是数字的。攻击者试图利用漏洞，而组织则试图消除或减少漏洞。

7.2.3 利用

当攻击者能够使用漏洞得到好处时，就会发生漏洞利用（exploit）。

7.2.4 零日漏洞

零日（0day）漏洞是组织不知道或尚未能够提供补丁或修复的漏洞。因此，攻击者可能能够更轻松地利用此漏洞，直到组织能够解决该漏洞。

7.2.5 安全入侵

安全入侵是指可能出现的未经授权访问信息或系统的任何事件。当攻击者能够绕开安全机制和控制时，通常会发生这种情况。

7.2.6 数据入侵

数据入侵是一种安全入侵，它使得攻击者能够窃取机密信息。

7.2.7 数据泄露

当敏感信息在未发生攻击的情况下与未经授权的各方共享时，就会发生数据泄露。数据泄露可能是意外或故意发生的，通常是人为造成的。

7.2.8 威胁（或网络空间威胁）

威胁或网络空间威胁是一种已知的、潜在的攻击，它会给组织带来危险和风险。与给定组织相关的威胁集合称为威胁态势或网络空间威胁态势。

7.2.9 攻击（或网络空间攻击）

当攻击者实施威胁时，它就变成了攻击或网络空间攻击。

7.2.10 攻击者和入侵者

在云安全和网络空间安全的背景下，攻击者是进行网络空间攻击的个人或组织。
有不同类型的攻击者：

- 网络犯罪分子——试图窃取私人信息以获取利润或进行其他类型非法活动的攻击者。
- 恶意用户——授权用户，例如流氓员工，他们滥用可信权限访问系统，意图造成损害或执行未经授权的操作。
- 网络活动分子——攻击者，进行恶意活动以促进政治议程、宗教信仰或社会意识形态。
- 国家支持的攻击者——受政府机构雇佣的攻击者。

任何在组织边界内成功获得未经授权访问的攻击者都被称为入侵者。

7.2.11 攻击矢量和攻击面

攻击矢量是指攻击者利用漏洞所采取的、带方向的路径。攻击媒介的示例包括电子邮件附件、弹出窗口、聊天室和即时消息。在创建某个攻击矢量时，通常会利用人为错误或无知。攻击面是攻击矢量的集合，攻击者可以从中访问系统或提取信息。

7.3 威胁代理

威胁代理是指因有能力执行攻击而构成威胁的实体。云安全威胁可能来自内部或外部，可能由人为因素或软件程序引起。相应的威胁代理将在接下来的章节中描述。图 7.4 说明了威胁代理在漏洞、威胁和风险方面所扮演的角色，以及安全策略和安全机制建立的保障措施。

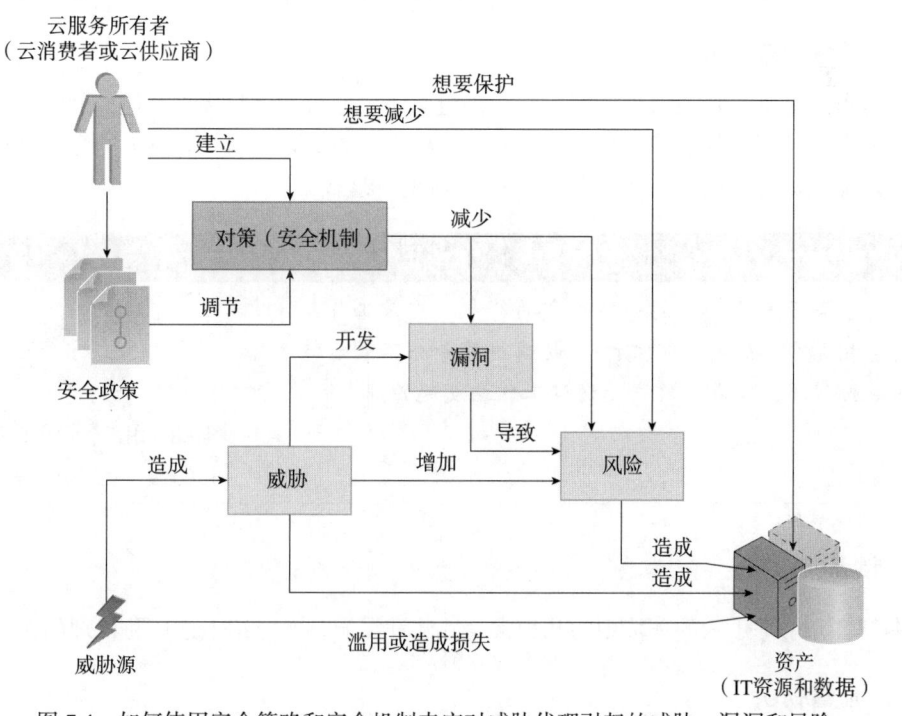

图 7.4 如何使用安全策略和安全机制来应对威胁代理引起的威胁、漏洞和风险

7.3.1 匿名攻击者

匿名攻击者是在云中没有权限的、不受信任的云服务消费者（如图7.5所示）。它通常以外部软件程序的形式而存在，通过公共网络发起网络级攻击。当匿名攻击者掌握的有关安全策略和防御的信息有限时，可能会抑制他们制定有效攻击的能力。因此，匿名攻击者经常采取绕过用户账户或窃取用户凭证等行为，同时使用确保匿名或者需要大量资源的方法。

图7.5 匿名攻击者的符号

7.3.2 恶意服务代理

恶意服务代理能够拦截和转发云中流动的网络流量（如图7.6所示）。它通常以一种具有受损或恶意逻辑的服务代理（或冒充服务代理的程序）的形式存在。它也可能作为外部程序而存在，能够远程拦截并可能破坏消息内容。

图7.6 用于恶意服务代理的符号

7.3.3 受信任的攻击者

受信任的攻击者与云消费者在同一云环境中共享IT资源，并尝试利用合法凭证来攻击云供应商和与其共享IT资源的云租户（如图7.7所示）。与匿名攻击者（不受信任）不同，受信任的攻击者通常通过滥用合法凭证或盗用敏感和机密信息，从云的信任边界内发起攻击。

图7.7 受信任的攻击者的符号

受信任的攻击者（也称为恶意租户）可以使用基于云的IT资源进行各种攻击，包括攻击弱身份认证流程、破坏加密、向电子邮件账户发送垃圾邮件或发起常见攻击（例如拒绝服务活动）。

7.3.4 恶意内部人员

恶意内部人员是代表云供应商或与云供应商相关的人类威胁代理。他们通常是现任或前任员工或有权访问云供应商场所的第三方。这种类型的威胁代理具有巨大的潜在破坏性，因为恶意内部人员可能拥有访问云消费者IT资源的管理权限。

> **笔记**
>
> 用于表示人为攻击的一般形式的符号，它是工作站与闪电相结合（如图7.8所示）。此通用符号并不表示特定的威胁代理，仅表示攻击是通过工作站发起的。
>
> 图7.8 用于表示源自工作站的攻击。人类符号是可选的

7.4 常见威胁

本节将介绍基于云的环境中的几种常见威胁和漏洞，并介绍上述威胁代理的作用。

7.4.1 流量窃听

当传输到云或在云中（通常从云消费者到云供应商）的数据被恶意服务代理出于非法信

息收集目的而被动拦截时，就会发生流量窃听（如图 7.9 所示）。此攻击的目的是直接损害数据的机密性，并可能损害云消费者和云供应商之间关系的机密性。由于攻击的被动性质，因此它很容易在很长一段时间内不被发现。

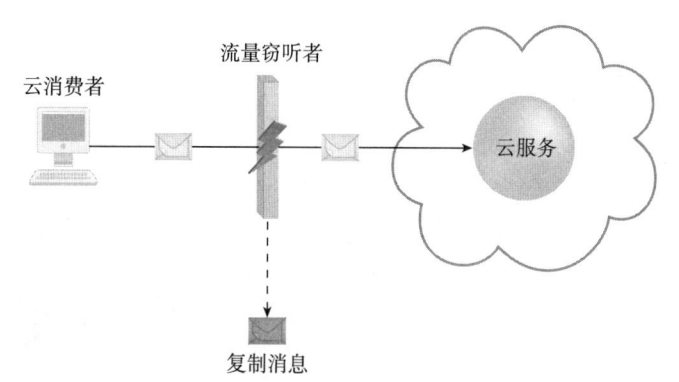

图 7.9 外部恶意服务代理通过拦截云服务消费者向云服务发送的消息来进行流量窃听攻击。服务代理在将消息沿其原始路径发送到云服务之前对其进行未经授权的复制

7.4.2 恶意中间人

当消息被恶意服务代理拦截和更改时，就会出现恶意中间人威胁，从而可能损害消息的机密性和/或完整性。它还可能在将消息转发到目的地之前将有害数据插入到消息中。图 7.10 展示了恶意中间人攻击的常见示例。

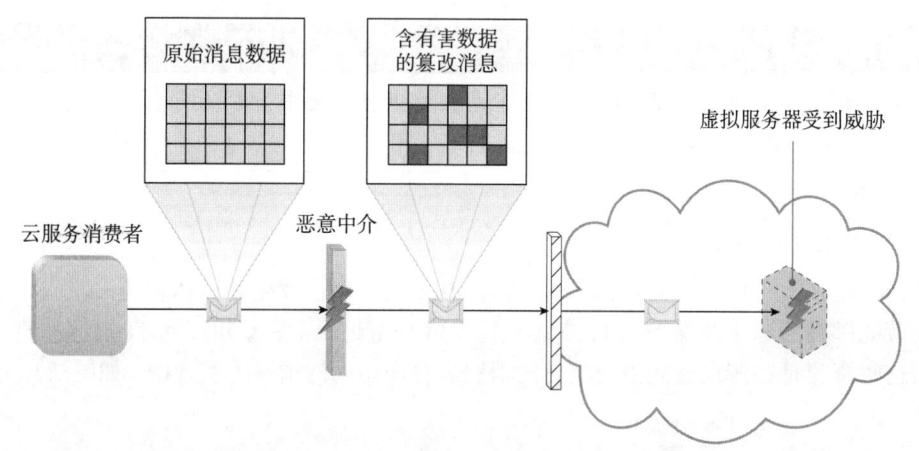

图 7.10 恶意服务代理拦截并修改由云服务消费者发送到托管在虚拟服务器上的云服务（未显示）的消息。由于消息中封装了有害数据，因此导致虚拟服务器受到侵害

> **笔记**
> 虽然不常见，但恶意中间人攻击也可以由恶意云服务消费者程序执行。

7.4.3 拒绝服务

拒绝服务（DoS）攻击的目的是使 IT 资源超载，直至无法正常运行。这种形式的攻击通常通过以下方式之一发起：

- 通过模仿消息或重复的通信请求人为地增加云服务的工作负载。
- 网络因流量过载而降低了其响应速度并削弱其性能表现。
- 发送多个云服务请求，每个请求都旨在消费过多的内存和处理资源。

成功的 DoS 攻击会导致服务器降级和 / 或故障，如图 7.11 所示。

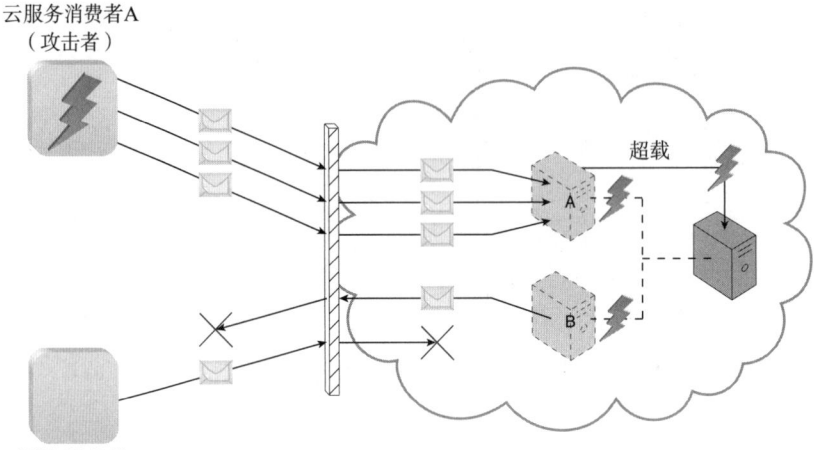

图 7.11　云服务消费者 A 向虚拟服务器 A 上托管的云服务（未显示）发送多条消息。这会使底层物理服务器的容量超载，从而导致虚拟服务器 A 和 B 中断服务。因此，合法的云服务消费者（例如云服务消费者 B）无法与虚拟服务器 A 和 B 上托管的任何云服务进行通信

笔记
DoS 攻击的常见变体是 DDoS（分布式拒绝服务）攻击，它使用多个受破坏的系统向目标网站或网络注入大量流量，试图使其不可用。

7.4.4　授权限制不足

当错误地或过于广泛地向攻击者授予访问权限时，就会发生授权限制不足攻击，从而导致攻击者能够访问通常受保护的 IT 资源。这常常是由于攻击者获得了对 IT 资源的直接访问权，而这些资源是在假设只能由受信任的消费者程序访问的情况下实现的（如图 7.12 所示）。

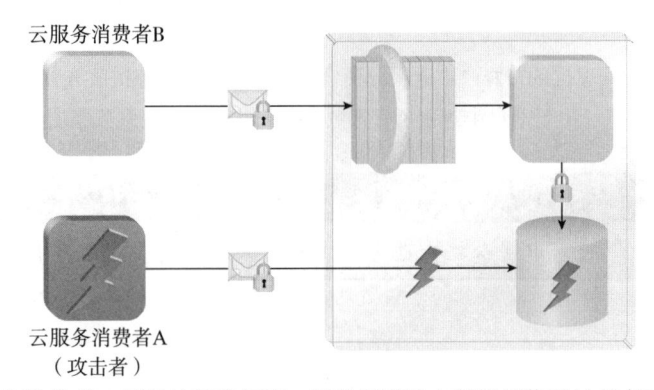

图 7.12　云服务消费者 A 可以访问数据库，该数据库是在假设只能通过具有已发布服务合同的 Web 服务访问的情况下实现的（根据云服务消费者 B）

当使用弱密码或共享账户来保护 IT 资源时，可能会导致这种攻击的一种变体（称为弱认证）。在云环境中，这些类型的攻击可能会造成重大影响，具体取决于 IT 资源的范围以及攻击者获得的这些 IT 资源的访问范围（如图 7.13 所示）。

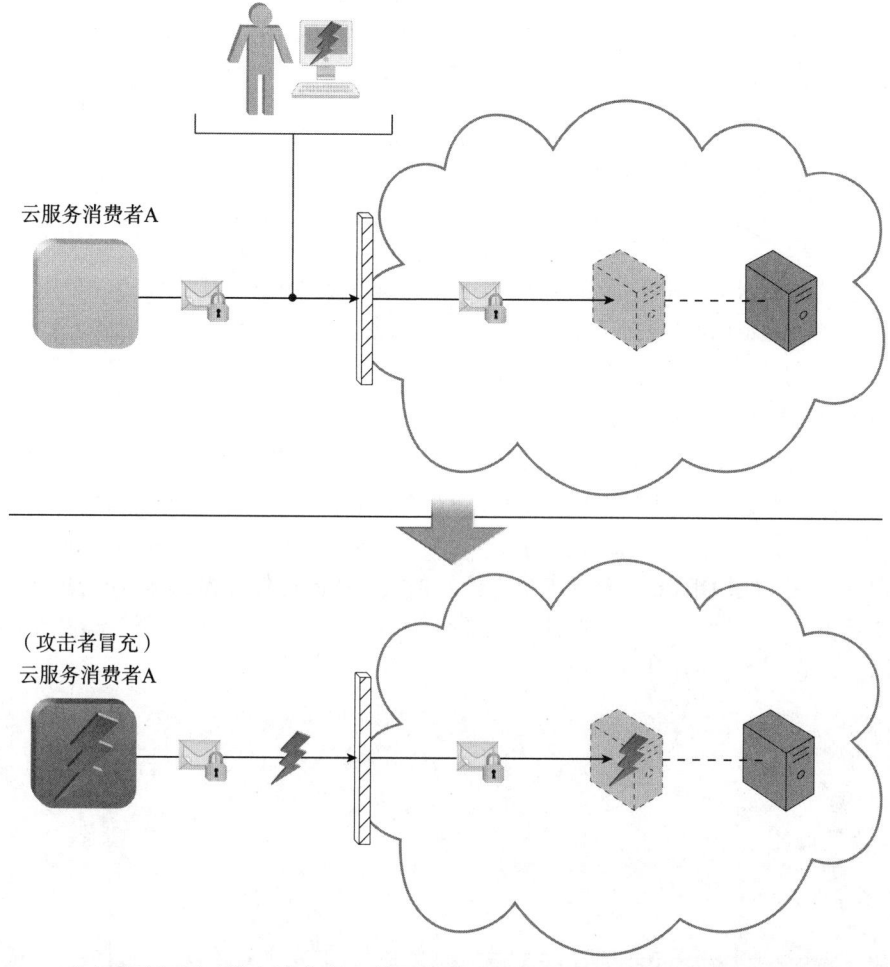

图 7.13　攻击者破解了云服务消费者 A 使用的弱密码。因此，攻击者设计了一个恶意云服务消费者（由攻击者控制），它冒充云服务消费者 A 来访问基于云的虚拟服务器

7.4.5　虚拟化攻击

虚拟化为多个云消费者提供了对底层硬件共享但逻辑上隔离的 IT 资源的访问。由于云供应商授予云消费者对虚拟化 IT 资源（例如虚拟服务器）的管理访问权限，因此存在云消费者可能滥用此访问权限来攻击底层物理 IT 资源的固有风险。

虚拟化攻击利用虚拟化平台中的漏洞来危害其机密性、完整性和 / 或可用性。这种威胁如图 7.14 所示，其中受信任的攻击者成功访问虚拟服务器，从而危害其底层物理服务器。在公共云中，由于单个物理 IT 资源可能向多个云消费者提供虚拟化 IT 资源，因此此类攻击可能会产生重大影响。

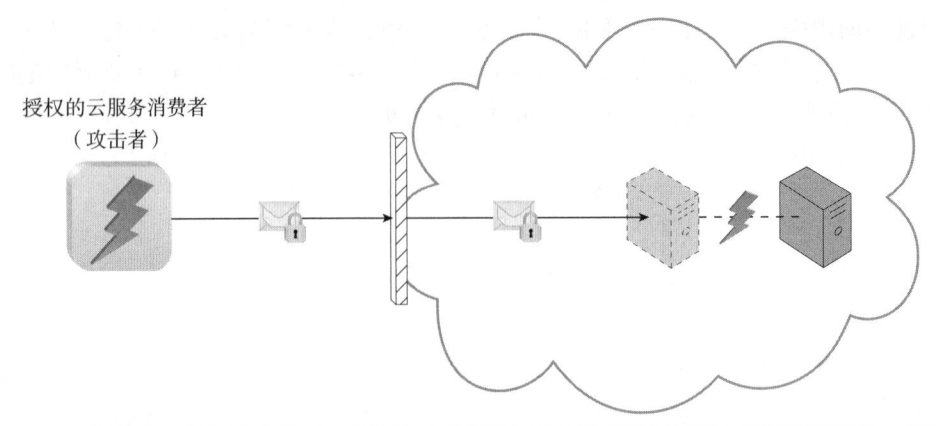

图 7.14　授权的云服务消费者通过滥用其对虚拟服务器的管理访问权限来利用底层硬件，从而实施虚拟化攻击

7.4.6　重叠的信任边界

如果云中的物理 IT 资源由不同的云服务消费者共享，那么这些云服务消费者具有重叠的信任边界。恶意云服务消费者可以以共享 IT 资源为目标，意图危害云消费者或共享同一信任边界的其他 IT 资源。其结果是，部分或全部其他云服务消费者可能会受到攻击的影响，并且攻击者可能会使用虚拟 IT 资源来攻击恰好也共享相同信任边界的其他云服务消费者。

图 7.15 说明了一个示例，其中两个云服务消费者共享由同一物理服务器托管的虚拟服务器，因此，它们各自的信任边界重叠。

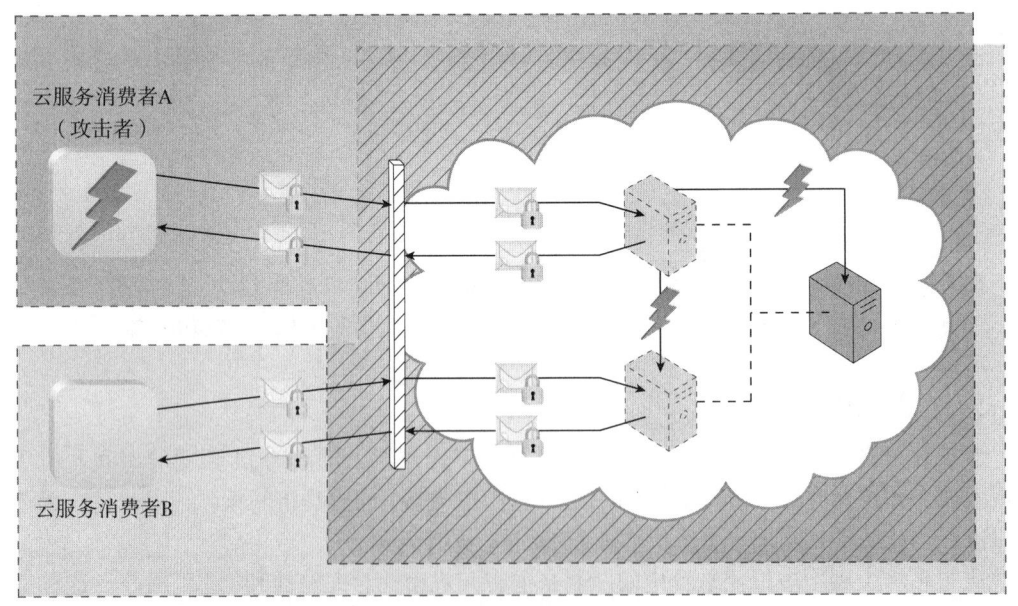

图 7.15　云服务消费者 A 受到云的信任，因此获得了对虚拟服务器的访问权限，然后它对虚拟服务器进行攻击，意图攻击云服务消费者 B 使用的底层物理服务器和虚拟服务器

7.4.7　容器化攻击

容器化的使用引入了与主机操作系统隔离性不足的问题。由于部署在同一台机器上的容

器共享相同的主机操作系统，因此可能会增加某个容器拥有整个系统访问权限的风险，从而增加安全威胁。如果底层主机受到威胁，则该主机上运行的所有容器都可能受到影响。

可以在虚拟服务器上运行的操作系统内创建容器。这有助于确保，如果发生影响容器运行的操作系统的安全漏洞，攻击者只能访问并更改虚拟服务器的操作系统或在单个虚拟服务器上运行的容器，而与其他虚拟服务器（或物理服务器）无关。

另一种选择是每个物理服务器一个服务的部署模式，其中部署在同一主机上的所有容器镜像都是相同的。这可以降低风险，而不需要虚拟化 IT 资源。在这种情况下，一个云服务实例的安全入侵将只允许访问该镜像的其他实例，而剩下的风险是可接受的。然而，这种方法对于需要部署许多不同云服务的模式来说可能不是最佳选择，因为它会显著增加需要部署和管理的物理 IT 资源的总数，同时进一步增加成本和运营复杂性。

7.4.8 恶意软件

恶意软件（也称为恶意程序）是一种旨在对计算机系统或网络造成危害的软件程序。

恶意软件可用于执行各种恶意活动，包括：

- 窃取受保护的数据
- 删除机密文件
- 聆听私人通讯
- 收集有关机密活动的信息

恶意软件攻击的根本基础是在受害者的计算机上安装未经授权的软件（如图 7.16 所示）。

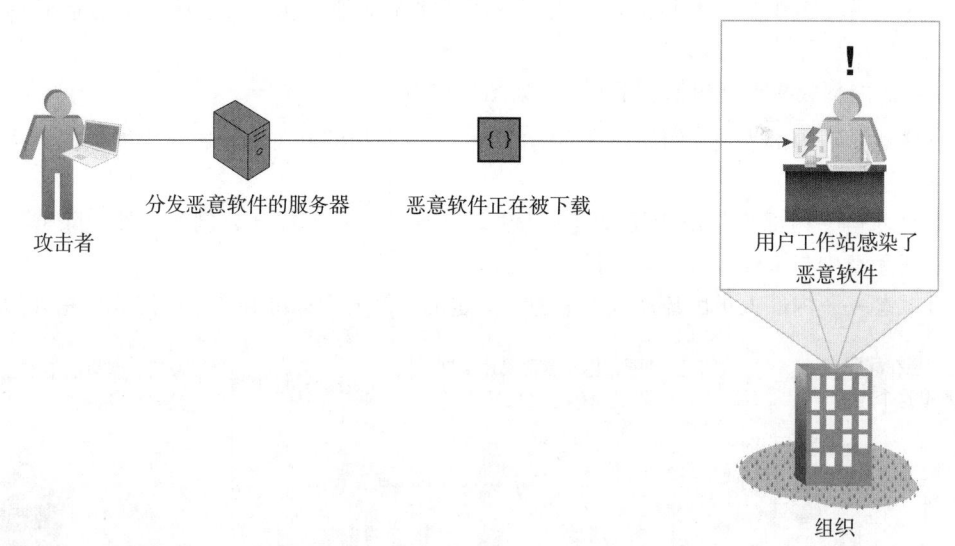

图 7.16　攻击者向用户（例如通过网站）提供服务器，并在不经意中将恶意软件下载到本地工作站

以下是基于恶意软件的网络攻击的常见类型：

- 病毒——恶意软件可以通过感染系统和文件来进行传播，其代码使病毒能够在受感染的系统上复制并执行其他操作。
- 特洛伊木马——一种看起来是合法应用的恶意软件或服务。特洛伊木马可以执行恶意行为，它通常作为后台进程的一部分，进行诸如安装后门代码和将代码注入其他正在运行的进程等活动。特洛伊木马可能包含也可能不包含病毒。

- 间谍软件——一种在用户或组织不知情的情况下，收集其信息的恶意软件。
- 广告软件——旨在显示不需要的广告或弹出窗口的软件。广告软件可以被视为安全威胁，因为它可以收集敏感信息，并可能降低系统速度，使其容易受到其他类型恶意软件的攻击。
- 勒索软件——限制或阻止数据使用或访问的恶意软件，其目的是要求支付解密或释放数据的费用。可以使用远程代码执行来进行持续的勒索软件攻击（如本章后面所述）。
- Bot——能够远程接收命令并向远程目的地报告信息的恶意软件。Bot通常被设计为与其他Bot一起工作（如后面将介绍的僵尸网络威胁）。
- 流氓防病毒软件—— 一种声称是防病毒程序的应用，一旦安装后，就会虚假报告安全问题，误导受害者购买该程序的"完整版"。
- 隐形劫持——利用基于浏览器的程序运行嵌入在网页内容中的脚本，在未经用户允许或用户已同意的情况下挖掘加密货币。
- 蠕虫—— 一种可自我复制、自我传播和自包含的程序，它使用网络机制自行传播。除了耗尽计算资源之外，蠕虫通常不会造成太大危害，而且通常并不常见。

数据科学技术可以通过分析系统来发现和识别可被恶意软件利用的新漏洞，从而支持恶意软件攻击。这些技术可以进一步促进活性恶意代码的开发，这些代码本身可以寻找新的漏洞。

7.4.9 内部威胁

内部威胁与组织员工和可能访问组织场所或系统的他人相关，这些人可能造成潜在的危害。

常见的内部威胁类型包括以下几种（如图7.17所示）：

- 恶意——内部人员（例如心怀不满的员工）试图访问并可能损害组织的数据、系统或IT基础设施。
- 意外——内部人员由于无知或人为失误而导致的意外损坏，例如意外删除重要文件或无意中与未经授权者共享机密数据。
- 疏忽——内部人员因疏忽或不愿遵守既定的网络安全标准和政策而造成的意外损坏。

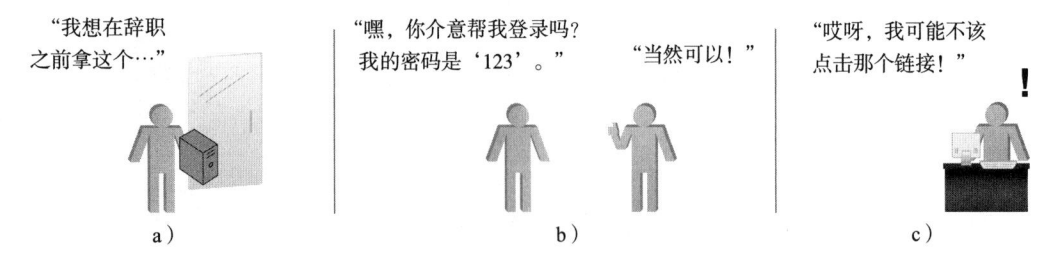

图 7.17 恶意（图a）、疏忽（图b）和意外（图c）内部人员对组织构成威胁的示例

内部威胁可能会使组织资产面临危险，这些组织资产包括物理硬件、库存实物产品、企业网站、社交媒体传播和信息资产。

7.4.10 社会工程和网络钓鱼

社会工程是一种攻击形式，其中个人被诱骗泄露敏感信息或执行潜在的破坏性行为，例如向未经授权的各方授予访问权限（如图 7.18 所示）。社会工程策略之所以流行，是因为利用人比利用技术更容易。

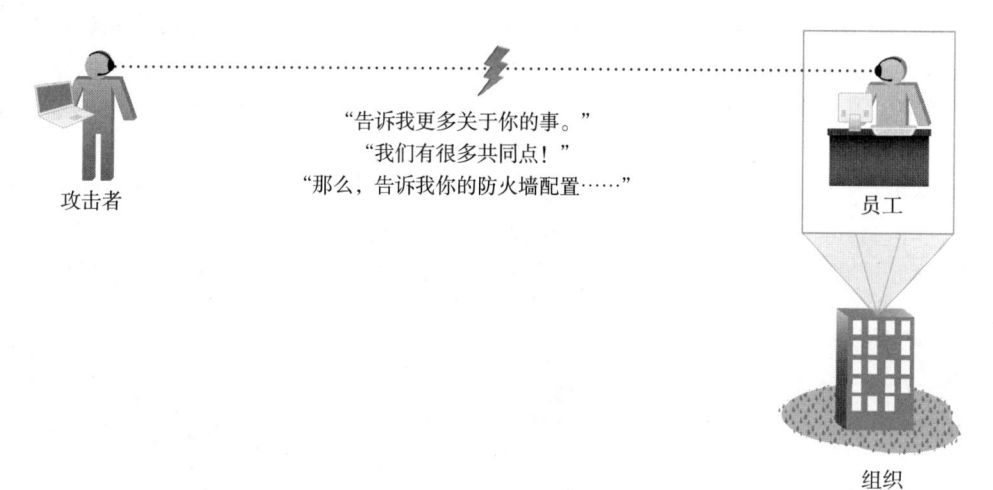

"告诉我更多关于你的事。"
"我们有很多共同点！"
"那么，告诉我你的防火墙配置……"

攻击者　　　　　　　　　　　　　　　　　　　员工

组织

图 7.18　攻击者试图通过从可能为云消费者或云供应商工作的员工提取敏感信息来实施社会工程攻击的示例

网络钓鱼是一种使用电子通信的社会工程形式，例如发送看似来自有效来源的欺诈性电子邮件，试图强迫用户释放敏感信息、触发安全漏洞或执行其他破坏性行为。

7.4.11　僵尸网络

如 7.4.8 节所述，Bot 是一种恶意软件，能够接收远程攻击者发出的指令并根据其执行操作。僵尸网络攻击利用分布在不同主机上的多个 Bot，通过协调，形成 Bot 网络（僵尸网络）进行攻击。

执行僵尸网络攻击的常用技术是从初始恶意软件感染开始，创建"僵尸"主机。僵尸主机是属于攻击者已控制的毫无戒心的合法组织的计算机。然后，攻击者通常会使用僵尸主机对另一方进行攻击（如图 7.19 所示）。

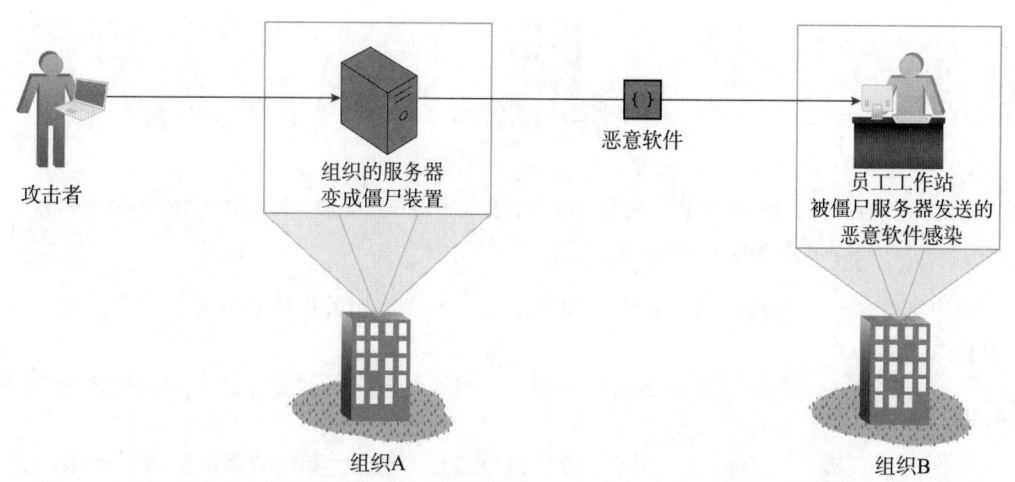

攻击者　　　组织的服务器变成僵尸装置　　　恶意软件　　　员工工作站被僵尸服务器发送的恶意软件感染

组织A　　　　　　　　　　　　　　　　　　　组织B

图 7.19　攻击者已将组织 A 的常规服务器变成僵尸服务器，由攻击者控制该服务器将恶意软件传输到组织 B 的用户计算机

僵尸网络可以由位于属于攻击者的主机服务器上的机器人以及僵尸服务器组成。一旦安装，僵尸程序就会试图与其他受感染主机和设备上的僵尸程序连接，形成一个网络，攻击者可以利用该网络执行恶意操作（如图 7.20 所示），例如进行大规模 DDoS 攻击和隐形劫持攻击、发送大量含有有害内容的电子邮件、窃取数据，甚至招募新的机器人。僵尸网络可以在暗网上购买，甚至可以短期租用。

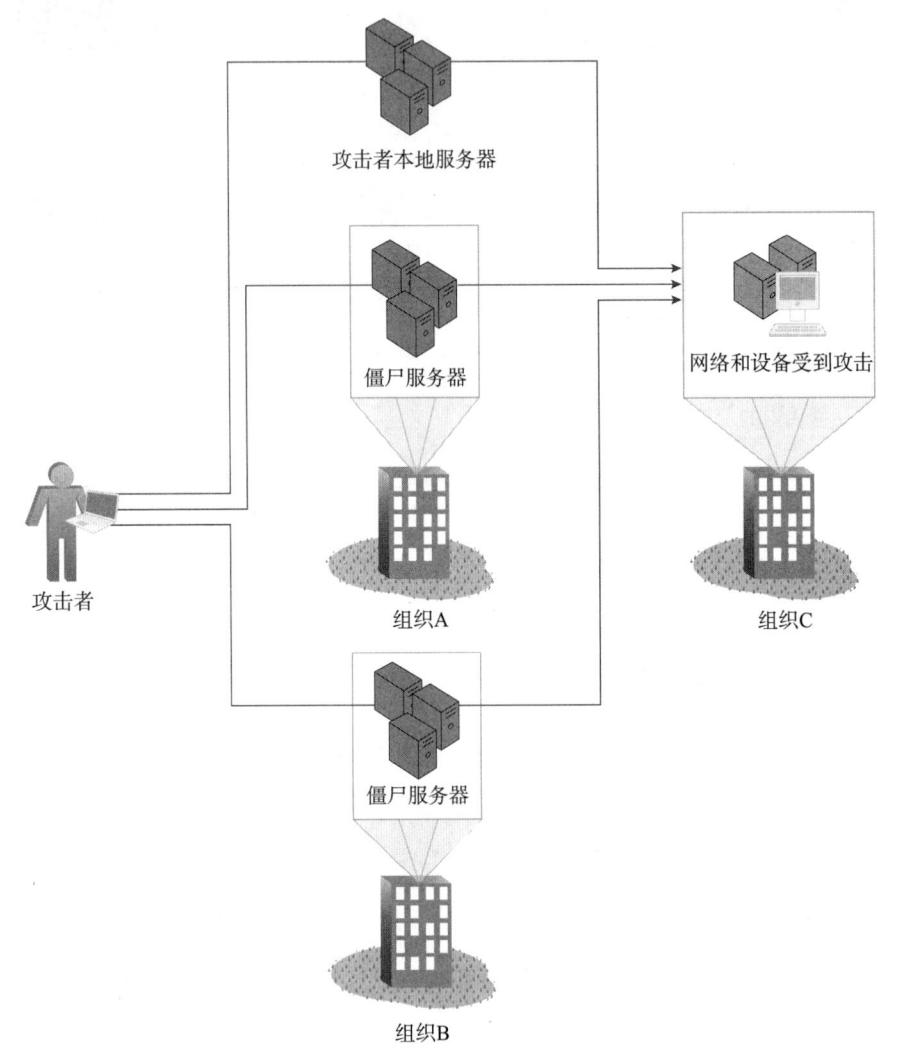

图 7.20　攻击者已将组织 A 和 B 的常规服务器变成了僵尸服务器。攻击者利用这些服务器和一些本地服务器一起对组织 C 进行攻击

请注意，僵尸网络攻击通常包含其他攻击和技术，例如远程代码执行、权限升级、社会工程和内部威胁。

7.4.12　权限提升

当攻击者攻破了只有低级访问权限的用户账户，并进一步试图获取管理员权限时，就会发生权限升级攻击（如图 7.21 所示）。这可以利用无意中提升用户账户访问级别的漏洞来实现。

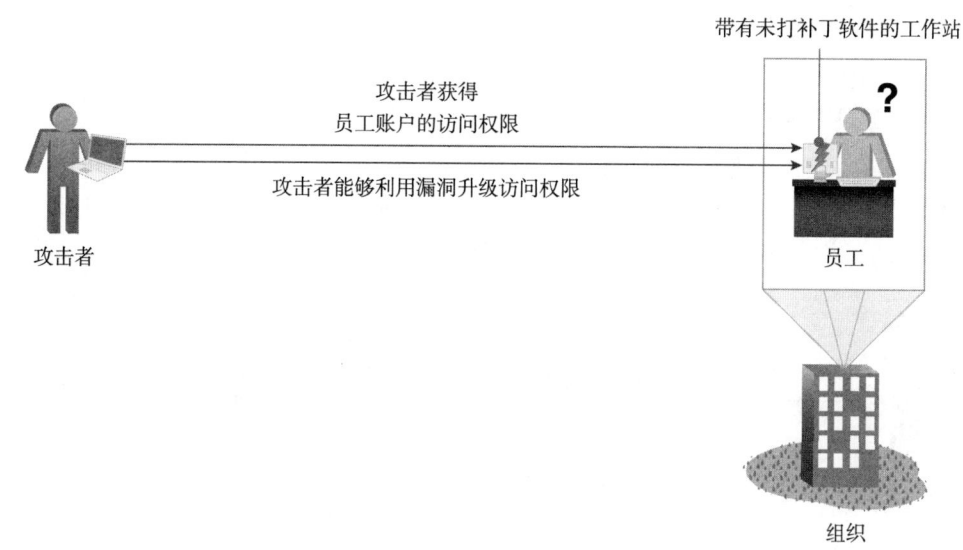

图 7.21 攻击者能够渗透员工的用户账户，然后利用漏洞升级访问权限

数据科学技术可用于支撑权限升级攻击，这需要开发能持续搜索和分析潜在受害者账户和系统的模型，帮助发现可利用的漏洞。例如，可以利用另一种攻击来收集有关网络中当前系统与第三方软件补丁之间关系的数据。数据科学系统可以处理该信息和有关第三方软件程序的其他数据，以及如何在目标环境中配置这些数据以产生一组推荐的目标区域。

7.4.13 暴力攻击

在暴力攻击中，攻击者会尝试多种可能的用户名和密码组合，以确定哪一种组合是正确的，并使攻击者能够获得对系统的未经授权的访问（如图 7.22 所示）。

因此，仅依赖密码的系统最容易受到暴力攻击，而使用弱密码的用户账户最容易被攻破。

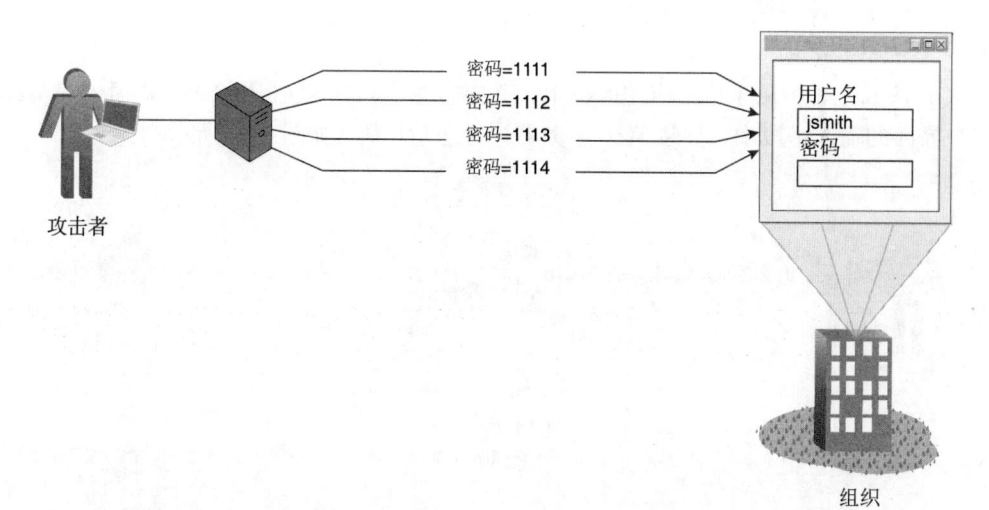

图 7.22 攻击者使用一系列用户名和密码组合轰炸网站来发起暴力攻击

最简单的暴力攻击类型是字典攻击，攻击者从字典中读取可能的密码，并尝试所有密码。凭证回收是另一种变体，即重复利用先前数据泄露的用户名和密码来尝试闯入其他系统。

7.4.14 远程代码执行

远程代码执行是一种网络空间攻击，攻击者在第三方的计算设备上远程执行命令。

此攻击的成功示例包括：

- 主机正在下载的恶意软件（如图 7.23 所示）
- 使用隧道获得远程访问以运行主机服务程序或数据库命令，或控制系统和操作系统服务

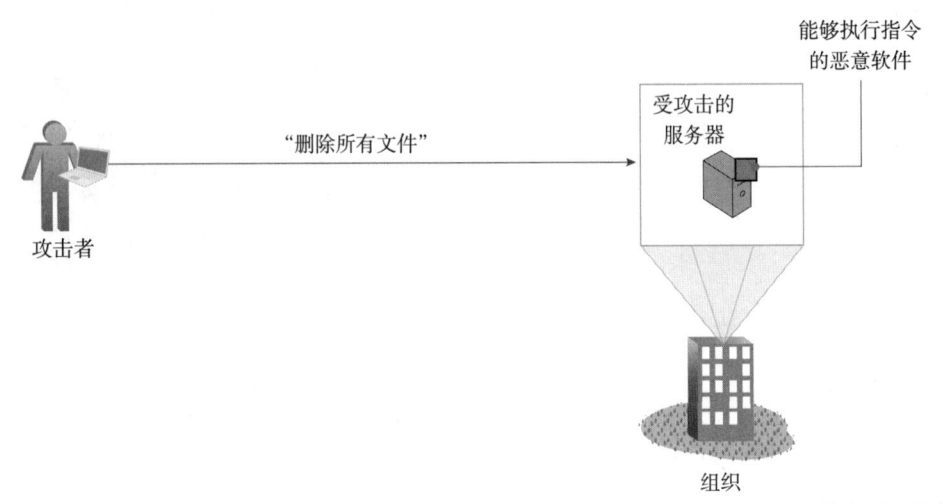

图 7.23 使用已安装的恶意软件程序，攻击者能够向其发出命令以在组织的服务器上执行破坏性操作

攻击者还可以通过暴力攻击或 Wi-Fi 解除身份认证攻击获取主机的登录凭据，或者通过社交工程和内部威胁来实现。远程代码执行攻击通常以信息收集过程为前提，攻击者使用自动扫描工具来识别漏洞。

其他网络攻击也可以利用远程代码执行技术，例如僵尸网络攻击和利用勒索或特洛伊木马的恶意软件攻击。

7.4.15 SQL注入

SQL 注入是一种用于攻击应用的技术，其中恶意代码以 SQL 语句的形式插入到 Web 应用用户界面的输入字段中，导致 Web 服务器执行恶意代码（如图 7.24 所示）。

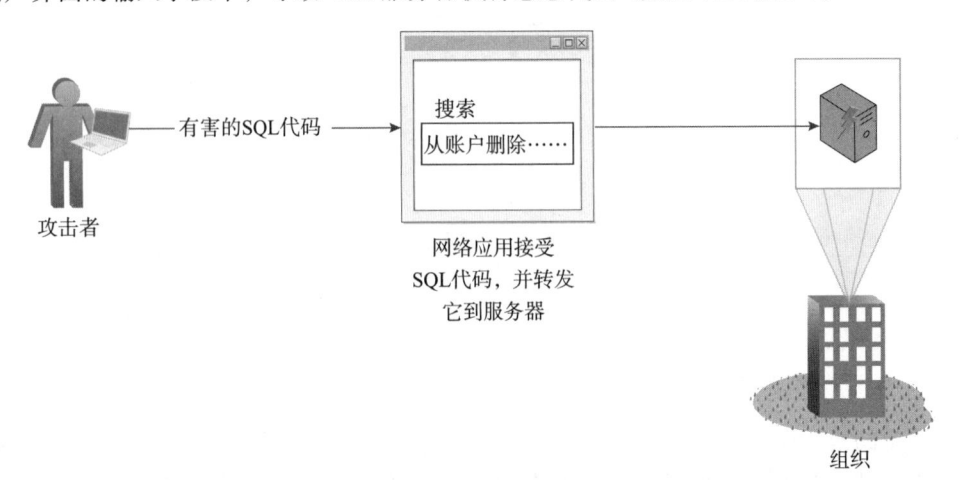

图 7.24 攻击者将有害的 SQL 代码插入 Web 应用的用户界面

> **笔记**
> SQL（或结构化查询语言）是一种用于向数据库发出命令（例如查询和更新）的语法。

当此攻击成功时，服务器的访问可能会受到影响，从而导致恶意软件被写入服务器的数据库中。攻击者经常使用搜索引擎来识别可通过 SQL 注入进行更改的易受攻击的站点。

数据科学技术可用于支持 SQL 注入攻击，方法是分析针对给定 Web 应用发出的历史 SQL 命令，以便更好地确定哪些命令更有效或更无效。数据科学系统本身可以根据每次代码提交的成功或失败结果，帮助生成不同的 SQL 代码组合，以进行自动攻击、学习和改进。

7.4.16 隧道

隧道是一种将数据嵌入授权协议数据包中的技术，可绕过防火墙控制，允许敏感数据离开网络，并允许未经授权或恶意数据进入，而不会触发警报或日志条目（如图 7.25 所示）。隧道可能很难检测和阻止，因为隧道数据包是遵守防火墙规则设计的。

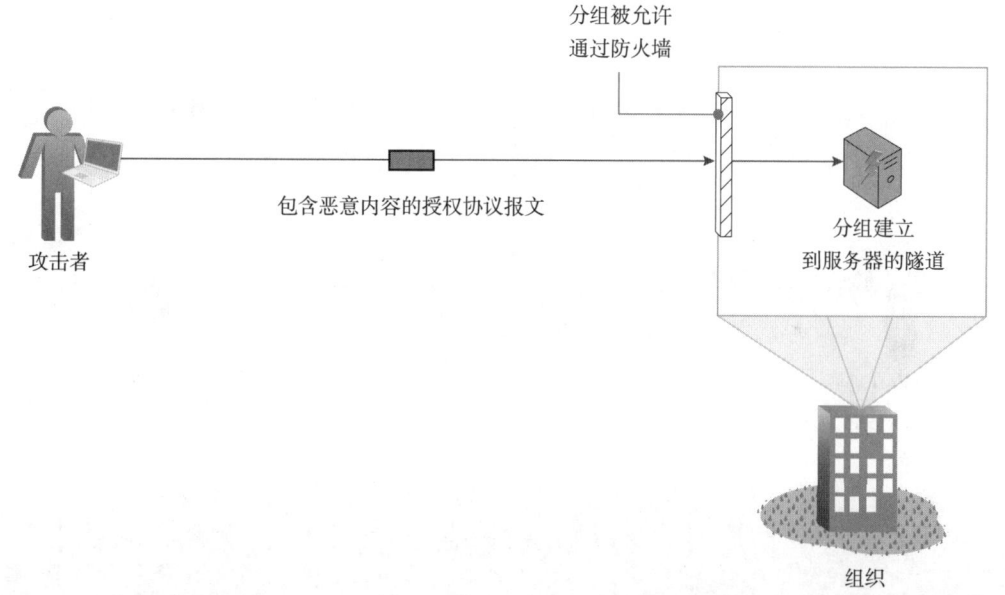

图 7.25 攻击者能够通过组织的防火墙获取恶意分组，从而使攻击者能够建立通往内部服务器的隧道

> **笔记**
> 使用隧道技术攻击系统的常用协议包括 HTTP、SSH、DNS 和 ICMP。

为了"隧道"数据，攻击者使用一个软件程序，该程序假装与协议对话，但实际上是出于其他目的地传输数据。例如，已建立的隧道可用于在受害者的计算机上放置恶意软件，例如长时间待在主机上收集机密信息的间谍软件。它还可以结合远程代码执行，以支持僵尸网络攻击，攻击者可以将 Bot 放置在主机上，将其变成僵尸服务器。

7.4.17 高级持续威胁

高级持续威胁（APT）是攻击者利用多次攻击来突破安全防御的一种方法。通常，这些攻击是在较长时间内协调发生（如图 7.26 所示）的。APT 需要攻击者采用复杂的技术以及长期的准备和规划，因此攻击者常以高价值组织为目标。

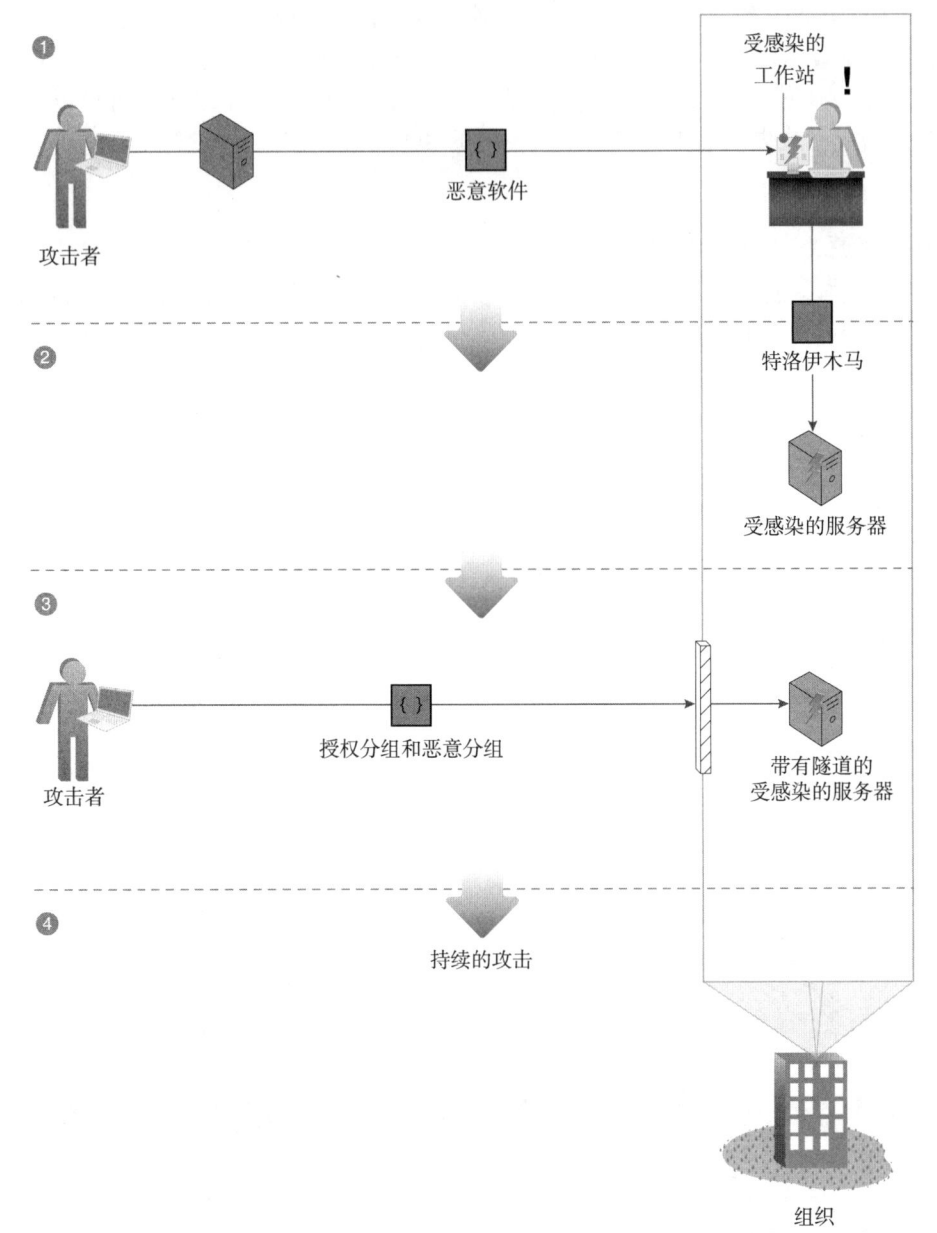

图 7.26 在一段时间内对一个组织进行的一系列协作攻击。不同的攻击按照特定的顺序进行并支持共同的目标

APT 攻击的目标可能是在通过安全漏洞获得访问权限后，在环境中部署资源。例如，APT 攻击可能会成功获得对网络的访问权限，之后攻击者尝试通过植入恶意软件来建立立

足点，该恶意软件会创建后门和隧道，用于在较长时间内持续攻击系统。

接着，攻击者可能会尝试使用暴力攻击等技术来加强访问，以获得管理员权限，从而使攻击者能够控制系统资源，甚至可能将其他人拒之门外。

由于成功的 APT 攻击是在较长时间内作为大规模活动进行的，因此攻击者能够观察和了解环境，从而发现获取比最初计划更多的信息或价值（或造成更大损害）的方法。

APT 攻击成功的一个关键因素是需要人为参与。许多成功的 APT 攻击都来自内部威胁，这些威胁可能是人（可能无意中）通过社会工程或网络钓鱼技术损害了系统安全。

笔记

共同实施 APT 攻击的攻击者群体称为 APT 组织。APT 组织可以包括仅获取访问信息并将其出售给攻击者的访问代理。例如，勒索软件攻击者普遍使用访问代理。

案例研究

DTGOV 作为许多不同政府组织的第三方供应商，正在接受审查以确定它可能最容易受到哪些威胁。

结果表明以下主要问题：

- 虚拟化攻击——这是一种全新的攻击类型，在代理客户使用云服务之前，它没有做好应对的准备。
- 重叠的信任边界——鉴于所有客户现在都将共享来自云供应商的资源，它们将遇到这种新威胁。
- 社会工程和网络钓鱼——作为服务供应商，DTGOV 无法控制其运行和管理的系统的最终用户的行为。

DTGOV 计划通过修改其客户协议并利用第 10 章和第 11 章中介绍的多种安全机制来减轻这些威胁。

7.5 其他注意事项

本节提供了与云安全相关的各种问题和指南清单。列出的注意事项没有特定的顺序。

7.5.1 有缺陷的实施

云服务部署的不合格设计、实现或配置，可能会产生除运行时异常和故障之外的不良后果。如果云供应商的软件和/或硬件存在固有的安全缺陷或操作弱点，攻击者可以利用这些漏洞来损害系统完整性、云供应商 IT 资源和云供应商托管的云消费者 IT 资源的机密性和/或可用性。

图 7.27 描述了一个实施不当的云服务导致服务器关闭的情况。尽管在这种情况下，该缺陷是由合法的云服务消费者意外暴露的，但它很容易被攻击者发现和利用。

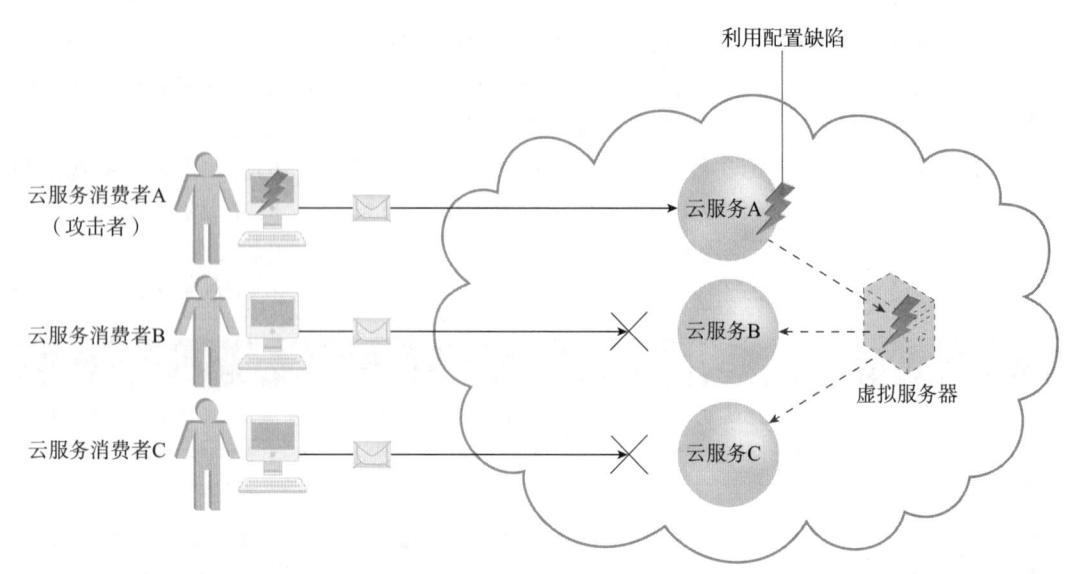

图 7.27　云服务消费者 A 的消息触发了云服务 A 中的配置缺陷，进而导致同时托管云服务 B 和云服务 C 的虚拟服务器崩溃

7.5.2　安全策略差异

当云消费者将 IT 资源交给公共云供应商时，它可能需要接受这样的事实：其传统的信息安全方法可能与云供应商的方法不同或不相似。需要对这种不兼容性进行评估，以确保迁移到公共云的任何数据或其他 IT 资产能够得到充分保护。即使在租赁基于裸基础设施的 IT 资源时，云消费者也可能无法充分获得针对这些 IT 资源安全策略的管理控制或影响力。这主要是因为这些 IT 资源仍然由云供应商合法拥有，并持续处于其责任范围之内。

此外，对于某些公共云来说，其他第三方（例如安全经纪人和证书颁发机构）可能会引入自己独特的安全策略和实践集，这进一步加剧了任何试图标准化云消费者资产保护的复杂性。

7.5.3　合同

云消费者需要仔细检查云供应商提出的合同和 SLA，以确保安全策略和其他相关保证在资产安全方面的满意度。这需要有明确的语言来表明云供应商承担的责任金额和 / 或云供应商可能要求的赔偿级别。云供应商承担的责任越大，云消费者面临的风险就越低。

合同义务的另一个方面是界定云消费者和云供应商的资产边界。在云供应商提供的基础设施上部署云消费者的解决方案，涉及一个设计和开发支撑此解决方案的技术架构，这由云消费者和云供应商都拥有的单元组成。如果发生安全漏洞（或其他类型的运行时故障），如何确定责任？此外，如果云消费者可以将自己的安全策略应用到其解决方案中，但云供应商坚持其支撑基础设施由不同（并且可能不兼容）的安全策略来管理，那么如何克服由此产生的差异？

有时，最好的解决方案在于寻找具有更兼容合同条款的其他云供应商。

7.5.4 风险管理

在评估与云相关的潜在影响和挑战时，鼓励云消费者实施正式的风险评估，这应该作为风险管理策略的一部分。风险管理是一个用于增强战略和战术安全的循环执行过程，由一系列用于监督和控制风险的协调活动组成。主要活动通常定义为风险评估、风险处理和风险控制（如图 7.28 所示）。

- 风险评估——在风险评估阶段，分析云环境以识别威胁可利用的潜在漏洞和缺点。可以要求云供应商提供过去在其云中受到攻击（成功和不成功）的统计数据和其他相关信息。根据发生概率以及与云消费者计划使用基于云的 IT 资源的方式相关的影响程度，对已识别的风险进行量化和定性。

- 风险处理——在风险处理阶段设计缓解政策和计划，旨在成功处理风险评估期间发现的风险。一些风险可以消除，另一些风险可以减轻，而其他问题则可以通过外包来处理，甚至可以被纳入保险和 / 或运营损失预算中。云供应商本身也可能同意作为其合同义务的一部分来承担责任。

- 风险控制——风险控制阶段与风险监控相关，分为三步，包括调查相关事件、审查这些事件以确定先前评估和处理的有效性，以及确定任何政策调整需求。根据所需监控的性质，此阶段可以由云供应商执行或共享。

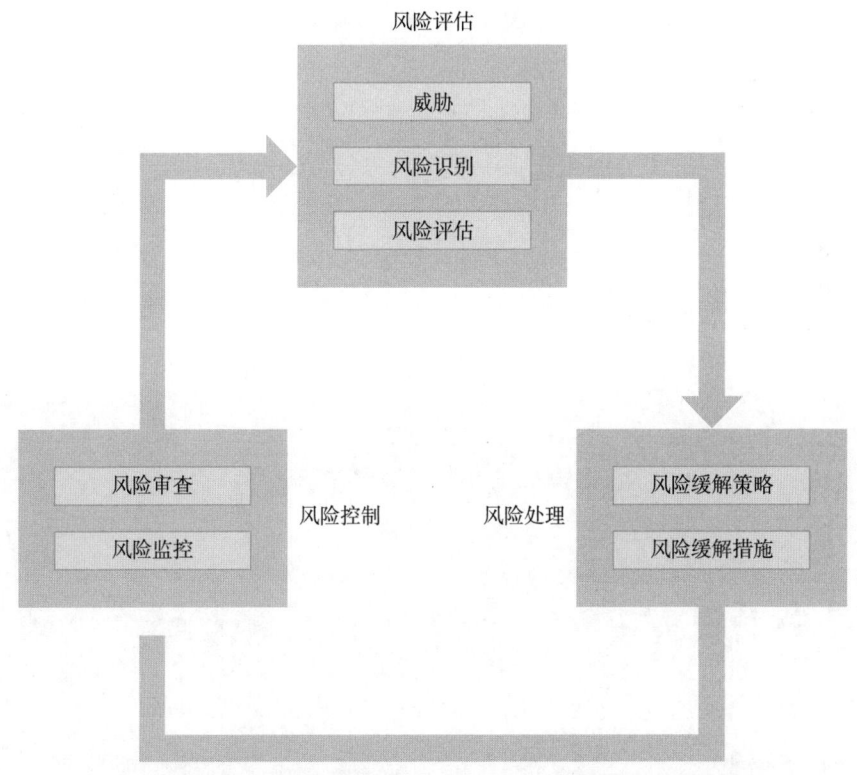

图 7.28 持续的风险管理流程，可以从三个阶段中的任何一个启动

本章涵盖的威胁代理和云安全威胁（以及可能出现的其他威胁）可以作为风险评估阶段的一部分进行识别和记录。第 10 章和第 11 章中所涵盖的云安全和网络空间安全机制可以作为相应风险处理的一部分进行记录和引用。

案例研究

根据对其内部应用的评估，ATN 分析师确定了一系列风险。其中一个风险与 myTrendek 应用相关，该应用是 OTC（ATN 最近收购的一家公司）采用的，包括分析电话和互联网使用情况并启用多用户模式的功能，不同用户可以有不同的访问权限。因此，可以为管理员、主管、审计员和普通用户分配不同的权限。该应用的用户包括内部用户和外部用户，例如业务合作伙伴和承包商。

myTrendek 应用给内部员工的使用带来了许多安全挑战：

- 身份认证不需要或强制执行复杂的密码
- 与应用的通信未加密
- 欧洲法规（ETelReg）要求应用收集的某些类型的数据在六个月后删除

ATN 计划通过 PaaS 环境将此应用迁移到云，但薄弱的身份认证威胁以及应用缺乏机密性使他们得重新考虑。随后的风险评估进一步表明，如果将应用迁移到欧洲以外的云托管的 PaaS 环境，则当地法规可能会与 ETelReg 发生冲突。鉴于云供应商不关心 ETelReg 的合规性，这很容易导致 ATN 受到罚款。根据风险评估结果，ATN 决定不再继续其云迁移计划。

第二部分
云计算机制

第 8 章　云基础设施机制
第 9 章　专业云机制
第 10 章　云安全和网络空间安全：面向访问的机制
第 11 章　云安全和网络空间安全：面向数据的机制
第 12 章　云管理机制

技术机制代表在 IT 行业内已建立的明确定义，且通常是不同于特定计算模式或平台的技术产物。云计算以技术为中心的本质要求建立一套正式的机制，作为云技术架构的构建块。

本书这一部分的章节定义了 48 种常见的云计算机制，这些机制可以以不同的替代变体进行组合。

选择机制将在第三部分涵盖的架构模型中进一步阐述。

第 8 章

Cloud Computing: Concepts, Technology, Security & Architecture, Second Edition

云基础设施机制

云基础设施机制是云环境的基础构建块，其建立的主要部件形成了基本的云技术架构的基础。

本章描述了以下云基础设施机制：

- 逻辑网络边界
- 虚拟服务器
- Hypervisor（超级管理程序）
- 云存储设备
- 云用量监视器
- 资源复制
- 预备环境
- 容器

并非所有这些机制都必须广泛触达，也不是每个机制都建立一个单独的架构层。相反，它们应该被视为云平台通用的核心组件。

8.1 逻辑网络边界

逻辑网络边界定义为某个网络环境与通信网络其他部分之间的隔离层，它建立了一个虚拟网络边界，该边界可以包含和隔离一组相关的、可能在物理上分散的基于云的 IT 资源（如图 8.1 所示）。

该机制可以实现为：

- 将云中的 IT 资源与非授权用户隔离。
- 将云中的 IT 资源与非用户隔离。
- 将云中的 IT 资源与云消费者隔离。
- 控制隔离 IT 资源的可用带宽。

图 8.1 虚线符号用于指示逻辑网络边界

逻辑网络边界通常由提供和控制数据中心连接的网络设备来建立，并且通常被部署为包含以下内容的虚拟化 IT 环境：

- **虚拟防火墙**——一种 IT 资源，可主动过滤进出隔离网络的网络流量，同时控制与互联网的交互。
- **虚拟网络**——通常通过 VLAN 获取，此 IT 资源隔离数据中心基础设施内的网络环境。

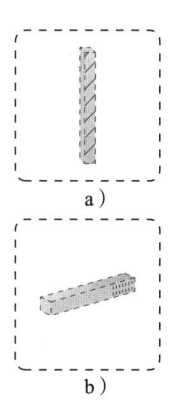

图 8.2 用于表示虚拟防火墙（图 a）和虚拟网络（图 b）的符号

图 8.2 介绍了用于表示这两种 IT 资源的符号。图 8.3 描述了一种场景，其中一个逻辑网络边界包含云消费者的本地环境，而另一个逻辑网络边界包含云供应商的基于云的环境。这些边界通过保护通信的 VPN 连接，VPN 的实现通常需要对通信端点之间发送的数据包进行点对点加密。

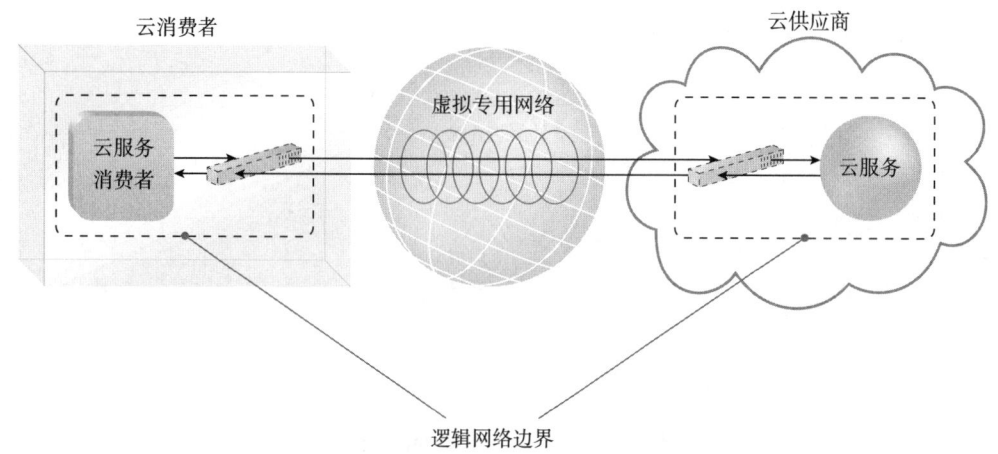

图 8.3 两个逻辑网络边界分别围绕着云消费者和云供应商环境

案例研究

DTGOV 对其网络基础设施进行了虚拟化，以生成有利于网络分段和隔离的逻辑网络布局。图 8.4 描述了每个 DTGOV 数据中心实施的逻辑网络边界，如下所示：

- 连接互联网和外联网的路由器通过网络连到外部防火墙，这些防火墙使用逻辑上抽象出来的具有外部网络边界和外联网边界的虚拟网络，为最远的外部网络边界设备提供网络控制和保护。连接到这些网络边界的设备被松散地与外部用户隔离开，并受到保护。在这些边界范围内，没有可用的云消费者 IT 资源。
- 归类为非军事区（DMZ）的逻辑网络边界建立在外部防火墙和自身防火墙之间。非军事区被抽象为一个虚拟网络，托管了可提供常用网络服务（DNS、电子邮件、门户网站）中间访问的代理服务器（图 8.3 中未显示），以及具有外部管理功能的 Web 服务器。
- 离开代理服务器的网络流量流经一组隔离管理网络边界的管理防火墙。管理网络边界内托管着提供大部分管理服务的服务器，云消费者可以从外部访问这些服务。这些服务的提供直接支持基于云的 IT 资源的自助服务和按需分配。
- 所有流向基于云的 IT 资源的流量都通过 DMZ 流向云服务防火墙，该防火墙隔离每个云消费者的边界网络，该边界网络抽象于虚拟网络，并与其他网络隔离开。
- 管理边界和隔离的虚拟网络都连接到数据中心内部防火墙，该防火墙调节进出其他 DTGOV 数据中心的网络流量，这些数据中心也连接到位于数据中心内部网络边界的数据中心内路由器。

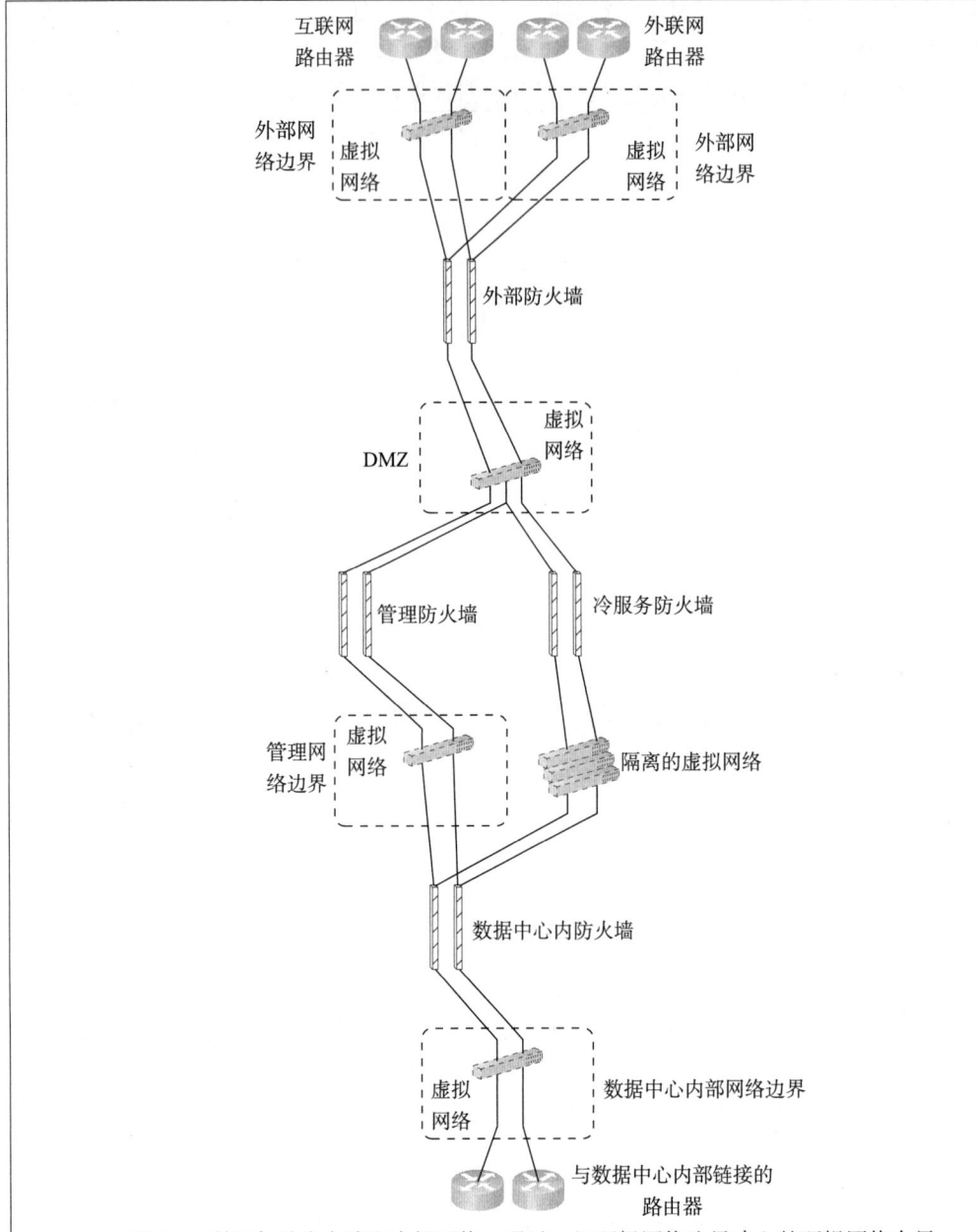

图 8.4 利用各种防火墙和虚拟网络，通过一组逻辑网络边界建立的逻辑网络布局

虚拟防火墙被分配给单个云消费者并由其控制，以调节其虚拟IT资源流量。这些IT资源与某个虚拟网络连接，该虚拟网络与其他云消费者隔离。虚拟防火墙和隔离的虚拟网络共同构成云消费者的逻辑网络边界。

8.2 虚拟服务器

虚拟服务器是一种虚拟化软件，其对物理服务器进行了模拟。云供应商使用虚拟服务器向云消费者提供单独的虚拟服务器实例，实现了与多个云消费者共享同一物理服务器的方案。图 8.5 显示了由两台物理服务器托管的三台虚拟服务器。给定物理服务器可以共享的实例数量受到其容量的限制。

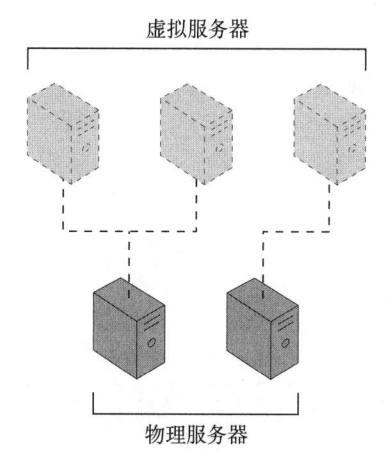

图 8.5 第一个物理服务器托管两个虚拟服务器，第二个物理服务器托管一个虚拟服务器

> **笔记**
> ❑ 术语虚拟服务器和虚拟机（VM）在本书中作为同义词使用。
> ❑ 本章中提到的虚拟基础设施管理器（VIM）在 12.2 节进行描述。

作为一种商品机制，虚拟服务器代表云环境中最基本的构建块。每个虚拟服务器都可以承载大量的 IT 资源、基于云的解决方案以及各种其他云计算机制。从镜像文件实例化虚拟服务器是一个可以快速按需完成的资源分配过程。

安装或租赁虚拟服务器的云消费者可以自定义他们的环境，这个环境独立于可能使用由同一底层物理服务器托管的虚拟服务器的其他云消费者。图 8.6 描述了一个虚拟服务器，该虚拟服务器托管了云服务消费者 B 访问的云服务，而云服务消费者 A 直接访问虚拟服务器来执行管理任务。

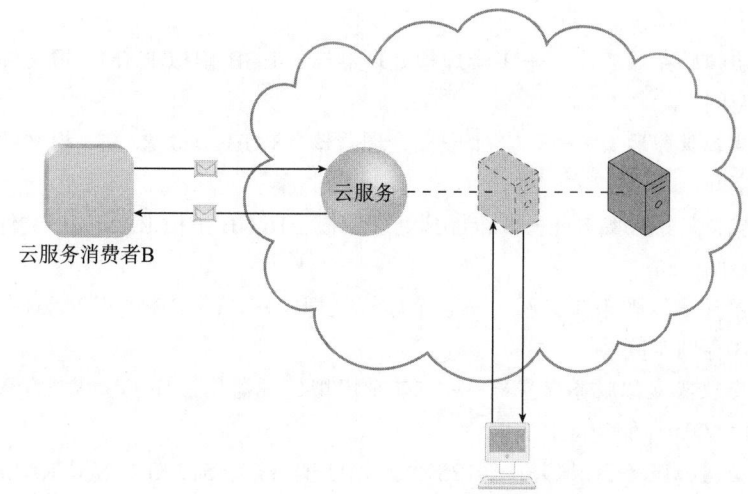

图 8.6 虚拟服务器托管活动的云服务，同时某个云消费者出于管理目的可获得更进一步的访问

案例研究

DTGOV 的 IaaS 环境包含某个在物理服务器上实例化的托管虚拟服务器，该物理服务器上同样运行着控制虚拟服务器的 Hypervisor。它们的 VIM 用于协调与虚拟服务器实例创建相关的物理服务器。每个数据中心都使用这种方法来得到一致的虚拟化层。

图 8.7 描绘了在物理服务器上运行的多个虚拟服务器，所有这些虚拟服务器都由中央 VIM 共同控制。

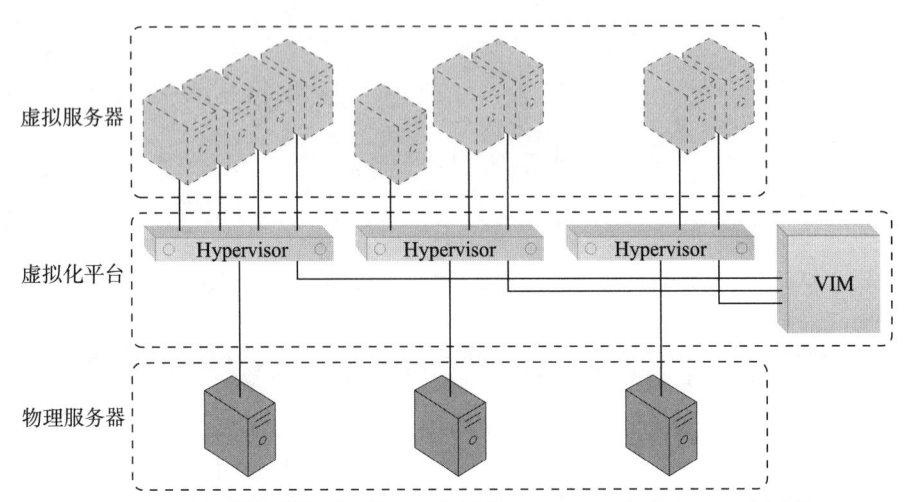

图 8.7　虚拟服务器是通过物理服务器的 Hypervisor 和中央 VIM 创建的

为了实现虚拟服务器的按需创建，DTGOV 为云消费者提供了一组虚拟服务器模板，这些服务器可通过预制的 VM 镜像来得到。

这些 VM 镜像是虚拟磁盘镜像文件，Hypervisor 用之启动虚拟服务器。DTGOV 配置的虚拟服务器模板具有各种不同的初始配置选项，这些选项基于操作系统、驱动程序以及正在使用的管理工具。一些虚拟服务器模板还具有附加的预安装应用服务器软件。

以下虚拟服务器包提供给 DTGOV 的云消费者。每个包都有各自预定义的性能配置和限制：

- 小型虚拟服务器实例——1 个虚拟处理器核、4 GB 虚拟 RAM、根文件系统 20 GB 存储空间。
- 中型虚拟服务器实例——2 个虚拟处理器核、8 GB 虚拟 RAM、根文件系统 20 GB 存储空间。
- 大型虚拟服务器实例——8 个虚拟处理器核、16 GB 虚拟 RAM、根文件系统 20 GB 存储空间。
- 大型内存虚拟服务器实例——8 个虚拟处理器核、64 GB 虚拟 RAM、根文件系统 20 GB 存储空间。
- 大型处理器虚拟服务器实例——32 个虚拟处理器核、16 GB 虚拟 RAM、根文件系统 20 GB 存储空间。
- 超大型虚拟服务器实例——128 个虚拟处理器核、512 GB 虚拟 RAM、根文件系统 40 GB 存储空间。

通过从云存储设备附加虚拟磁盘来为虚拟服务器增加额外的存储容量。所有模板虚拟机镜像都存储在公共云存储设备上，该设备只能通过云消费者用控制已部署 IT 资源的管理工具进行访问。一旦需要实例化新的虚拟服务器，云消费者就可以从可用配置列表中选择最合适的虚拟服务器模板，制作虚拟机镜像的副本并将其分配给云消费者，然后云消费者可以承担其管理职责。

每当云消费者定制虚拟服务器时，分配的 VM 镜像就会更新。在云消费者启动虚拟服务器后，分配的 VM 镜像及其关联的性能配置文件将传递到 VIM，VIM 在适当的物理服务器上创建虚拟服务器实例。

DTGOV 使用图 8.8 所示的流程来创建和管理具有不同初始软件配置和性能特征的虚拟服务器。

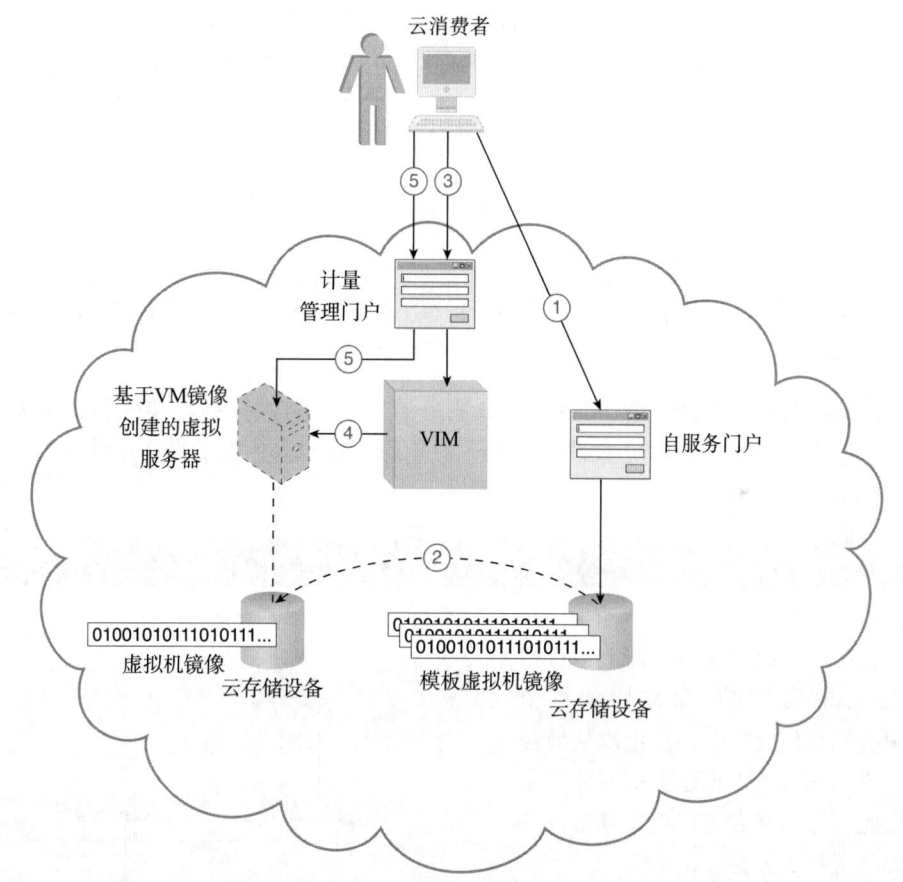

图 8.8 云消费者使用自服务门户选择虚拟服务器模板（1）。在云消费者控制的云存储设备中创建相应 VM 镜像的副本（2）。云消费者通过计量管理门户启动虚拟服务器（3），该门户与 VIM 交互，通过底层硬件创建虚拟服务器实例（4）。云消费者能够通过计量管理门户上的其他特性参数来使用和定制虚拟服务器（5）（请注意，自服务门户以及计量管理门户将在第 12 章中进行说明）

8.3 Hypervisor

Hypervisor 是虚拟化基础设施的基础组成部分，主要用于生成物理服务器的虚拟服务器实例。Hypervisor 通常仅限于跑在一台物理服务器上，因此只能创建该物理服务器的虚拟镜像（如图 8.9 所示）。同样，Hypervisor 只能将其生成的虚拟服务器分配给驻留在同一底层物理服务器上的资源池。Hypervisor 的虚拟服务器管理功能有限，例如增加虚拟服务器的容量或将其关闭。VIM 提供了一系列用于跨物理服务器管理多个 Hypervisor 的能力。

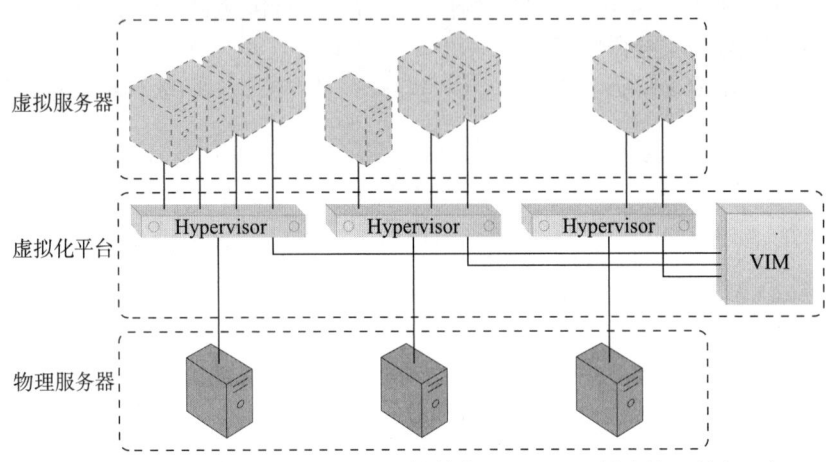

图 8.9 虚拟服务器是通过各个物理服务器上的单个 Hypervisor 创建的。所有三个 Hypervisor 都由同一个 VIM 控制

Hypervisor 软件可以直接安装在裸金属服务器上，并提供控制、共享和调度硬件资源（例如处理器功率、内存和 I/O）使用的功能。对于每个虚拟服务器的操作系统来说，这些资源可以表现为专属资源。

案例研究

DTGOV 建立了一个虚拟化平台，在该平台中，所有物理服务器上运行相同的 Hypervisor 产品。VIM 协调每个数据中心的硬件资源，以便可以从最合适的底层物理服务器创建虚拟服务器实例。因此，云消费者可以租用具有自扩展能力的虚拟服务器。

为了提供灵活的配置，DTGOV 虚拟化平台提供了虚拟服务器在同一数据中心内的物理服务器之间的实时迁移 VM 的能力。如图 8.10 和 8.11 所示，其中虚拟服务器从一台忙碌的物理服务器实时迁移到另一台空闲的物理服务器，从而使其能够有空垂直扩展以响应增加的工作负载。

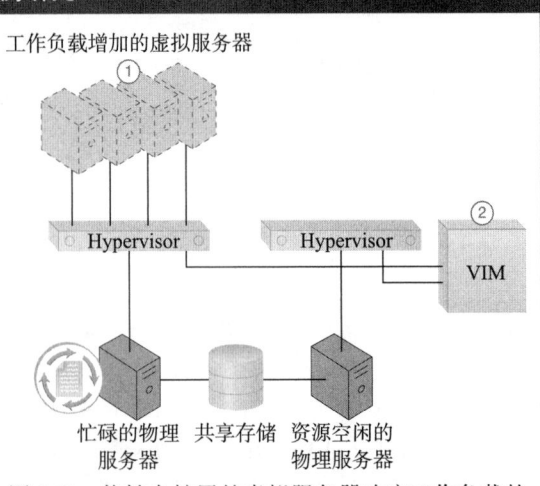

图 8.10 能够自扩展的虚拟服务器响应工作负载的增加（1）。VIM 判定虚拟服务器无法垂直扩展，因为其底层物理服务器主机正在被其他虚拟服务器使用（2）

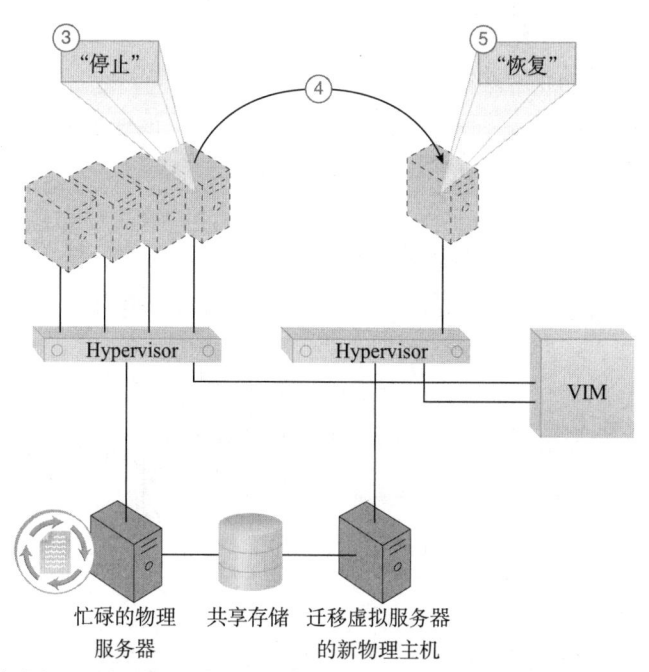

图 8.11　VIM 命令忙碌的物理服务器上的 Hypervisor 暂停虚拟服务器的执行（3）。然后，VIM 命令在空闲物理服务器上实例化虚拟服务器。状态信息（例如内存页和处理器寄存器）通过共享云存储设备进行同步（4）。VIM 命令新物理服务器上的 Hypervisor 恢复虚拟服务器处理（5）

8.4　云存储设备

云存储设备机制表示专门为基于云的配置而设计的存储设备。这些设备的实例可以被虚拟化，类似于物理服务器生成虚拟服务镜像镜的方式。云存储设备通常能够提供固定增量的容量分配，以支持计量付费的机制。可以通过云存储服务公开云存储设备以供远程访问。

笔记

这是通常代表云存储设备的父机制。有许多专门的云存储设备，其中一些将本书第三部分中进行描述。

与云存储相关的一个主要问题是数据的安全性、完整性和机密性，当委托给外部云供应商和其他第三方时，数据更容易受到损害。跨越地理或国家边界重新定位数据还可能涉及法律和监管问题。另一个问题是关于大型数据库的性能方面的。LAN 提供本地数据的存储，其网络可靠性和延迟水平优于 WAN。

8.4.1　云存储级别

云存储设备机制提供了数据存储的通用逻辑单元，例如：
- 文件——数据被收集到位于文件夹中的文件里。
- 块——最低级别的存储，并且最接近硬件，块是可独立访问的最小数据单元。

- 数据集——数据集被组织成基于表格、有分隔或记录的格式。
- 对象——数据及其相关元数据被组织成基于 Web 的资源。

每个数据存储级别通常与某种类型的技术接口相关联,该技术接口对应于特定类型的云存储设备和用于公开其 API 的云存储服务(如图 8.12 所示)。

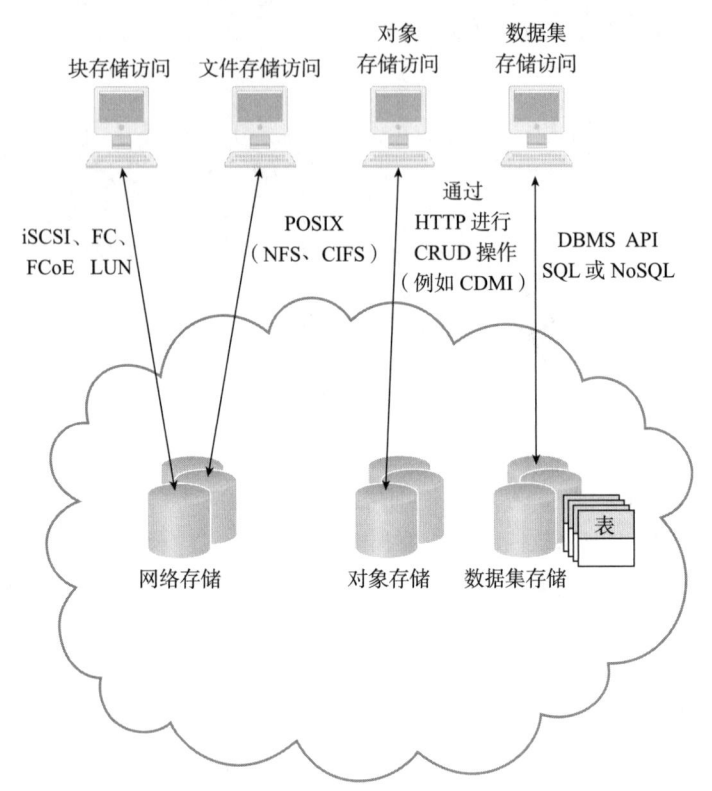

图 8.12　不同的云服务消费者使用不同的技术与虚拟化云存储设备进行交互(改编自 CDMI 云存储参考模型)

8.4.2　网络存储接口

传统网络存储通常属于网络存储接口类。它包括符合行业标准协议的存储设备,例如用于存储块的 SCSI 和服务器消息块(SMB)、通用 Internet 文件系统(CIFS)以及用于文件和网络存储的网络文件系统(NFS)。文件存储需要将各个数据存储在单独的文件中,这些文件可以具有不同的大小和格式,并组织到文件夹和子文件夹中。原始文件通常会被修改数据时创建的新文件所替换。

当云存储设备机制基于此类接口时,其数据搜索和提取性能将趋于次优。文件分配的存储处理级别和阈值通常由文件系统本身决定。块存储要求数据具有固定的格式(称为数据块),这是可以存储和访问的最小单位,也是最接近硬件的存储格式。使用逻辑单元号(LUN)或虚拟卷块级存储通常比文件级存储具有更好的性能。

8.4.3　对象存储接口

各种类型的数据都可以被引用并存储为 Web 资源。这被称为对象存储,所使用的技术支持一系列数据和介质类型。实现此接口的云存储设备机制通常可以通过使用 HTTP 作为主要协议的 REST 或基于 Web 服务的云服务进行访问。存储网络行业协会的云数据管理接口（SNIA 的 CDMI）支持对象存储接口。

8.4.4 数据库存储接口

基于数据库存储接口的云存储设备机制除了基本的存储操作之外，通常还支持查询语言。存储管理是使用标准 API 或管理用户界面进行的。

这种存储接口的分类按照存储结构分为两大类，如下所示。

1. 关系数据存储

传统上，许多本地 IT 环境使用关系数据库或关系数据库管理系统（RDBMS）存储数据。关系数据库（或关系存储设备）依靠表，将类似的数据组织成行和列。表之间可以存在关系，以增强数据的结构、保护数据完整性并避免数据冗余（称为数据规范化）。使用关系存储通常涉及使用行业标准结构化查询语言（SQL）。

使用关系数据存储实现的云存储设备机制可以基于任意数量的商用数据库产品，例如 IBM DB2、Oracle 数据库、Microsoft SQL Server 和 MySQL。

基于云的关系数据库面临的挑战通常与伸缩性和性能相关。垂直伸缩关系云存储设备可能比水平调整更复杂，且成本效益更低。具有复杂关系的数据库和 / 或包含大量数据的数据库可能会受到较高的处理开销和延迟的影响，尤其是在通过云服务远程访问时。

2. 非关系数据存储

非关系存储（通常也称为 NoSQL 存储）摆脱了传统的关系数据库模型，它为存储的数据建立了"更松散"的结构，不太强调定义关系和实现数据规范化。使用非关系存储的主要动机是避免关系数据库可能带来的潜在复杂性和处理开销。另外，非关系存储比关系存储具有更高的水平伸缩性。

非关系存储需要权衡的是，由于有限的或基本的模式或数据模型，数据会丢失许多原本的形式和校验。此外，非关系存储库往往不支持关系数据库的功能，例如事务或连接。

导出到非关系存储库的规范化数据通常会变得非规范化，这意味着数据的规模通常会增长。可以保留一定程度的标准化，但通常不适用于复杂的关系。云供应商通常提供非关系存储，这种存储可以在多个服务器环境中提供存储数据的可伸缩性和可用性。然而，许多非关系存储机制是专有的，因此严重限制了数据的可移植性。

案例研究

DTGOV 为云消费者提供基于对象存储接口的云存储设备的访问。公开此 API 的云服务提供了对存储对象进行操作的基本功能，例如搜索、创建、删除和更新。搜索功能使用类似于文件系统的分层对象结构。DTGOV 还提供专门与虚拟服务器一起使用的云服务，并允许通过块存储网络接口创建云存储设备。这两种云服务使用的 API 都符合 SNIA 的 CDMI v1.0。

基于对象的云存储设备具有存储容量可变的底层存储系统，该系统由同样共享接口的软件组件直接控制。该软件可以创建分配给云消费者的相互隔离的云存储设备。存储系统使用安全凭证管理系统来管理对设备数据对象的基于用户的访问控制（如图 8.13 所示）。

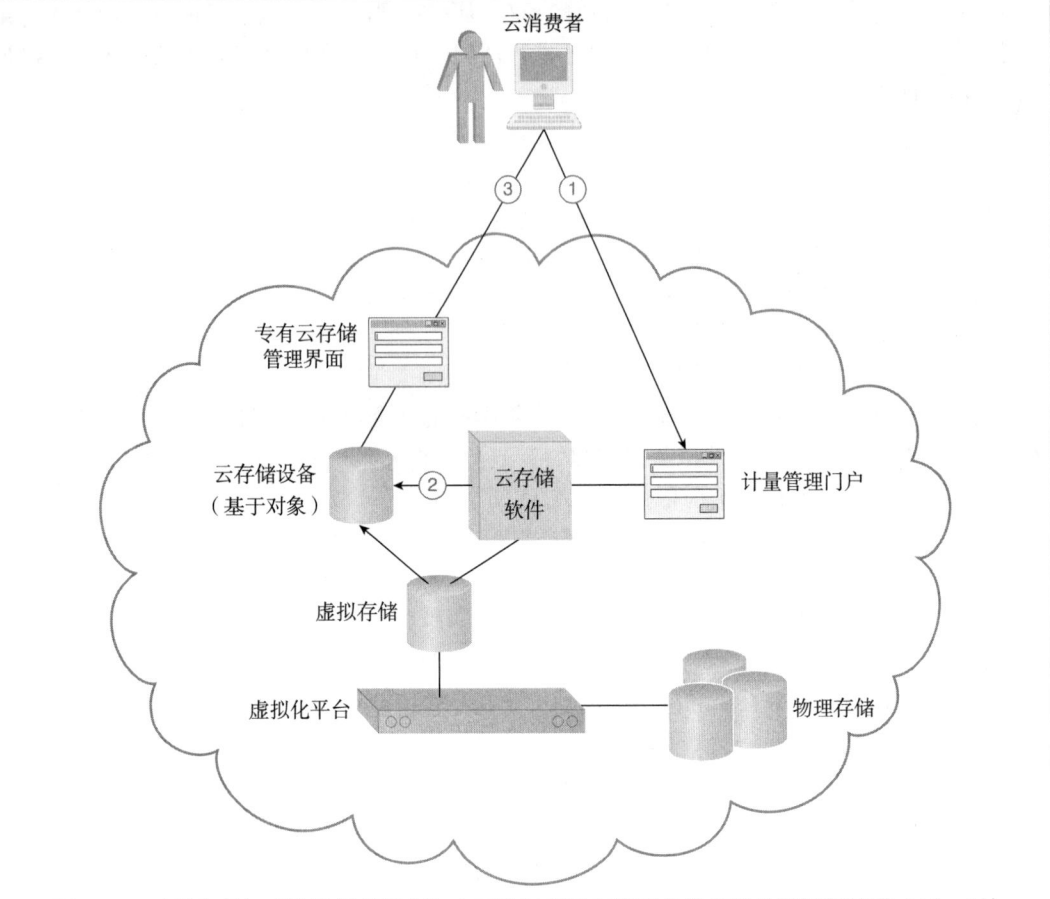

图 8.13 云消费者与"计量管理门户"交互以创建云存储设备并定义访问控制策略（1）。"计量管理门户"与云存储软件交互以创建云存储设备实例并将所需的访问策略应用于其数据对象（2）。每个数据对象都被分配到一个云存储设备，所有数据对象都存储在同一个虚拟存储卷中。云消费者使用专用的云存储设备用户界面直接与数据对象交互（3）(请注意，将在第 12 章中介绍"计量管理门户")

访问控制是基于每个对象授予的，并使用单独的访问策略来创建、读取和写入每个数据对象。允许公共访问权限，尽管它们是只读的。访问组由指定用户组成，这些用户必须事先通过凭证管理系统注册。数据对象可以从 Web 应用和 Web 服务接口访问，这些都由云存储软件实现。

云消费者基于块的云存储设备的创建由虚拟化平台管理，该平台实例化 LUN 的虚拟存储实现（如图 8.14 所示）。云存储设备（或 LUN）在使用之前，必须先通过 VIM 将其添加到现有虚拟服务器。基于块的云存储设备的容量是以 1 GB 为单位的。它可以为云消费者创建固定大小的存储，该大小可以通过管理操作进行修改；也可以为云消费者创建初始容量为 5 GB 的可变大小的存储，并根据需要以 5 GB 为单位自动增加和减少。

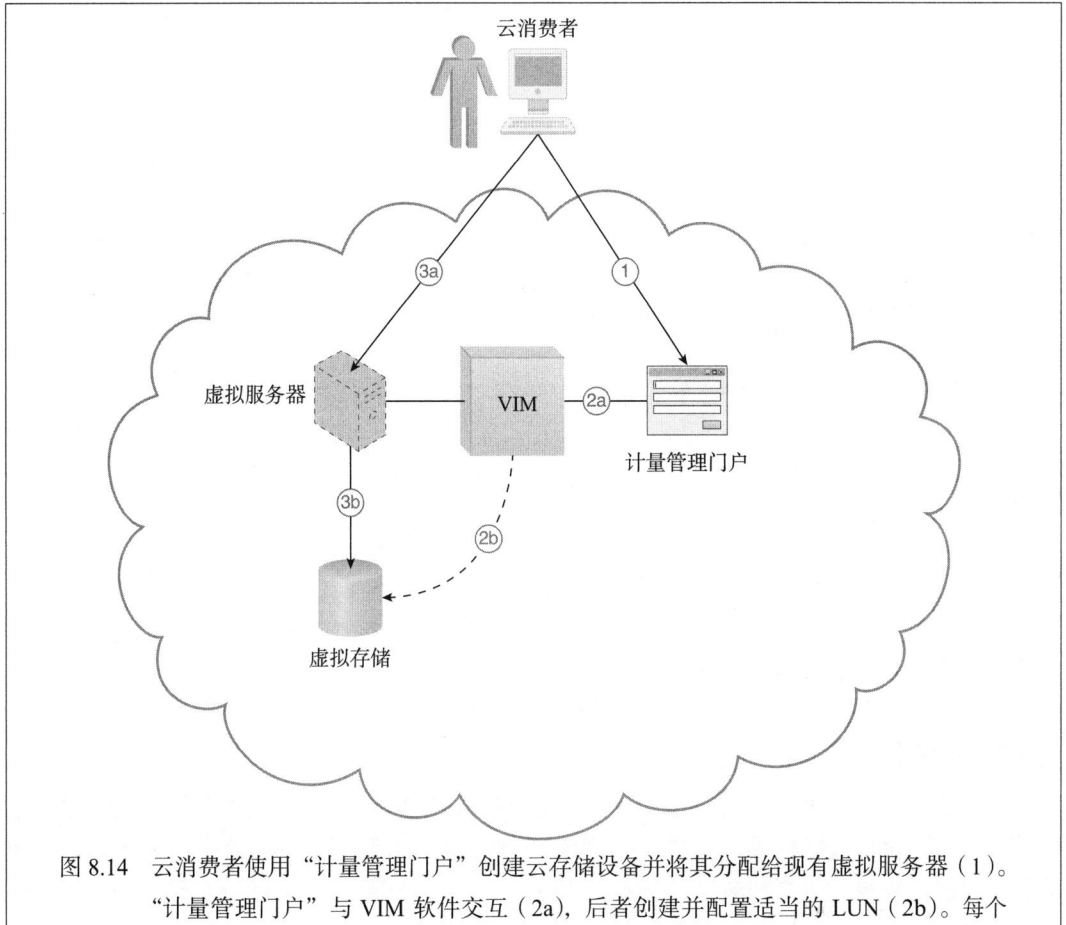

图 8.14 云消费者使用"计量管理门户"创建云存储设备并将其分配给现有虚拟服务器（1）。"计量管理门户"与 VIM 软件交互（2a），后者创建并配置适当的 LUN（2b）。每个云存储设备使用由虚拟化平台控制的独立 LUN。云消费者直接远程登录虚拟服务器（3a）以访问云存储设备（3b）

8.5 云用量监视器

云用量监视器机制是一个轻量级、自主的软件程序，负责收集和处理 IT 资源的用量数据。

> **笔记**
>
> 这是一种父机制，代表了广泛的云用量监视器，其中一些将在第 9 章中被建立为专门的机制，另外一些将在本书第三部分中进行描述。

根据需要收集的用量指标类型以及用量数据的方式，云用量监视器可以以不同的形式存在。接下来的部分将描述三种常见的基于代理的实现形式。每种形式都可以将收集到的用量数据转发到日志数据库，以进行后续处理和报告。

8.5.1 监视代理

监视代理是一个事件驱动的中间程序，它作为服务代理存在，并驻留在现有的通信路径上，透明地监视和分析数据流（如图 8.15 所示）。这种类型的云用量监视器通常用于测量网络流量和消息指标。

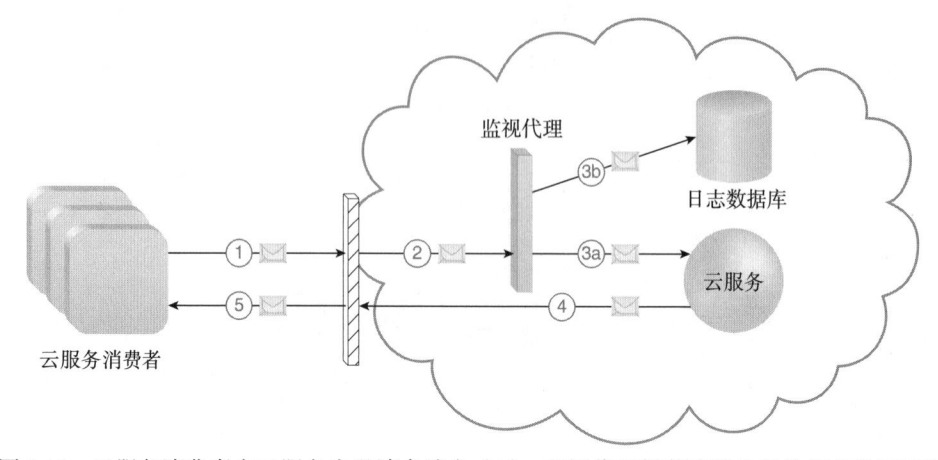

图 8.15 云服务消费者向云服务发送请求消息（1）。监视代理拦截该消息以收集相关用量数据（2），然后允许其继续访问云服务（3a）。监视代理将收集到的用量数据存储在日志数据库中（3b）。云服务回复一条响应消息（4），该消息被发送回云服务消费者，而不会被监视代理拦截（5）

8.5.2 资源代理

资源代理是一个处理模块，它通过与专用资源软件进行事件驱动的交互来收集用量数据（如图 8.16 所示）。该模块依据资源软件级别的预定义、可观察事件来监视用量指标，例如启动、暂停、恢复和垂直伸缩。

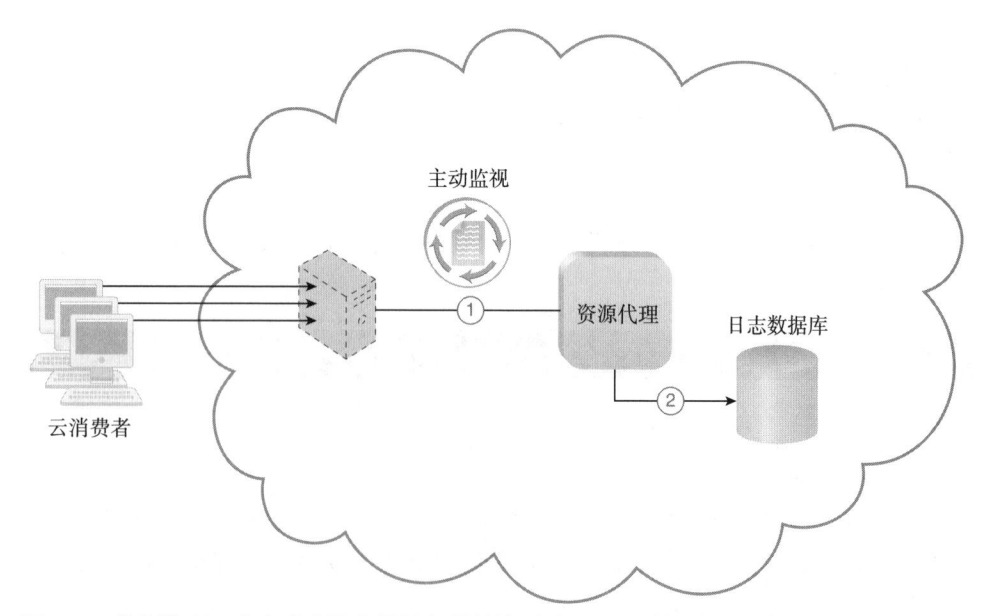

图 8.16 资源代理正在主动监视虚拟服务器并检测到用量的增加（1）。资源代理从底层资源管理程序接收虚拟服务器正在扩展的通知，并根据其监视指标将收集到的用量数据存储在日志数据库中（2）

8.5.3 轮询代理

轮询代理是一个通过轮询 IT 资源来收集云服务用量数据的处理模块。这种类型的云服务监视器通常用于定期监视 IT 资源状态，例如正常运行时间和停机时间（如图 8.17 所示）。

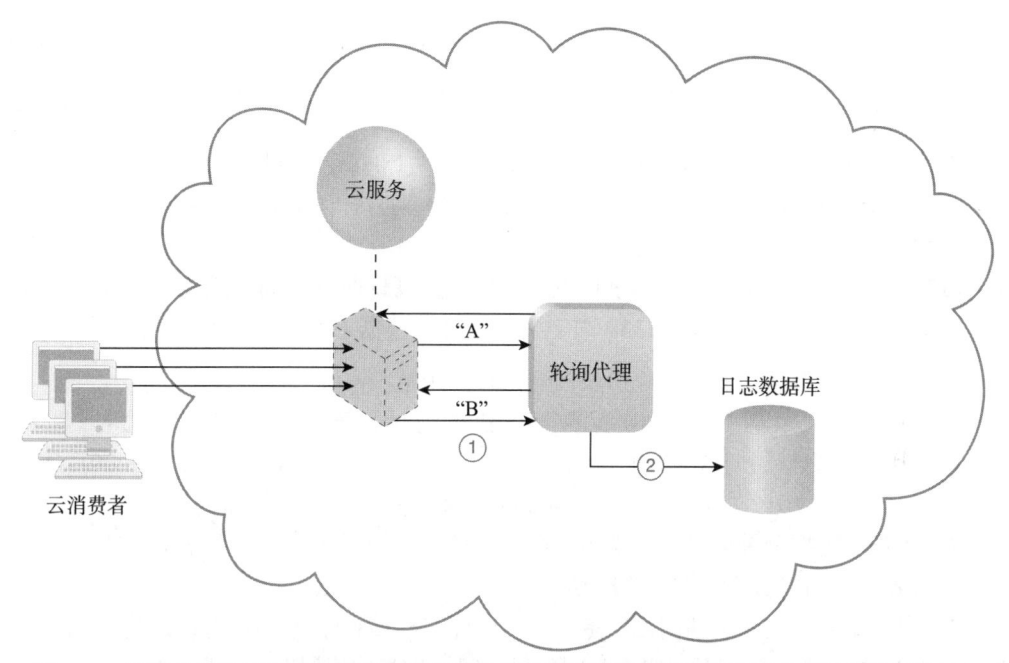

图 8.17 轮询代理通过发送定期轮询请求消息并接收轮询响应消息来监视虚拟服务器托管的云服务的状态，轮询响应消息在多个轮询周期后报告使用状态"A"，直到收到使用状态"B"（1），轮询代理在日志数据库中记录新的使用状态（2）

案例研究

DTGOV 的云采用计划中遇到的挑战之一是确保收集的用量数据的准确性。以往 IT 外包模式的资源分配方式导致客户根据年度租赁合同中列出的物理服务器数量，而不是实际使用情况来被收取费用。

DTGOV 现在需要定义一个模型，允许按小时租赁和计费不同性能级别的虚拟服务器。用量数据需要在极其精细的水平上进行测量，以达到必要的准确度。DTGOV 实现了一个资源代理，它依赖于 VIM 平台生成的资源使用事件来计算虚拟服务器的用量数据。

资源代理的设计逻辑和指标基于以下规则：
1）VIM 软件生成的每个资源使用事件可以包含以下数据：

❑ 事件类型（EV_TYPE）——由 VIM 平台生成。有五种类型事件：
　VM Starting（Hypervisor 处创建）

VM Started（启动过程完成）
VM Stopping（关闭）
VM Stopped（Hypervisor 处终止）
VM Scaled（性能参数调整）

- VM 类型（VM_TYPE）——这表示由其性能参数决定的虚拟服务器的类型。可能的虚拟服务器配置的预定义列表列出了无论何时 VM 启动或调整时由元数据描述的参数。
- 唯一 VM 标识符（VM_ID）——该标识符由 VIM 平台提供。
- 唯一云消费者标识符（CS_ID）——由 VIM 平台提供的另一个标识符，代表云消费者。
- 事件时间戳（EV_T）——事件发生的标识，以日期 – 时间格式表示，带有数据中心的时区，并参考 RFC 3339 中定义的 UTC（根据 ISO 8601 配置文件）。

2）为云消费者建立的每个虚拟服务器记录使用量。

3）在一个测量周期内的用量测度都会被记录，该周期由两个称为 t_{start} 和 t_{rend} 的时间戳定义。测量周期默认开始于日历月初（t_{start} = 2012-12-01T00:00:00-08:00），结束于日历月末（t_{end} = 2012-12-31T23:59:59-08:00）。此外还支持定制测量周期。

4）用量测度按分钟记录。虚拟服务器使用情况测量周期从虚拟服务器在 Hypervisor 中创建时开始，到虚拟服务器终止时结束。

5）虚拟服务器在测量期间可以多次启动、伸缩调整和停止。这些连续事件对的开始时间用 i (i = 1, 2, 3, ⋯) 表示，它们之间的时间间隔称为使用周期，称为 T_{cycle_i}：

- VM_Starting、VM_Stopping —— VM 大小在周期结束时保持不变。
- VM_Starting、VM_Scaled —— VM 大小在周期结束时已变更。
- VM_Scaled、VM_Scaled —— 缩放调整时 VM 大小也随之变更，直到周期结束。
- VM_Scaled、VM_Stopping —— VM 大小在周期结束时已变更。

6）在测量期间内，每个虚拟服务器的总用量 U_{total} 使用以下资源使用事件日志数据库公式计算：

对于日志数据库中的每个 VM_TYPE 和 VM_ID：

$$U_{total\_VM\_type\_j} = \sum_{t_{start}}^{t_{end}} T_{cycle\_i}$$

根据每个 VM_TYPE 测量的总使用时间，每个 VM_ID 的用量向量为 U_{total}：U_{total} = {type 1, $U_{total\_VM\_type\_1}$, type 2, $U_{total\_VM\_type\_2}$, ⋯}

图 8.18 描述了资源代理与 VIM 的事件驱动 API 的交互。

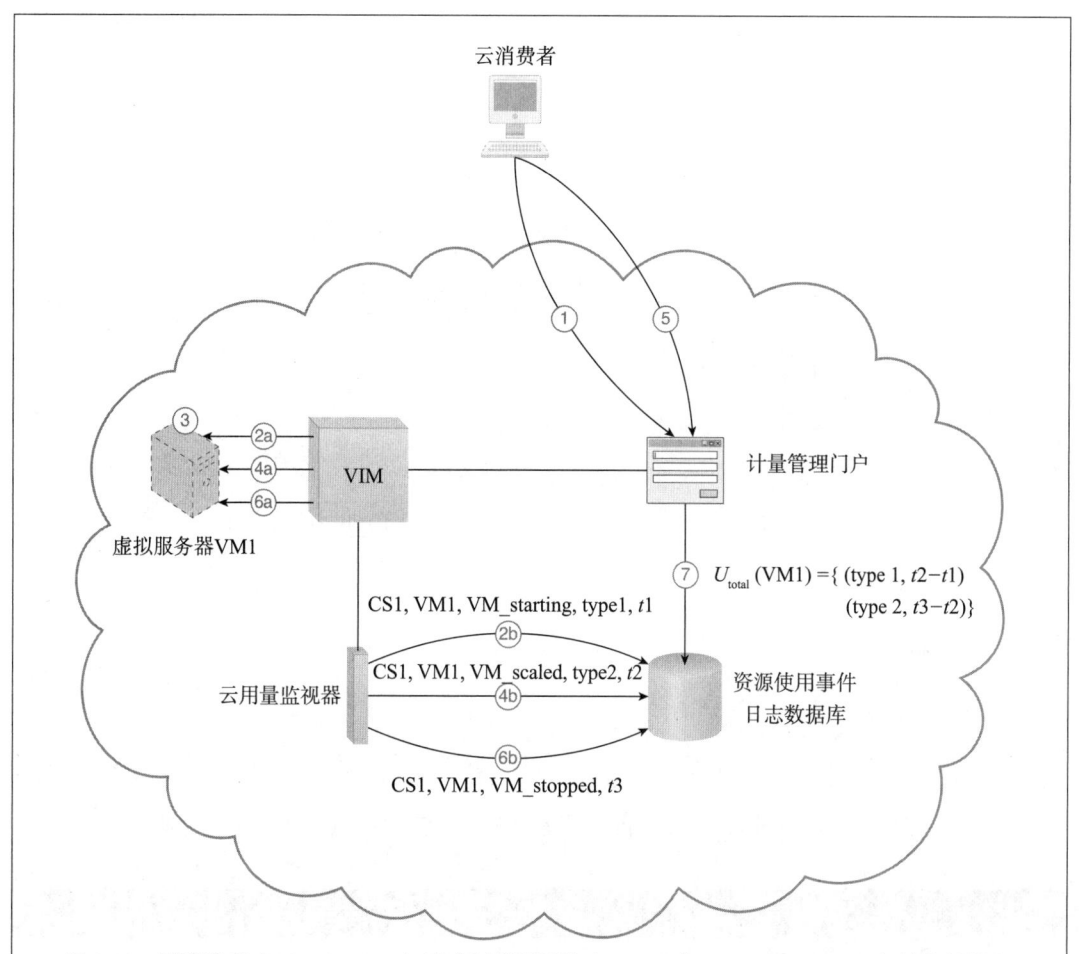

图 8.18 云消费者（CS_ID = CS1）请求创建配置大小 type 1（VM_TYPE = type1）的虚拟服务器（VM_ID = VM1）（1）。VIM 创建虚拟服务器（2a）。VIM 的事件驱动 API 生成时间戳为 $t1$ 的资源使用事件，云用量监视器软件代理捕获该事件并将其记录在资源使用事件日志数据库中（2b）。虚拟服务器用量增加并达到自动调整阈值（3）。VIM 将虚拟服务器 VM1 从配置 type 1 垂直扩展到 type 2（VM_TYPE = type2）（4a）。VIM 的事件驱动 API 生成时间戳为 $t2$ 的资源使用事件，该事件由云用量监视器软件代理捕获并记录在资源使用事件日志数据库中（4b）。云消费者关闭虚拟服务器（5）。VIM 停止虚拟服务器 VM1（6a），其事件驱动 API 生成时间戳为 $t3$ 的资源使用事件，云用量监视器软件代理捕获该事件并将其记录在日志数据库中（6b）。计量管理门户访问日志数据库并计算虚拟服务器 VM1 的总用量（U_{total}）（7）

8.6 资源复制

复制定义为创建同一 IT 资源的多个实例，通常在需要增强 IT 资源的可用性和性能时执行。利用虚拟化技术实现资源复制机制，复制云端 IT 资源（如图 8.19 所示）。

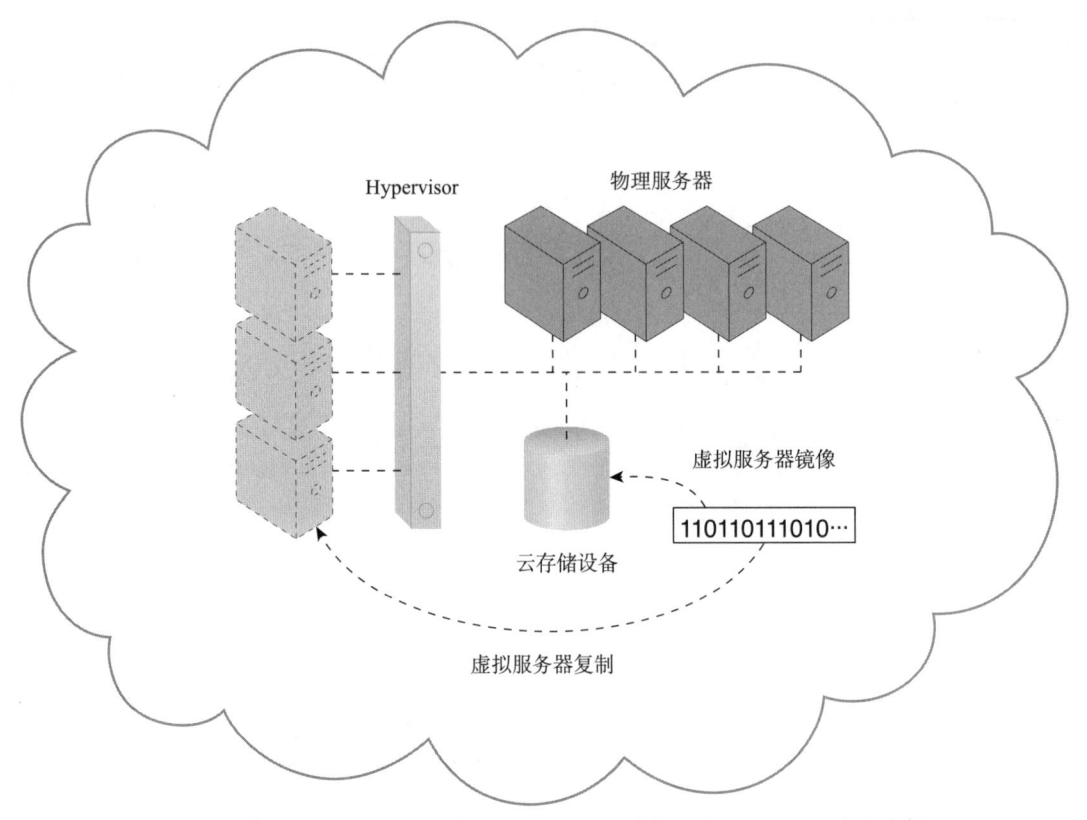

图 8.19　Hypervisor 使用存储的虚拟服务器镜像复制虚拟服务器的多个实例

笔记
这是一种父机制，表示能够复制 IT 资源的不同类型的软件程序。最常见的例子是本章描述的 Hypervisor 机制。例如，虚拟化平台的 Hypervisor 可以访问虚拟服务器镜像来创建多个实例，或者部署和复制预备环境和整个应用。其他常见可复制 IT 资源的类型包括云服务实现以及各种形式的数据和云存储设备复制。

案例研究
DTGOV 建立了一组高可用性虚拟服务器，这些服务器可以自动迁移到运行在不同数据中心的物理服务器上，以应对严重的故障情况。这是图 8.20～图 8.22 中所示的场景，其中驻留在一个数据中心运行的物理服务器上的虚拟服务器出现了故障。来自不同数据中心的 VIM 通过协调，将这个虚拟服务器重新分配到另一个数据中心运行的不同物理服务器上，从而解决了其不可用的问题。

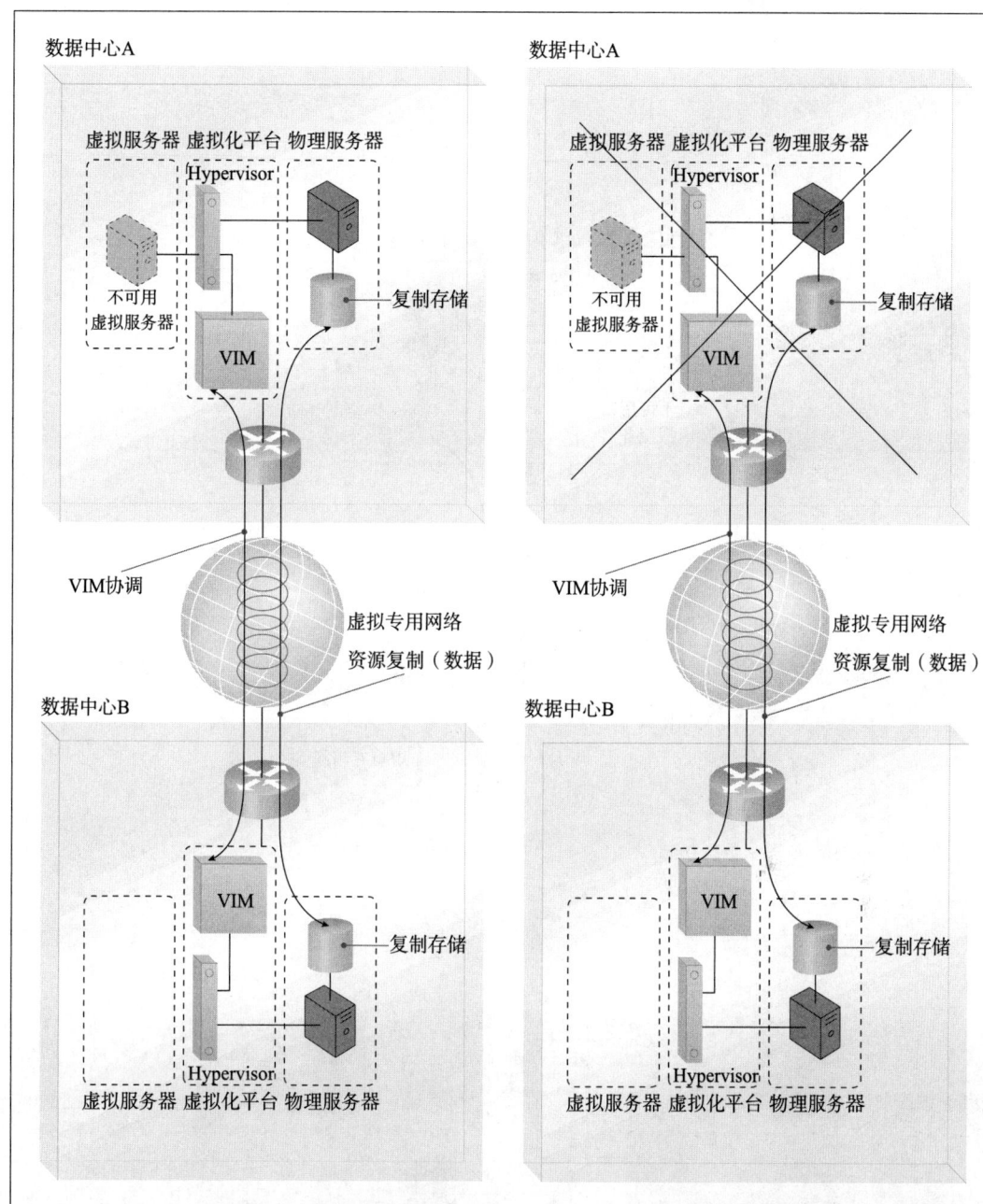

图 8.20 高可用性虚拟服务器正在数据中心 A 中运行。数据中心 A 和 B 中的 VIM 实例正在执行协调功能，以便检测故障情况。由于高可用性架构，存储的虚拟机镜像可以在数据中心之间复制

图 8.21 数据中心 A 中的虚拟服务器变得不可用。数据中心 B 中的 VIM 检测到故障，并开始将高可用性服务器从数据中心 A 重新分配到数据中心 B

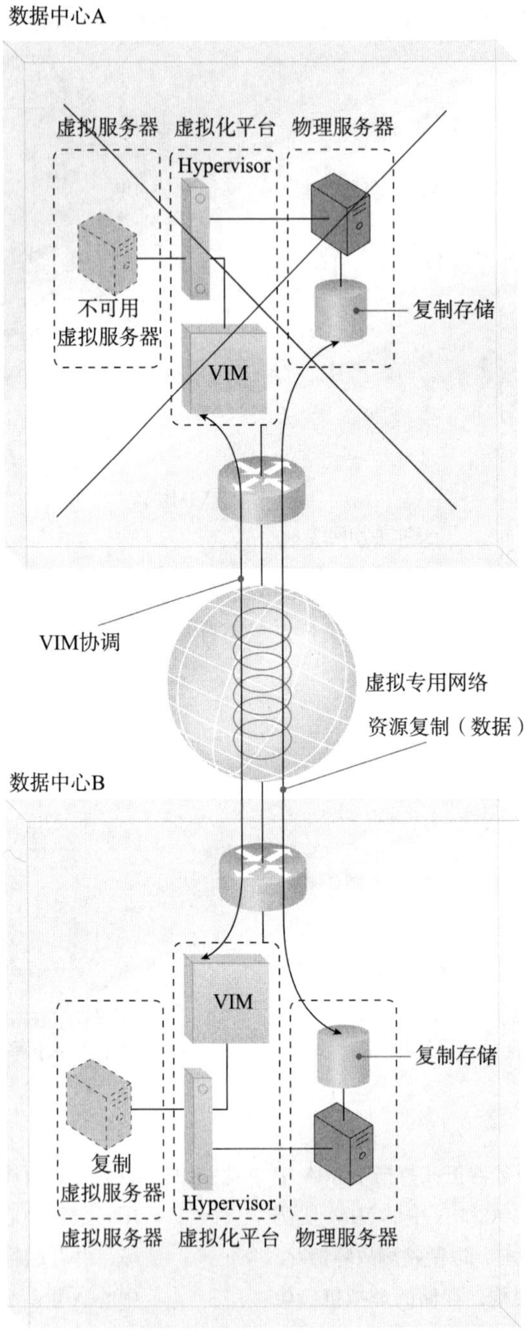

图 8.22 虚拟服务器的新实例在数据中心 B 中创建并可用

8.7 预备环境

预备环境机制（如图 8.23 所示）是 PaaS 云交付模式的定义组件，它代表一个预定义的、基于云的平台，由一组已安装的 IT 资源组成，可供云消费者使用和定制。云消费者利用这些环境在云中远程开发和部署自己的服务和应用。典型的预备环境包括预安装的 IT 资源，例如数据库、中间件、开发工具和治理工具。

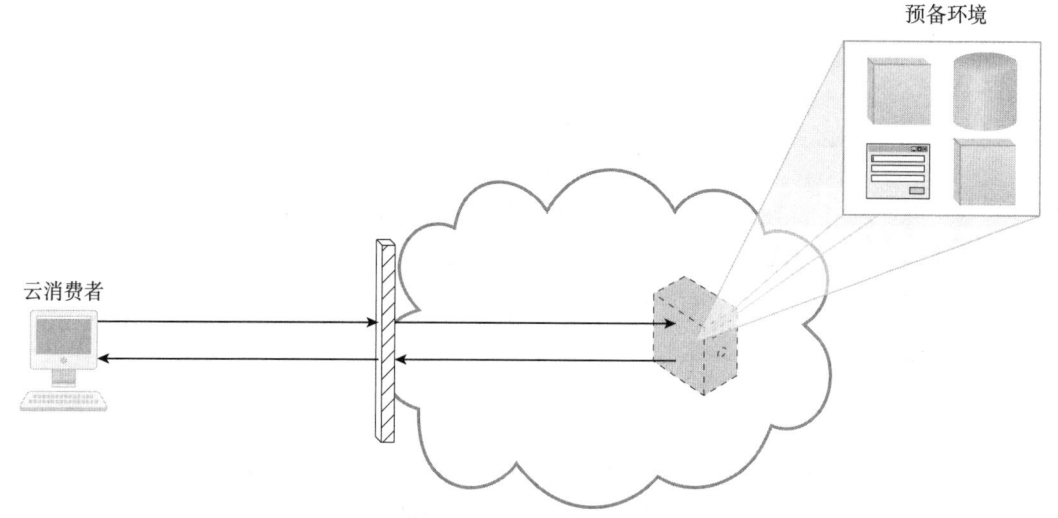

图 8.23　云消费者访问托管在虚拟服务器上的预备环境

预备环境通常配备完整的软件开发工具包（SDK），该工具包向云消费者提供包括其首选编程堆栈在内的对开发技术的编程访问。

中间件可用于多租户平台，以支持 Web 应用的开发和部署。一些云供应商为云服务提供基于不同运行时性能和计费参数的运行时执行环境。例如，可以将云服务的前端实例配置为比后端实例更有效地响应时间敏感的请求。前者的计费费率与后者不同。

正如即将到来的案例研究中进一步演示的那样，解决方案可以分为前端逻辑组和后端逻辑组，这些逻辑组可以指定用于前端和后端实例调用，以便优化运行时执行和计费。

案例研究

ATN 使用租用的 PaaS 环境开发和部署了多个非关键业务应用。其中之一是基于 Java 的零件编号目录 Web 应用，用于其所制造的交换机和路由器。该应用被不同的工厂使用，但它却不操作交易数据，这部分由单独的库存控制系统处理。

应用逻辑分为前端处理逻辑和后端处理逻辑。前端逻辑用于处理简单的查询和目录更新。后端部分包含呈现完整目录以及关联相似组件和遗留零件编号所需的逻辑。

图 8.24 说明了 ATN 零件编号目录应用的开发和部署环境。注意云消费者是如何同时扮演开发者和端用户角色的。

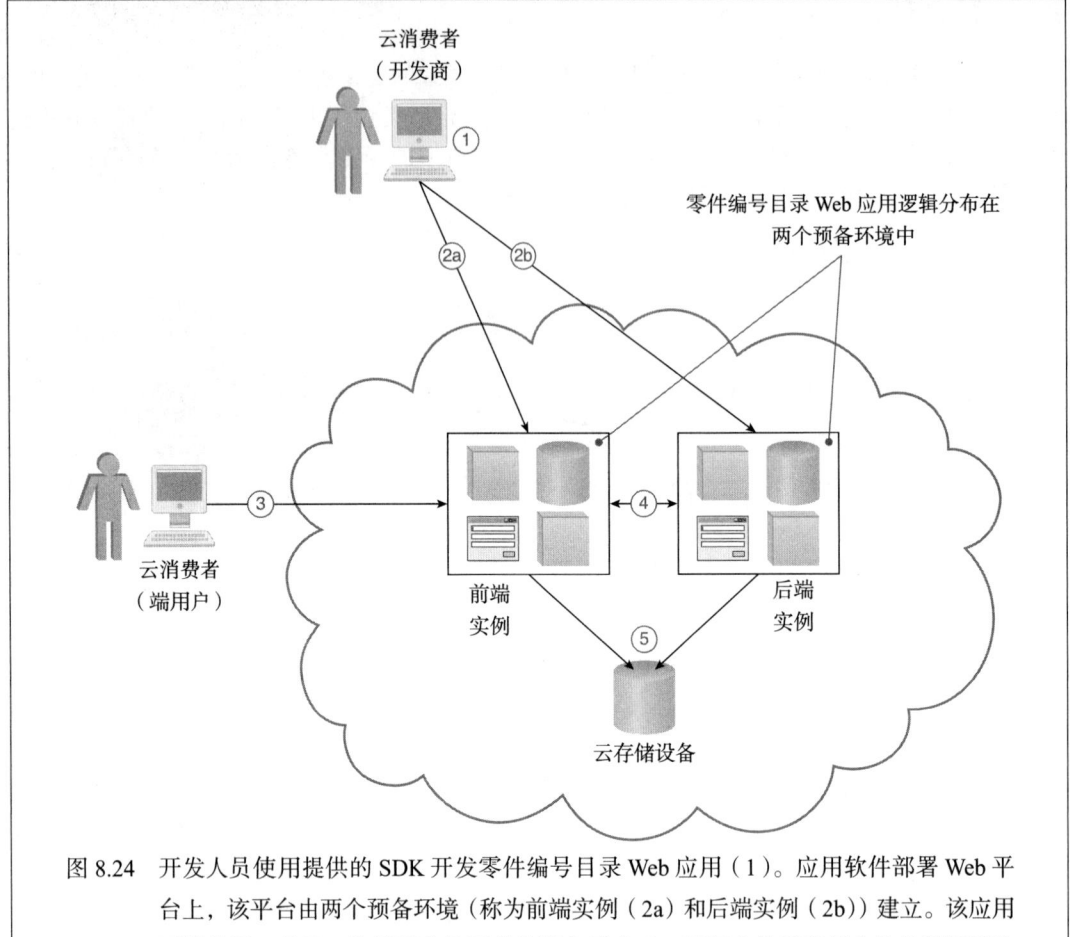

图 8.24 开发人员使用提供的 SDK 开发零件编号目录 Web 应用（1）。应用软件部署 Web 平台上，该平台由两个预备环境（称为前端实例（2a）和后端实例（2b））建立。该应用可供使用，并且一位端用户访问其前端实例（3）。运行在前端实例中的软件调用位于后端实例中的长期运行任务，该任务对应于端用户的需要（4）。部署在前端和后端实例的应用软件由云存储设备提供支持，该设备提供应用数据的持久存储（5）

8.8 容器

容器可以提供部署和交付云服务的有效手段。第 6 章对容器化技术进行了说明。

第 9 章

Cloud Computing: Concepts, Technology, Security & Architecture, Second Edition

专业云机制

典型的云技术架构包含许多移动部件来解决 IT 资源和解决方案的不同使用要求。本章介绍的每种机制都实现特定的运行时功能，以支持一个或多个云特性。

本章描述了下列专业云机制：

- 自动调整侦听器
- 负载均衡器
- SLA 监视器
- 计量付费监视器
- 审计监视器
- 故障恢复系统
- 资源集群
- 多设备代理
- 状态管理数据库

所有这些机制都可以被视为云基础设施的扩展，并且可以通过多种方式组合起来，作为独特和定制技术架构的一部分，本书第三部分提供了许多示例。

9.1 自动调整侦听器

自动调整侦听器机制是一种服务代理，用于监视和跟踪云服务消费者与云服务之间的通信，以实现动态伸缩目的。自动调整侦听器部署在云中，通常靠近防火墙，从那里自动跟踪工作负载状态信息。工作负载可以由云消费者生成的请求量或某些类型的请求触发的后端处理需求量来确定。例如，少量传入数据可能会导致大量处理。

自动调整侦听器可以随着工作负载波动情况提供不同类型的响应，例如：

- 根据云消费者先前定义的参数自动水平扩展或缩减调整 IT 资源（通常称为自动调整）。
- 当工作负载超过阈值或低于分配的资源时，自动通知云消费者（如图 9.1 所示）。这样，云消费者就可以选择调整其当前的 IT 资源分配。

不同的云供应商对充当自动调整侦听器的服务代理有不同的名称。

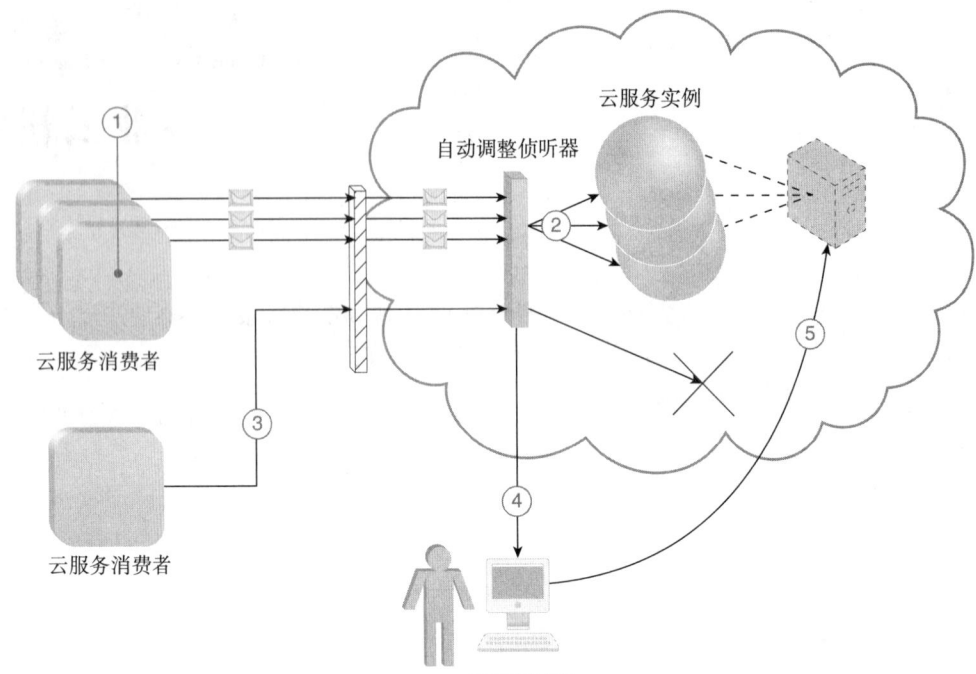

图 9.1 三个云服务消费者尝试同时访问一项云服务（1）。自动调整侦听器水平扩展并启动服务的三个冗余实例的创建（2）。第四个云服务消费者尝试使用云服务（3）。预先设定最多只允许三个云服务实例，自动调整侦听器会拒绝第四次尝试，并通知云消费者已超出所请求的工作负载限制（4）。云消费者的云资源管理员访问远程管理环境以调整配置设置并增加冗余实例限制（5）

案例研究

笔记

本案例研究参考了实时虚拟机迁移组件，该组件在 14.1 节进行介绍，并在后续架构场景中进一步描述和展示。

DTGOV 的物理服务器可垂直调整虚拟服务器实例，从最小的虚拟机配置（1 个虚拟处理器核、4 GB 虚拟 RAM）到最大的虚拟机配置（128 个虚拟处理器核、512 GB 虚拟 RAM）。虚拟化平台配置为在运行时自动调整虚拟服务器，如下所示：

❏ 垂直缩减——虚拟服务器继续驻留在同一物理主机服务器上，同时缩减到较低的性能配置。

❏ 垂直扩展——虚拟服务器的容量在其原始物理主机服务器上增加了一倍。如果原始主机服务器过载，VIM 还可以将虚拟服务器实时迁移到另一台物理服务器。迁移在运行时自动执行，不需要关闭虚拟服务器。

由云消费者控制的自动调整设置决定了自动调整侦听器代理的运行时行为，这些侦听器代理在 Hypervisor 上运行，监视虚拟服务器资源使用情况。例如，一个云消费者将其设置为每当资源使用率连续 60 秒超过虚拟服务器能力的 80% 时，自动调整侦听器就会通过向 VIM 平台发送垂直扩展命令来触发垂直扩展过程。相反，每当资源使用率连续 60 秒低于能力的 15% 时，自动调整侦听器也会向 VIM 发送垂直缩减的命令（如图 9.2 所示）。

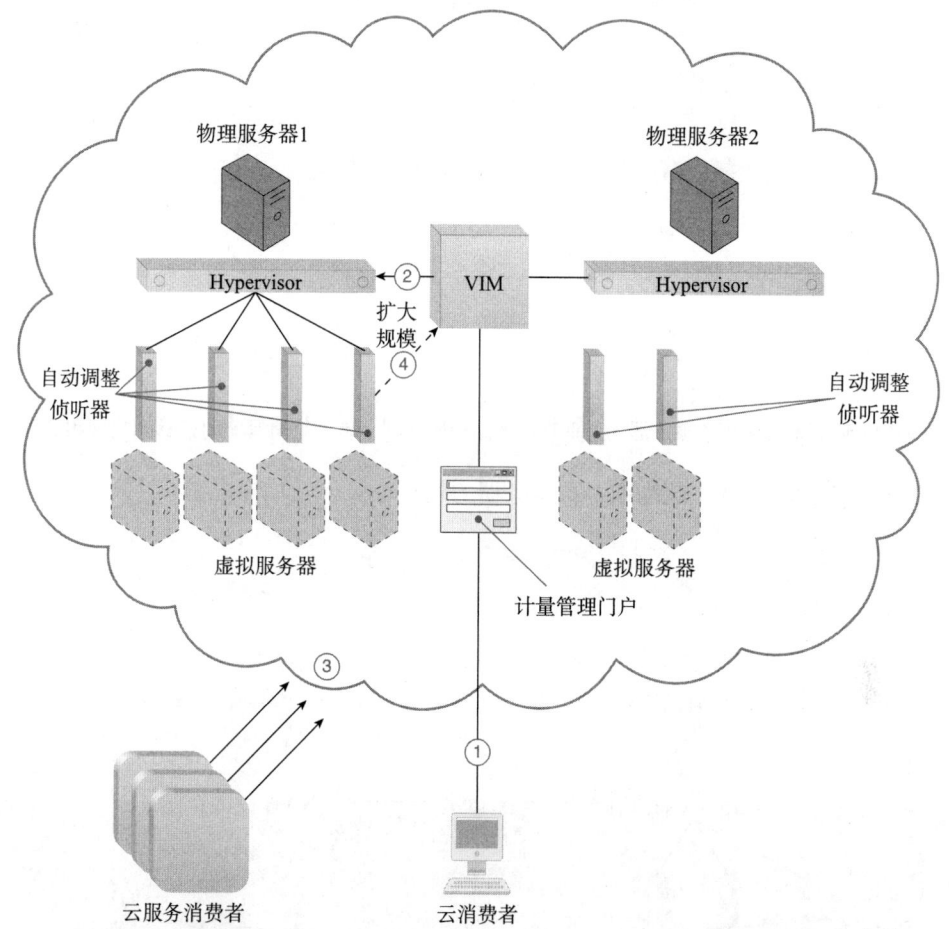

图 9.2 云消费者创建并启动具有 8 个虚拟处理器核和 16 GB 虚拟 RAM 的虚拟服务器（1）。VIM 根据云服务消费者的请求创建虚拟服务器，并将其分配给物理服务器 1，以加入其他 3 个活动虚拟服务器集群（2）。云消费者需求导致虚拟服务器使用率连续 60 秒增加超过 CPU 能力的 80%（3）。在 Hypervisor 上运行的自动调整侦听器会检测到垂直扩展的要求，并相应地命令 VIM（4）

图 9.3 描述了由 VIM 执行的虚拟机实时迁移。

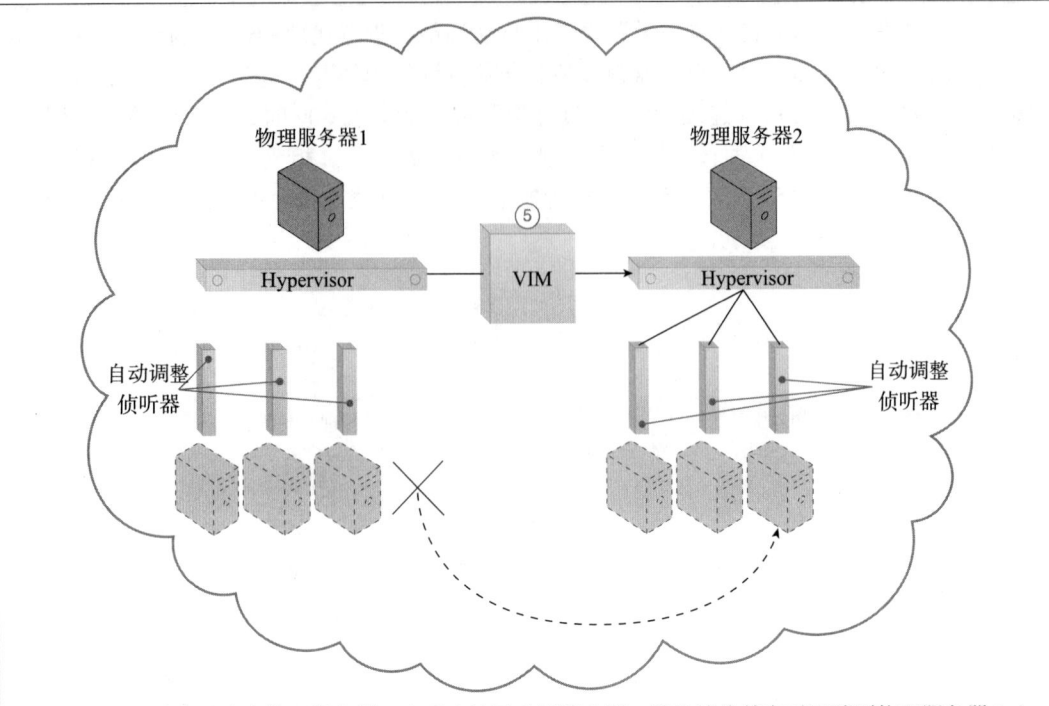

图 9.3　VIM 确定无法在物理服务器 1 上垂直扩展虚拟服务器，就继续将其实时迁移到物理服务器 2 上

图 9.4 描述了 VIM 垂直缩减虚拟服务器的规模。

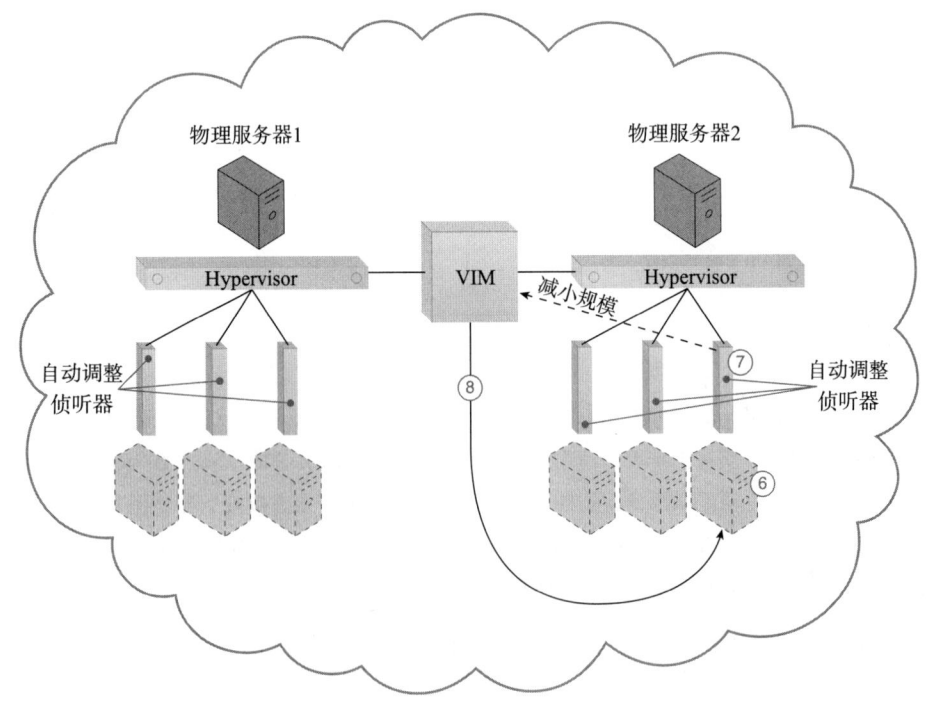

图 9.4　虚拟服务器的 CPU/RAM 使用率连续 60 秒保持在 15% 以下（6）。自动调整侦听器检测到减小规模的需要并命令 VIM（7），VIM 会垂直缩减虚拟服务器（8），同时虚拟服务器在物理服务器 2 上保持活动状态

9.2 负载均衡器

水平调整的常见方法是平衡两个或多个 IT 资源之间的工作负载，以将性能和容量提高到单个 IT 资源无法达到的级别。负载均衡器机制是一个运行时代理，其逻辑基本上就是基于这个思想的。

除了简单的分工算法（如图 9.5 所示）之外，负载均衡器还可以执行一系列专业的运行时工作负载分配，其中包括：

- 不对称分配——较重的工作负载被分配给具有更高处理能力的 IT 资源。
- 负载优先——根据负载优先级对工作负载进行调度、排队、丢弃和分配。
- 内容感知分配——根据请求内容的指示把请求分配到不同的 IT 资源。

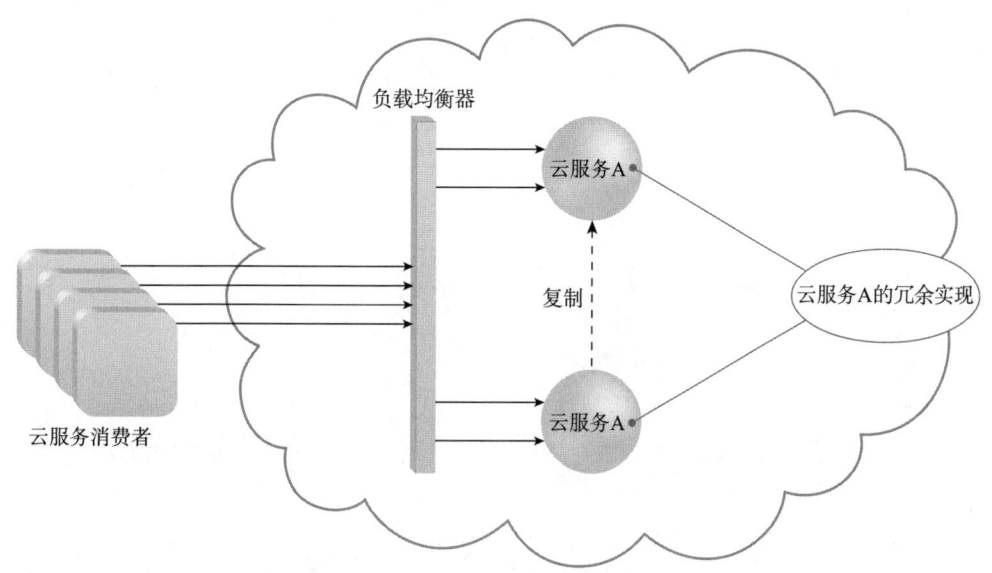

图 9.5 作为服务代理实现的负载均衡器在两个冗余云服务实现之间透明地分配传入的工作负载请求，从而最大限度地提高云服务消费者的性能

负载均衡器通过一组性能和 QoS 规则进行编程或配置，其总体目标是优化 IT 资源使用、避免过载并最大化吞吐量。

负载均衡器机制可以以下列形式存在：

- 多层网络交换机
- 专用硬件设备
- 基于专用软件的系统（常见于服务器操作系统）
- 服务代理（通常由云管理软件控制）

负载均衡器通常位于产生工作负载的 IT 资源和处理工作负载的 IT 资源之间的通信路径上。该机制可以设计成对云服务消费者来说不可见的透明代理，也可以设计成一个代理组件，对执行工作负载的 IT 资源进行抽象。

> **案例研究**
>
> ATN 零件编号目录云服务不会处理交易数据，即使它被不同地区的多个工厂使用。每个月的前几天是它的高峰使用期，这与工厂进行大量库存控制例行处理的时间相吻合。ATN 遵循其云服务供应商的建议，将云服务升级为高度可扩展的，以支持预期的工作负载波动。
>
> 在完成必要的升级后，ATN 决定使用能模拟繁重工作负载的机器人自动化测试工具来测试可扩展性。测试需要确定应用是否可以无缝扩展到支撑比平均工作负载大 1000 倍的峰值负载。机器人随即开始模拟持续 10 分钟的工作负载。
>
> 图 9.6 演示了应用的自动扩展功能。
>
> 图 9.6　云服务的新实例会自动创建，以满足不断增长的用量请求。负载均衡器使用循环调度（RR）来确保流量在活动云服务之间均匀分配

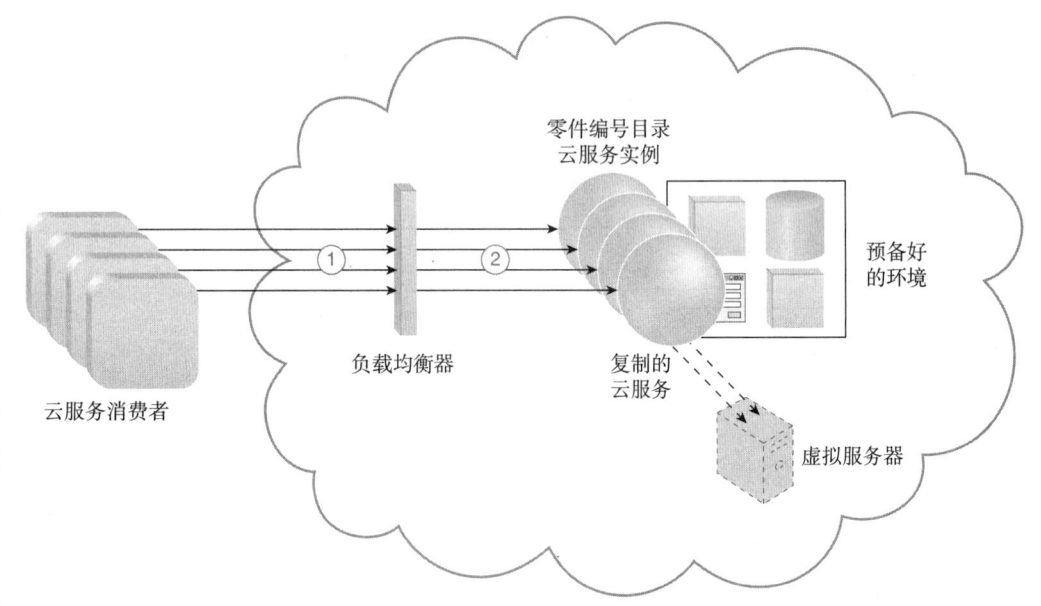

9.3　SLA监视器

SLA 监视器机制专门用于观察云服务，确保它们满足在 SLA 中合同规定的 QoS 要求（如图 9.7 所示）。SLA 监视器收集的数据由 SLA 管理系统进行处理，并汇总成 SLA 报告指标。当出现异常情况时，比如 SLA 监视器报告云服务"关闭"，系统可以主动修复云服务或进行故障转移。

第 12 章讨论了 SLA 管理系统机制。

图 9.7 SLA 监视器通过轮询发送请求消息（M_{REQ1} 至 M_{REQN}）来轮询云服务。监视器接收轮询响应消息（M_{REP1} 至 M_{REPN}），这些消息报告服务在每次轮询周期都"启动"着（1a）。SLA 监视器将"启动"时间（所有 1 到 N 轮询周期的时间）存储在日志数据库（1b）中。

SLA 监视器轮询发送请求消息（M_{REQN+1} 到 M_{REQN+M}）来轮询云服务。未收到轮询响应消息（2a）。响应消息一直超时，因此 SLA 监视器将"关闭"时间（所有 N+1 到 N+M 轮询周期的时间）存储在日志数据库中（2b）。

SLA 监视器发送轮询请求消息（$M_{REQN+M+1}$）并接收轮询响应消息（$M_{REPN+M+1}$）（3a）。SLA 监视器将此"启动"时间存储在日志数据库中（3b）

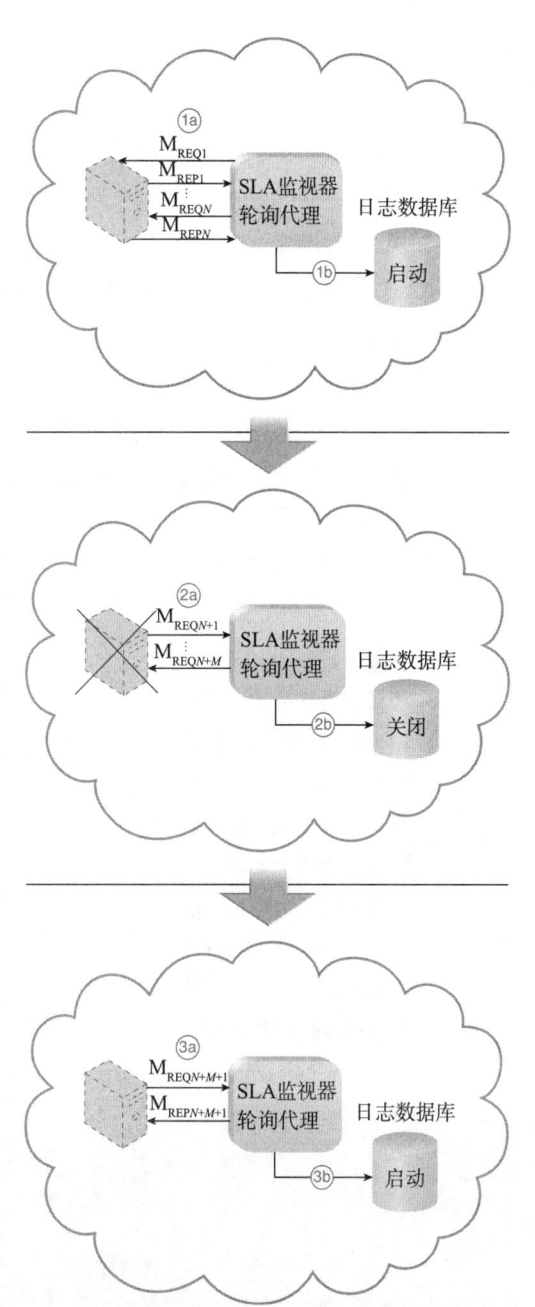

案例研究

DTGOV 租赁协议中，虚拟服务器的标准 SLA 定义了 99.95% 的最低 IT 资源可用性，这通过使用两个 SLA 监视器进行跟踪：一个基于轮询代理，另一个基于常规监视代理实施。

SLA 监视器轮询代理

DTGOV 的轮询 SLA 监视器在外部边界网络中运行，以检测物理服务器是否超时。它能够识别导致物理服务器无响应的数据中心网络、硬件和软件故障（粒度极小）。轮询周期为 20 秒，如果连续 3 次超时，就认为该 IT 资源不可用。

会生成三类事件：

- PS_Timeout —— 物理服务器轮询已超时。
- PS_Unreachable —— 物理服务器轮询连续超时三次。
- PS_Reachable —— 以前不可用的物理服务器变得可再次响应。

SLA 监视代理

VIM 的事件驱动 API 将 SLA 监视器实现为监视代理，可生成以下三类事件：

- VM_Unreachable —— VIM 无法访问 VM。
- VM_Failure —— VM 发生故障并且不可用。
- VM_Reachable —— VM 可访问。

轮询代理生成的事件具有时间戳，这些时间戳会被记录到 SLA 事件日志数据库中，SLA 管理系统可用之计算 IT 资源可用性。用复杂的规则来关联来自不同轮询 SLA 监视器和受影响的虚拟服务器的事件，并丢弃不可用期间的任何误报。

图 9.8 和图 9.9 展示了 SLA 监视器在数据中心网络故障和恢复期间采取的步骤。

图 9.8 当时间戳为 $t1$ 时，防火墙集群发生故障，数据中心中的所有 IT 资源均不可用（1）。SLA 监视器轮询代理停止接收来自物理服务器的响应并开始发出 PS_timeout 事件（2）。SLA 监视器轮询代理在三次连续的 PS_timeout 事件后开始发出 PS_unreachable 事件。时间戳现在为 $t2$（3）

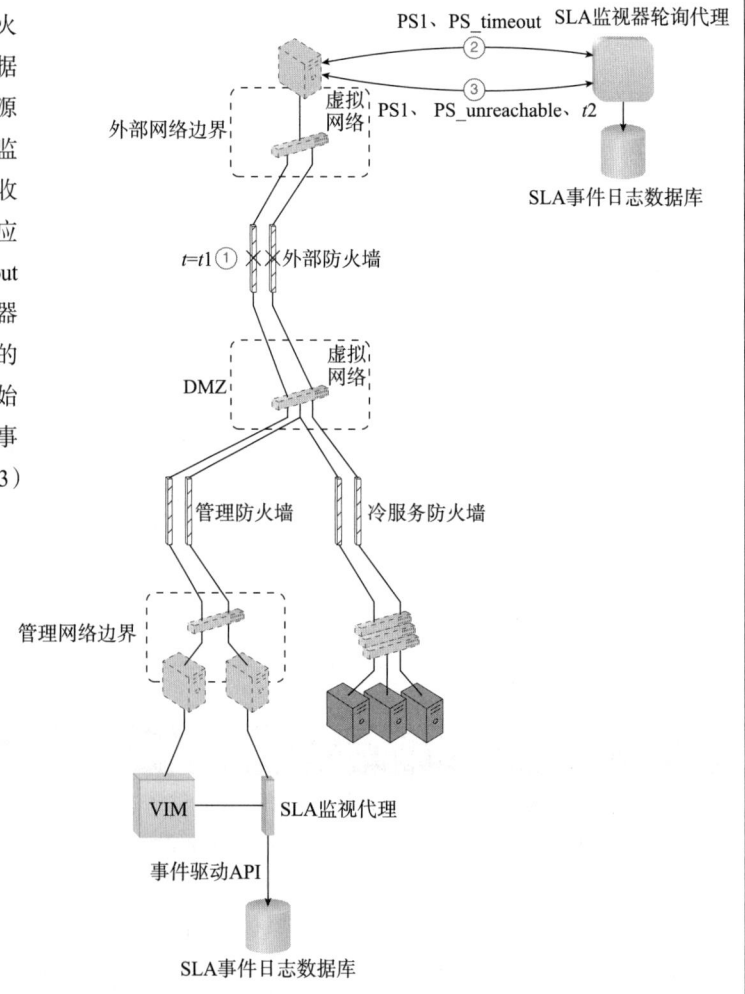

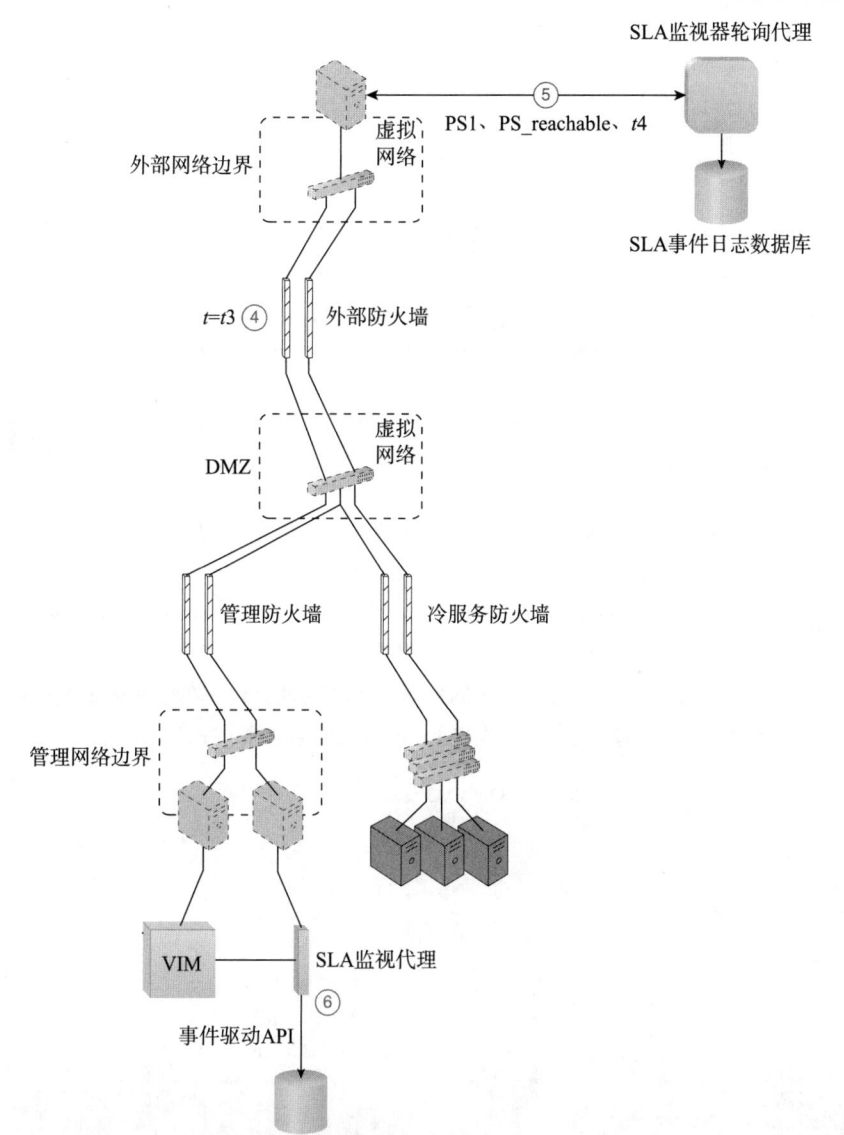

图 9.9　时间戳为 $t3$ 时，IT 资源变得可操作（4）。SLA 监视器轮询代理接收来自物理服务器的响应并发出 PS_reachable 事件。时间戳现在为 $t4$（5）。SLA 监视代理没有检测到任何不可用性，因为 VIM 平台和物理服务器之间的通信没有受到故障的影响（6）

SLA 管理系统使用日志数据库中存储的信息计算出不可用期为 $t4-t3$，该时间段影响了数据中心的所有虚拟服务器。

图 9.10 和图 9.11 描述了 SLA 监视器在托管了三台虚拟服务器（VM1、VM2、VM3）的物理服务器发生故障和后续恢复期间所采取的步骤。

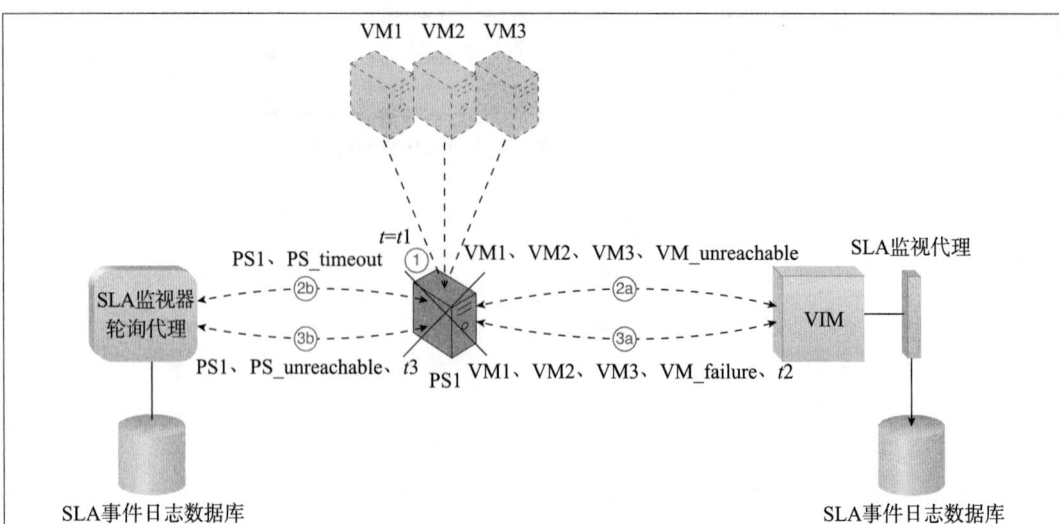

图 9.10　在时间戳为 $t1$ 时，物理主机服务器发生故障并且变得不可用（1）。SLA 监视代理捕获到故障主机服务器中的每个虚拟服务器生成的 VM_unreachable 事件（2a）。SLA 监视器轮询代理停止接收来自主机服务器的响应并发出 PS_timeout 事件（2b）。在时间戳为 $t2$ 时，SLA 监视代理捕获了发生故障的主机服务器的三台虚拟服务器中的每一个都会生成的 VM_failure 事件（3a）。SLA 监视器轮询代理在时间戳为 $t3$ 发生了三次连续 PS_timeout 事件后，开始发出 PS_unreachable 事件（3b）

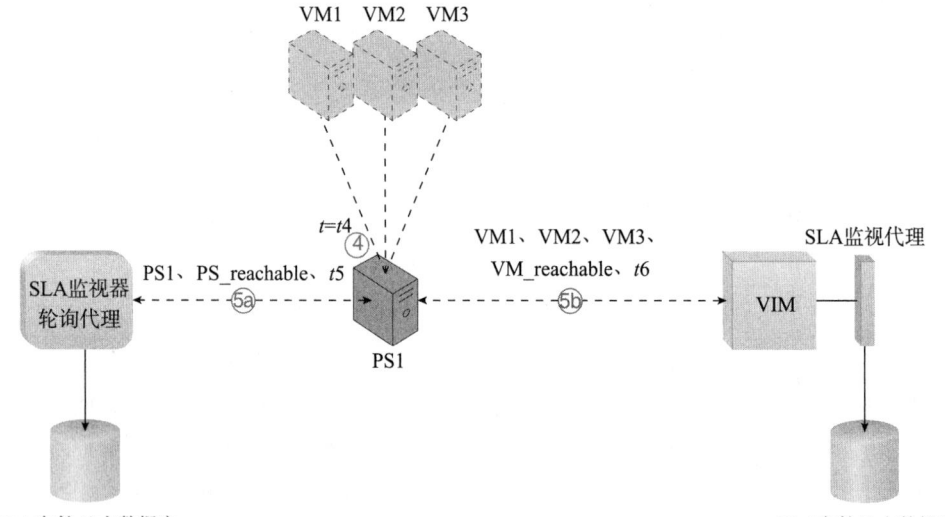

图 9.11　主机服务器在时间戳为 $t4$ 时可操作（4）。SLA 监视器轮询代理接收来自物理服务器的响应，并在时间戳为 $t5$ 时发出 PS_reachable 事件（5a）。在时间戳为 $t6$ 时，SLA 监视代理捕获每台虚拟服务器生成的 VM_reachable 事件（5b）。SLA 管理系统计算影响所有虚拟服务器的不可用期为 $t6-t2$

9.4　计量付费监视器

计量付费监视器机制根据预定义的定价参数测量基于云的 IT 资源使用情况，并生成用于费用计算的使用日志。

一些典型的监视变量包括：
- 请求/响应消息数量
- 传输数据量
- 带宽消耗

计量付费监视器收集的数据由计算支付费用的计费管理系统处理。第 12 章将介绍计费管理系统机制。

图 9.12 显示了一个计量付费监视器，它实现为一个资源代理，用于确定虚拟服务器的使用期限。

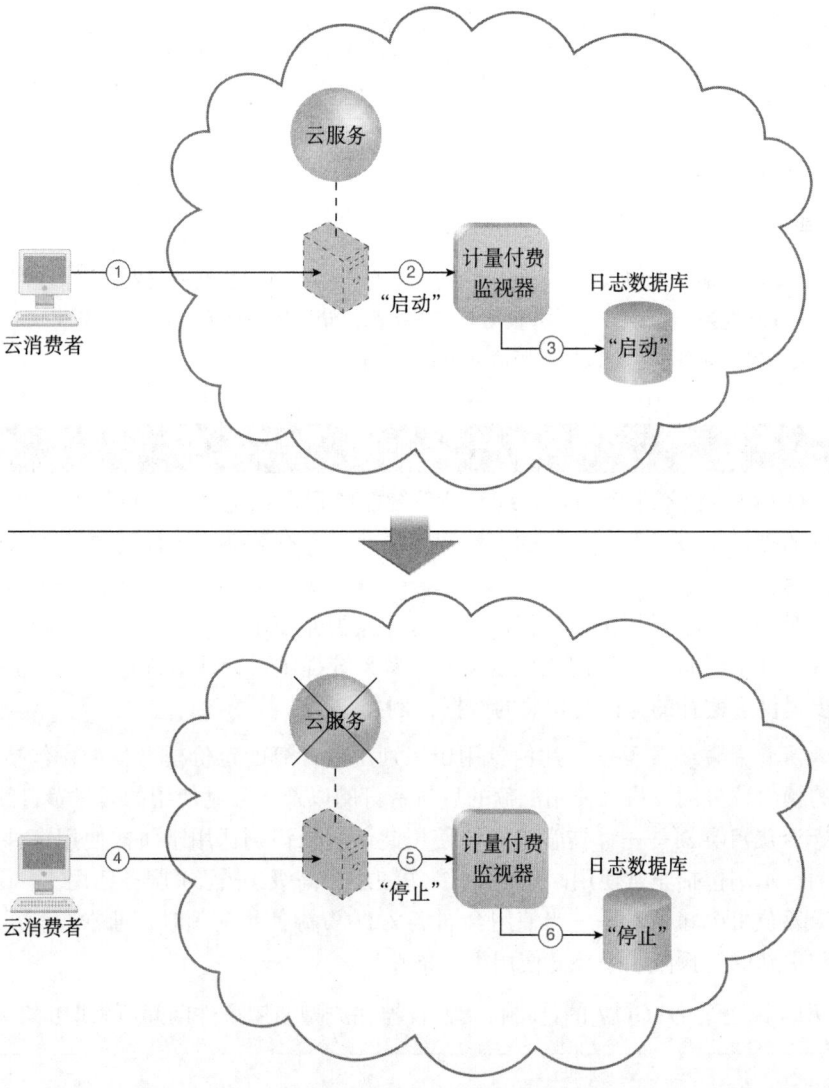

图 9.12 云消费者请求创建一个云服务的新实例（1）。IT 资源被实例化，计量付费监视器从资源软件接收"启动"事件通知（2）。计量付费监视器将时间戳存储在日志数据库中（3）。云消费者稍后请求停止云服务实例（4）。计量付费监视器接收来自资源软件的"停止"事件通知（5）并将时间戳存储在日志数据库中（6）

图 9.13 展示了一个计量付费监视器，它被设计为监视代理，可以透明地拦截并分析与云服务之间的运行时通信。

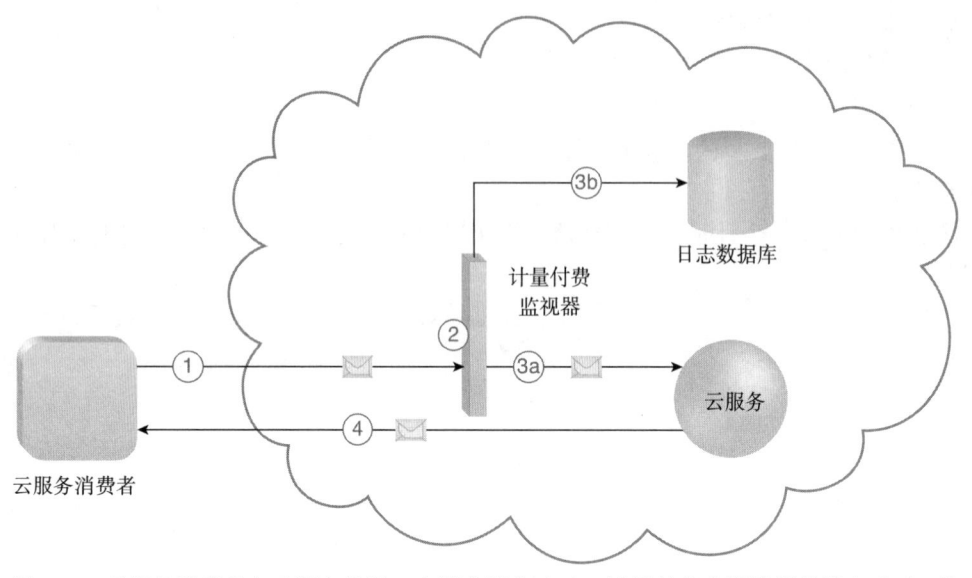

图 9.13 云服务消费者向云服务发送一个请求消息（1）。计量付费监视器拦截消息（2），将其转发到云服务（3a），并根据其监视指标存储用量信息（3b）。云服务将响应消息转发回云服务消费者以提供所请求的服务（4）

案例研究

DTGOV 决定投资某个商业系统，该系统能够根据预定义为"可计费"和可定制的定价模型的事件生成发票。系统的安装产生了两个专有数据库：计费事件数据库和定价方案数据库。

运行时事件通过云用量监视器收集，这些监视器使用 VIM 的 API 作为 VIM 平台的扩展实现。计量付费监视轮询代理定期向计费系统提供可计费事件信息。独立的监视代理进一步提供了增补的与计费相关的数据，例如：

- 云消费者订阅类型——此信息用于识别用量计算的定价模型类型，包括使用配额的预付费订阅、最大使用配额的后付费订阅以及无限制使用的后付费订阅。
- 资源使用类别——计费管理系统使用此信息来识别适用于每次使用事件的费用范围。示例包括正常使用、预留 IT 资源使用和高级（托管）服务使用。
- 资源使用配额消耗——当使用合同定义 IT 资源使用配额时，通常会利用配额消耗和更新的配额限制来补充使用事件条件。

图 9.14 说明了 DTGOV 的计量付费监视器在典型使用事件期间所采取的步骤。

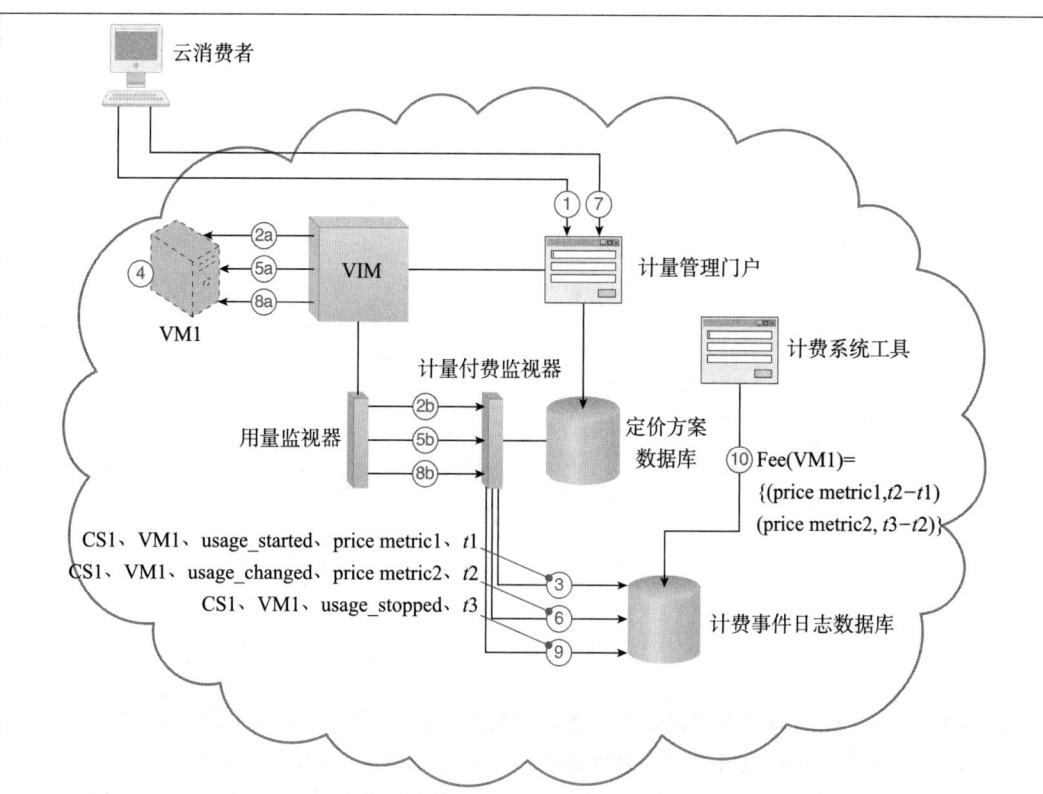

图 9.14 云消费者（CS_ID = CS1）创建并启动一个配置大小 type 1（VM_类型 = type1）的虚拟服务器（1）。VIM 根据请求创建虚拟服务器实例（2a）。VIM 的事件驱动 API 生成时间戳为 t1 的资源使用事件，该事件由云用量监视器捕获并转发到计量付费监视器（2b）。计量付费监视器与定价方案数据库交互，以识别适用于资源使用的费用和用量计量。生成"开始使用"计费事件并将其存储在计费事件日志数据库中（3）。虚拟服务器的使用率增加并达到自动调整阈值（4）。VIM 将虚拟服务器 VM1（5a）从配置 type 1 垂直扩展到 type 2（VM_TYPE = type2）。VIM 的事件驱动 API 生成时间戳为 t2 的资源使用事件，该事件由云用量监视器捕获并转发到计量付费监视器（5b）。计量付费监视器与定价方案数据库交互，以识别适用于更新的 IT 资源使用情况的费用和用量计量。生成"改变用量"计费事件并将其存储在计费事件日志数据库中（6）。云消费者关闭虚拟服务器（7），VIM 停止虚拟服务器 VM1（8a）。VIM 的事件驱动 API 生成时间戳为 t3 的资源使用事件，该事件由云用量监视器捕获并转发到计量付费监视器（8b）。计量付费监视器与定价方案数据库交互，以识别适用于更新的 IT 资源使用情况的费用和用量计量。生成"完成使用"计费事件并将其存储在计费事件日志数据库中（9）。云供应商现在可以使用计费系统工具来访问日志数据库并计算虚拟服务器的总使用费为 Fee（VM1）(10)

9.5 审计监视器

审计监视器机制用于收集网络和 IT 资源的审计跟踪数据，以支持（或遵循）监管和合同义务。图 9.15 描述了作为监视代理实现的审计监视器，它拦截"登录"请求，并将请求者的安全凭证以及失败和成功的登录尝试存储在日志数据库中，以供将来进行审核报告。

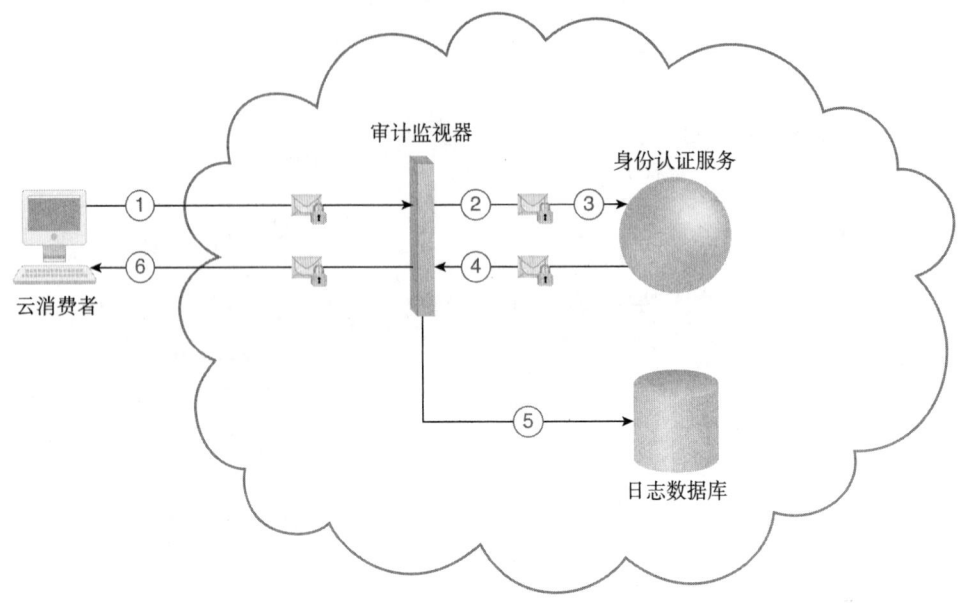

图 9.15　云服务消费者通过发送带有安全凭证的登录请求消息来请求访问某个云服务（1）。审计监视器拦截消息（2）并将其转发到身份认证服务（3）。身份认证服务处理安全凭证。除了登录尝试的结果之外，还会为云服务消费者生成响应消息（4）。审计监视器拦截响应消息，按照组织的审计策略要求，将收集到的整个登录事件详细信息存储在日志数据库中（5）。访问已被允许，响应将发送回云服务消费者（6）

案例研究

　　Innovartus 角色扮演解决方案的一个主要特点是其独特的用户界面。然而，此设计中使用的许多先进技术被施加了版权限制，法律禁止 Innovartus 向某些地理区域的用户收取使用该解决方案的费用。Innovartus 的法律部门正在努力解决这些问题。但与此同时，它向 IT 部门提供了一份国家列表，位于这些国家的用户有的无法访问该应用，有的需要免费访问该应用。

　　为了收集有关访问该应用的端源头地的信息，Innovartus 要求其云供应商建立审计监视系统。云供应商部署审计监视代理来拦截每个入站消息，分析其相应的 HTTP 头部，并收集有关端用户源头地的详细信息。根据 Innovartus 的要求，云供应商进一步添加了一个日志数据库来收集每个端用户请求的区域数据，以供将来进行报告。Innovartus 进一步升级其应用，以便来自选定国家／地区的端用户能够免费访问该应用（如图 9.16 所示）。

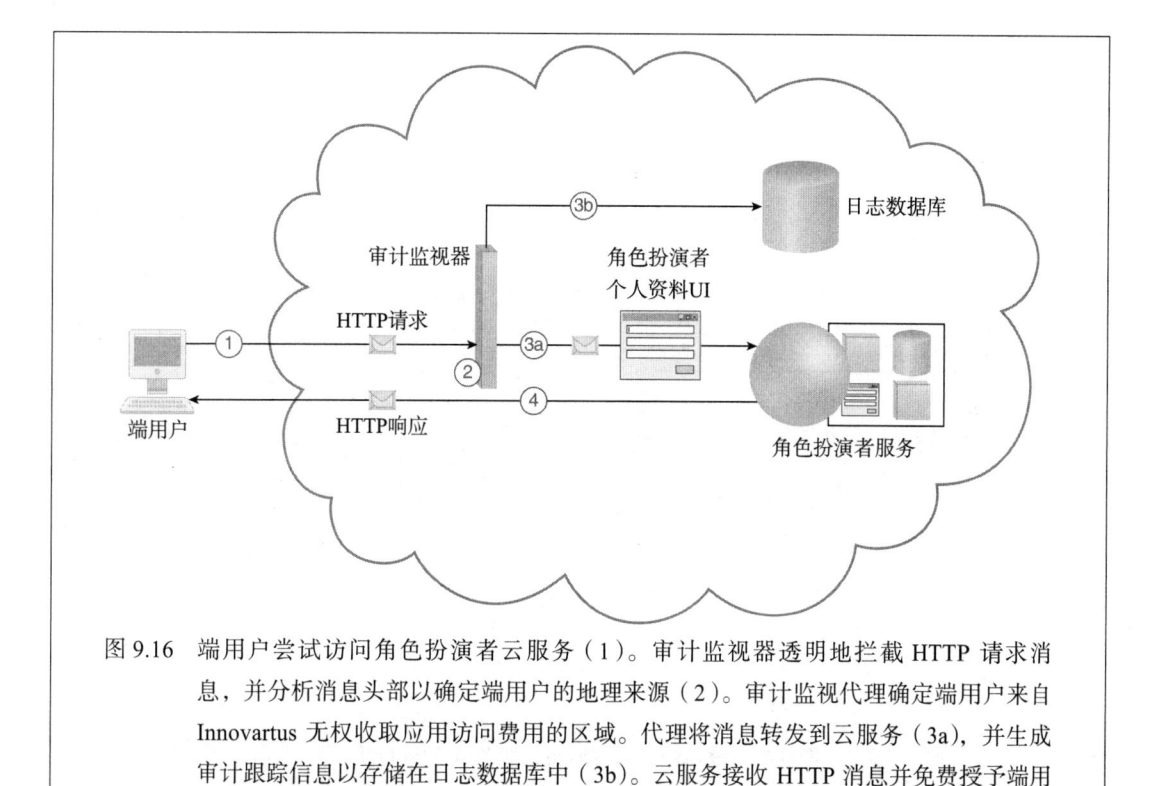

图 9.16 端用户尝试访问角色扮演者云服务（1）。审计监视器透明地拦截 HTTP 请求消息，并分析消息头部以确定端用户的地理来源（2）。审计监视代理确定端用户来自 Innovartus 无权收取应用访问费用的区域。代理将消息转发到云服务（3a），并生成审计跟踪信息以存储在日志数据库中（3b）。云服务接收 HTTP 消息并免费授予端用户访问权限（4）

9.6 故障恢复系统

故障恢复系统机制用于通过使用已建立的集群技术提供冗余来提高 IT 资源的可靠性和可用性。故障恢复系统配置为在当前活动 IT 资源不可用时自动切换到冗余或备用 IT 资源实例。

故障恢复系统通常用于关键任务程序和可重用服务，这些程序可能会为多个应用引入单点故障。故障恢复系统可以跨越多个地理区域，以便每个位置都托管同一 IT 资源的一个或多个冗余实现。

故障恢复系统有时会利用资源复制机制来提供冗余 IT 资源实例，这些实例会被主动监视以检测故障和不可用情况。

故障恢复系统有两种基本配置。

9.6.1 主动-主动

在主动-主动配置中，IT 资源的冗余实例主动同步地服务于工作负载（如图 9.17 所示）。活动实例之间需要负载均衡。当检测到故障时，故障实例将从负载均衡调度程序中删除（如图 9.18 所示）。当检测到故障时，仍然保持可运行的 IT 资源就会接管处理工作（如图 9.19 所示）。

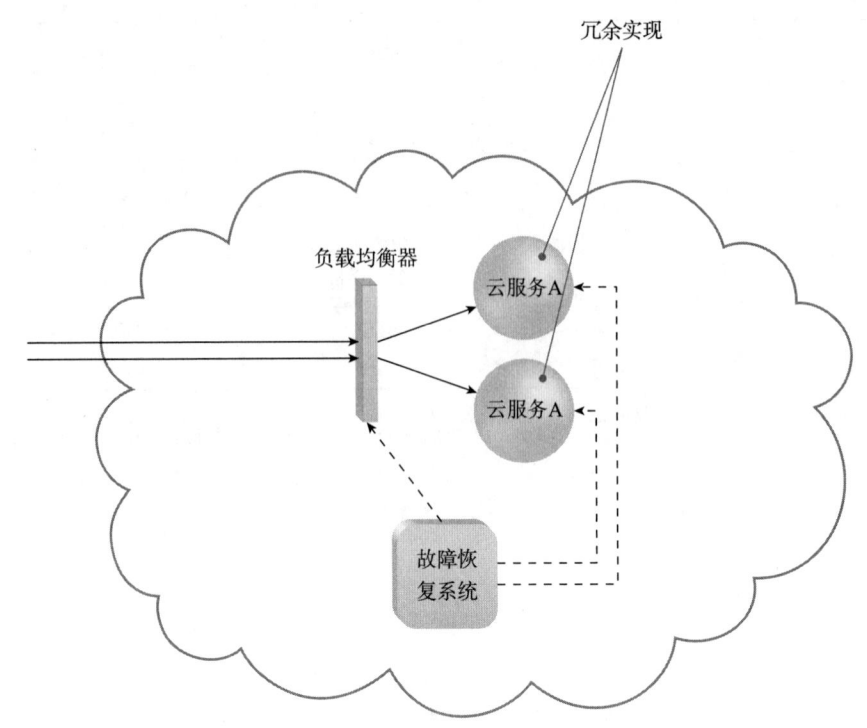

图 9.17　故障恢复系统监视云服务 A 的运行状态

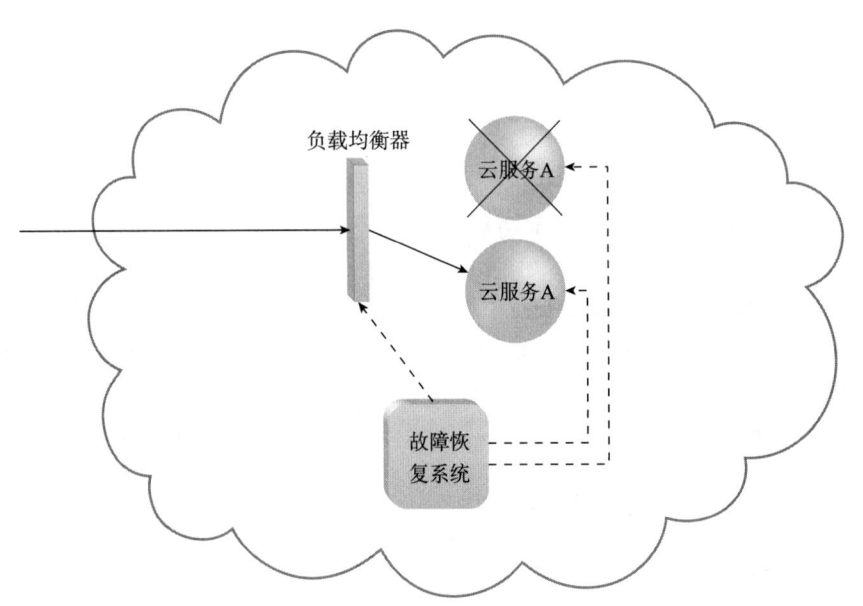

图 9.18　当在一个云服务 A 实例检测到故障时，故障恢复系统会命令负载均衡器将工作负载切换到云服务 A 的冗余实现上

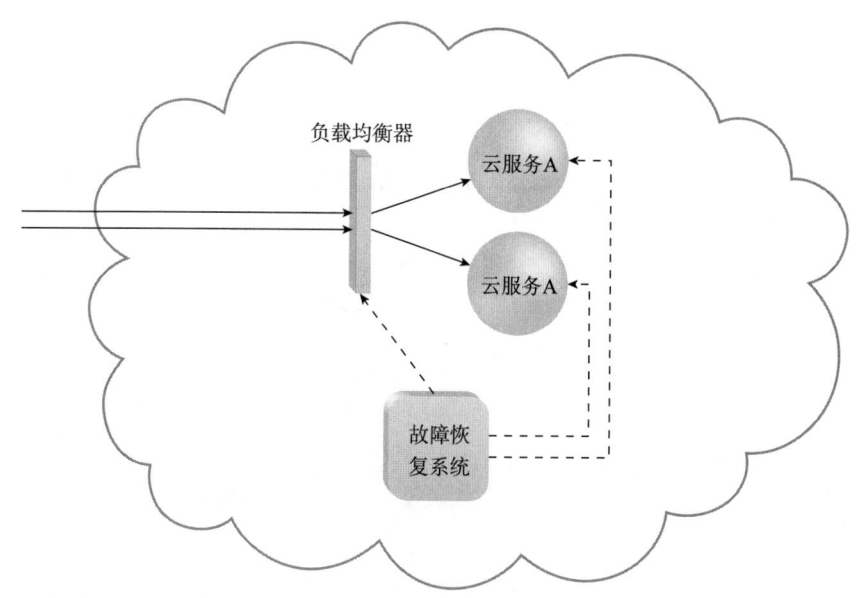

图 9.19 故障云服务 A 实现将被恢复或复制到某个可操作的云服务中。故障恢复系统现在命令负载均衡器再次分配工作负载

9.6.2 主动-被动

在主动－被动配置中，激活备用或非活动实现以从不可用的 IT 资源接管处理，并将相应的工作负载重定向到接管该操作的实例上（图 9.20～图 9.22）。

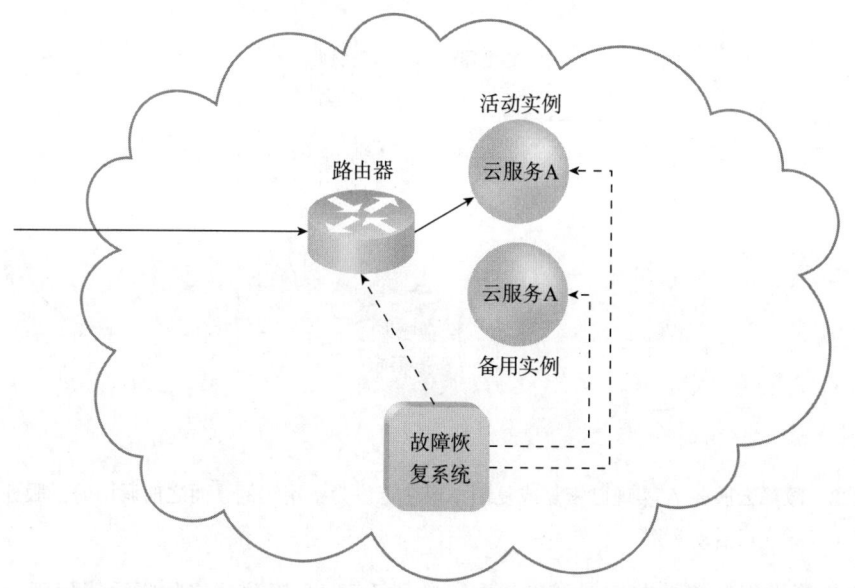

图 9.20 故障恢复系统监视云服务 A 的运行状态。充当活动实例的云服务 A 实现正在接收云服务消费者请求

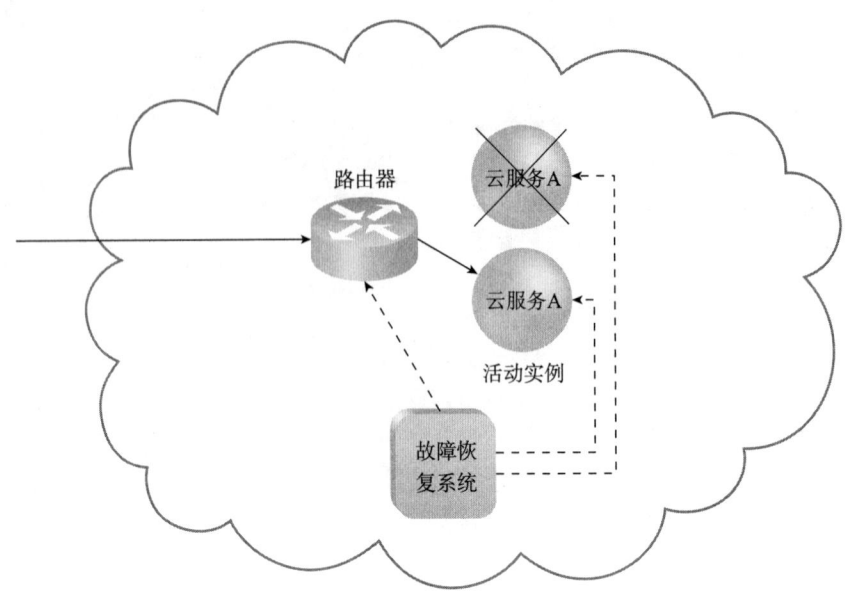

图 9.21　充当活动实例的云服务 A 实现遇到故障恢复系统检测到的故障，故障恢复系统随后会激活非活动云服务 A 实现并将工作负载重定向到该实例。新调用的云服务 A 实现现在充当活动实例的角色

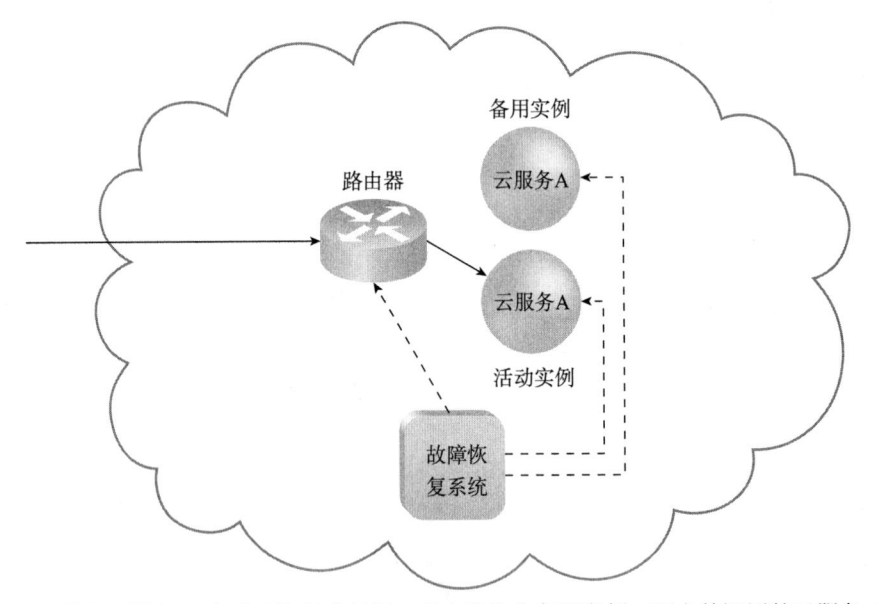

图 9.22　故障云服务 A 实现已恢复或复制，现在定位为备用实例，而之前调用的云服务 A 继续充当活动实例

某些故障恢复系统旨在将工作负载重定向到活动 IT 资源，这些资源依赖于专门的负载均衡器来检测故障条件，并从工作负载分配中排除出现故障的 IT 资源实例。此类故障恢复

系统适用于不需要执行状态管理并提供无状态处理能力的 IT 资源。在通常基于集群和虚拟化技术的技术架构中，冗余或备用 IT 资源实现也需要共享其状态和执行上下文。这样，原本在发生故障的 IT 资源上执行的复杂任务可以在其冗余实现之一中继续运行。

案例研究

　　DTGOV 创建弹性虚拟服务器来支持有托管关键应用的虚拟服务器实例的分配，这些应用正在多个数据中心进行复制。复制的弹性虚拟服务器具有关联的主动－被动故障恢复系统。如果活动实例发生故障，其网络流量可以在驻留在不同数据中心的 IT 资源实例之间切换（如图 9.23 所示）。

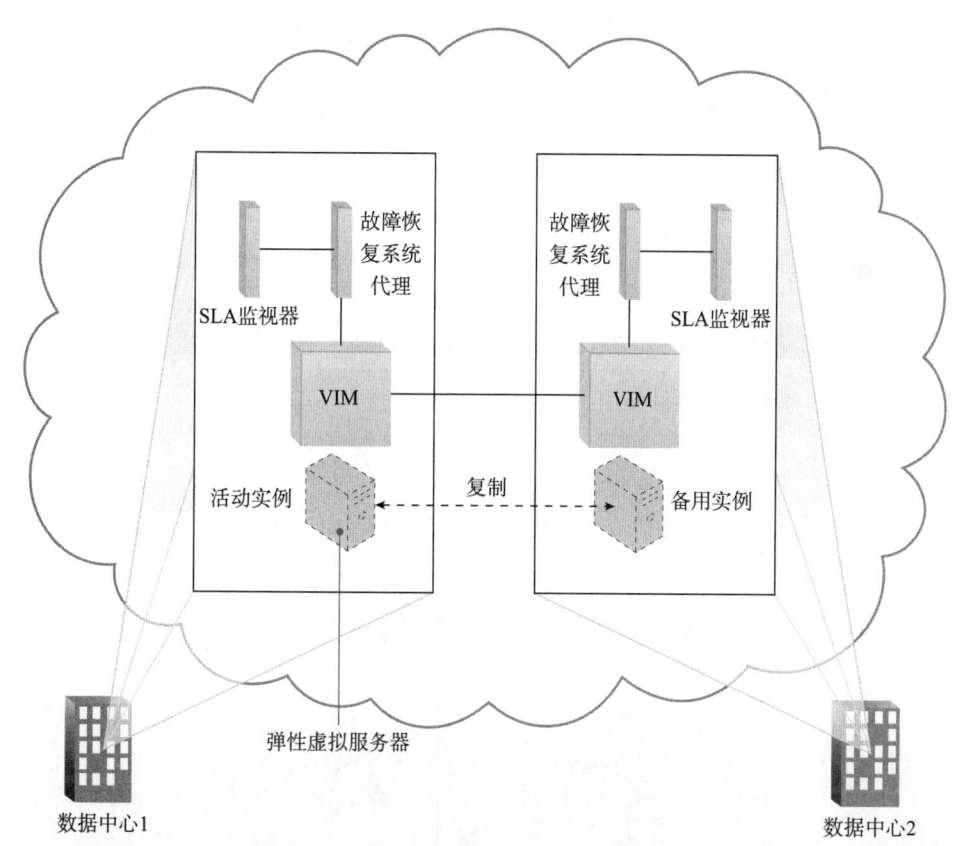

图 9.23　弹性虚拟服务器通过跨两个不同数据中心复制虚拟服务器实例来建立，这由两个数据中心运行的 VIM 实现。活动实例接收网络流量并进行垂直伸缩以响应，而备用实例没有工作负载并以最低配置运行

　　图 9.24 说明了 SLA 监视器检测到虚拟服务器活动实例中的故障。

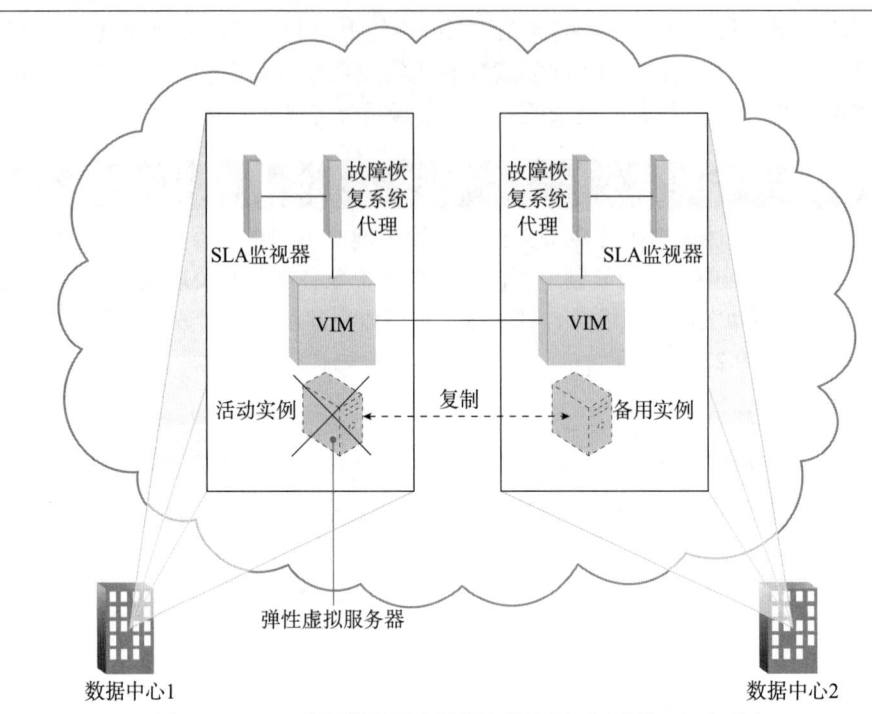

图 9.24　SLA 监视器检测虚拟服务器上活动实例何时不可用

图 9.25 显示流量被切换到备用实例，该实例现已变为活动状态。

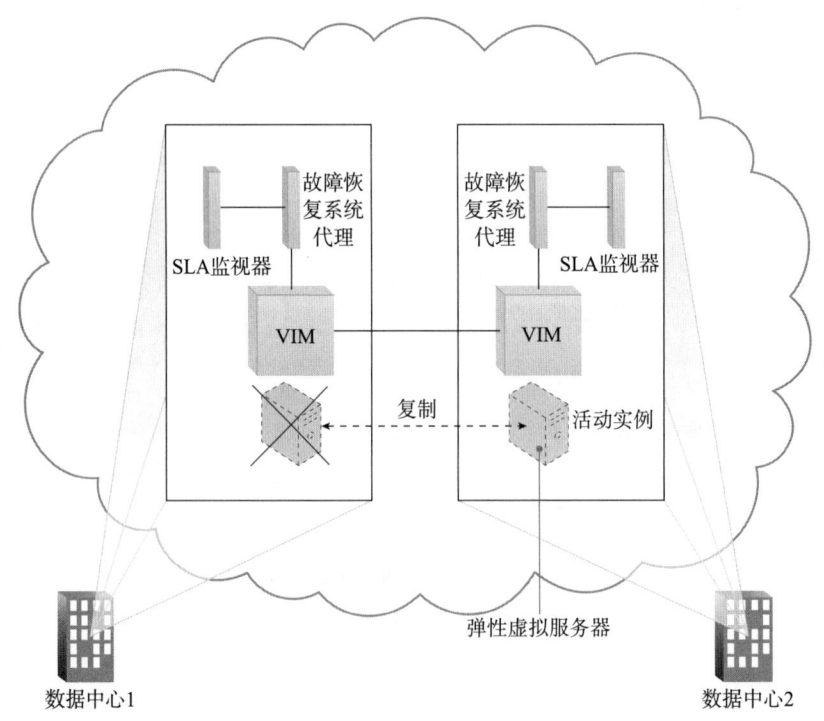

图 9.25　故障恢复系统利用事件驱动的软件代理来实现，该代理拦截 SLA 监视器发送的有关服务器不可用的消息通知。作为响应，故障恢复系统与 VIM 和网络管理工具交互，将所有网络流量重定向到当前活动的备用实例

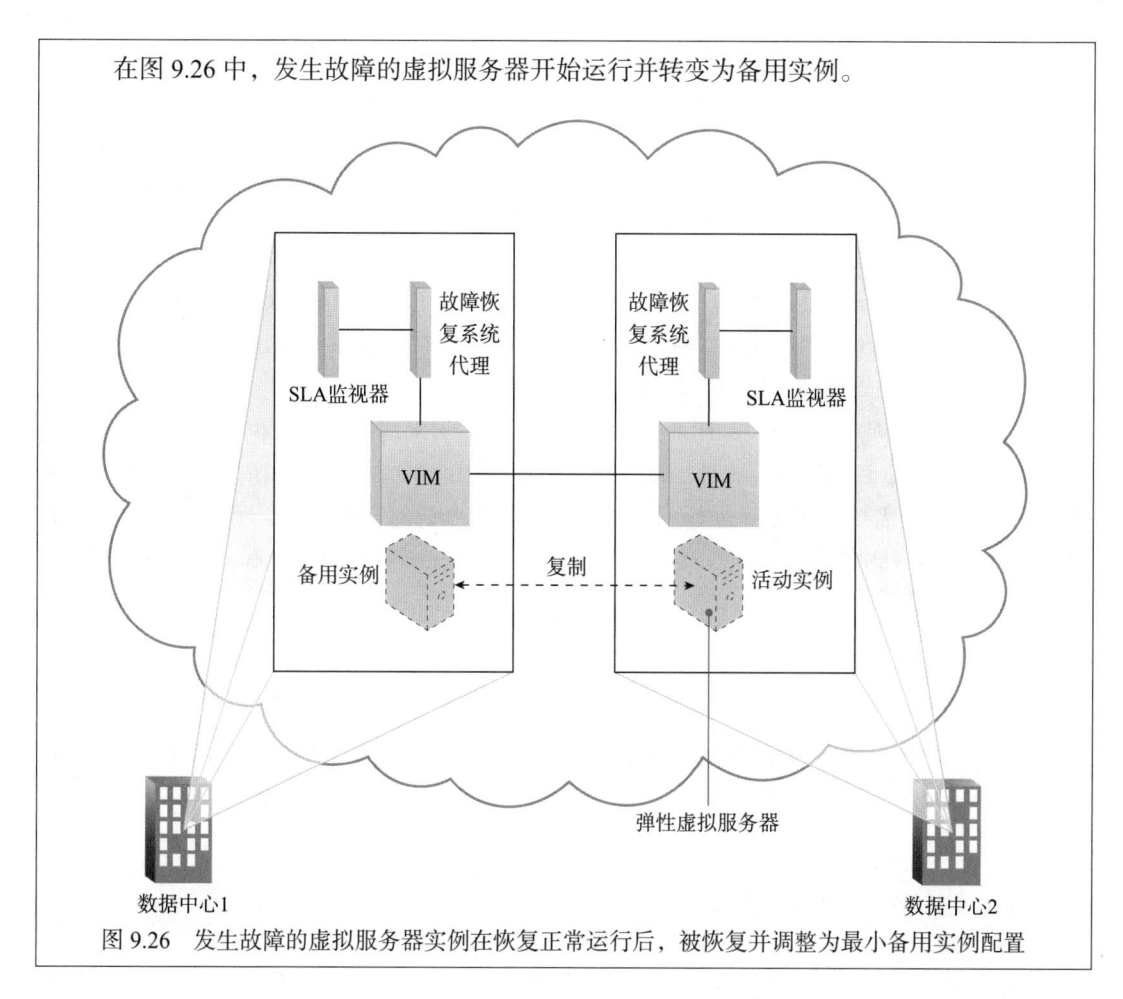

在图 9.26 中，发生故障的虚拟服务器开始运行并转变为备用实例。

图 9.26 发生故障的虚拟服务器实例在恢复正常运行后，被恢复并调整为最小备用实例配置

9.7 资源集群

跨不同地理位置的基于云的 IT 资源逻辑上可以聚合成群，以改善其分配和利用率。资源集群机制（如图 9.27 所示）用于将多个 IT 资源实例聚合成群，以便它们可以作为单一 IT 资源进行操作。这提高了集群 IT 资源的综合计算能力、负载平衡和可用性。

图 9.27 弯曲的虚线用于表示 IT 资源是集群的

资源集群架构依靠 IT 资源实例之间的高速专用网络连接或集群节点来进行有关工作负载分配、任务调度、数据共享和系统同步的通信。在所有集群节点中作为分布式中间件运行的集群管理平台通常负责这些活动。该平台实现了一种协调能力，可以让分散的 IT 资源表现成单一 IT 资源，并执行集群内的 IT 资源。

常见的资源集群类型包括：

- 服务器集群——物理或虚拟服务器集群化以提高性能和可用性。运行在不同物理服务器上的 Hypervisor 可以配置为共享虚拟服务器执行状态（例如内存页和处理器寄存器状态），以建立集群虚拟服务器。在此类配置中，通常需要物理服务器能访问共享存储，虚拟服务器能够从一台物理服务器实时迁移到另一台物理服务器。在此过程中，虚拟

化平台在一台物理服务器上挂起给定虚拟服务器的执行，并在另一台物理服务器上恢复它。该过程对于虚拟服务器操作系统是透明的，并且可通过将在过载的物理服务器上运行的虚拟服务器实时迁移到具有合适能力的另一台物理服务器来提高可扩展性。

- ❏ **数据库集群**——旨在提高数据可用性，这种高可用性资源集群具有同步功能，可以保持集群中使用的不同存储设备上存储数据的一致性。冗余容量通常基于致力于维持同步条件的主动－主动或主动－被动故障恢复系统。
- ❏ **大型数据集集群**——实现了数据分区和分布，以便在不影响数据完整性或计算准确性的情况下对目标数据集进行高效分区。每个集群节点都可以处理工作负载，而不需要像其他集群类型那样与其他节点进行通信。

许多资源集群要求集群节点具有几乎相同的计算能力和特性，以简化资源集群架构的设计，并保持资源集群架构的一致性。高可用集群架构中的集群节点需要访问和共享公共存储IT资源。这可能需要节点之间进行两层通信：一层用于访问存储设备，另一层用于执行IT资源编排（如图9.28所示）。一些资源集群设计拥有更松散耦合的IT资源，它们仅仅需要网络层（如图9.29所示）。

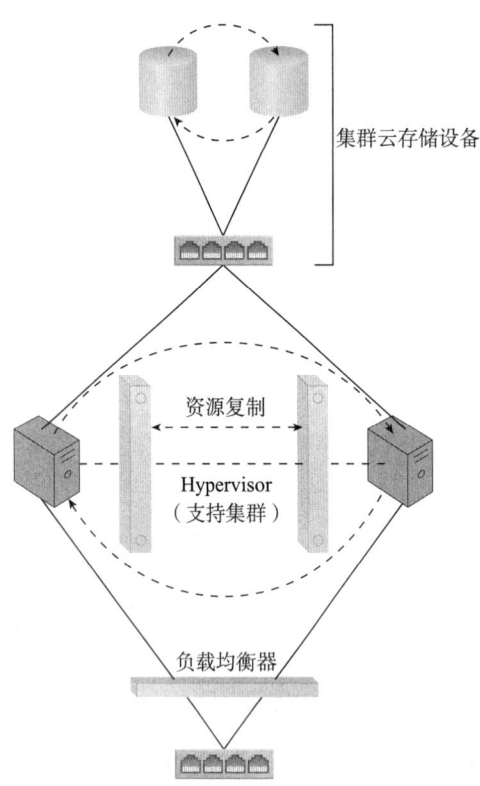

图9.28 负载均衡和资源复制通过支持集群的Hypervisor来实现。采用专用存储区域网络连接集群存储和集群服务器，这些服务器能够共享通用的云存储设备。这简化了存储复制过程，该过程在存储集群上独立执行（更详细的描述可以参阅14.1节中的内容）

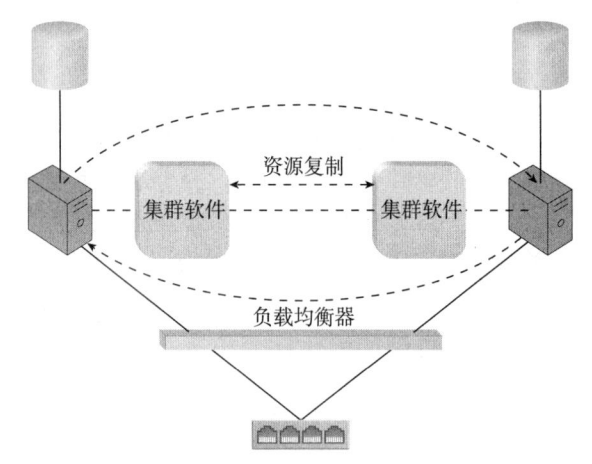

图9.29 包含负载均衡器的松散耦合服务器集群。没有共享存储。资源复制是指集群软件通过网络对云存储设备进行复制

资源集群有两种基本类型：

- 负载均衡集群——该资源集群专门用于在集群节点之间分配工作负载，以增强 IT 资源容量，同时保持 IT 资源管理的集中化。通常实现一个负载均衡器机制，该机制要么嵌入到集群管理平台中，要么设置为单独的 IT 资源。
- 高可用性（HA）集群——高可用性集群可在多个节点发生故障时保持系统可用性，并具有大多数或全部集群 IT 资源的冗余实现。它实现了一种故障恢复系统机制，监视故障情况，并自动将工作负载从任何故障节点中重定向出去。

部署集群 IT 资源可能比部署具有同等计算能力的单独 IT 资源要昂贵得多。

案例研究

DTGOV 正在考虑引入一种集群虚拟服务器，作为虚拟化平台的一部分在高可用性集群中运行（如图 9.30 所示）。虚拟服务器可以在物理服务器之间实时迁移，这些物理服务器集中在一个高可用性硬件集群中，该集群由支持集群的 Hypervisor 控制。协调功能保留正在运行的虚拟服务器的复制快照，以便在发生故障时迁移到其他物理服务器。

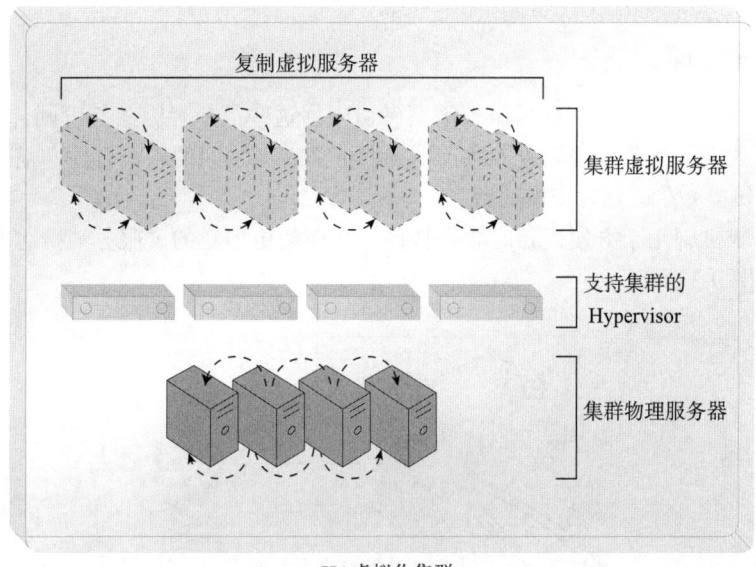

图 9.30 使用支持集群的 Hypervisor 部署物理服务器的 HA 虚拟化集群，这保证了物理服务器始终保持同步。在集群中实例化的每个虚拟服务器都会自动复制到至少两台物理服务器中

图 9.31 显示了从发生故障的物理主机服务器迁移到其他可用物理服务器的虚拟服务器。

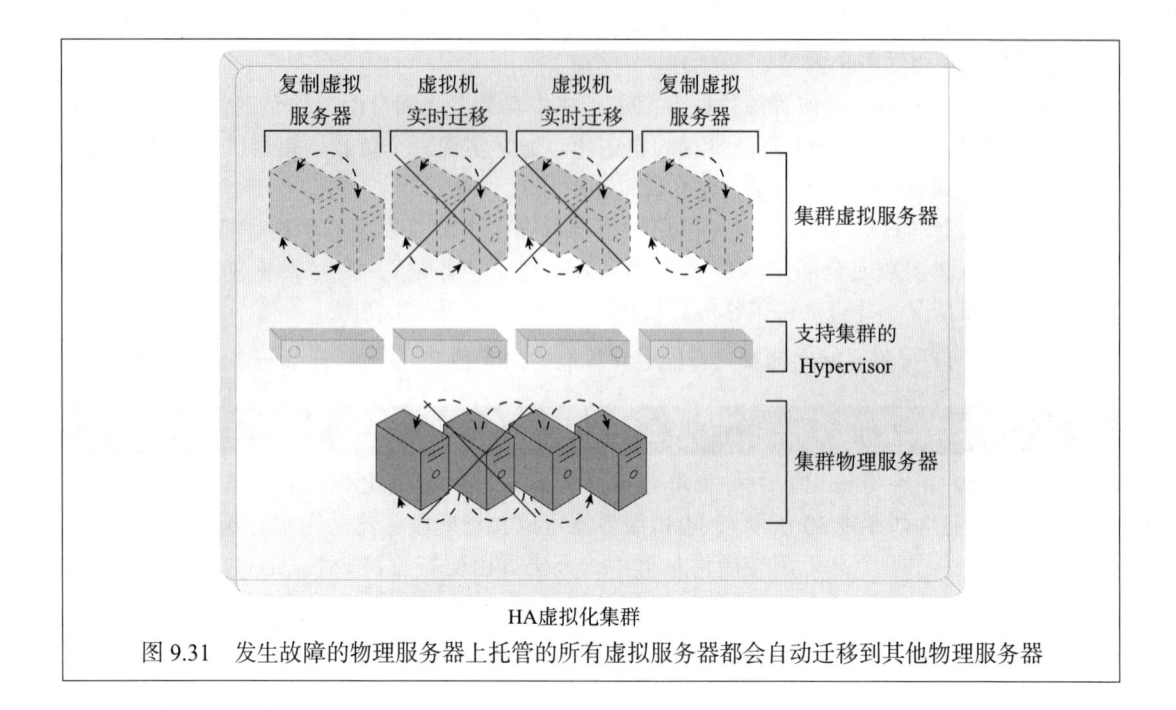

图 9.31　发生故障的物理服务器上托管的所有虚拟服务器都会自动迁移到其他物理服务器

9.8　多设备代理

单个云服务可能会被一系列云服务消费者访问，这些消费者因其托管硬件设备和/或通信要求而有所区别。为了克服云服务和不同云服务消费者之间的不兼容性，需要创建映射逻辑来映射（或转换）在运行时交换的信息。

多设备代理机制用于方便运行时数据转换，从而使更广泛的云服务消费者程序和设备访问云服务（如图 9.32 所示）。

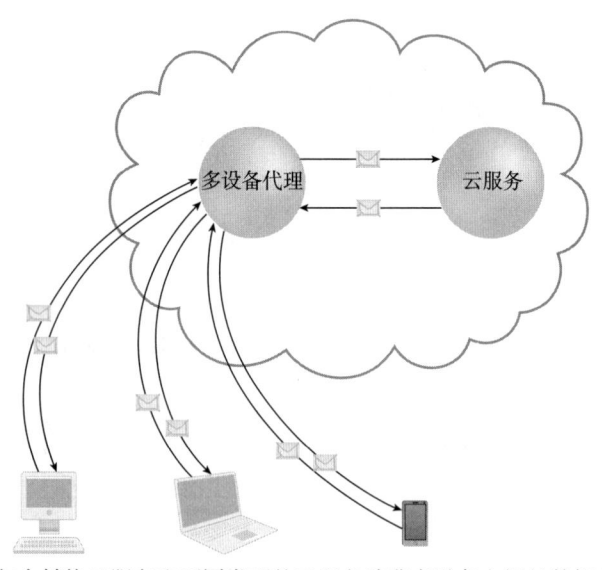

图 9.32　多设备代理包含转换云服务和不同类型的云服务消费者设备之间的数据交换所需的映射逻辑。此场景将多设备代理描述为具有自己 API 的云服务。该机制还可以实现为一种服务代理，在运行时拦截消息以执行必要的转换

多设备代理通常作为网关存在或包含网关组件，例如：

- XML 网关——传输和验证 XML 数据。
- 云存储网关——转换云存储协议并对存储进行编码，方便数据传输和存储。
- 移动设备网关——把移动设备使用的通信协议转换为与云服务兼容的协议。

可以创建的转换逻辑的级别包括：

- 传输协议
- 消息传递协议
- 存储设备协议
- 数据模式/数据模型

例如，多设备代理可以包含映射逻辑，该映射逻辑为使用移动设备访问云服务的云服务消费者转换传输和消息传递协议。

案例研究

Innovartus 决定将其角色扮演应用提供给各种移动和智能手机设备。在移动增强设计阶段，阻碍 Innovartus 开发团队的一个复杂问题是难以在不同的移动平台上重现相同的用户体验。为了解决此问题，Innovartus 实现了一个多设备代理来拦截来自设备的输入消息、识别软件平台、并将消息格式转换为服务器端应用的本地格式（如图 9.33 所示）。

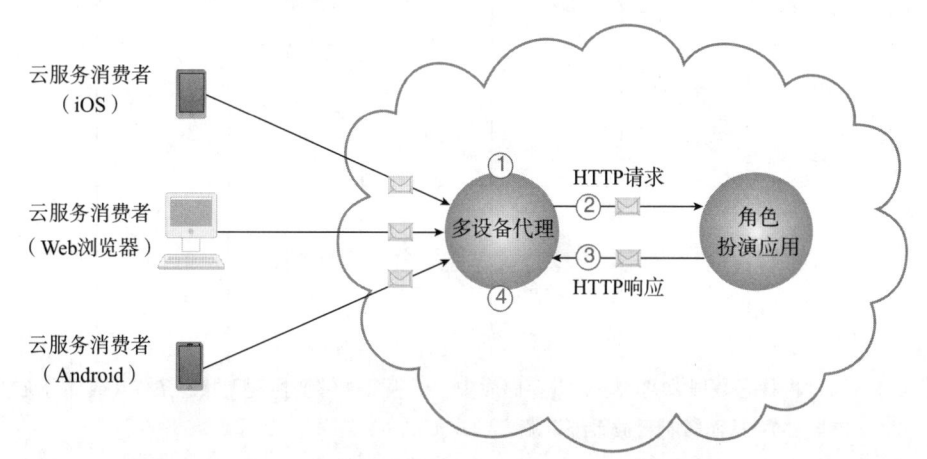

图 9.33 多设备代理拦截输入消息并检测源设备的平台（Web 浏览器、iOS 和 Android）（1）。多设备代理将消息转换为 Innovartus 云服务所需的标准格式（2）。云服务使用相同的标准格式处理请求并响应（3）。多设备代理将响应消息转换为源设备所需的格式并输出消息（4）

9.9 状态管理数据库

状态管理数据库是一种存储设备，用于临时持有软件程序的状态数据。作为在内存中缓存状态数据的一种替代方案，软件程序可以将状态数据卸载到数据库中，从而减少它们消耗的运行时内存量（如图 9.34 和图 9.35 所示）。这样一来，软件程序及其周围的基础设施更具可伸缩性。状态管理数据库通常由云服务使用，尤其那些涉及长时间运行的运行时活动服务。

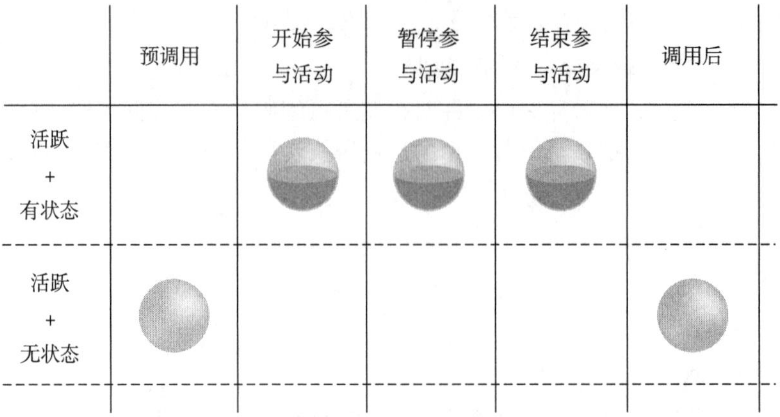

	预调用	开始参与活动	暂停参与活动	结束参与活动	调用后
活跃 + 有状态		◐	◐	◐	
活跃 + 无状态	○				○

图 9.34　在云服务实例的生命周期中，即使在空闲时，也可能需要保持有状态并将状态数据缓存在内存中

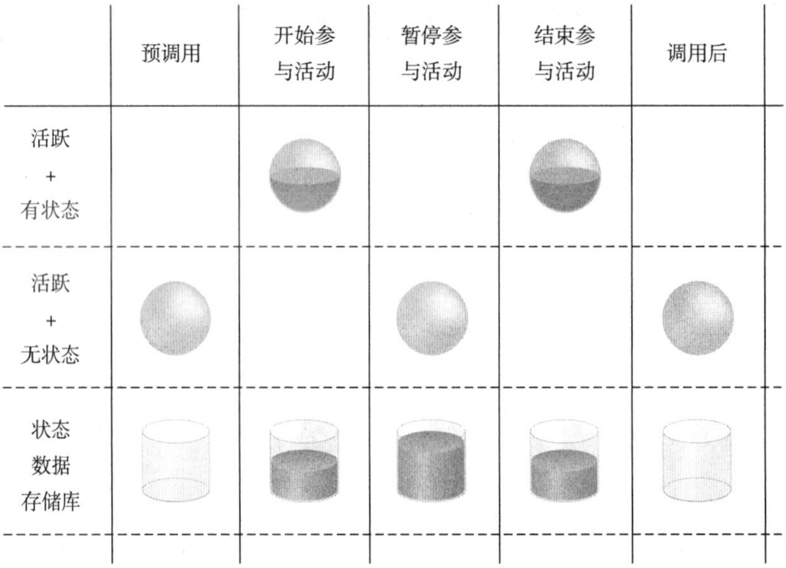

	预调用	开始参与活动	暂停参与活动	结束参与活动	调用后
活跃 + 有状态		◐		◐	
活跃 + 无状态			○		○
状态数据存储库	▭	▭	▭	▭	▭

图 9.35　通过将状态数据放到状态数据存储库中，云服务能够变换到无状态条件（或部分无状态条件），从而暂时释放系统资源

案例研究

ATN 正在扩展其预备环境架构，通过利用状态管理数据库机制来延长状态信息的保留时间。图 9.36 演示了使用预备环境的云服务消费者如何暂停活动，从而导致环境卸载内存缓存状态数据。

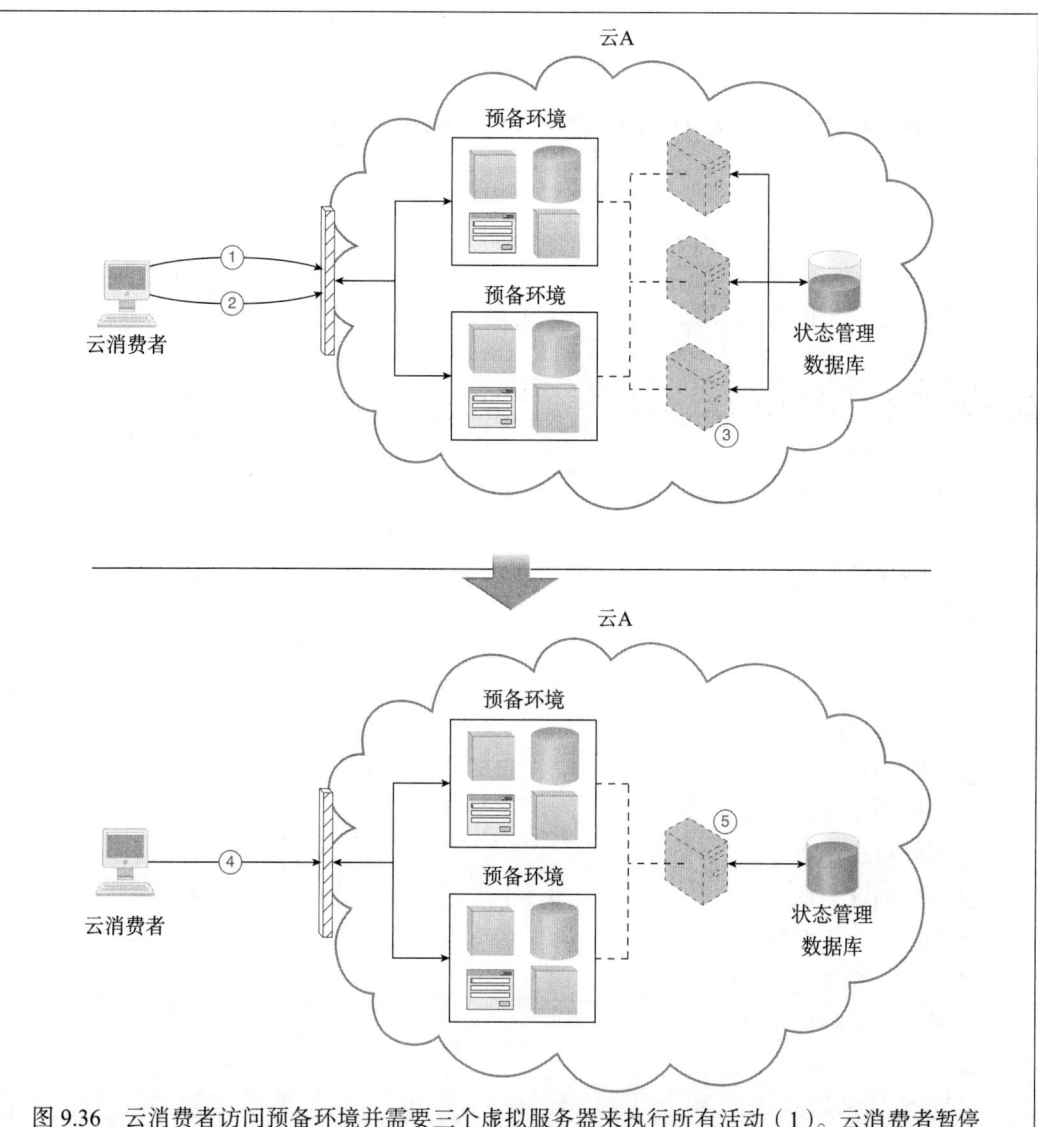

图 9.36 云消费者访问预备环境并需要三个虚拟服务器来执行所有活动（1）。云消费者暂停活动。所有状态数据都需要保留，以便将来访问预备环境（2）。通过减少虚拟服务器的数量，底层基础设施会自动水平缩减。状态数据保存在状态管理数据库中，并且一台虚拟服务器保持活动状态，以允许云消费者将来登录（3）。随后，云消费者登录并访问预备环境以继续活动（4）。通过增加虚拟服务器的数量以及从状态管理数据库检索状态数据，底层基础设施会自动进行水平扩展（5）

第 10 章

Cloud Computing: Concepts, Technology, Security & Architecture, Second Edition

云安全和网络空间安全：面向访问的机制

本节描述了以下机制，用于建立云访问控制，以支持云访问监视功能。

- 加密
- 哈希
- 数字签名
- 基于云的安全组
- 公钥基础设施系统
- 单点登录系统
- 强化虚拟服务器镜像
- 防火墙
- 虚拟专用网络
- 生物特征扫描器
- 多因素身份认证系统
- 身份和访问管理系统
- 入侵检测系统
- 渗透测试工具
- 用户行为分析系统
- 第三方软件更新实用程序
- 网络入侵监视器
- 身份认证日志监视器
- VPN 监视器
- 其他面向云安全访问的操作和技术

10.1 加密

在默认情况下，数据以一种可读格式进行编码，这种格式被称为明文。当明文通过网络传输时，很容易受到未经授权和潜在恶意的访问。加密机制是一种致力于保护数据机密性和完整性的数字编码系统。它用于将明文数据编码为一种受保护且不可读的格式。

加密技术通常依赖于一种称为密码算法的标准化方法，将原始明文数据转换为加密数据，这些加密数据称为密文。除了某些形式的元数据（例如消息长度和创建日期）之外，对密文的访问不会泄露原始明文数据。当加密应用于明文数据时，数据与称为加密密钥的字符串成对出现，加密密钥是由授权方建立并在授权方之间共享的秘密消息。加密密钥用于将密文解密回其原始的明文格式。

加密机制可以帮助应对流量窃听、恶意中介、授权不足和信任边界重叠等安全威胁。例如，尝试窃听流量的恶意服务代理如果没有加密密钥，就无法解密传输中的消息（如图10.1所示）。

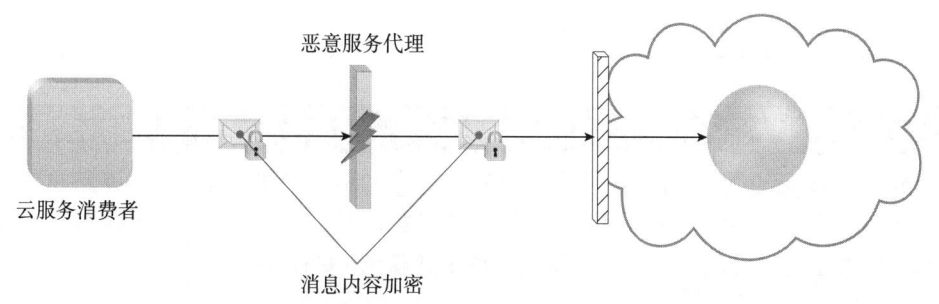

图10.1 恶意服务代理无法从加密消息中检索数据。此外，检索尝试可能会被云服务消费者察觉（注意，使用锁符号来表示安全机制已应用于消息内容）

有两种常见的加密形式：对称加密和非对称加密。

10.1.1 对称加密

对称加密（也称为秘密密钥密码机制）使用相同的密钥进行加密和解密，这两个过程均由使用同一共享密钥的授权方执行。使用特定密钥加密的消息只能使用同一密钥解密。向合法解密数据的各方提供证据，证明原始加密是由合法拥有密钥的各方执行的。始终需要执行基本的身份认证检测，因为只有拥有密钥的授权方才能创建消息。这可以维护和验证数据的机密性。

注意，对称加密不具备抗抵赖特性，因为如果多方拥有密钥，就无法准确判断出是哪一方执行了消息的加密或解密。

10.1.2 非对称加密

非对称加密依赖于使用两种不同的密钥，即私钥和公钥。对于非对称加密（也称为公钥密码机制），私钥只有其所有者知道，而公钥则是公开的。使用私钥加密的文档只能使用相应的公钥才能正确解密。相反，使用公钥加密的文档只能使用其对应的私钥进行解密。由于使用了两个不同的密钥而非仅仅一个密钥，因此非对称加密的计算速度几乎总是比对称加密慢。

安全级别取决于加密明文数据时使用的是私钥还是公钥。由于每条非对称加密的消息都有自己的私钥-公钥对，因此使用私钥加密的消息可以由任何具有相应公钥的一方正确解密。这种加密方法不提供任何机密性保护，即使成功解密证明了文本是由合法私钥所有者加密的。因此，除了真实性和抗抵赖性之外，私钥加密还提供了完整性保护。使用公钥加密的消息只能由合法的私钥所有者解密，这提供了机密性保护。然而，任何拥有公钥的一方都可以生成密文，这意味着由于公钥的公共性质，该方法既不提供消息完整性保护，也不提供真实性保护。

> **笔记**
>
> 当用于保护基于Web的数据传输时，加密机制常常通过HTTPS来使用，HTTPS指的是使用SSL/TLS作为HTTP的底层加密协议。TLS（传输层安全）是SSL（安全套接字层）技术的后继版本。由于非对称加密通常比对称加密更耗时，因此TLS仅在其密钥交换方法中使用非对称加密。一旦密钥交换完毕，TLS系统就会切换到对称加密。

> 大多数 TLS 实现主要使用 RSA 作为主要的非对称加密算法，而对称加密则支持 RC4、Triple-DES 和 AES 等密码算法。

案例研究

Innovartus 最近了解到，通过公共 Wi-Fi 热点和不安全的 LAN 访问其用户注册门户的用户，可能会以明文形式传输个人用户配置详细信息。Innovartus 随即通过使用 HTTPS 将加密机制应用于其门户网站上来修复此漏洞（如图 10.2 所示）。

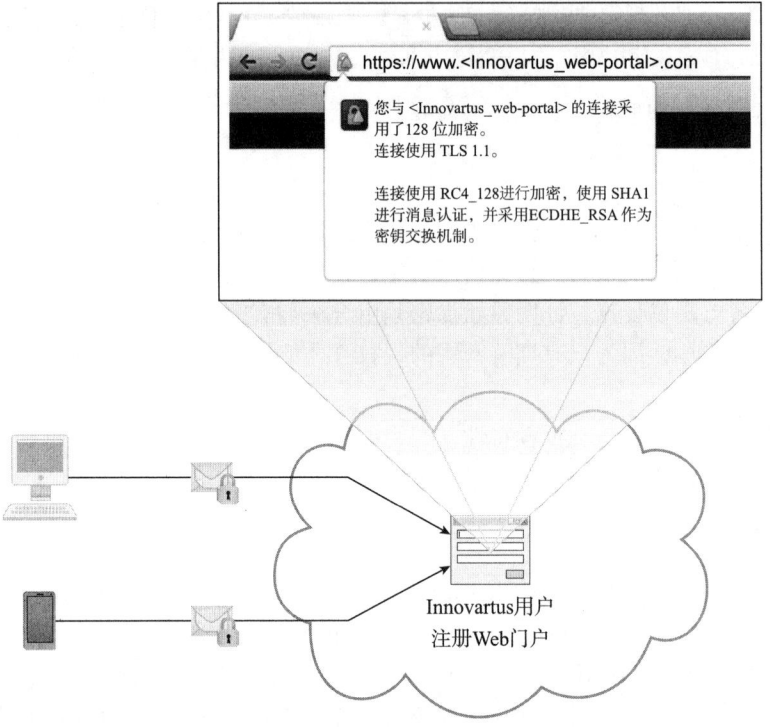

图 10.2　在外部用户与 Innovartus 用户注册门户之间的通信通道中添加了加密机制，这通过使用 HTTPS 来保护消息的机密性

10.2　哈希

当需要一种单向、不可逆的数据保护形式时，使用哈希机制。一旦对消息应用了哈希，该消息就会被锁定，并且无法使用任何密钥解锁。该机制的一个常见应用是密码的存储。

哈希技术可用于从消息中导出哈希码或消息摘要，该消息通常具有固定长度并且小于原始消息。然后，消息发送者可以利用哈希机制将消息摘要附加到消息中。接收方对消息应用相同的哈希函数来验证生成的消息摘要是否与消息附带的消息摘要相同。对原始数据的任何更改都会导致完全不同的消息摘要，并清楚地表明已发生篡改。

除了用于保护存储的数据之外，哈希机制还可以减轻云威胁，包括恶意中介和授权不足。恶意中介的一个例子如图 10.3 所示。

图 10.3 哈希函数用于保护在转发之前被恶意服务代理拦截和更改的消息的完整性。可以配置防火墙以判断消息已被更改,从而使其能够在消息进入云服务之前拒绝该消息

案例研究

已选择移植到 ATN PaaS 平台的应用子集允许用户访问和更改高度敏感的公司数据。这些信息托管在云上,以便受信任的合作伙伴访问,这些合作伙伴可以将其用于关键计算和评估目的。考虑到数据可能被篡改,ATN 决定应用哈希机制作为其保护和保持数据完整性的手段。

ATN 云资源管理员与云供应商合作,将摘要生成过程与部署在云中的每个应用版本结合。当前值被记录到本地的安全数据库中,并定期重复该过程并分析结果。图 10.4 阐明了 ATN 如何实施哈希来确定是否对移植的应用执行了任何未经授权的操作。

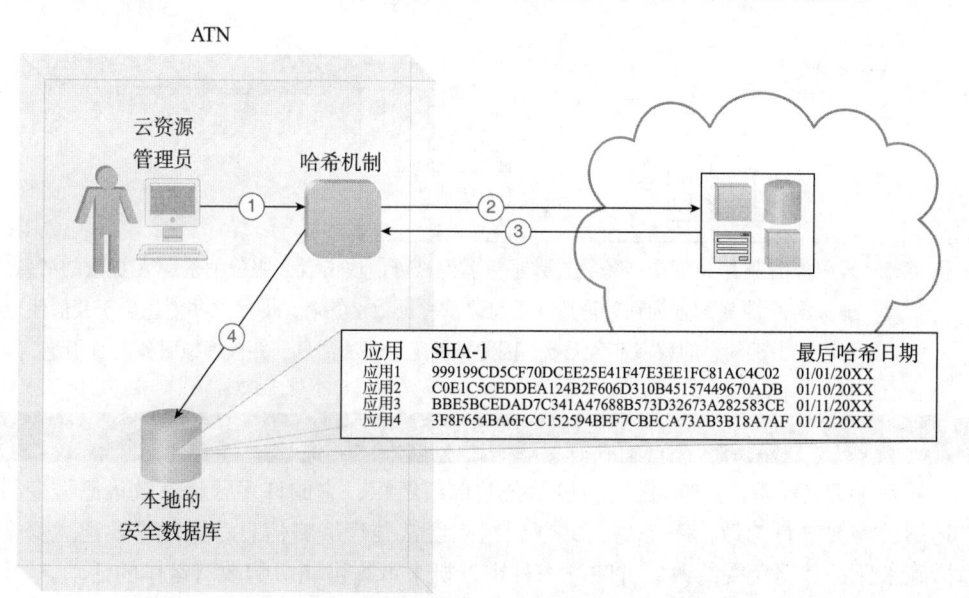

应用	SHA-1	最后哈希日期
应用1	999199CD5CF70DCEE25E41F47E3EE1FC81AC4C02	01/01/20XX
应用2	C0E1C5CEDDEA124B2F606D310B45157449670ADB	01/10/20XX
应用3	BBE5BCEDAD7C341A47688B573D32673A282583CE	01/11/20XX
应用4	3F8F654BA6FCC152594BEF7CBECA73AB3B18A7AF	01/12/20XX

图 10.4 访问 PaaS 环境时会调用哈希过程(1)。检查移植到此环境的应用(2)并计算它们的消息摘要(3)。消息摘要存储在本地的安全数据库中,如果它们的任何值与存储中的值不相同,则会发出通知(4)

10.3 数字签名

数字签名机制是通过身份认证和不可否认性提供数据真实性和完整性的一种手段。消息在传输之前会被分配一个数字签名，如果该消息随后经历任何未经授权的修改，则该数字签名就会变得无效。数字签名提供了证据，证明收到的消息与其合法发送者创建的消息相同。

数字签名的创建同时涉及哈希和非对称加密技术，它本质上作为消息摘要存在，由私钥加密并附加到原始消息上。接收方验证签名的有效性，并使用相应的公钥解密数字签名，从而得到消息摘要。哈希机制也可以应用于原始消息以产生该消息的摘要。如果这两个不同的过程产生了相同的结果，就表明消息保持了其完整性。

数字签名机制有助于减轻恶意中介、授权不足和信任边界重叠等安全威胁（如图 10.5 所示）。

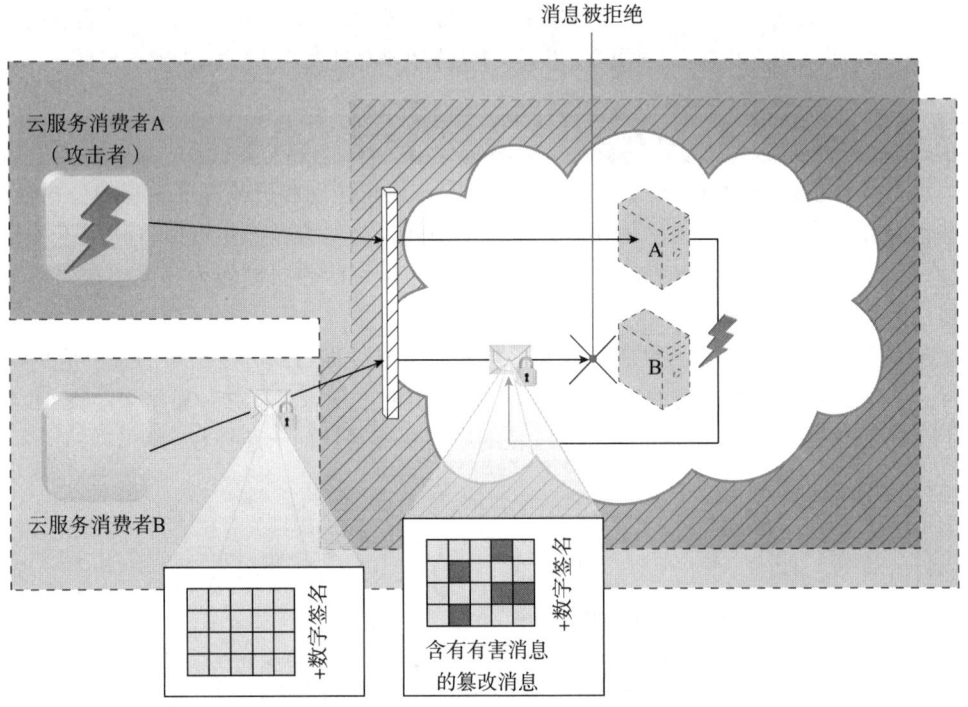

图 10.5 云服务消费者 B 发送一条经过数字签名但被可信攻击者云服务消费者 A 更改的消息。虚拟服务器 B 配置为在处理传入消息之前验证数字签名，即使这些消息位于其信任边界内。由于消息的数字签名无效，因此被判定为非法消息，并被虚拟服务器 B 拒绝

案例研究

随着 DTGOV 的客户群扩展到包括公共部门组织，它的许多云计算政策已经变得不再适用，需要进行修改。考虑到公共部门组织经常处理战略信息，因此需要建立安全保障措施来保护数据免受篡改，并建立一种审计机来审查可能影响政府运作的活动。

DTGOV 继续实施数字签名机制，专门保护其基于 Web 的管理环境（如图 10.6 所示）。IaaS 环境内的虚拟服务器自配置以及实时 SLA 和计费的跟踪功能均通过 Web 门户执行。因此，用户错误或恶意行为可能会导致法律和财务后果。

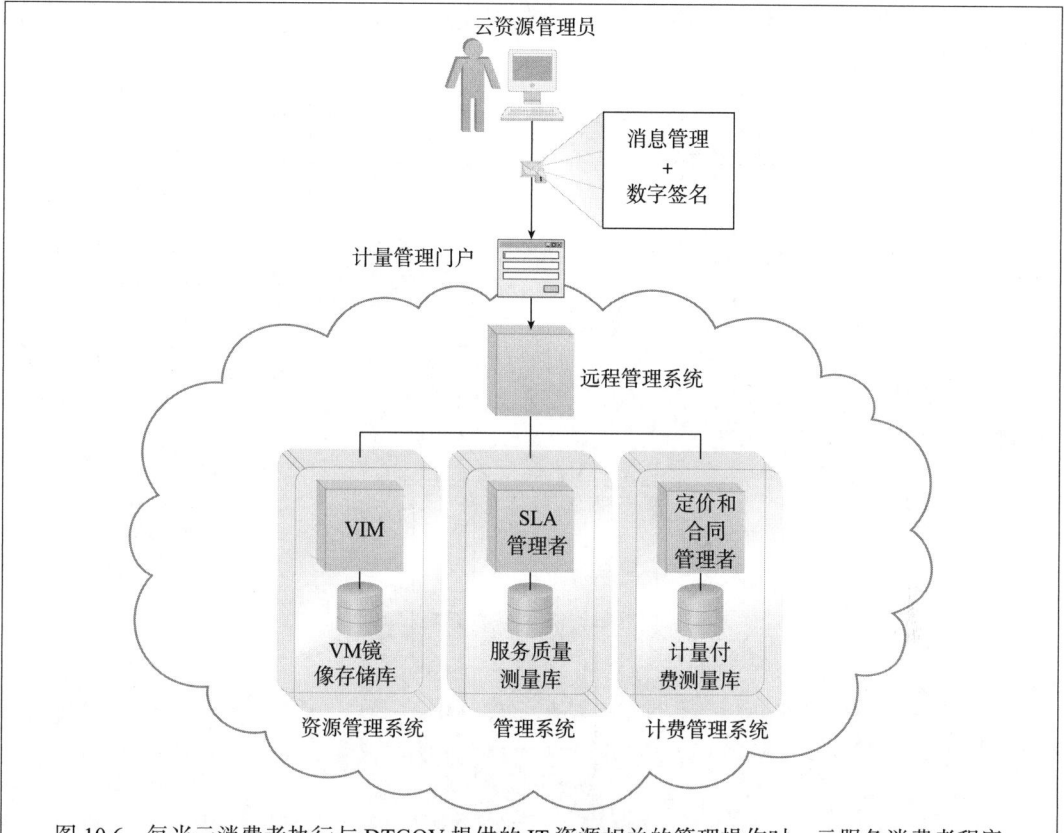

图 10.6 每当云消费者执行与 DTGOV 提供的 IT 资源相关的管理操作时,云服务消费者程序必须在消息请求中包含数字签名,以证明其用户的合法性

数字签名为 DTGOV 提供了保证,即执行的每个操作都与其合法发起者相关联。未经授权的访问预计将变得极不可能,因为只有当加密密钥与合法所有者持有的秘密密钥配对时,数字签名才会被接受。用户将无法否认篡改消息的行为,因为数字签名将确认消息的完整性。

10.4 基于云的安全组

与修建将土地与水分开的圩和堤坝类似,通过在 IT 资源之间设置屏障来增强数据保护。云资源划分是为不同用户和组创建单独的物理和虚拟 IT 环境的过程。例如,可以根据个人网络安全要求对组织的 WAN 进行划分。可以建立一个带有韧性防火墙的网络,可通过防火墙访问外部互联网,而第二个网络可以在没有防火墙的情况下部署,因为其用户是内部用户,并且无法访问互联网。

资源划分通过将各种物理 IT 资源分配给虚拟机来实现虚拟化。它需要针对公共云环境进行优化,因为在共享相同的底层物理 IT 资源时,来自不同云消费者的组织信任边界会重叠。

基于云的资源划分过程创建了通过安全策略确定的基于云的安全组机制。网络被划分为基于云的逻辑安全组,形成逻辑网络边界。每个基于云的 IT 资源都至少分配给一个基于云的逻辑安全组。每个基于云的逻辑安全组都有特定的规则,用于管理安全组之间的通信。

在同一台物理服务器上运行的多个虚拟服务器可以成为不同的基于云的逻辑安全组的成

员（如图 10.7 所示）。虚拟服务器可以进一步分为公共 – 私有组、开发 – 生产组或由云资源管理员配置的其他组。

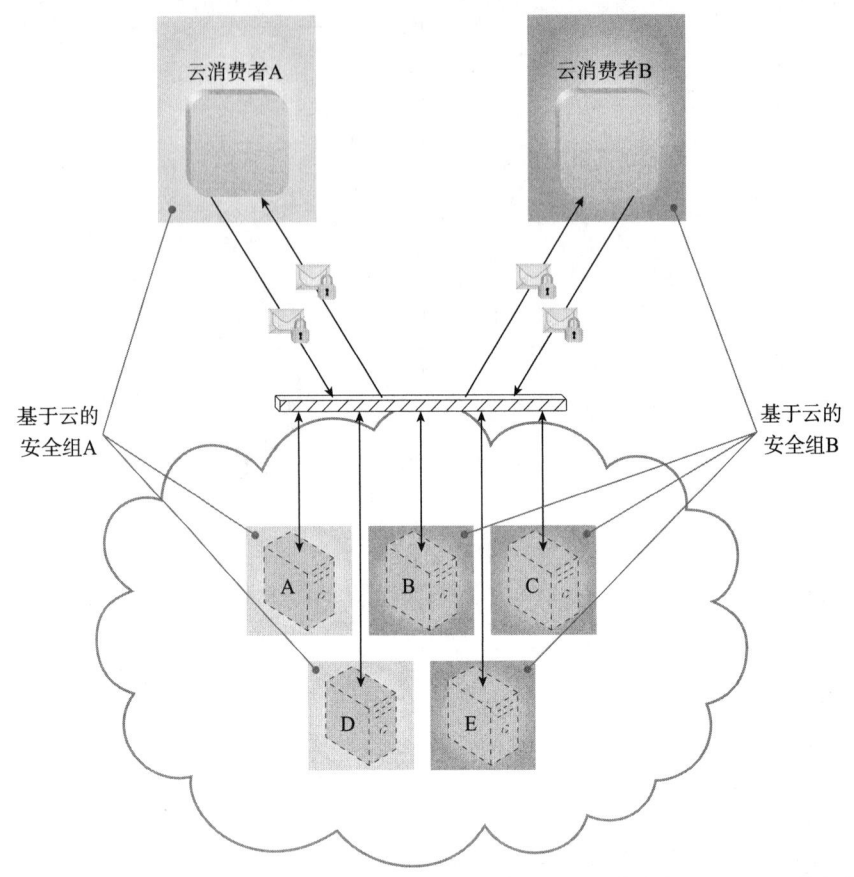

图 10.7　基于云的安全组 A 包含虚拟服务器 A 和 D，并分配给云消费者 A。基于云的安全组 B 包含虚拟服务器 B、C 和 E，并分配给云消费者 B。如果云服务消费者 A 的凭证被泄露，攻击者只能访问和损坏基于云的安全组 A 中的虚拟服务器，从而保护了虚拟服务器 B、C 和 E

基于云的安全组划分了可以应用不同安全措施的区域。正确实施的基于云的安全组有助于在发生安全漏洞时限制对 IT 资源的未经授权的访问。该机制可以帮助应对拒绝服务、授权不足、信任边界重叠、虚拟化攻击和容器化攻击等威胁，并且与逻辑网络边界机制密切相关。

案例研究

现在，DTGOV 本身已成为云供应商，因此引发了与其托管公共部门客户数据相关的安全问题。为此，引入了一个云安全专家团队来定义基于云的安全组以及数字签名和 PKI 机制。

在集成到 DTGOV 的 Web 门户管理环境之前，安全策略被划分为不同的资源划分级别。与 SLA 保证的安全要求一致，DTGOV 将 IT 资源分配映射到相应的基于云的逻辑安全组（如图 10.8 所示），该安全组具有自己的安全策略，明确规定了其 IT 资源划分和控制级别。

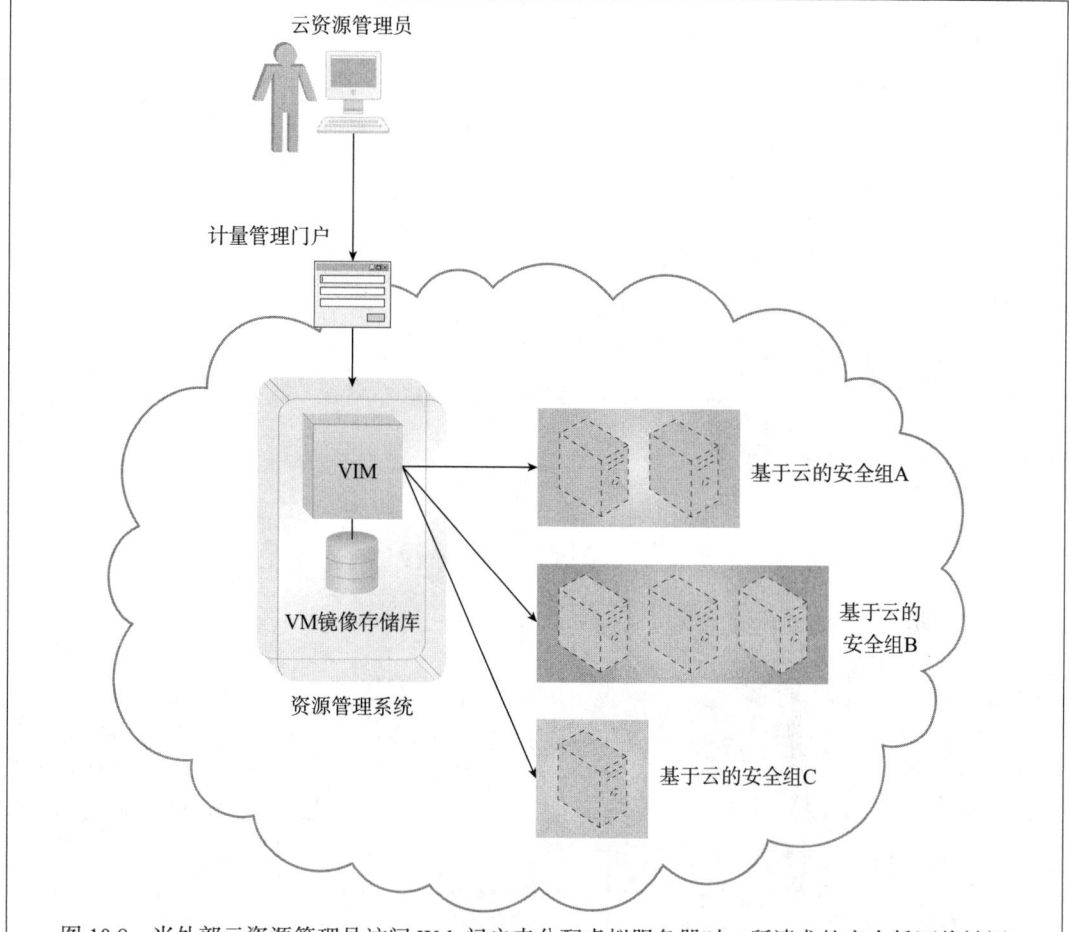

图 10.8 当外部云资源管理员访问 Web 门户来分配虚拟服务器时,所请求的安全凭证将被评估并映射到内部安全策略,该策略将相应的基于云的安全组分配给新的虚拟服务器

DTGOV 通知其客户这些新安全策略的可用性。云消费者可以选择使用它们,但这样做会增加费用。

10.5 公钥基础设施系统

管理非对称密钥发行的一种常见方法是基于公钥基础设施(PKI)系统机制,该机制作为实现一系列协议的系统,使大型系统能够安全地使用公钥加密的数据格式、规则和实践。该系统用于将公钥与其相应的密钥所有者相关联(称为公钥标识),同时启用密钥有效性验证。PKI 系统依赖于数字证书的使用,数字证书是将公钥与证书所有者身份以及有效期等相关信息绑定的数字签名数据结构。数字证书通常由第三方签证机关(CA)进行数字签名,如图 10.9 所示。

即使大多数数字证书仅由少数受信任的 CA(例如 VeriSign 和 Comodo)颁发,也可以采用其他生成数字签名的方法。较大的组织(例如 Microsoft)可以充当自己的 CA 并向其客户和公众颁发证书,因为即使是个人用户,只要拥有适当的软件工具也可以生成证书。

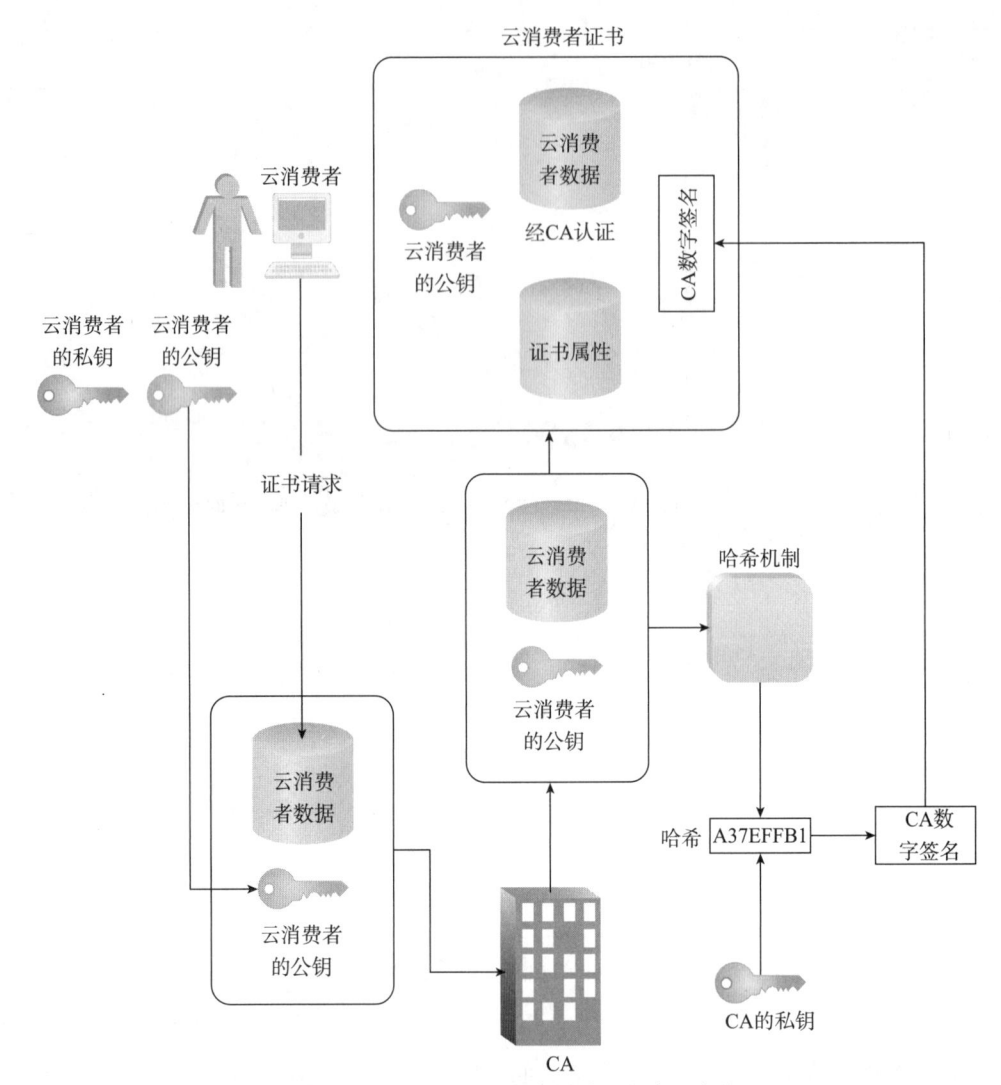

图 10.9 签证机关生成证书时涉及的常见步骤

为 CA 建立可接受的信任级别非常耗时，但却是必要的。严格的安全措施、大量的基础设施投资和严格的操作流程都有助于建立 CA 的可信度。CA 的信任度和可靠性水平越高，其颁发的证书就越受尊重和认可。PKI 系统是实现非对称加密、管理云消费者和云供应商身份信息以及帮助防御恶意中介和授权不足威胁的可靠方法。

PKI 系统机制主要用于应对授权不足的威胁。

案例研究
DTGOV 要求其客户使用数字签名来访问其基于 Web 的管理环境。这些将从已被认可的 CA 认证的公钥产生（如图 10.10 所示）。

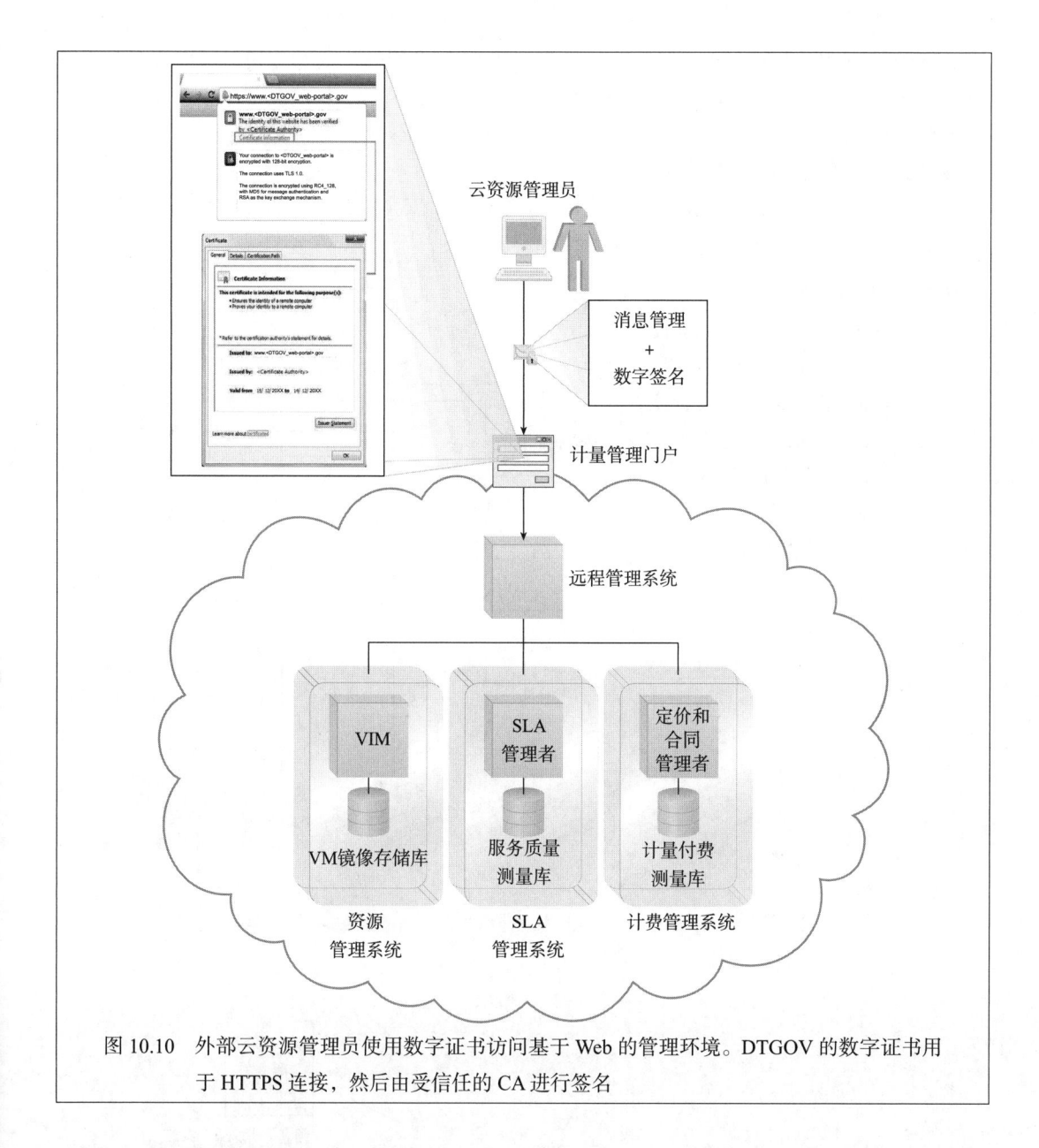

图 10.10 外部云资源管理员使用数字证书访问基于 Web 的管理环境。DTGOV 的数字证书用于 HTTPS 连接，然后由受信任的 CA 进行签名

10.6 单点登录系统

跨多个云服务传播云服务消费者的身份认证和授权信息可能是一项挑战，尤其当同一整体运行时活动中需要调用大量云服务或基于云的 IT 资源时。单点登录（SSO）系统机制使一个云服务消费者能够通过安全代理进行身份认证，从而建立一个在云服务消费者访问其他云服务或基于云的 IT 资源时持续存在的安全上下文。否则，云服务消费者将需要针对每个后续请求重新进行身份认证。

SSO 系统机制本质上使相互独立的云服务和 IT 资源能够生成和流通运行时身份认证和授权凭证。云服务消费者最初提供的凭证在会话期间保持有效，同时其安全上下文信息被共享（如图 10.11 所示）。当云服务消费者需要访问驻留在不同云上的云服务时，SSO 系统机制的安全代理尤其有用（如图 10.12 所示）。

SSO 系统机制并不直接应对第 7 章中列出的任何云安全威胁。它主要增强了基于云的环境的可用性，以访问和管理分布式 IT 资源和解决方案。

图 10.11 云服务消费者向安全代理提供登录凭证（1）。身份认证成功后，安全代理会响应一个身份认证令牌（带有锁符号的消息），其中包含云服务消费者身份信息（2），用于在云服务 A、B 和 C 之间自动认证云服务消费者（3）

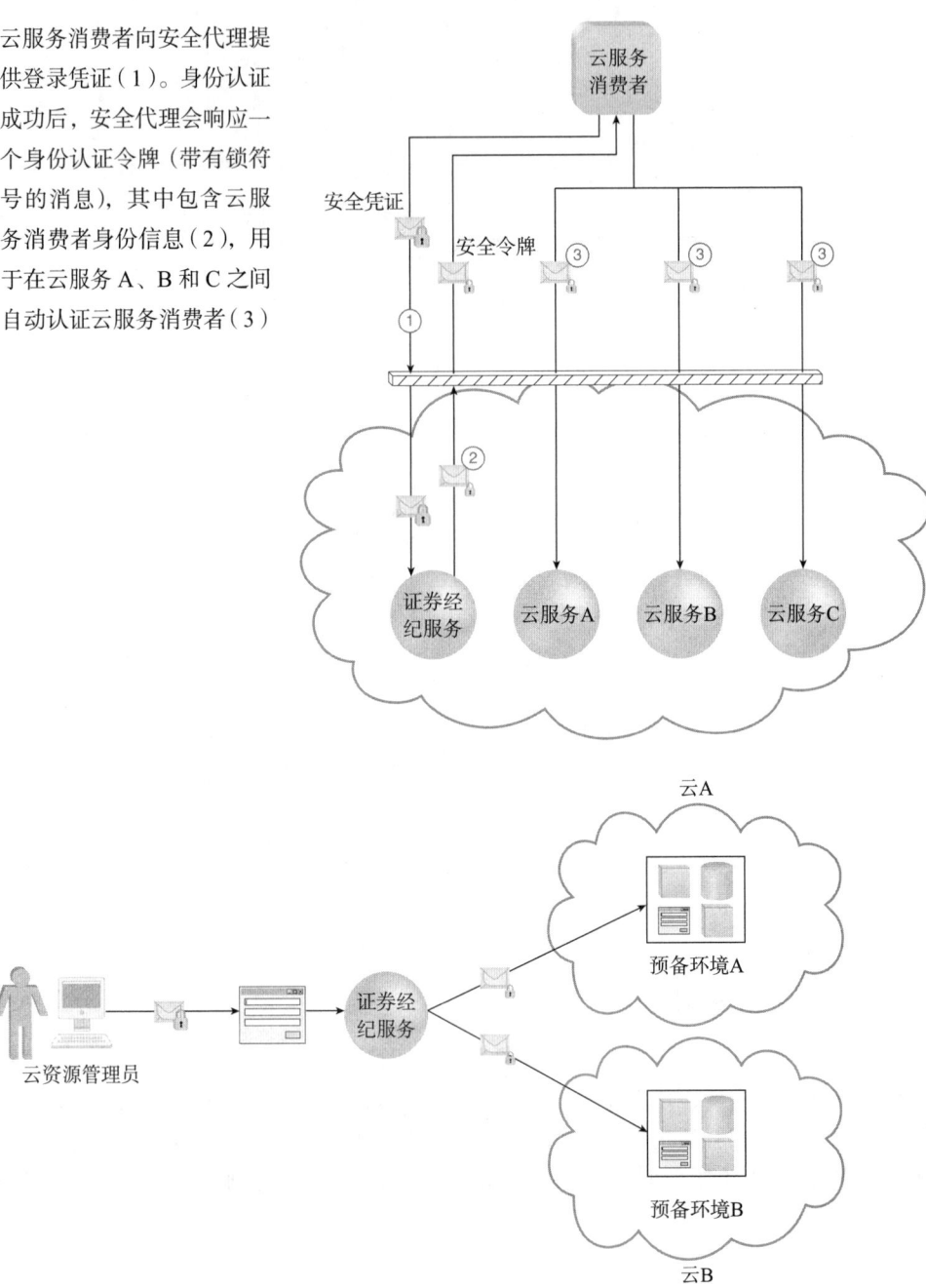

图 10.12 安全代理收到的凭证将传播到两个不同云上的预备环境中。安全代理负责选择用于联系每个云的适当安全过程

案例研究

将应用迁移到 ATN 的新 PaaS 平台取得了成功，但也引发了一些与 PaaS 托管 IT 资源的响应能力和可用性有关的新问题。ATN 打算将更多应用迁移到 PaaS 平台，但决定通过与不同的云供应商建立第二个 PaaS 环境来实现这一目标。这将使它们能够在三个月的评估期内比较云供应商。

为了适应这种分布式云架构，使用 SSO 系统机制来建立一个能够跨两个云传播登录凭证的安全代理（如图 10.12 所示）。这使得单个云资源管理员能够访问两个 PaaS 环境上的 IT 资源，而不需要分别登录每个环境。

10.7 强化虚拟服务器镜像

如前所述，虚拟服务器是从称为虚拟服务器镜像（或虚拟机镜像）的模板配置中创建的。强化是指从系统中剥离不必要的软件以限制攻击者可利用的潜在漏洞的过程。删除冗余程序、关闭不必要的服务器端口以及禁用未使用的服务、内部 root 账户和来宾访问都是强化的示例。

强化虚拟服务器镜像是一个用于创建虚拟服务实例的模板，该模板已经过强化处理（如图 10.13 所示）。这通常会产生一个比原始标准镜像安全得多的虚拟服务器模板。

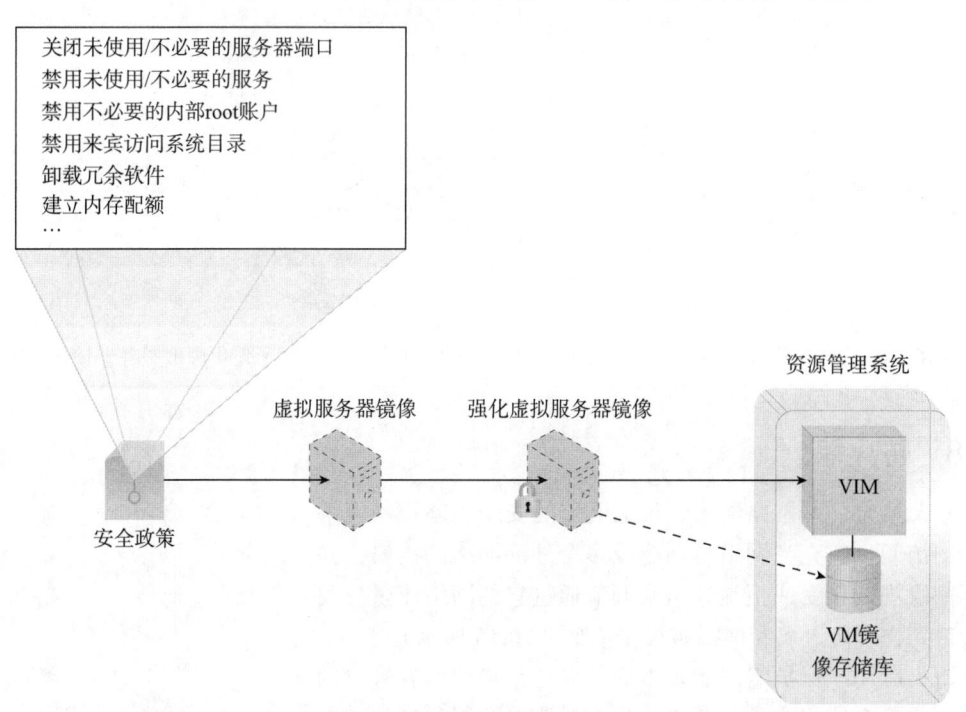

图 10.13 云供应商应用其安全策略来强化其标准虚拟服务器镜像。强化镜像模板作为资源管理系统的一部分保存在虚拟机镜像库中

强化虚拟服务器镜像有助于应对拒绝服务、授权不足和信任边界重叠等威胁。

案例研究

作为 DTGOV 采用基于云的安全组的一部分，向云消费者提供的安全功能之一是可以选择对给定组内的部分或所有虚拟服务器进行强化（如图 10.14 所示）。每个强化的虚拟服务器镜像都会产生额外的费用，但省去了云消费者自己执行强化过程的麻烦。

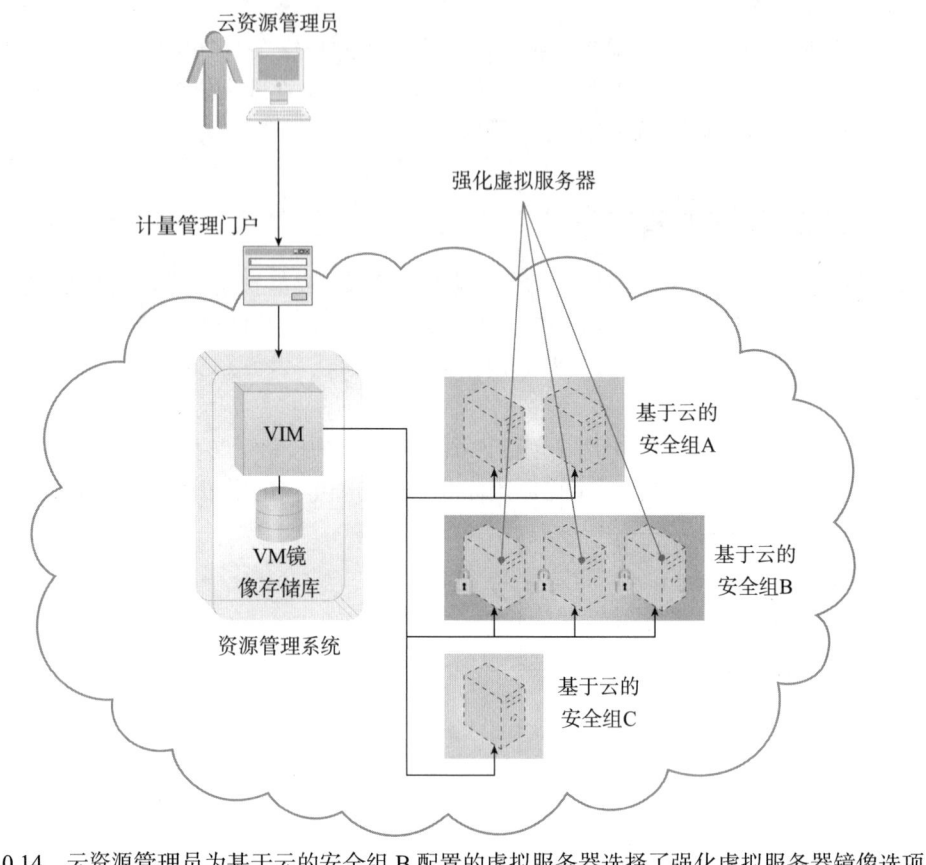

图 10.14 云资源管理员为基于云的安全组 B 配置的虚拟服务器选择了强化虚拟服务器镜像选项

10.8 防火墙

防火墙是一种网络网关，根据既定的安全策略控制网络之间的访问。它充当网络与一个或多个外部网络的接口，并根据一组规则接受或拒绝分组来调节通过它的网络流量。我们会遇到物理防火墙和虚拟防火墙（如图 10.15 所示）。

防火墙用于保护组织的攻击面，方法是拦截所有进出的流量，并确定这些流量是否符合预先配置以控制流量的预定义规则。

物理防火墙保护网络设备的物理连接。但是，物理防火墙无法过滤属于虚拟网络的流量，虚拟网络仅存在于网络环境中的虚拟主机内，而这些网络环境并非由物理设备之间的物理连接表示。在这样的环境中，可以部署虚拟防火墙来为虚拟网络提供同样的保护（如图 10.16 所示）。集成虚拟防火墙和物理防火墙以提供涵盖物理网

图 10.15 用于表示物理防火墙和虚拟防火墙的图标

络和虚拟网络的合作保护是很常见的。

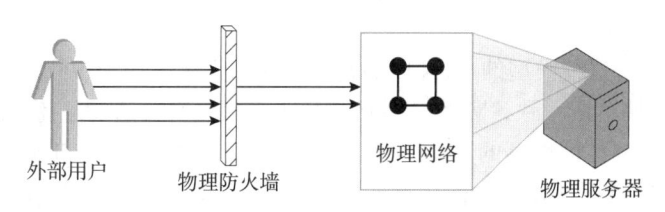

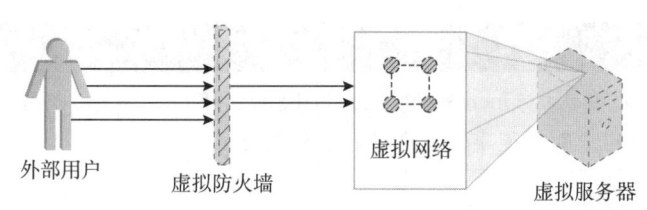

图 10.16　物理防火墙过滤物理网络的流量，而虚拟防火墙过滤虚拟网络的流量

一些防火墙实现还将依赖于防火墙代理，这些代理是部署在单个软件上运行的程序，可以提供更加个性化的保护级别。带代理的防火墙可以称为分布式防火墙，因为防火墙的整体功能由中央防火墙及其代理共同提供。

笔记
当代防火墙产品可以包含其他机制的能力，例如入侵检测系统和数字病毒扫描和解密系统的功能。一些防火墙产品利用机器学习和人工智能（AI）等数据科学技术，使防火墙能够不断发展其保护网络流量的能力。

案例研究
作为 DTGOV 云迁移策略的一部分，将虚拟防火墙部署为每个单独客户端网络的一部分对于确保所有客户端网络都免受未经授权的访问（不仅来自互联网，而且还来自彼此）至关重要。每个客户端的虚拟防火墙将允许 DTGOV 根据不同政府组织的不同要求自定义各自的网络访问。

10.9　虚拟专用网络

　　虚拟专用网络（VPN）（如图 10.17 所示）是一种以加密连接形式存在的机制，允许远程用户访问受防火墙保护的网络上的设备。该机制为网络之间传输的数据提供了安全的通信隧道。它通常用于在不受信任的网络（例如互联网）上建立专用网络的加密扩展。VPN 以虚拟网络的形式实现。

　　VPN 仅允许经过授权的用户远程访问数据，同时阻止其他方访问，从而保护对内部信息资产的访问。VPN 通常

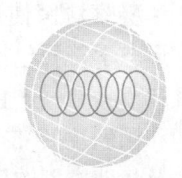

虚拟专用网络（VPN）

图 10.17　该图标用来表示虚拟专用网络（VPN）机制

使用加密技术来对通过 VPN 连接的所有流量进行身份认证、授权和加密。

VPN 有两种类型：

- 安全 VPN——这种类型的 VPN 以加密且认证的方式发送和接收流量。服务器和客户端就安全属性达成一致，VPN 之外的任何人都无法修改这些已商定的属性。
- 可信 VPN——这种类型的 VPN 可能不使用加密，用户信任 VPN 供应商以确保不会有其他人在该 VPN 路径中使用相同的 IP 地址。在受信任的 VPN 中，只有供应商才能更改、注入或删除 VPN 通信通道中的数据。

混合 VPN 结合了安全 VPN 的加密功能和可信 VPN 的专用连接功能。

笔记

常见的 VPN 协议包括 Open VPN、L2TP/IPSec、SSTP、IKEv2、PPTP 和 Wireguard。每种协议都提供不同级别的速率、安全性和设置便捷性。

案例研究

DTGOV 已确定某些客户政府组织需要能够以安全的方式从远程位置访问存储在基于云的存储服务器中的受保护的数据。专用物理连接并非随处可用，因此许多客户需要使用互联网来访问此类数据。通过实施 VPN 连接，DTGOV 可以保证通过互联网可以安全地访问受保护的数据。

10.10 生物特征扫描器

生物特征识别是一种依据个人的生理或行为特征来确定其身份的技术。由于生物特征数据直接源自这些类型的独特用户特征，因此不会被用户遗忘或丢失，也不会轻易被攻击者伪造。这克服了用户在密码和令牌方面可能遇到的一些问题，如丢失、遗忘、被盗或被攻击者以其他方式泄露。

生物特征扫描器（如图 10.18 所示）是一种能够通过扫描或捕获生理或行为特征（例如笔迹、手写签名、指纹、眼睛、语音或面部识别）来验证人类身份的机制。

生物特征扫描器

图 10.18 该图标用于表示生物特征扫描器机制

有两种主要类型的身份符号可以使用生物特征扫描器进行验证：

- 生理符号——可以是生物学或形态学的。生物符号包括 DNA、血液、唾液和尿液检测，这些检测通常被医疗队和警察法医使用，并不真正适用于网络安全保护机制。

形态学符号包括指纹、手形或静脉图案、眼睛（包括虹膜和视网膜）和面部形状。

- 行为符号——包括语音识别、签名动力学（包括笔的移动速度、加速度、施加的压力和倾斜度）、击键动力学、我们使用某些物体的方式、步态（人走路时的脚步声）以及其他类型的姿势。

不同类型的身份符号和测量并不总是具有相同级别的可靠性。生理测量通常具有在人的一生中不受压力影响且保持相对稳定的优点，而行为测量可能会随着不同生命阶段和压力级别而变化（图 10.19）。

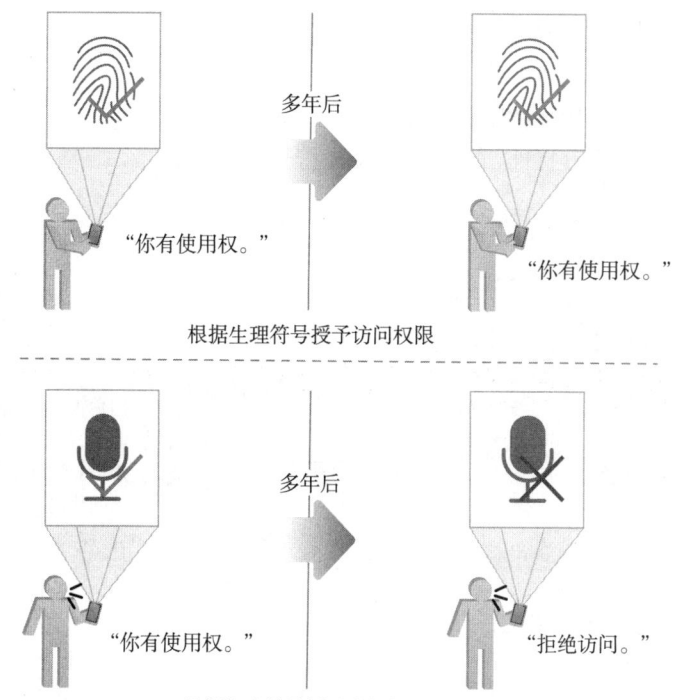

图 10.19　随着时间的推移，一个人的指纹通常不会改变，这使其成为可靠的生理符号。然而，一个人的声音可能会发生变化，这使其成为不太可靠的行为符号

一些生物特征扫描器机制组合了几种不同类型的生物特征扫描器，以增加安全验证的范围和识别的准确性。这些类型的系统被称为多模态生物特征扫描器，它们至少需要两种生物特征凭证才能执行识别。例如，一个多模态生物特征扫描器系统可能需要同时进行面部识别和指纹识别来验证用户身份。

仅限于验证一种身份符号的生物特征扫描器也可以称为单模态生物特征扫描器。

案例研究
Innovartus 认识到确保只有使用其产品的儿童的授权监护人才能访问基于云的账户是多么重要，因此它决定支持家长选择仅允许通过拇指扫描进行访问。为了实现这一点，Innovartus 使用生物特征扫描器机制并将其提供给移动设备用户。这有助于确保只有父母和其他授权监护人才能访问存储私人数据的云端账户。

10.11　多因素身份认证系统

多因素身份认证（MFA）系统（如图 10.20 所示）使用两个或多个因素（验证者）来实现身份认证。它的工作原理是在登录过程中请求用户先进行一种形式的验证，然后再请求第二种形式的验证以完成登录。各种认证方法保持相互独立，从而使恶意用户难以获得未经授权的访问。

多因素身份认证（MFA）系统
图 10.20　该图标用于表示多因素身份认证（MFA）系统机制

MFA 系统中使用的因素通常包括：

- 用户知道的信息，例如密码或 PIN（如图 10.21 所示）。
- 用户拥有的东西，例如数字签名或令牌。
- 用户身体的某些部分特征，例如生物特征符号或测量值。

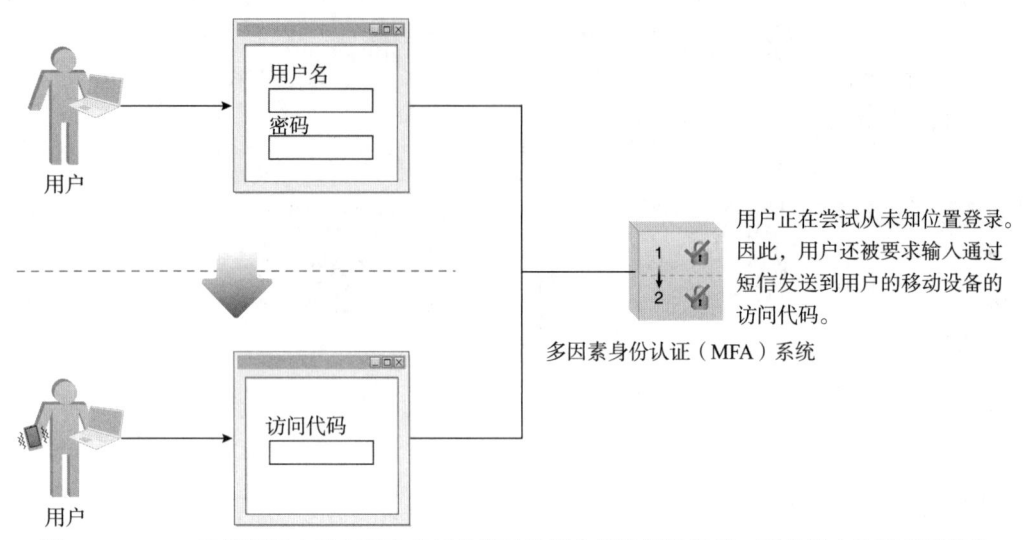

图 10.21　MFA 系统用于在确定用户尝试从新的地理位置进行访问后，要求用户执行多因素身份认证步骤

MFA 系统还可以支持：

- 基于位置的身份认证——一种更高级的 MFA 类型，可根据用户的 IP 地址和地理位置执行认证。
- 基于风险的身份认证——一种基于对用户尝试访问账户时的上下文或行为进行分析的验证类型，例如用户尝试登录的时间或地点、登录是由已知设备还是新设备执行、发生了多少次失败的登录尝试等。这也称为自适应身份认证。

MFA 系统通常与组织内的 VPN 一起使用，使员工能够远程访问公司服务器。

案例研究

一些使用 Innovartus Technologies 产品的儿童家长已要求特定人员代表他们访问孩子在云中的账户。为了确保代理"监护人"确实是请求访问的人，Innovartus 提供了一种只有通过多因素身份认证才能访问云账户的选项，例如通过短信发送到授权方移动设备的一次性验证码（OTP）。

10.12　身份和访问管理系统

身份和访问管理（IAM）系统机制包含控制和跟踪 IT 资源、环境以及系统的用户身份和访问权限所需的组件和策略。

具体来说，IAM 系统机制包括以下四类主要组件：

- 身份认证——用户名和密码组合仍然是 IAM 系统管理最常见的用户身份认证凭证形

式，该系统还支持数字签名、数字证书、生物特征硬件（指纹读取器）、专用软件（例如语音分析程序）和将用户账户锁定到注册的 IP 或 MAC 地址。
- 授权——授权组件定义访问控制的正确粒度，并监督身份、访问控制权限和 IT 资源可用性之间的关系。
- 用户管理——与系统的管理功能相关，用户管理程序负责创建新的用户身份和访问组、重置密码、定义密码策略以及管理权限。
- 凭证管理——凭证管理系统为确定的用户账户建立身份和访问控制规则，以减轻授权不足带来的威胁。

尽管其目标与 PKI 系统机制的目标相似，但 IAM 系统机制的实现范围是不同的，因为其结构除了分配特定级别的用户权限之外，还包含访问控制和策略。

IAM 系统机制主要是用来应对授权不充分、拒绝服务、信任边界重叠、虚拟化攻击和容器化攻击等威胁。

IAM 系统（如图 10.22 所示）是一种既定机制，用于根据预定义的用户角色和访问权限来识别、认证和授权用户。

IAM 系统可以：

- 验证用户。
- 为用户分配角色。
- 为用户或用户组分配访问级别（如图 10.23 所示）。

图 10.22 该图标用来表示身份和访问管理（IAM）系统机制

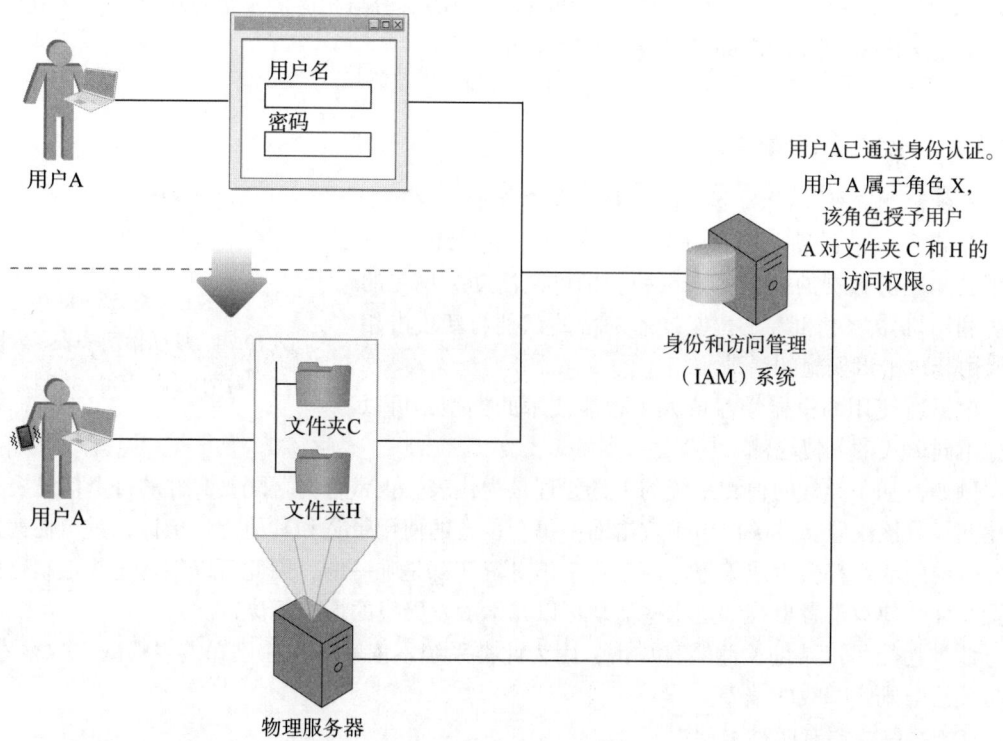

图 10.23 IAM 系统对用户 A 进行身份认证，并识别该用户属于角色 X。根据用户的角色，IAM 系统授权用户访问物理文件服务器上的两个特定文件夹

IAM 系统可以通用利用以下方式来进行身份识别、认证和授权：

- 唯一密码——传统上，IAM 系统使用的最常见的数字身份认证类型。
- 预共享密钥（PSK）——一种数字身份认证类型，密码由在有权访问相同 IT 资源的用户之间共享。它提供了便利性，但安全性低于使用各自的密码。
- 行为身份认证——为了访问敏感信息或关键系统，IAM 可以包含生物特征扫描器或与生物特征扫描器一起使用来提供行为身份认证。例如，它可以分析击键动力学或鼠标使用特征，以立即判断用户的登录行为是否异常。
- 其他生物特征技术——IAM 系统可以使用其他生物特征符号，以获得更精确的认证。

当代 IAM 系统可以利用人工智能技术来帮助评估用户模式和行为。系统可以收集历史用户访问数据，AI 系统可以使用这些数据来了解用户，并在比较最近的用户行为与历史记录的用户行为时作为参考。

案例研究

由于过去的几次企业购并，ATN 的现状已变得复杂且异构。由于同时运行冗余且相似的应用和数据库，因此维护成本增加了。用户凭证的遗留存储库也同样多种多样。

现在 ATN 已将多个应用移植到 PaaS 环境中，创建并配置新的身份以授予用户访问权限。CloudEnhance 咨询师建议 ATN 通过启动 IAM 系统试点计划来利用这一机会，尤其这次正好需要一组新的基于云的身份。

ATN 对此表示同意，并且专门设计了专门的 IAM 系统来规范其在新 PaaS 环境中的安全边界。通过该系统，分配给基于云的 IT 资源的身份与相应的本地身份不同，本地身份最初是根据 ATN 的内部安全策略所定义的。

10.13 入侵检测系统

入侵检测系统（IDS）机制（如图 10.24 所示）检测未经授权或入侵的活动。它是许多网络的第一道防线。IDS 引用已知攻击数据的数据库来帮助识别可疑活动。现在的系统利用机器学习和人工智能技术来帮助识别与新攻击相关或由新攻击者实施的活动。

入侵检测系统（IDS）

图 10.24 该图标用来表示入侵检测系统（IDS）机制

根据所使用的机器学习或人工智能技术的类型，可以实施不同形式的入侵检测。

例如，基于异常的检测系统的工作原理是为代表"正常行为"配置文件的每个信息资产创建基线。该配置文件关注组织攻击面中每个设备的使用带宽和其他测量指标，对于任何偏离此基线的活动都会生成警报。由于每个信息资产都是唯一的，因此可以创建这些定制化的配置文件，使攻击者更难知道哪些活动可以在不触发警报的情况下执行。

此类功能可以帮助检测零日攻击，因为此类系统不依赖于先前已知入侵的既定数据库，而是关注与既定基线的偏差。

IDS 机制主要有两种类型：

- 被动——前面描述的场景是被动 IDS 的一个示例，因为它的主要职责是检测入侵并发出警报。

- 动态——动态 IDS（也称为入侵检测和预防系统）被设计用于在检测到可疑入侵时采取行动。

一般来说，入侵检测和预防系统是被动 IDS 和访问控制设备的组合，系统执行该组合来阻止入侵者。

案例研究

鉴于秘密或机密数据不允许出现在每个客户组织的安全范围之外，DTGOV 的一些执法机关客户受到了旨在获取此类数据（例如有关未决案件的数据）的攻击。因此，DTGOV 决定安装 IDS，以便在检测到攻击者正试图渗透 DTGOV 为某个客户建立的安全边界时，能够立即采取行动。

10.14 渗透测试工具

渗透测试工具（也称为 pentesting）机制（如图 10.25 所示）用于进行渗透测试，是对网络或系统进行测试以暴露安全漏洞的实践。它可以帮助组织了解其网络安全环境的当前能力，洞察哪些攻击可以更成功地发生，并允许安全专业人员对实际攻击进行模拟。

图 10.25 该图标用来表示渗透测试工具机制

需要使用现代和增强的渗透测试技术来对当前攻击向量进行潜在的漏洞，这些技术包括：

- 自动化渗透测试。
- 基于云的渗透测试。
- 社会工程渗透测试（评估人类对威胁的反应，例如网络钓鱼）。

图 10.26 演示了几种渗透测试场景。

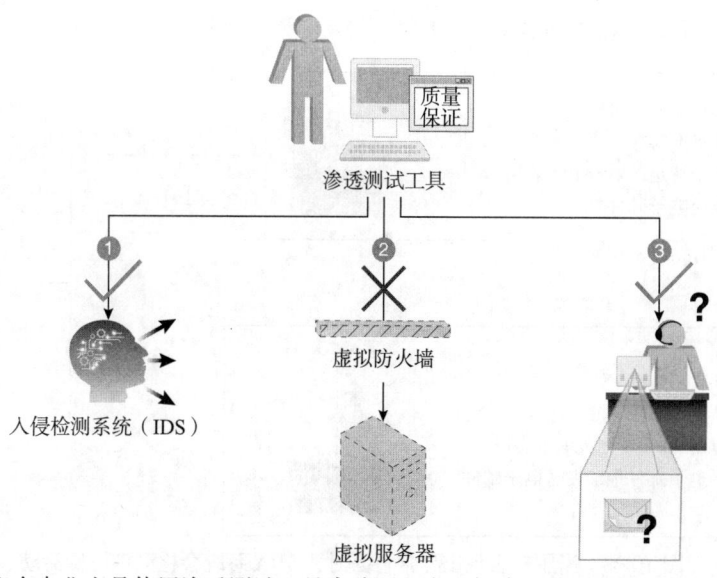

图 10.26 安全专业人员使用渗透测试工具来验证一个入侵检测系统是否正常工作（1）。然后，渗透测试工具会暴露出虚拟防火墙中的漏洞（2）。最后，它尝试（未成功）诱骗人类工作者打开一个钓鱼电子邮件（3）

渗透测试可以以完全自动化的方式执行，从而允许对组织的安全基础设施执行更频繁的测试。这有助于对网络安全环境的有效性进行持续评估。

案例研究

　　DTGOV 已经实施了许多安全措施和控制手段来保护其客户的数据和 IT 资源。然而，这些机制的有效性（无论是单独的还是作为一个整体）从未经过评估。DTGOV 使用渗透测试工具定期测试其安全控制，以确保其有效性。

　　具体来说，渗透测试工具用于预先设计和安排的特殊练习，以测试和验证某些云安全机制的执行情况。这有助于 DTGOV 对其安全架构进行进一步的调整和改进。

10.15　用户行为分析系统

　　用户行为分析（UBA）系统（如图 10.27 所示）实时监视用户的行为，为"正常用户活动"行为建立基线，目的是识别可能表示恶意活动的异常用户行为。受监视的行为可以包括尝试打开、查看、删除和修改文件；修改关键系统设置，以及发起网络通信。UBA 系统可以实时阻止可疑行为和/或终止违规软件。一些高级 UBA 解决方案专注于网络和边界系统活动，例如登录以及应用和系统级事件。其他解决方案可能会关注系统本身更精细的元数据，例如文件和电子邮件上的用户活动。

用户行为分析（UBA）系统

图 10.27　该图标用于代表用户行为分析（UBA）系统机制

　　UBA 系统使用数据科学的方法和技术。系统需要经过训练才能识别正常行为，这通过处理活动日志、文件访问、登录、网络活动和其他类型的历史活动来学习。通过各种机器学习分析技术以及人工智能和神经网络的使用，系统可以建立一个基线，从中可以预测哪些是正常行为，哪些不是（如图 10.28 所示）。

- 通常只需尝试一次即可登录
- 每天下午 5 点准时登出
- 通常访问两个特定的财务电子表格
- 不向外部发送电子邮件

- 尝试登录 5 次
- 今天晚上 7 点登录
- 正在尝试复制 20 多个财务电子表格
- 正在向外部电子邮件地址发送电子邮件

用户行为分析（UBA）系统

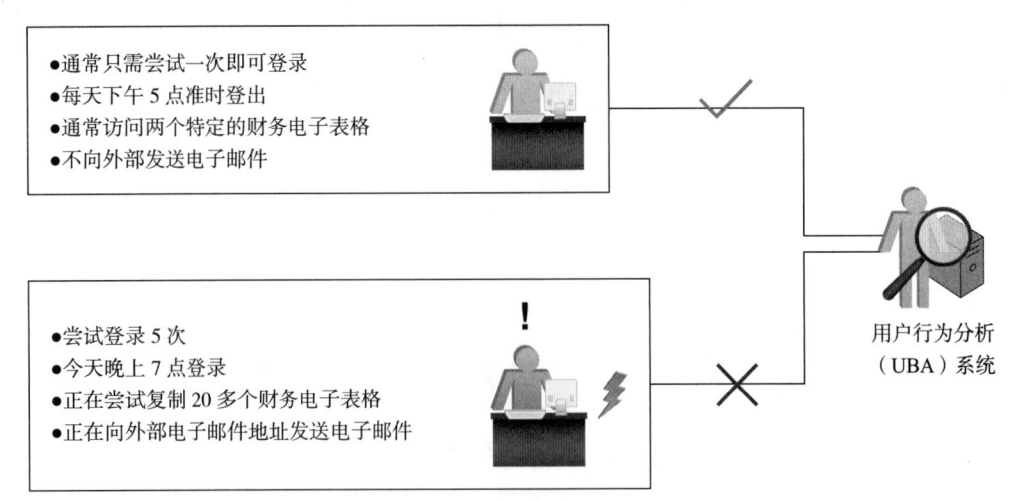

图 10.28　当用户表现出异常行为时，UBA 系统会检测到可疑活动

UBA 系统的其他功能包括：

❑ **处理用户高活动量**——文件系统可能非常庞大且敏感数据可能分布稀疏。为了识别攻击

者，UBA 系统需要能够在潜在的大量数据中搜索并分析许多用户的关键元数据和活动。
- 实时警报——UBA 系统的攻击者检测算法必须能够近乎实时地发出警报，因为攻击者访问和复制敏感数据的时间窗口可能非常短。

案例研究

DTGOV 认识到，其用户无法像它希望的那样快速而且有效地接受云安全意识方面的培训。因此，它采用了 UBA 系统来监视和识别用户行为，以判断给定用户是否可能是攻击者或入侵者。

UBA 系统分析所有 DTGOV 客户端用户的行为，并了解他们的常见行为，以便为任何可能尝试使用合法用户账户的未经授权用户的判断做好准备。

10.16 第三方软件更新实用程序

与网络空间安全相关的软件漏洞通常会在第三方软件的新版本发布后出现。发生这种情况时，开发人员会尝试通过发布一个升级或补丁来尽快修补漏洞，该升级或补丁需要应用于该软件的所有实现，并能修复遇到的漏洞。系统管理员更新或补丁所花的时间越长，受到该漏洞攻击的可能性就越高。第三方软件更新实用程序机制（如图 10.29 所示）可以帮助管理员自动执行修补或更新第三方软件程序。

该机制通常按如下方式工作：
- 管理员定义一个基准来确定更新的级别和需要修补的内容。
- 根据此基准审查所有相关的第三方软件程序，并确定每个程序所需的更新和修补。
- 补丁和更新通常通过安全通道从中央存储库下载，以确保软件未被篡改。它们存储在本地，以用于进一步的修复工作。
- 修复过程（由工具自动执行的更新、升级或修补活动）是在需要时安排和/或执行的（如图 10.30 所示）。

图 10.29 该图标用于代表第三方软件更新实用程序机制

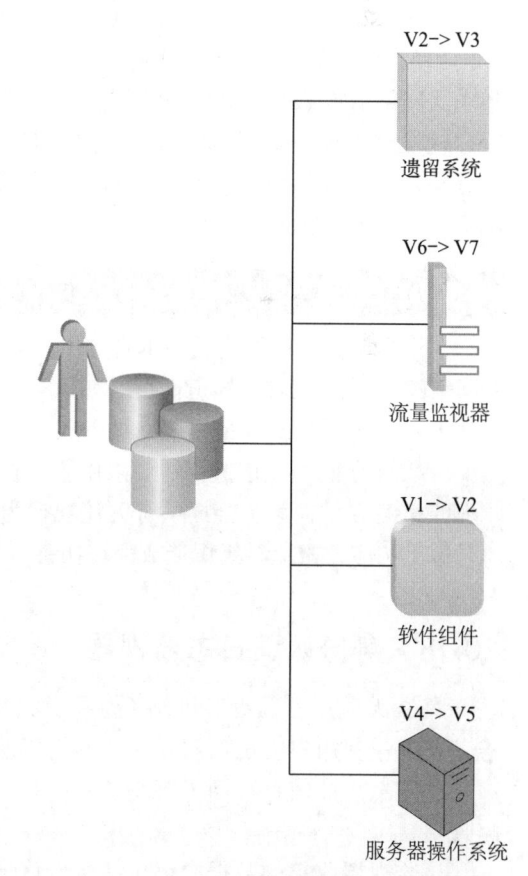

图 10.30 第三方软件更新实用程序对许多第三方程序执行一系列预先安排的更新和补丁，包括遗留系统、软件组件、服务代理程序和虚拟服务器操作系统

> **笔记**
>
> 该机制是针对第三方软件程序的。组织的开发团队可以使用DevOps等方法更有效地更新和修补定制开发的软件和应用。

> **案例研究**
>
> DTGOV管理着大量的云资源，包括数千台带有操作系统的虚拟服务器，这些服务器需要定期更新，以确保操作系统开发人员修复任何漏洞后，这些漏洞能立即得到修补。由于必须定期更新大量基于云的虚拟服务器，因此手动执行此任务是不可行的。
>
> DTGOV要求为其管理的虚拟服务器上安装的每种不同操作系统都采用第三方软件更新实用程序。这使得它能够确保操作系统一旦有可用的安全漏洞补丁和修复程序就立即进行更新。

10.17 网络入侵监视器

网络入侵监视器机制（如图10.31所示）致力于监视跨不同子网的网络数据包，以发现任何可疑活动。它向协调其活动的集中式网络IDS报告其发现。

该机制可以是基于签名的，也可以是基于异常检测的。前者是被动的，而后者是主动的、自主的，并且可以配置为自动响应已识别的威胁。

图10.31 该图标用来表示网络入侵监视器机制

> **案例研究**
>
> 作为电信行业网络设备本身的供应商，ATN关注的是连接其所有基于云资源的虚拟网络的安全性。ATN知道网络是如何被破坏的，并希望确保如果这种情况发生在自己的基于云的网络上，ATN可以立即采取行动以适当地处理入侵者。
>
> ATN在网络入侵监视器中采用了一种机制，当网络遭到破坏时，该机制将通知组织内的相关方。它甚至会提供有关违规行为的充分信息，以便ATN的IT安全专家能够及时做出响应，避免对组织造成潜在伤害。

10.18 身份认证日志监视器

身份认证日志监视器机制（如图10.32所示）扫描历史日志，其中包括用户尝试访问受保护网络资源时发生的身份认证事件的信息。此信息可用于解决访问困难，并更改身份认证策略规则。

该监视器收集的数据中还包括身份认证规则数据，例如超时设置，超时表示用户在首次通过身份认证后可以访问资源的时间期限。

图10.32 该图标用来表示身份认证日志监视器机制

案例研究

DTGOV 需要管理大量用户的访问。这是一项繁重的任务，由 DTGOV 代表其客户管理的不同基于云资源的管理员手动执行。手动数据输入很容易出现人为错误，这可能导致未经授权访问用户账户的投诉。

DTGOV 决定使用身份认证日志监视器来定期分析那些抱怨其访问权限被不当用户访问的相关信息。这有助于确定实际入侵事件可能发生的时间。有了这些信息，DTGOV 就可以继续检查受影响用户的访问权限，以查看访问是否按照最初请求的权限执行。

10.19 VPN 监视器

VPN 监视器（如图 10.33 所示）跟踪并收集有关 VPN 连接的信息，例如哪些用户已连接（或当前正在连接）、使用的连接类型以及在特定时间段内交换的数据量。如果连接尝试失败，它会记录连接问题并向管理员发送通知。该机制有助于识别网络异常。

图 10.33 该图标用于表示 VPN 监视器机制

案例研究

DTGOV 的一些客户允许通过 VPN 远程访问其基于云的数据和系统，他们抱怨称他们的数据可能已被未经授权者访问。为了验证此行为，DTGOV 使用 VPN 监视器。DTGOV 分析 VPN 监视器收集的信息，以识别通过 VPN 进行的潜在未经授权访问。

10.20 其他面向云安全访问的操作和技术

以下是更多面向第三方云安全接入的操作和技术：

- 云访问安全代理（CASB）——旨在保护基于云的应用和服务的安全解决方案。这些解决方案通常部署在云服务消费者和供应商之间，允许组织实施安全策略和可视化云用量。
- 安全访问服务边缘（SASE）——一种网络架构，结合了网络安全和广域网功能，可提供对基于云的应用和资源的安全访问。
- 云安全状况管理（CSPM）——一种云安全解决方案，可对组织的云基础设施进行持续监视和管理，以确保遵守安全策略和法规。
- 云工作流程保护平台（CWPP）——一种云安全工具，旨在保护基于云的环境中发生的各种工作流和过程。这些平台有助于确保这些工作流免受未经授权的访问、数据泄露和其他安全威胁。
- 云基础设施授权管理（CIEM）——一种安全解决方案，旨在管理和监视对云资源（例如服务器、数据库和应用）的访问。CIEM 帮助组织确保只有授权人员才能访问其云基础设施，从而降低数据泄露和未经授权修改的风险。该解决方案提供了对用户访问权限和活动的可见性，使组织能够实时检测和响应可疑行为。

第 11 章

Cloud Computing: Concepts, Technology, Security & Architecture, Second Edition

云安全和网络空间安全：面向数据的机制

本章介绍了以下机制，这些机制注重于建立数据访问控制和云数据监视功能。
- 数字病毒扫描和解密系统
- 恶意代码分析系统
- 数据丢失防护系统
- 可信平台模块
- 数据备份与恢复系统
- 活动日志监视器
- 流量监视器
- 数据丢失防护监视器

11.1 数字病毒扫描和解密系统

数字病毒扫描和解密系统（如图 11.1 所示）本质上是由客户端和服务器端组件组成的高级防病毒系统。客户端组件通过扫描文件来检测病毒，扫描方法包括对可执行文件中内容的特定模式进行匹配，或采用启发式方法来检测病毒活动。它尝试通过删除病毒代码并恢复原始文件的内容来清除已识别的病毒感染。

数字病毒扫描和解密系统

图 11.1 该图标用来表示数字病毒扫描和解密系统机制

服务器端组件负责维护收集到的病毒信息数据库，并使用数据科学技术对可用信息进行分析和学习，以帮助识别和对抗新的潜在病毒或病毒变种。客户端组件定期从服务器端组件接收更新的情报，以提高其检测和清除病毒的能力。

数字病毒扫描和解密系统通常还提供以下功能。

11.1.1 通用解密

此功能使系统能够在保持快速扫描速度的同时，检测出高度复杂的病毒。可执行文件通过通用解密扫描程序运行，该扫描程序由三个基本元素组成：
- CPU 仿真程序——基于软件的虚拟机，其上可运行可执行文件，而不是在底层处理器上执行它。
- 病毒签名扫描程序——软件程序，扫描可执行文件以查找已知病毒的签名。
- 仿真控制模块——软件程序，控制可执行文件的执行。

11.1.2 数字免疫系统

此功能使系统能够捕获病毒，将其从秘密信息中剥离出来，然后自动将其提交到中央病毒分析中心，在那里检查病毒并创建病毒签名。然后针对原始样本测试病毒签名，如果成功，则将其发送回服务器以部署到客户端组件上（如图 11.2 所示）。

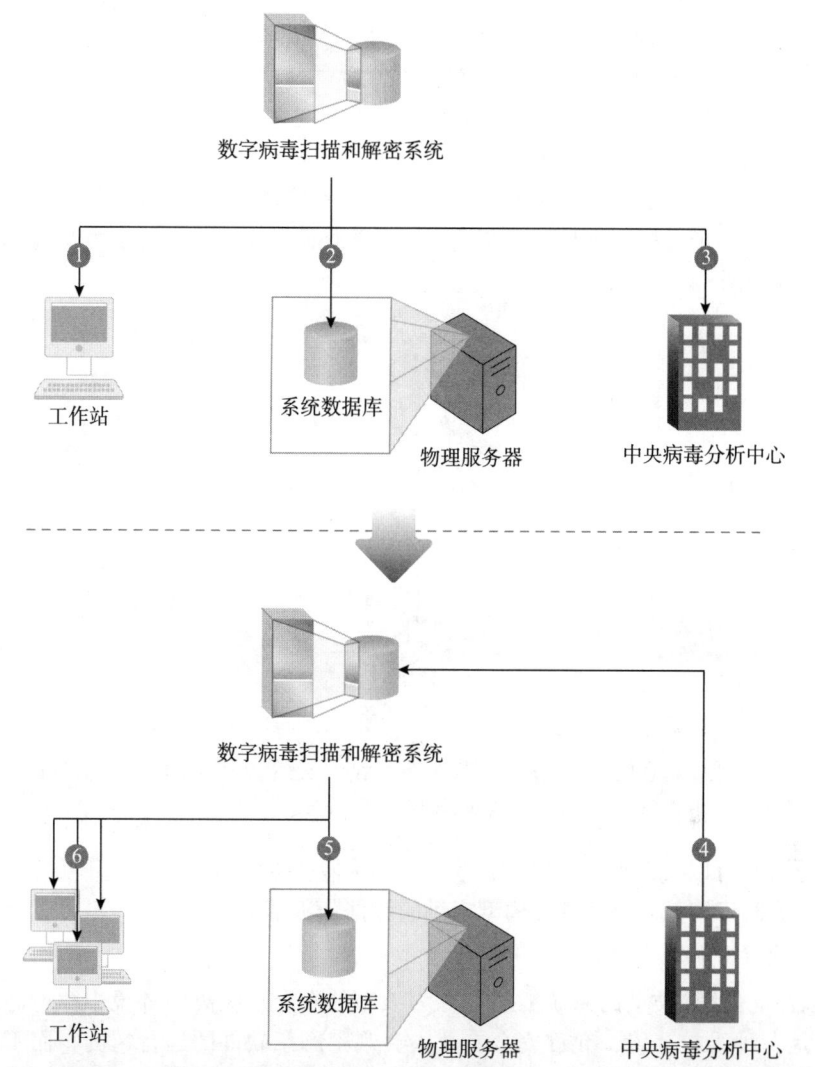

图 11.2 数字病毒扫描和解密系统的客户端组件检测工作站上的病毒（1）。服务器端组件将病毒信息记录在中央数据库（2）中，并进一步将其转发到中央病毒分析中心（3），在此为其分配病毒签名。病毒签名被返回（4），由服务器端组件记录（5），并分发到系统保护下的所有工作站（6）

案例研究

　　许多为 DTGOV 客户服务的用户连接到 DTGOV 代表他们在云中部署和管理的系统和 IT 资源。不幸的是，自从开始迁移到云以来，一些病毒已经成功攻击了该基础设施的部分内容。

　　DTGOV 采用数字病毒扫描和解密系统作为其新的云安全防御策略的一部分。该系统显著减少了病毒在其基于云的资源中的传播。

11.2 恶意代码分析系统

恶意代码分析系统（如图11.3所示）是一种能够快速分析大量恶意代码并生成报告的机制，分析人员可以根据该报告确定恶意代码所采取的操作。当代恶意代码分析系统依靠机器学习技术来执行并不断地提高其检测恶意软件的能力。

这些系统的强大处理能力使它们能够利用有关工作负载的相关事件、应用日志、基础设施指标、审计和其他恶意代码行为信息源的详细数据，来加速安全调查。恶意代码分析系统还能够发出有关恶意或异常模式的警报（如图11.4所示）。

恶意代码分析系统

图 11.3 该图标用来表示恶意代码分析系统机制

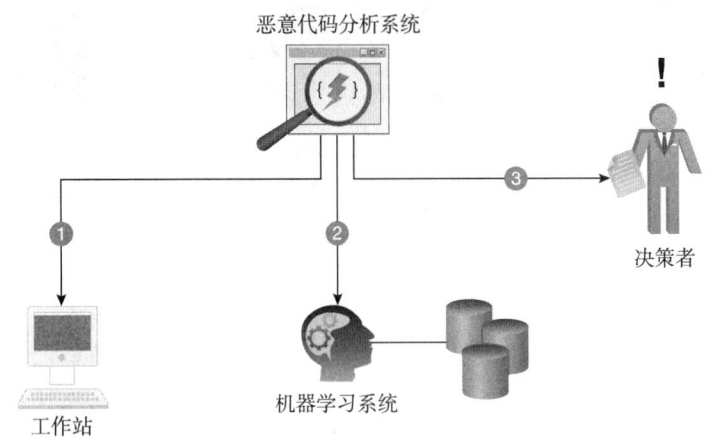

图 11.4 自动化的恶意代码分析系统可检测工作站上的恶意代码（1），并实时分析代码（2），发出警报，并向安全专业人员提供审查报告（3）

使用此机制可以帮助组织防御零日攻击，因为收集的情报不一定基于历史入侵检测，而是基于能够实时识别新恶意软件的模型提供的数据分析结果。

恶意代码分析系统主要有两种类型：

- 静态——这种类型的系统能够在称为沙箱的安全且隔离的环境中执行恶意代码。沙箱是一种受控环境，允许安全专业人员观察恶意软件的运行情况，而不需要担心其对组织业务环境的潜在影响。
- 动态——这种类型的系统可以提供对恶意代码能力的深入洞察。它利用自动沙箱，消除了在恶意代码对文件执行操作后进行逆向工程所需的时间。

一些攻击者开发的恶意程序在沙箱环境中运行时会保持休眠状态。因此，可以通过将静态和动态恶意代码分析系统混合使用来提供一种可靠的方法，以检测那些通过隐藏沙箱存在而更复杂的恶意代码。

案例研究

Innovartus 已成为多种不同病毒攻击的目标，因此它决定实施恶意代码分析系统以防止未来再次发生此类攻击。

该系统已帮助 Innovartus 识别出了那些需要专门且深入的代码分析才能识别出的更复杂的攻击。

11.3 数据丢失防护系统

数据丢失防护（DLP）系统（如图 11.5 所示）是一种工具，方便安全专业人员管理分布式信息资产的安全性，并配置对分布式信息资产的访问，而且员工越偏远，这就越困难。它常常用于避免内部员工未经授权或意外共享机密数据。

图 11.5 该图▇▇▇▇示数据丢失防护（DLP）系统机制

DLP 机制的功能可包括：

- 设备控制——管理员可以控制用户在哪些设备上存储或复制数据。例如，它可以阻止用户在 USB 驱动器或 SD 卡上存储潜在的机密数据。
- 内容感知保护——这使得管理员能够监视和控制文件、电子邮件和其他可以保存数据的部件，主要是为了确保不能从中提取机密信息。
- 数据扫描——此功能可以跨不同设备扫描文件、电子邮件和数字文档，以标记那些可被视为机密的内容。信息资产可以被标记为机密，以供其他机制将来参考。
- 强制加密——用于确保授权离开组织的任何内容都经过加密，以确保只有授权方才能访问这些内容。

图 11.6 演示了其中一些能力。

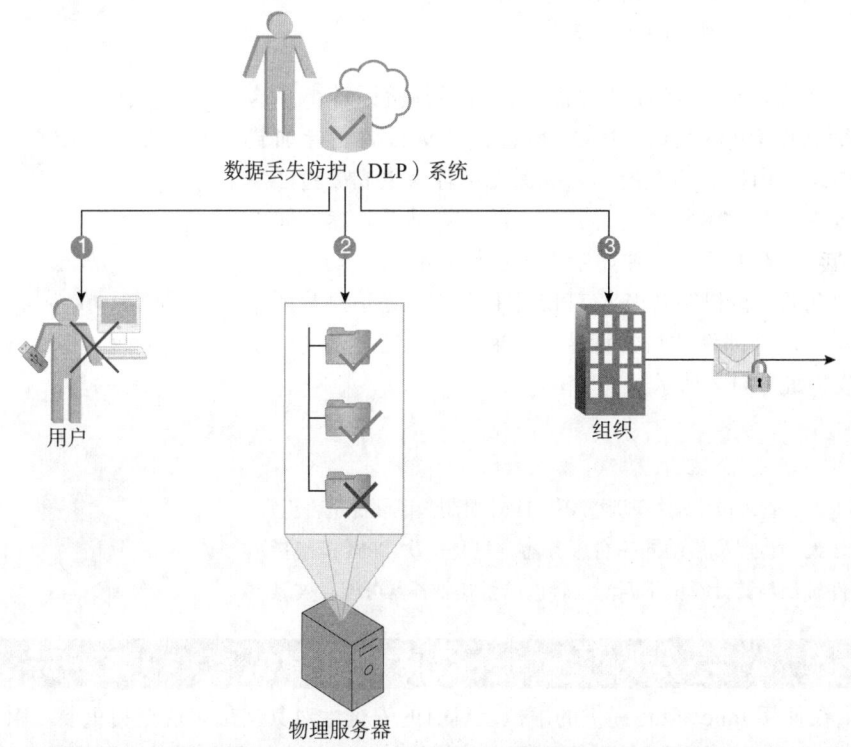

图 11.6 使用 DLP 系统的安全专业人员阻止用户将公司数据存储在 USB 驱动器上（1），扫描公司服务器上的文件夹和文件，以识别包含机密数据的文件（2），并强制加密将发送到组织外部的电子邮件（3）

DLP 系统可以作为基于云的服务存在，监视基于云的文件共享应用和站点。

> **案例研究**
>
> DTGOV 的一些客户是政府执法机构，因此某些数据属于机密和保密级的。为了防止涉密数据以未经授权的方式共享，DTGOV 专门为这些客户建立了基于云的数据丢失防护系统。
>
> 该系统确保任何需要复制或移动的数据都会经过检查，以确定其是否涉密。如果涉密，则不允许数据超出客户云环境的指定范围。

11.4 可信平台模块

可信平台模块（TPM）（如图 11.7 所示）是一种存储用于验证 PC、笔记本电脑、移动电话和平板电脑等设备（"平台"）部件的机制。TPM 可以作为芯片存在，在生产过程中烧录了唯一的秘密秘钥。

可信平台模块（TPM）

图 11.7 该图标用来表示可信任平台模块（TPM）机制

每次设备启动时，TPM 芯片都会执行某些验证计算。这些计算包括获取 BIOS 代码、BIOS 设置、TPM 设置引导加载程序和操作系统内核的哈希值，以确保无法轻易生成被验证模块的替代版本，并且哈希值会得到唯一的计算结果。然后使用这些计算结果来对照已知的原始哈希值进行验证。

在启动期间，该机制会根据 TPM 中存储的设备信息验证连接到处理器的硬件部件的哈希特性。如果不同，则可以确认硬件件已被篡改（如图 11.8 所示）。

图 11.8 第 1 天，管理员启动物理服务器。TPM 机制验证硬件是否正常。第 2 天，管理员启动同一台服务器，只是这次 TPM 机制指示硬件确认与其计算值不匹配。管理员得知服务器可能已被篡改

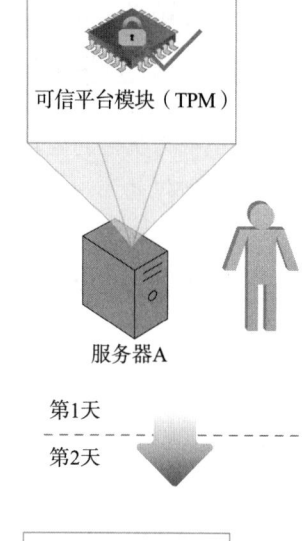

> **案例研究**
>
> 儿童在使用 Innovartus 提供的虚拟玩具时的安全性对其父母来说至关重要。因此，对于 Innovartus 来说，确保恶意代码不能在其任何基于云的虚拟服务器上运行是非常重要的。
>
> 为了实现这一目标，它在托管基于云的虚拟服务器的每台物理服务器上安装了 TPM。它使用 TPM 来验证在这些服务器上运行的 Hypervisor 和每个操作系统实例在加载到内存之前是否经过真实性验证。这保证了不会发生对物理硬件固件或在这些服务器上运行的任何其他逻辑的篡改。进一步来说，这有助于消除恶意软件与其虚拟玩具产品一起运行的可能性。

11.5 数据备份与恢复系统

数据备份与恢复系统（如图11.9所示）是一种机制，用于在因网络攻击、网络盗窃、物理盗窃或硬件/软件故障而导致的数据丢失或损坏时，快速数据恢复。

数据备份与恢复系统本质上是将重要数据复制到单独的存储库，以提供组织可以恢复数据的持续回滚（如图11.10所示）。

图11.9　该图标用来表示数据备份与恢复系统机制

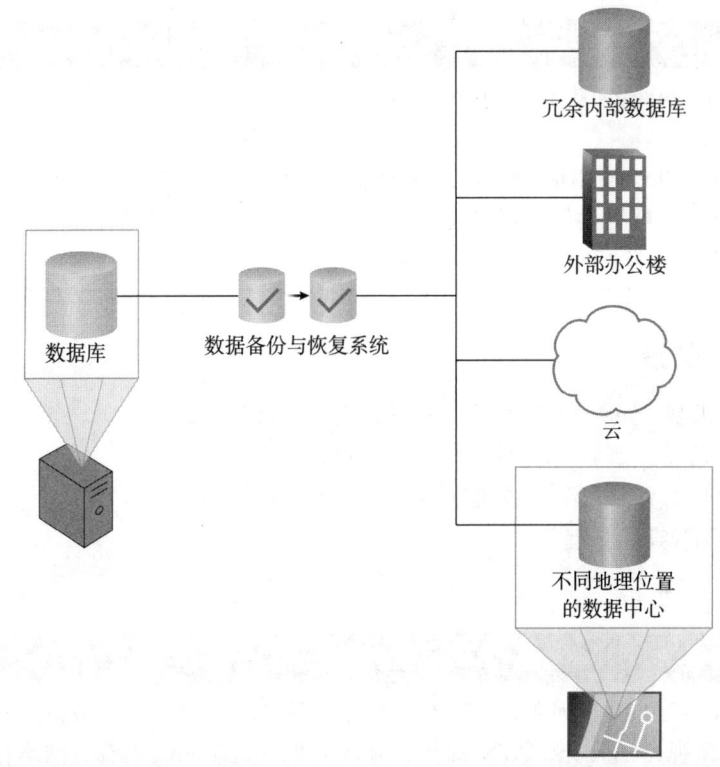

图11.10　使用数据备份与恢复系统机制的一种常见技术被称为"3-2-1方法"，它要求将数据保存在三个不同的位置，使用两种不同的存储格式，在不同的地理区域保留一个额外的副本

此机制的许多变体依赖于将备份数据存放在云端。云供应商通常提供备份即服务（BaaS）产品，这可以简化数据备份与恢复，因为它们不需要安装和配置存储设备和额外的软件（例如操作系统）。

案例研究
DTGOV代表众多客户在云中存储和处理的海量数据赋予了DTGOV重大责任，它要确保数据始终可供客户使用，无论云环境是否发生了任何故障或中断。 　　数据备份与恢复系统可帮助DTGOV确保将其代表的客户的最关键数据复制到安全可用的介质中，并存放在不会面临原始数据可能暴露的相同环境或操作风险的位置。这样，当原始数据不可用时，可以使用副本来恢复该数据。

11.6 活动日志监视器

活动日志监视器（如图 11.11 所示）扫描历史日志文件或数据库，试图检测网络上可能表明存在安全漏洞的活动模式。活动日志数据可以来自事件日志、设备配置日志、操作系统日志以及其他来源。

活动日志监视器

图 11.11 该图标用于表示活动日志监视器机制

案例研究

当家长向 Innovartus 抱怨他们的云账户可能遭到未经授权的访问时，该公司需要能够验证此类说法。

为此，Innovartus 使用活动日志监视器来搜索对该账户的所有访问尝试记录（无论成功与否）。该监视器提供任何可能表明为恶意行为的活动模式的信息，然后 Innovartus 可以研究这些信息以验证每个投诉的合法性。

11.7 流量监视器

流量监视器机制（如图 11.12 所示）负责监视网络流量，以检查和分析流量活动，查找可能对网络性能、可用性和/或安全性产生不利影响的异常情况。该机制为网络管理员提供网络设备的实时数据和长期用量趋势。

流量监视器

图 11.12 该图标用于表示流量监视器机制

案例研究

多种类型的安全事件会触发互连云资源的虚拟网络内的特定网络相关事件。因此，作为网络入侵监视器的补充，ATN 安装了流量监视器机制来收集有关网络行为的数据，这些数据可以与网络入侵监视器的信息相关联，更准确地识别发生的入侵或网络漏洞的类型，使 ATN 能够采取最有效的行动来应对入侵。

11.8 数据丢失防护监视器

数据丢失防护监视器（如图 11.13 所示）旨在利用捕获技术来保护重要数据，该技术充当数字记录器，并可在数据丢失事件事后重放记录。这些记录可用于后续调查。此机制可以通过向发件人、收件人、内容拥有者和系统管理员发出入侵警报来简化补救缺口。

数据丢失防护监视器通常用于保护组织最重要的信息资产，例如源代码、内部备忘录和专利申请。

数据丢失防护监视器

图 11.13 用于表示数据丢失防护监视器机制

它可以检测穿越任何端口或协议的许多不同内容类型，以发现未知威胁。监视器可以查找和分析网络上传输的敏感信息,并应用规则来预防风险。该机制可以进一步为报告提供输入,解释谁发送了数据、数据去了哪儿,以及数据是如何发送的。

笔记
数据丢失防护监视器可以帮助组织满足数据丢失监视的法规要求,例如PCI、GLBA、HIPAA和SOX。

案例研究
为了支持执法机关客户的严格数据要求,DTGOV依赖于数据丢失防护监视器,以便在发生任何不符合其法规和政策的活动(例如数据复制或移动)时及时获得通知。

第 12 章
Cloud Computing: Concepts, Technology, Security & Architecture, Second Edition

云管理机制

基于云的 IT 资源需要进行设置、配置、维护和监视。本章所涵盖的系统是包含这些类型的管理任务并为其赋能的机制。它们通过促进云平台和解决方案的 IT 资源的控制和演进，构成了云技术架构的关键部分。

本章描述了以下与管理相关的机制：

- 远程管理系统
- 资源管理系统
- SLA 管理系统
- 计费管理系统

这些系统通常提供综合 API，可以作为单独产品、定制应用来供应，也可以组合到各种产品套件或多功能应用中。

12.1 远程管理系统

远程管理系统机制（如图 12.1 所示）为外部云资源管理员提供了工具和用户界面来配置和管理基于云的 IT 资源。

远程管理系统可以建立一个门户，用于访问各种底层系统的治理和管理功能，包括本章中描述的资源管理系统、SLA 管理系统和计费管理系统（如图 12.2 所示）。

图 12.1 本书中使用此符号来表示远程管理系统。显示的用户界面通常会被标记以指示特定类型的门户

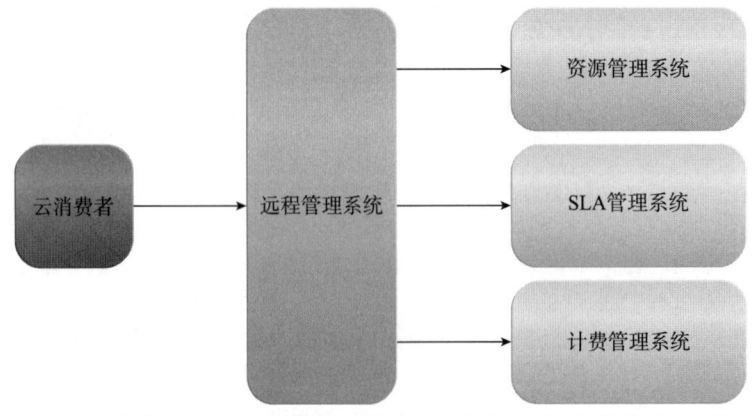

图 12.2 远程管理系统抽象底层管理系统，向外部云资源管理员开放和集中管理控制。该系统提供了一个可定制的用户控制台，同时通过 API 与底层管理系统进行交互

云供应商通常使用远程管理系统提供的工具和 API 来开发和定制在线门户，从而为云消费者提供各种管理控制。

以下是使用远程管理系统创建的两种主要门户类型：

- 计量管理门户——通用门户，可将管理控制集中到不同的基于云的 IT 资源，并可进一步提供 IT 资源使用报告。该门户是第 13～15 章中介绍的众多云技术架构的一部分。

计量管理门户

- 自服务门户——这本质上是一个购物门户，云消费者利用该门户搜索云供应商提供的云服务和 IT 资源的最新列表（通常是租赁的）。云消费者将其选择的条目提交给云供应商进行配置。该门户主要与第 14 章中描述的快速预配架构相关。

自服务门户

图 12.3 描述了一个涉及远程管理系统、计量管理门户以及自服务门户的场景。

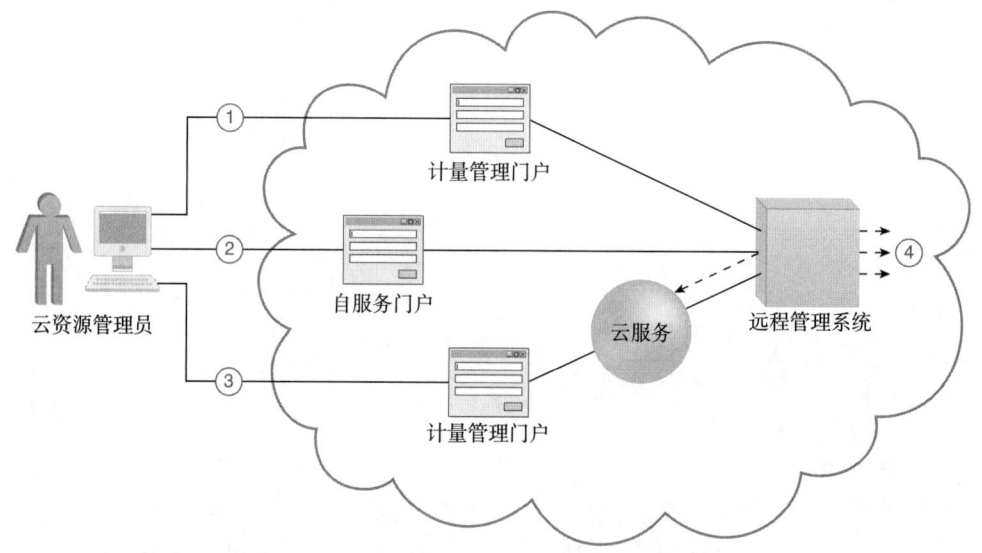

图 12.3 云资源管理员使用计量管理门户来配置已租用的虚拟服务器（未显示），为托管做好准备（1）。然后，云资源管理员使用自服务门户选择并请求配置新的云服务（2）。然后，云资源管理员再次访问计量管理门户以配置托管在虚拟服务器上的新配置的云服务（3）。在这些步骤中，远程管理系统与必要的管理系统交互以执行请求的操作（4）

这依赖于：

- 云消费者从云供应商处租赁或使用的云产品或云交付模式类型
- 云供应商授予云消费者的访问控制级别
- 远程管理系统与之交互的那些底层管理系统

云消费者通常通过远程管理控制台执行以下任务：

- 配置和设置云服务
- 为按需云服务配置和释放 IT 资源
- 监视云服务状态、使用情况和性能
- 监视 QoS 和 SLA 实现情况

- 管理租赁成本和使用费
- 管理用户账户、安全凭证、授权和访问控制
- 跟踪对租赁服务的内部和外部访问
- 规划和评估 IT 资源配置
- 容量规划

虽然远程管理系统提供的用户界面往往是云供应商专有的，但云消费者更倾向于使用标准化 API 的远程管理系统。这使得云消费者能够投资创建自己的前端，并预知如果决定迁移到支持同样标准化 API 的另一个云供应商，则可以重用该控制台。此外，如果云消费者有兴趣租赁和集中管理来自多个云供应商的 IT 资源和/或驻留在云和本地环境中的 IT 资源，则云消费者将能够进一步利用标准化 API（如图 12.4 所示）。

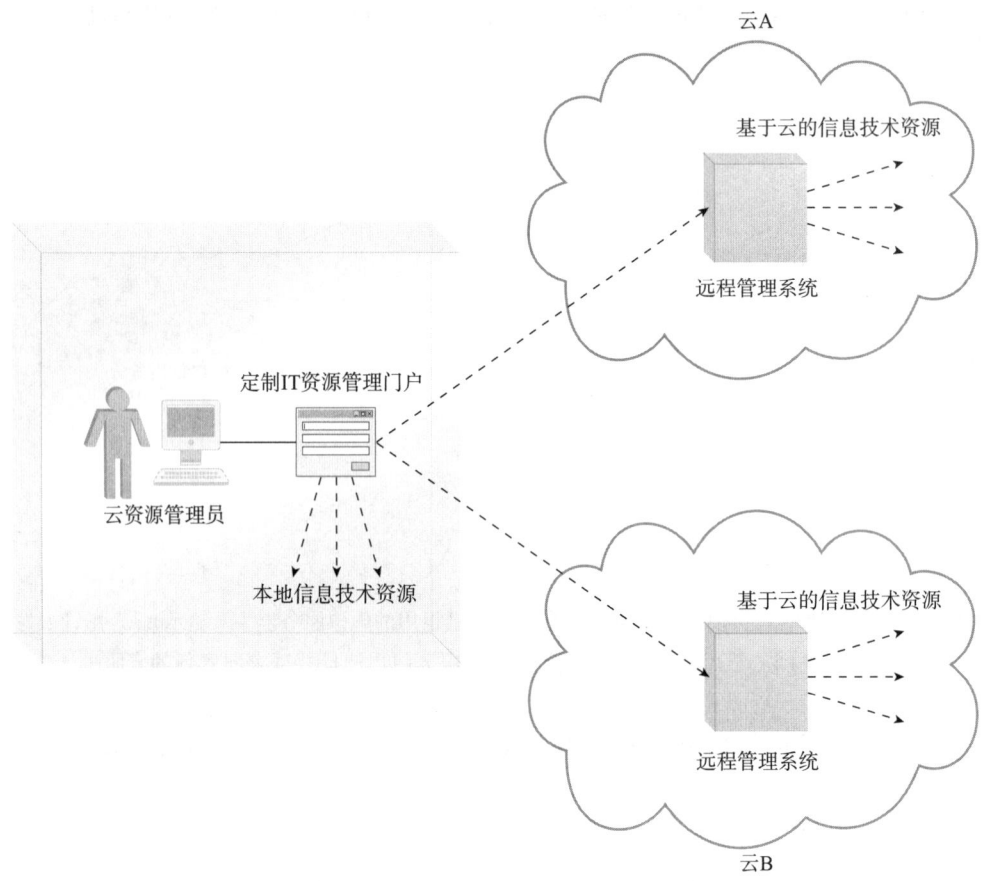

图 12.4 来自不同云的远程管理系统发布的标准化 API，使云消费者能够开发一个定制门户，该门户集中管理基于云和本地 IT 资源的单个 IT 资源管理门户

案例研究

一段时间以来，DTGOV 一直为其云消费者提供用户友好的远程管理系统，最近确定需要进行升级，以适应不断增长的云消费者数量和日益多样化的请求。DTGOV 正在规划一个开发项目来扩展远程管理系统，并满足以下要求：

- 云消费者需要能够自行配置虚拟服务器和虚拟存储设备。该系统尤其需要与支持云的 VIM 平台的专属 API 进行互操作，以实现自配置功能。
- 需要集成单点登录机制（如第 10 章所述），以集中授权和控制云消费者的访问。
- 需要公开支持虚拟服务器和云存储设备的配置、启动、停止、释放、上下扩展和复制命令的 API。

为了支持这些功能，DTGOV 开发了一个自服务门户，并扩展了 DTGOV 现有的使用和管理门户的功能集。

12.2 资源管理系统

资源管理系统机制有助于协调 IT 资源，以响应云消费者和云供应商执行的管理操作（如图 12.5 所示）。该系统的核心是虚拟基础设施管理器（VIM），它协调服务器硬件，以便可以从最合适的底层物理服务器创建虚拟服务器实例。VIM 是一种商业产品，用于管理跨多个物理服务器的一系列虚拟 IT 资源。例如，VIM 可以跨越不同物理服务器创建和管理某个 Hypervisor 的多个实例，或者将一台物理服务器上的虚拟服务器分配给另一台物理服务器（或资源池）。

图 12.5 包含 VIM 平台和 VM 镜像存储库的资源管理系统。VIM 可能有额外的存储库，包括一个专用于存储操作数据的存储库

通过资源管理系统自动完成和实施的典型任务包括：

- 管理用于创建预构建实例的虚拟 IT 资源模板（例如虚拟服务器镜像）。
- 将虚拟 IT 资源分配和释放到可用的物理基础设施中，以响应虚拟 IT 资源实例的启动、暂停、恢复和终止。
- 协调 IT 资源与其他机制（例如资源复制、负载均衡器和故障恢复系统）的配合。
- 在云服务实例的整个生命周期中实施效用和安全策略。
- 监视 IT 资源的运行状况。

云供应商或云消费者雇用的云资源管理员可以访问资源管理系统的功能。那些代表云供应商工作的人通常能够直接访问资源管理系统的内部控制台。

资源管理系统通常公开 API，云供应商可以依此构建远程管理系统门户，这些门户可以自行定义，通过计量管理门户有选择地向代表云消费者组织的外部云资源管理员提供资源管理控制。

这两种访问形式如图 12.6 所示。

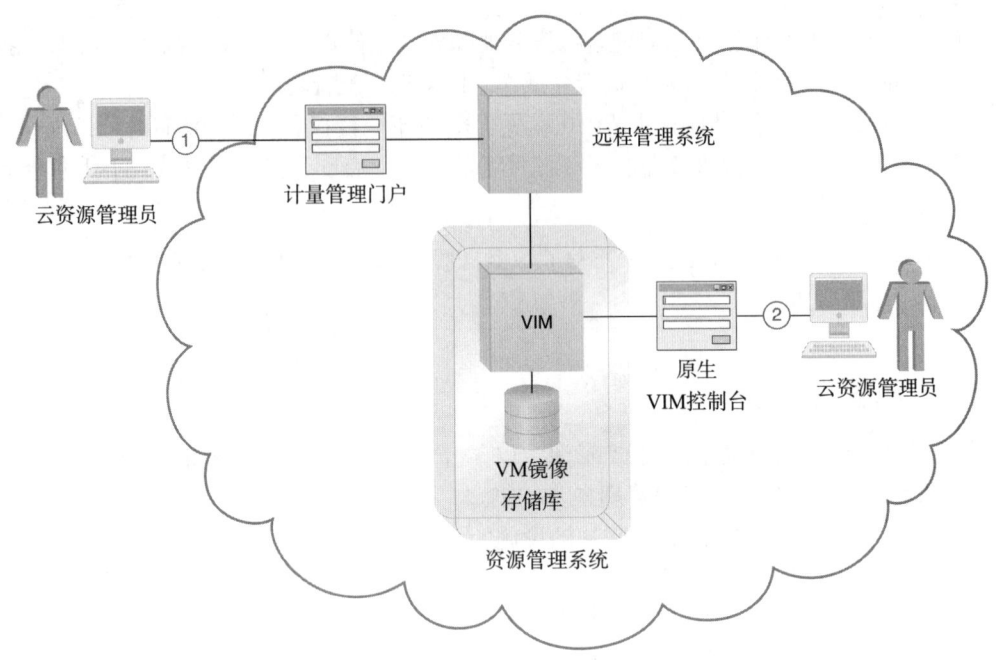

图 12.6 云消费者的云资源管理员从外部访问计量管理门户以管理租用的 IT 资源（1）。云供应商的云资源管理员使用 VIM 提供的本机用户界面来执行内部资源管理任务（2）

案例研究
DTGOV 资源管理系统是其购买的新 VIM 产品的扩展，提供以下主要功能： ❏ 通过灵活分配 IT 资源池来管理多个数据中心上的虚拟 IT 资源 ❏ 云消费者数据库的管理 ❏ 逻辑外围网络虚拟 IT 资源的隔离 ❏ 管理可立即实例化的模板虚拟服务器镜像库存 ❏ 自动复制（"快照"）面向虚拟服务器创建的虚拟服务器镜像 ❏ 根据用量阈值自动垂直调整虚拟服务器，以实现物理服务器之间的实时虚拟机迁移 ❏ 用于创建和管理虚拟服务器和虚拟存储设备的 API ❏ 用于创建网络访问控制规则的 API ❏ 用于垂直调整虚拟 IT 资源的 API ❏ 用于跨多个数据中心迁移和复制虚拟 IT 资源的 API ❏ 通过 LDAP 接口与单点登录机制进行互操作 进一步实现定制设计的 SNMP 命令脚本，以与网络管理工具互操作，从而跨多个数据中心建立隔离的虚拟网络。

12.3 SLA管理系统

SLA 管理系统机制代表了一系列商用云管理产品，这些产品提供了与 SLA 数据的管理、收集、存储、报告和运行时通知相关的功能（如图 12.7 所示）。

图 12.7　SLA 管理系统包含 SLA 管理器和 QoS 测量存储库

　　SLA 管理系统部署通常包括一个存储库，用于根据预定义的指标和报告参数存储和检索收集的 SLA 数据。它将进一步依赖一种或多种 SLA 监视机制来收集 SLA 数据，然后可以近乎实时地将这些数据提供给计量管理门户，以实现有关活动云服务的持续反馈（如图 12.8 所示）。针对各个云服务监视的指标与相应云配置合同中的 SLA 保证保持一致。

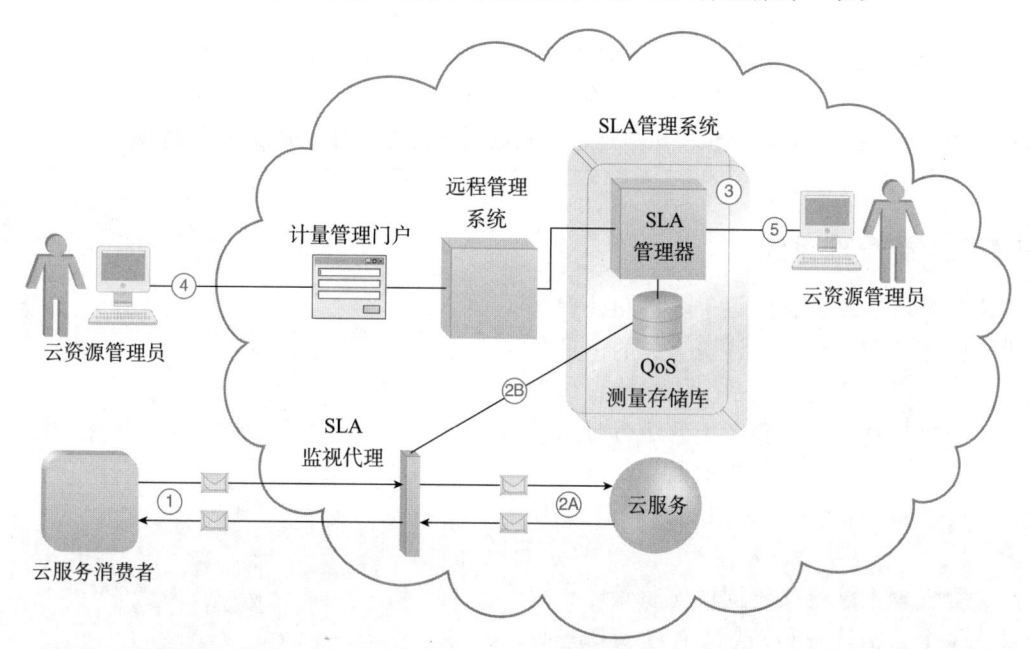

图 12.8　云服务消费者与云服务交互（1）。SLA 监视器拦截交换的消息，评估交互并收集与云服务 SLA 中定义的服务质量保证相关的运行时数据（2A）。收集的数据存储在作为 SLA 管理系统一部分的存储库（2B）中（3）。可以通过计量管理门户为外部云资源管理员发出查询并生成报告（4），也可以通过 SLA 管理系统的本机用户界面为内部云资源管理员发出查询并生成报告（5）

案例研究

　　DTGOV 部署了与其现有 VIM 互操作的 SLA 管理系统。这种集成允许 DTGOV 云资源管理员通过 SLA 监视器来监视一系列托管 IT 资源的可用性。

> DTGOV 与 SLA 管理系统的报告设计功能配合使用，创建以下预定义报告，这些报告可通过自定义仪表盘提供：
>
> ❑ 每个数据中心的可用性仪表盘——可通过 DTGOV 公开访问企业云门户，该仪表盘实时显示每个数据中心每组 IT 资源的整体运行状况。
> ❑ 每个云消费者可用性仪表盘——该仪表盘显示各个 IT 资源的实时运行状况。有关每个 IT 资源的信息只能由云供应商和租赁或拥有 IT 资源的云消费者访问。
> ❑ 每个云消费者 SLA 报告——该报告整合并总结了云消费者 IT 资源的 SLA 统计数据，包括停机时间和其他带时间戳的 SLA 事件。
>
> SLA 监视器生成的 SLA 事件展现了由虚拟化平台控制的物理和虚拟 IT 资源的状态和性能。SLA 管理系统通过定制设计的 SNMP 软件代理与网络管理工具进行互操作，该代理接收 SLA 事件通知。
>
> SLA 管理系统还通过其专属 API 与 VIM 交互，将每个网络 SLA 事件与受影响的虚拟 IT 资源相关联。该系统包括用于存储 SLA 事件（例如虚拟服务器和网络停机）的专有数据库。
>
> SLA 管理系统公开了一个 REST API，DTGOV 使用该 API 与其中央远程管理系统进行交互。这个专有 API 具有一个组件服务的实现，可用于计费管理系统的批处理。DTGOV 利用这一点定期提供停机数据，这些数据可转化为云消费者费用的积分。

12.4 计费管理系统

计费管理系统机制致力于收集和处理与云供应商计费和云消费者计费有关的用量数据。具体来说，计费管理系统依靠计量付费监视器来收集存储在计费库中的运行时用量数据，然后系统组件从中提取数据，以用于计费、报告和开票目的（如图 12.9 和图 12.10 所示）。

计费管理系统定义不同的定价策略，以及基于每个云消费者和/或每个 IT 资源进行自定义定价模型。定价模型可以是传统的计量付费模型、固定费率模型、按次付费分配模型，或这些模型的组合。

计费可以基于使用前和使用后付款的方

图 12.9 计费管理系统由定价和合同管理器，以及计量付费监视器组成

式。后一种类型可以包括预定义的限制，也可以进行设置（经云消费者双方同意）以允许无限制使用（因此，对后续支付没有限制）。建立限制后，通常采用使用配额的形式。当超出配额时，计费管理系统可以阻止云消费者的进一步使用请求。

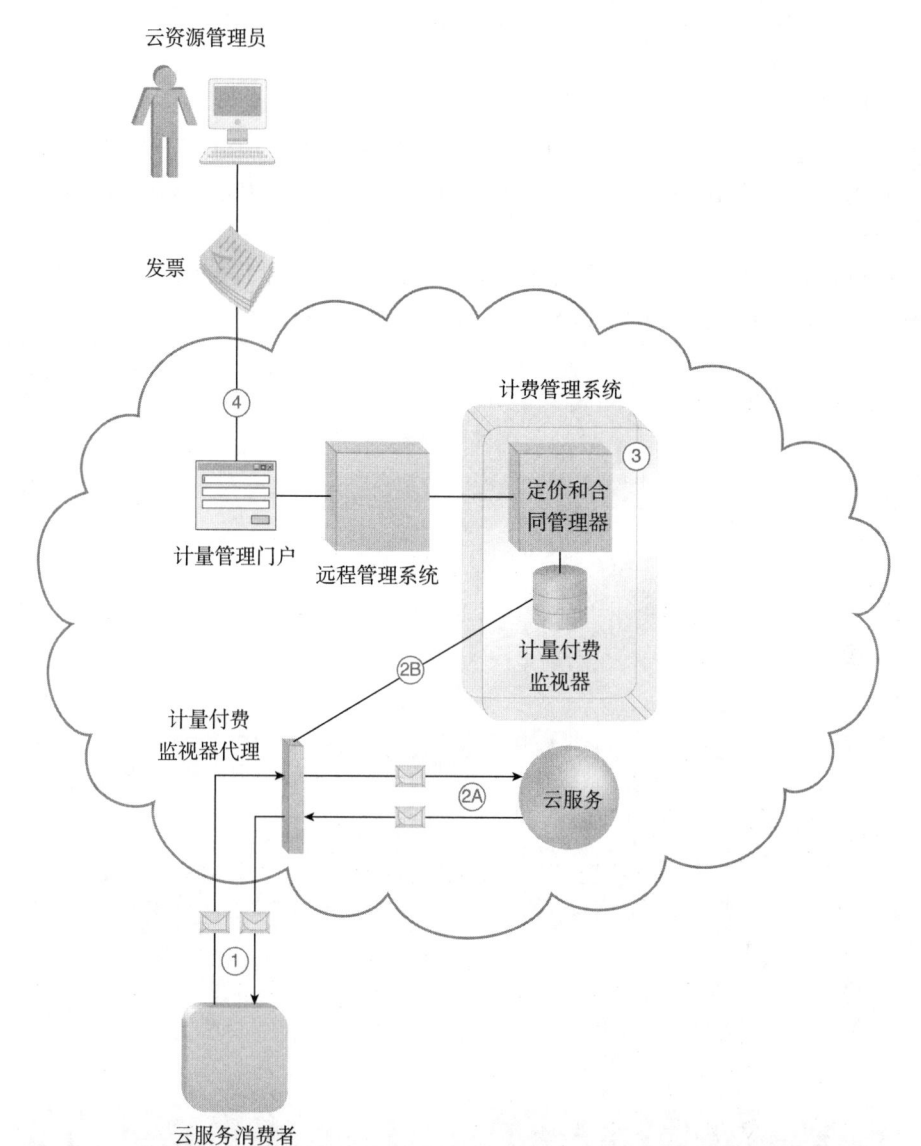

图 12.10 云服务消费者与云服务交换消息（1）。计量付费监视器跟踪使用情况并收集与计费相关的数据（2A），这些数据被转发到作为计费管理系统一部分的存储库（2B）。系统定期计算综合云服务使用费并为云消费者生成发票（3）。发票可以通过计量管理门户提供给云消费者（4）

案例研究

DTGOV 决定建立一个计费管理系统，使它能够为自定义的计费事件（例如服务费和 IT 资源量使用情况）创建发票。计费管理系统使用必要的事件和定价模型的元数据进行定制。

它包括以下两个相应的专属数据库：

- 可计费事件存储库
- 定价模型存储库

使用事件是从计量付费监视器收集的，这些监视器利用VIM平台的扩展实现。细粒度的使用事件（例如虚拟服务器的启动、停止、垂直调整和退役）都存储在由VIM平台管理的存储库中。

计量付费监视器还定期向计费管理系统提供适当的计费事件。标准定价模型适用于大多数云消费者合同，但也可以在协商特殊条款时进行定制。

第三部分
云计算架构

第 13 章 基础云架构
第 14 章 高级云架构
第 15 章 专业云架构

云技术架构通过建立明确定义的解决方案，标准化云环境中的功能域。该解决方案包括交互、行为、云计算机制与其他专门的云技术组件的不同组合。

第 13 章中介绍的基础云架构模型建立了大多数云所共有的技术架构的基础层。第 14 章和第 15 章中描述的许多高级和专业模型都建立在这些基础之上，添加了复杂且更集中的解决方案架构。

笔记

接下来三章描述的大多数云架构都在《云计算设计模式》一书中有更详细的记录（作者：Thomas Erl 和 Amin Naserpour），该书也是 Thomas Erl 所著的 Pearson Digital Enterprise 系列丛书之一。欲了解更多信息可以访问 www.thomaserl.com/books。

第 13 章

Cloud Computing: Concepts, Technology, Security & Architecture, Second Edition

基础云架构

本章介绍以下基础云架构模型：
- 工作负载分配架构
- 资源池架构
- 动态伸缩架构
- 弹性资源容量架构
- 服务负载均衡架构
- 云迸发架构
- 弹性盘预配架构
- 冗余存储架构
- 多云架构

对于每种架构，其中涉及的典型云计算机制（之前在第二部分中介绍过）均已被详细记录。

13.1 工作负载分配架构

通过添加一个或多个相同的 IT 资源和一个负载均衡器，可以水平调整 IT 资源，该负载均衡器能够提供在可用 IT 资源之间均匀分配工作负载的运行时逻辑（如图 13.1 所示）。由此产生的工作负载分配架构减少了 IT 资源的过度利用和利用不足，这在一定程度上取决于负载均衡算法和运行时逻辑的复杂程度。

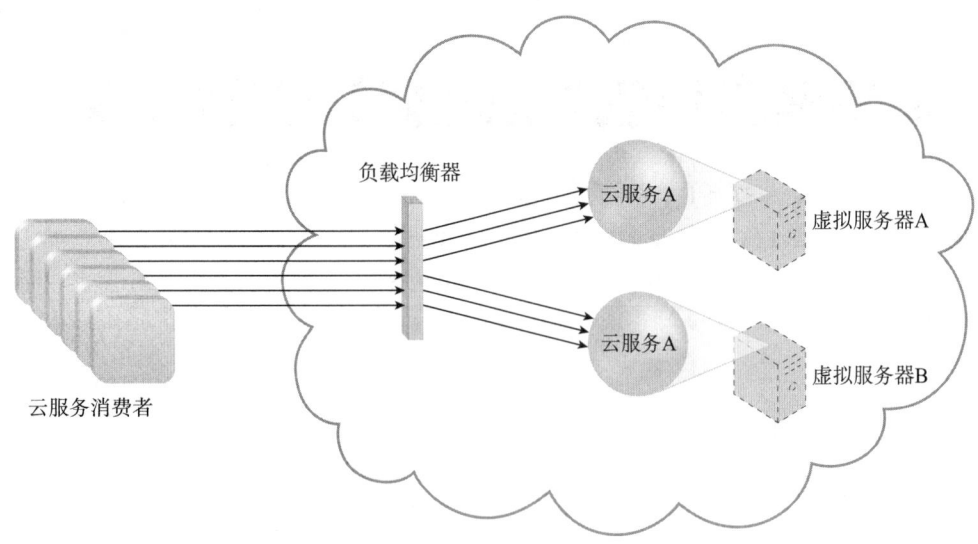

图 13.1 在虚拟服务器 B 上实现了云服务 A 的冗余副本。负载均衡器拦截云服务消费者请求，并将其定向到虚拟服务器 A 和 B，以确保均匀的工作负载分配

这种基本架构模型可以应用于任何 IT 资源，通常进行负载分配以支持分布式虚拟服务器、云存储设备和云服务。应用于特定 IT 资源的负载均衡系统通常会产生此架构的专门变体，其中包含负载均衡的各个方面，例如：

- 本章稍后解释的服务负载均衡架构
- 第 14 章中介绍的负载均衡虚拟服务器架构
- 第 15 章中描述的负载均衡虚拟交换机架构

除了基本的负载均衡器机制，以及可以应用负载均衡的虚拟服务器和云存储设备机制之外，以下机制也可以成为该云架构的一部分：

- 审计监视器——当分配运行时工作负载时，处理数据的 IT 资源的类型和地理位置可以决定是否需要监视来满足法律和监管要求。
- 云用量监视器——可以涉及各种监视器来执行运行时负载跟踪和数据处理。
- Hypervisor——Hypervisor 和它们所管理的虚拟服务器之间的工作负载可能需要分派。
- 逻辑网络边界——逻辑网络边界隔离了与工作负载分派方式和位置相关的云消费者的网络边界。
- 源集群——主动－主动模式下的集群 IT 资源常常用于支持不同集群节点之间的负载均衡。
- 资源复制——该机制可以生成虚拟化 IT 源的新实例，以响应运行时工作负载分派需求。

13.2 资源池架构

资源池架构基于一个或多个资源池的使用，其中相同的 IT 资源由一个系统进行分组和维护，该系统自动确保它们保持同步。

这里提供了资源池的常见示例：

物理服务器池由已安装操作系统和其他必要的程序和/或应用，并可立即使用的联网服务器组成。

虚拟服务器池通常使用云消费者在预配期间选择的几个可用模板之一进行配置。例如，云消费者可以设置一个具有 4 GB RAM 的中级 Windows 服务器池或一个具有 2 GB RAM 的低级 Ubuntu 服务器池。

存储池或云存储设备池由基于文件或基于块的存储结构组成，其中包含空的和/或已满的云存储设备。

网络池（或互连池）由不同的预配网络连接设备组成。例如，可以创建虚拟防火墙设备或物理网络交换机池以实现冗余连接、负载均衡或链路聚合。

CPU 池已准备好分配给虚拟服务器，并且通常会分解为单个处理核。

物理 RAM 池可用于新配置的物理服务器或垂直调整物理服务器。

可以为每种类型的 IT 资源创建专用池，也可以将单个池聚合为一个更大的池，这样一来，每个单独的池都成为一个子池（如图 13.2 所示）。

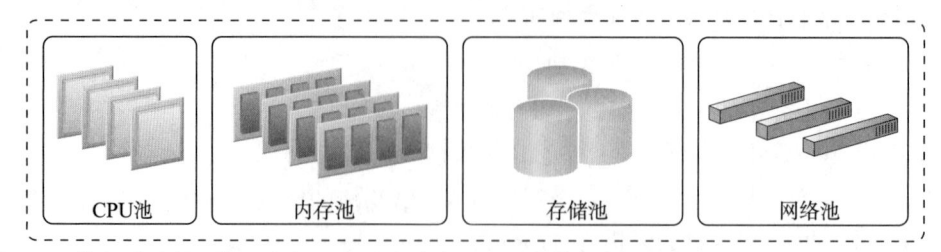

图 13.2　资源池示例，资源池由 CPU 池、内存池、云存储设备池和虚拟网络设备池四个子池组成

如果为特定的云消费者或应用创建了多个池，那么资源池可能变得非常复杂。可以建立层次结构来形成父池、兄弟池和嵌套池，方便组织不同的资源池需求（如图 13.3 所示）。

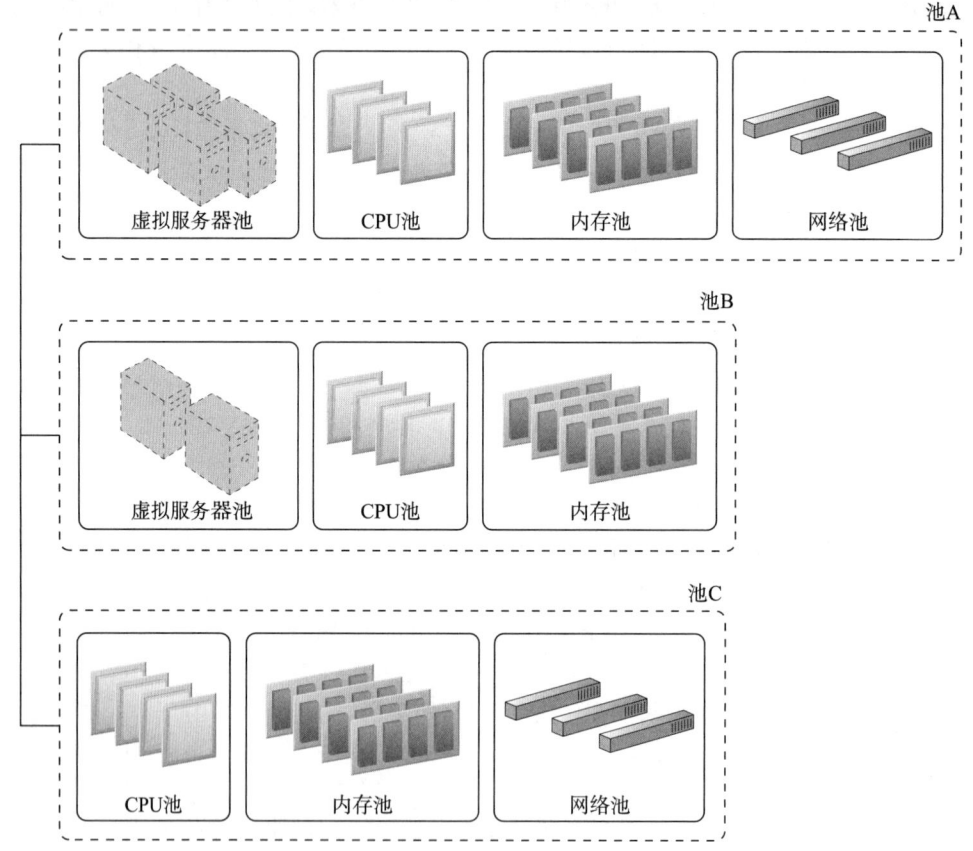

图 13.3　池 B 和池 C 是同级池，都来自较大的池 A，池 A 已分配给某个云消费者了。这是为池 B 和池 C 获取 IT 资源的一个替代方案，这些 IT 资源来自整个云共享的 IT 资源的常规储备

同级资源池通常来自物理聚合的 IT 资源，而不是分布在不同数据中心的 IT 资源。同级池彼此隔离，因此每个云消费者只能访问其各自的池。

在嵌套池模型中，较大的池被划分为较小的池，这些较小的池将相同类型的 IT 资源单独组合在一起（如图 13.4 所示）。嵌套池可用于将资源池分配给同一云消费者组织中的不同部门或分组。

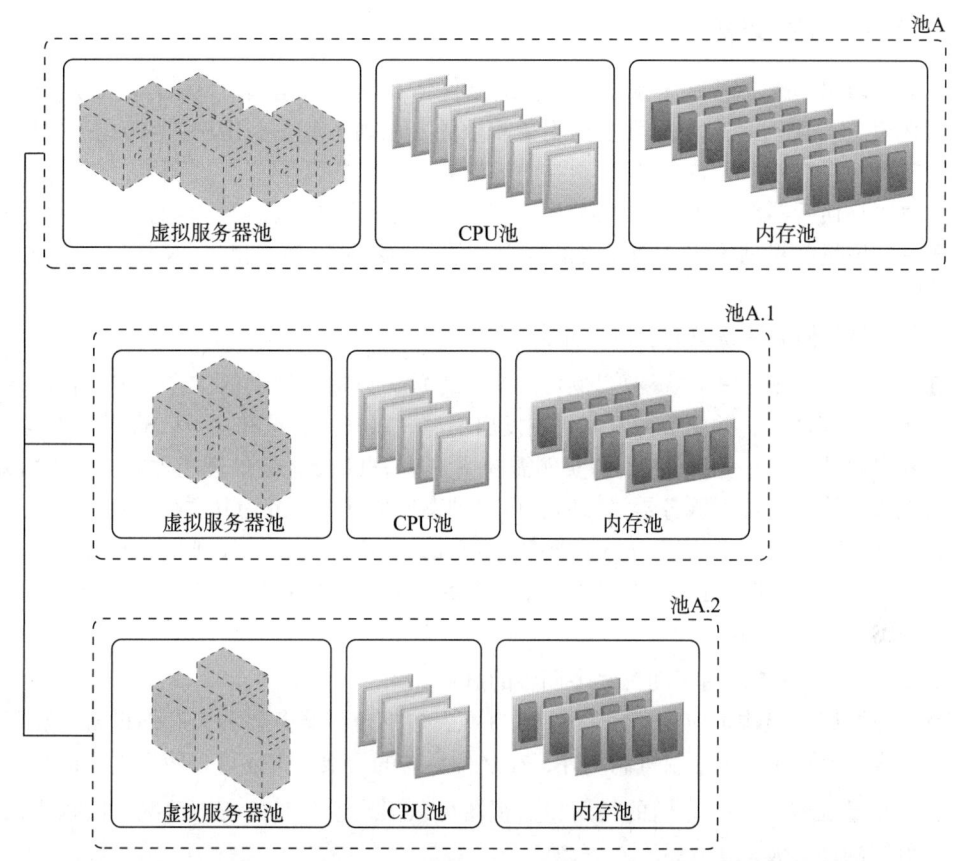

图 13.4 嵌套池 A.1 和池 A.2 由与池 A 相同的 IT 资源组成，但数量不同。嵌套池用于预配云服务，这些云服务需要用具有相同配置设置的同类 IT 资源进行快速实例化

定义资源池后，可以创建每个池中 IT 资源的多个实例，提供"实时" IT 资源的内存池。除了云存储设备和虚拟服务器这些常见的池化机制之外，以下机制也可以成为此云架构的一部分：

- 审计监视器——此机制监视资源池的使用情况，确保其符合隐私和法规要求，尤其是当资源池包含云存储设备或加载到内存中的数据的时候。
- 云用量监视器——池化 IT 资源和任何底层管理系统所需的运行时跟踪和同步，这涉及各种云用量监视器。
- Hypervisor——Hypervisor 机制负责为虚拟服务器提供对资源池的访问，除了托管服务器之外，有时还托管资源池本身。
- 逻辑网络边界——逻辑网络边界用于从逻辑上组织和隔离资源池。
- 计量付费监视器——计量付费监视器收集各个云消费者的用量和计费信息，这些信息与如何分配和使用各种池中的 IT 资源有关。
- 远程管理系统——此机制通常用于与后端系统和程序交互，通过前端门户提供资源池管理功能。
- 资源管理系统——资源管理系统机制为云消费者提供用于管理资源池的工具和权限管理选项。
- 资源复制——该机制用于为资源池的 IT 资源生成新的实例。

13.3 动态伸缩架构

动态伸缩架构是一种基于预定义的伸缩条件体系的架构模型，该条件会触发资源池中IT资源的动态分配。动态分配可根据用量需求的变化动态变更利用率，因为不需要手动交互即可有效回收不必要的IT资源。

自动调整侦听器配置了工作负载阈值，这些阈值指示何时需要将新的IT资源添加到任务处理中。该机制根据给定云消费者的合同条款，确定可以动态提供的额外IT资源的逻辑条件数量。

常用的动态伸缩调整类型有以下几种：

- 动态水平调整——IT资源实例可以水平缩放，以适应波动的工作负载。自动调整侦听器监视请求，并向资源复制机制发出信号，以根据需求和权限启动IT资源复制。
- 动态垂直调整——当IT资源实例需要调整单一IT资源的处理能力时，会垂直缩放。例如，当一台虚拟服务器过载时，可以动态增加其内存或为其添加处理器核。
- 动态重定向——IT资源重定向到能力更大的主机。例如，数据库可能需要从具有每秒 4 GB I/O 的基于磁带的 SAN 存储设备迁移到每秒 8 GB I/O 的另一个基于磁盘的 SAN 存储设备上。

图 13.5～图 13.7 说明了动态水平调整的过程。

动态伸缩调整架构可应用于一系列IT资源，包括虚拟服务器和云存储设备。除了核心的自动调整侦听器和资源复制机制之外，在这种形式的云架构中还可以使用以下机制：

- 云用量监视器——专门的云用量监视器可以跟踪运行时的使用情况，以响应该架构引起的动态波动。
- Hypervisor——Hypervisor由动态伸缩调整系统调用，用于创建或删除虚拟服务器实例，或自行缩放。
- 计量付费监视器——计量付费监视器用于收集使用成本信息，以响应IT资源的缩放。

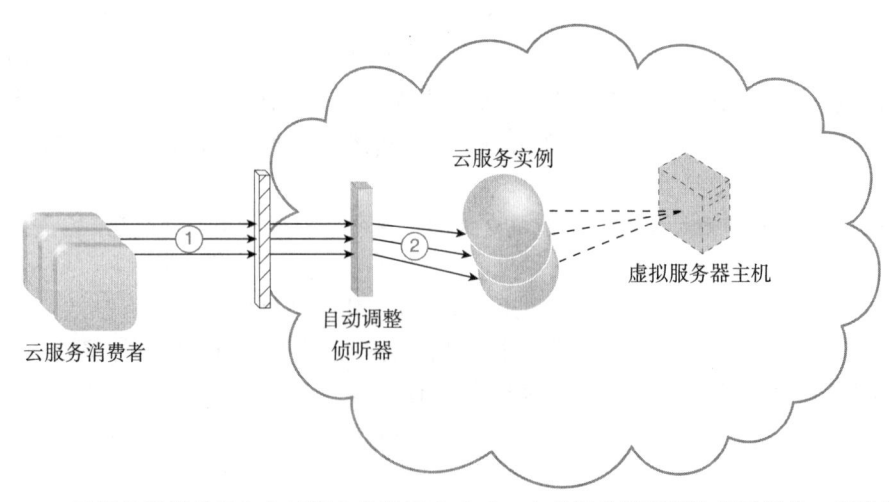

图 13.5 云服务消费者正在向云服务发送请求（1）。自动调整侦听器监视云服务，以确定是否超出预定义的容量阈值（2）

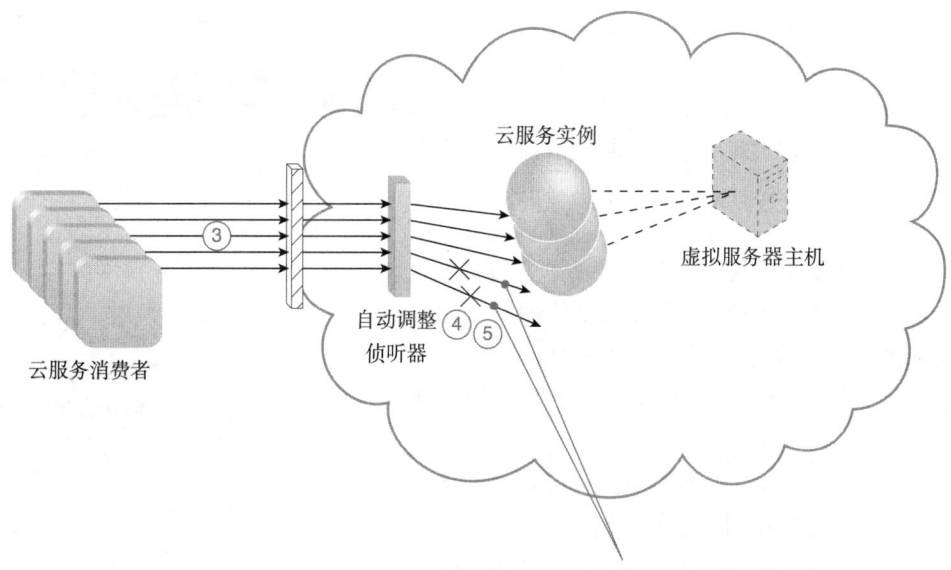

图 13.6 来自云服务消费者的请求数量增加（3）。工作负载超出性能阈值。自动调整侦听器根据预定义的调整策略确定下一步操作（4）。如果云服务实现被认为有资格进行额外调整，则自动调整侦听器将启动缩放过程（5）

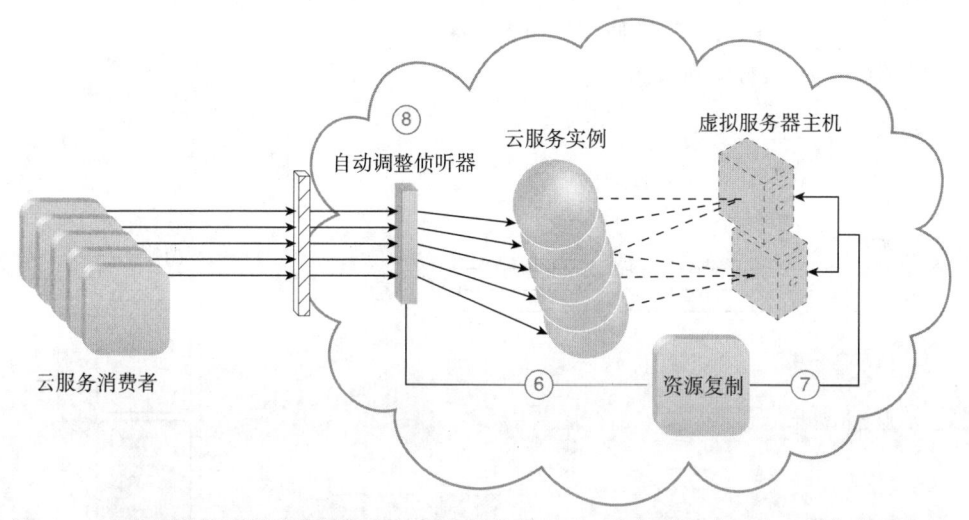

图 13.7 自动调整侦听器向资源复制机制发送信号（6），该机制创建更多云服务实例（7）。现在增加的负载已得到满足，自动调整侦听器将根据需要恢复监视和调整 IT 资源（8）

13.4 弹性资源容量架构

弹性资源容量架构主要与虚拟服务器的动态配置相关，它使用一个分配和回收 CPU 和 RAM 的系统，及时响应托管 IT 资源波动的处理需求（如图 13.8 和图 13.9 所示）。

资源池由与 Hypervisor 和 / 或 VIM 交互的伸缩调整技术使用，检索并返回运行时 CPU 和 RAM 资源。虚拟服务器的运行一直受到监视，以便在达到能力阈值之前，可以通过动态分配从资源池中获得额外的处理能力。虚拟服务器及其托管的应用和 IT 资源依响应而进行垂直缩放调整。

可以设计这种类型的云架构，以便智能自动引擎脚本通过 VIM 发送其调整请求，而不是直接发送到 Hypervisor。参与弹性资源分配系统的虚拟服务器可能需要重新启动才能使动态资源分配生效。

还有一些可以包含在该云架构中的一些附加机制：

- 云用量监视器——使用专门的云用量监视器收集 IT 资源在调整之前、期间和之后的资源使用信息，帮助定义虚拟服务器的未来处理能力阈值。
- 计量付费监视器——计量付费监视器负责收集资源使用成本信息，因为它随弹性配置而波动。
- 资源复制——该架构模型使用资源复制来生成调整的 IT 资源的新实例。

智能自动引擎

智能自动引擎通过执行包含工作流逻辑的脚本，自动执行管理任务。

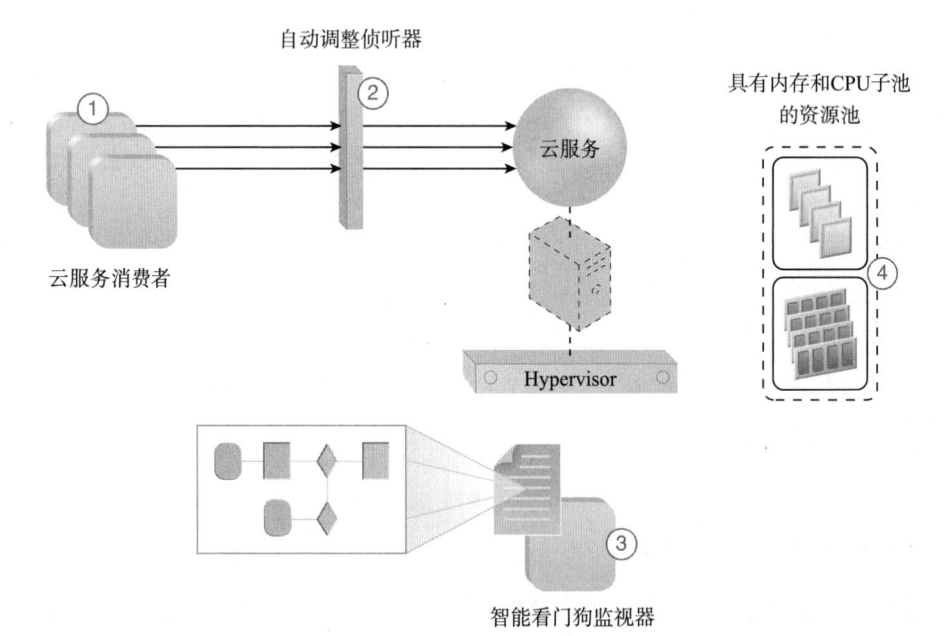

图 13.8 云服务消费者主动向云服务发送请求（1），这些请求由自动调整侦听器（2）监听。智能自动引擎脚本与工作流逻辑一起部署（3），能够使用分配请求通知资源池（4）

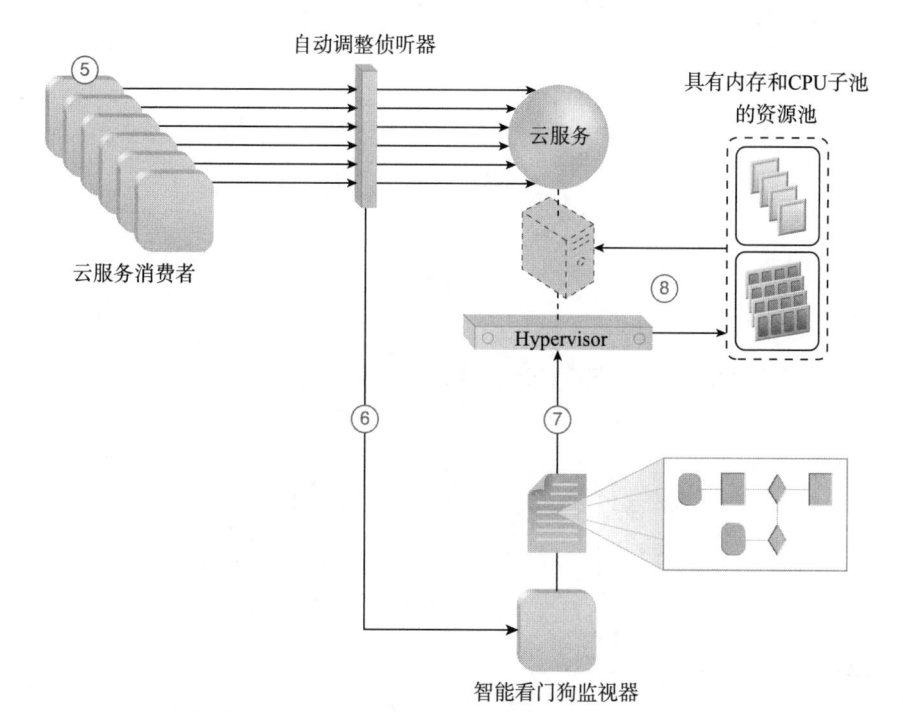

图13.9 云服务消费者请求增加（5），导致自动调整侦听器向智能自动引擎发出信号以执行脚本（6）。该脚本运行工作流逻辑，向 Hypervisor 发出信号，从资源池中分配更多 IT 资源（7）。Hypervisor 为虚拟服务器分配额外的 CPU 和 RAM，从而能够处理增加的工作负载（8）

13.5 服务负载均衡架构

服务负载均衡架构可以被视为一种负载分配架构的专门变体，专门用于伸缩调整云服务设施。通过创建云服务的冗余部署，并添加负载均衡系统以动态调整负载。

重复的云服务设施被组织到某个资源池中，而负载均衡器被定位为外部或内部组件，这使得主机服务器能够自己均衡负载。

根据主机服务器环境的预期负载和处理能力，每个云服务设施可以生成多个实例作为某个资源池的一部分，以更有效地响应波动起伏的请求量。

负载均衡器既可以独立于云服务及其主机服务器（如图 13.10 所示）放置，也可以内置为应用或服务器环境的一部分。在后一种情况下，具有负载均衡逻辑的主服务器可以与相邻服务器通信以均衡负载（如图 13.11 所示）。

除了负载均衡器之外，服务负载均衡架构还可以涉及以下机制：

- 云用量监视器——云用量监视器可能涉及监视云服务实例及其各自的 IT 资源消耗水平，还有各种运行时侦听和用量数据收集任务。
- 资源集群——此架构中包含主动-主动集群，以帮助均衡集群中不同成员之间的工作负载。
- 资源复制——资源复制机制用于生成云服务实例，以支持负载均衡要求。

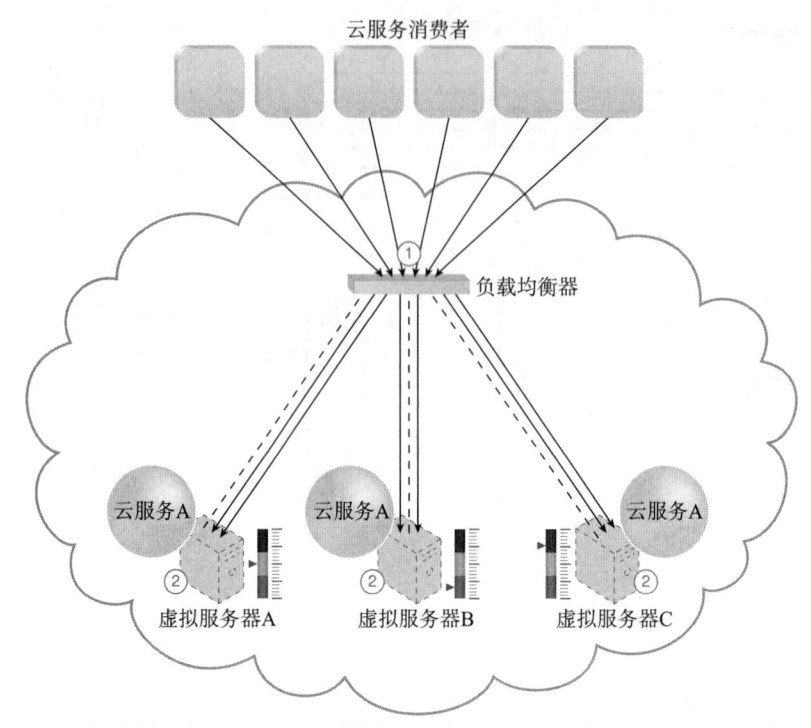

图 13.10 负载均衡器拦截云服务消费者发送的消息（1），并将其转发到虚拟服务器，以便水平调整负载处理（2）

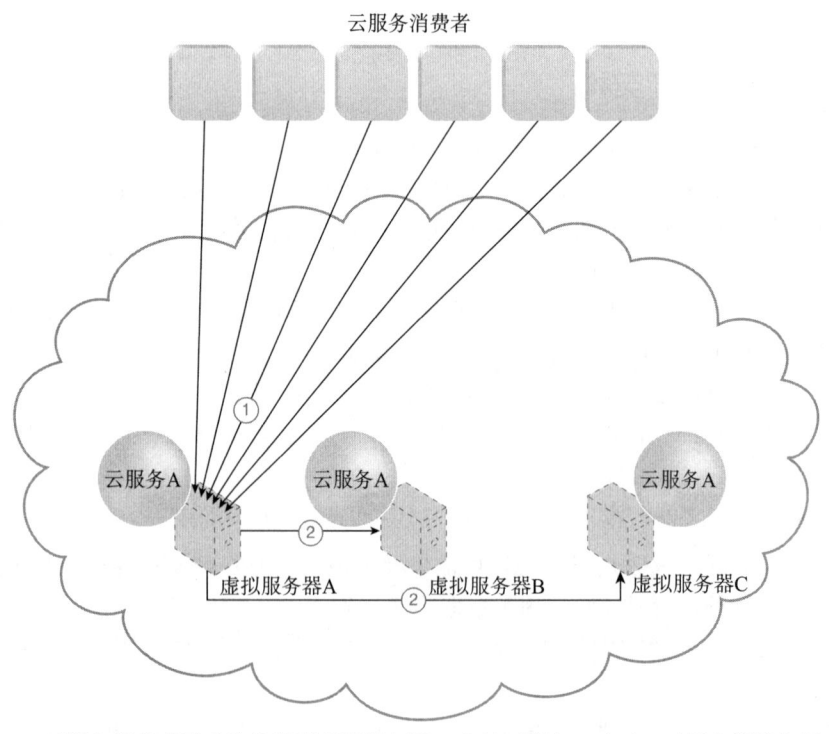

图 13.11 云服务消费者请求将发送到虚拟服务器 A 上的云服务 A（1）。云服务设施包括内置的负载均衡逻辑，能够将请求分发给虚拟服务器 B 和 C 上的相邻云服务 A 的实例（2）

13.6 云迸发架构

云迸发架构建立了一种动态伸缩调整形式，只要达到预定义的能力阈值，就会水平扩展本地 IT 资源或"迸发"到云中。相应的基于云的 IT 资源被冗余地预先部署，但在云迸发发生之前始终保持着不活动状态。一旦不再需要这些资源，基于云的 IT 资源就会被释放，架构"迸发"回本地环境。

云迸发是一种灵活的伸缩架构，为云消费者提供仅使用基于云的 IT 资源就能满足更高使用需求的选择。该架构模型的基础是基于自动调整侦听器和资源复制机制。

自动调整侦听器确定何时将请求重定向到基于云的 IT 资源，资源复制用于维护本地和基于云的 IT 资源之间状态信息的同步（如图 13.12 所示）。

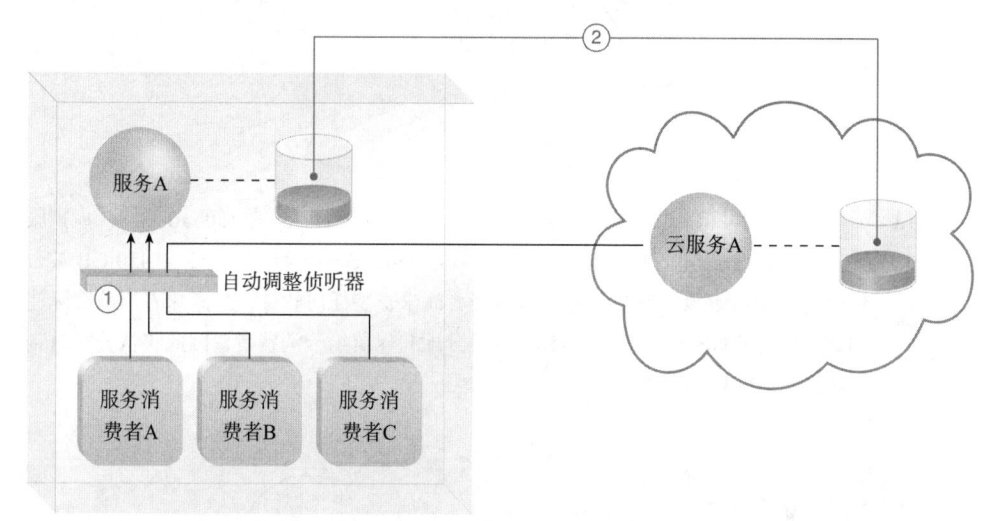

图 13.12 自动调整侦听器监视本地服务 A 的使用情况，并在超过服务 A 的使用阈值后，将服务消费者 C 的请求重定向到服务 A 在云中的冗余实现（云服务 A）(1)。资源复制系统用于保持状态管理数据库的同步(2)

除了自动调整侦听器和资源复制之外，还可以使用许多其他机制来自动地动态实现此架构的进入和迸出，这主要取决于所调整的 IT 资源的类型。

13.7 弹性盘预配架构

云消费者通常按固定磁盘大小支付基于云的存储空间费用，这意味着费用是依据磁盘容量预先确定的，而不是按照实际数据存储消耗。图 13.13 通过一个场景来说明这一点：在该场景中，云消费者配置了带有 Windows Server 操作系统和三个 150 GB 硬盘的虚拟服务器；云消费者在安装操作系统后需要支付 450 GB 的存储空间，即使尚未安装任何软件。

弹性盘预配架构建立了一种动态存储预配系统，确保云消费者根据其实际使用的确切存储量进行细粒度计费。该系统使用精细预配技术来动态分配存储空间，并进一步得到运行时用量监视的支持，以为计费目的收集准确的使用数据（如图 13.14 所示）。

精细预配软件安装在通过 Hypervisor 处理动态存储分配的虚拟服务器上，而计量付费监视器则跟踪和报告与计费相关的详细磁盘使用数据（如图 13.15 所示）。

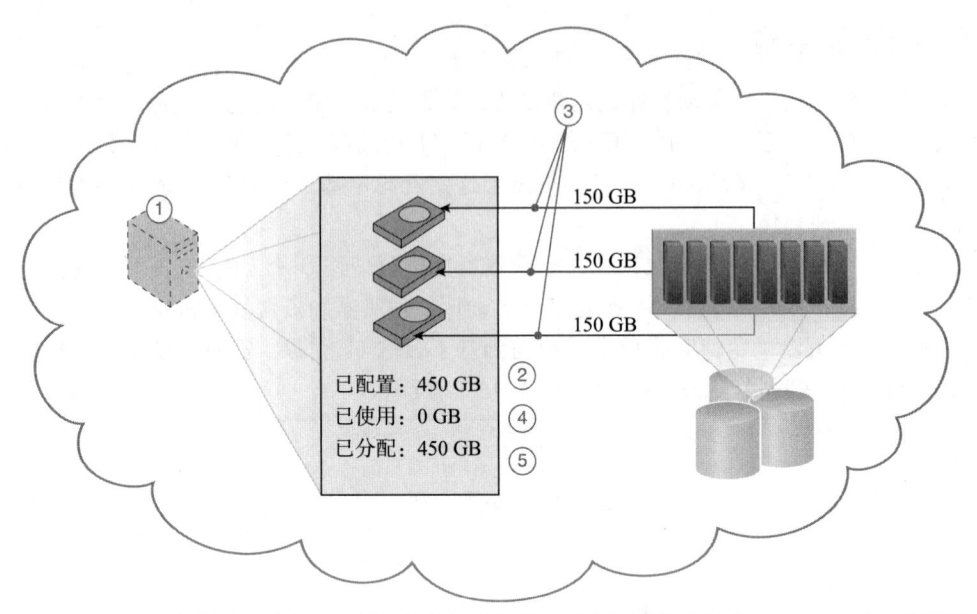

图 13.13 云消费者请求具有三个硬盘的虚拟服务器，每个硬盘的容量为 150 GB（1）。虚拟服务器根据弹性盘预配架构进行配置，总共有 450 GB 的磁盘空间（2）。450 GB 被云供应商分配给虚拟服务器（3）。云消费者尚未安装任何软件，这意味着当前实际使用的空间为 0 GB（4）。由于 450 GB 已分配并保留给云消费者，因此将从分配时刻开始按 450 GB 磁盘用量收费（5）

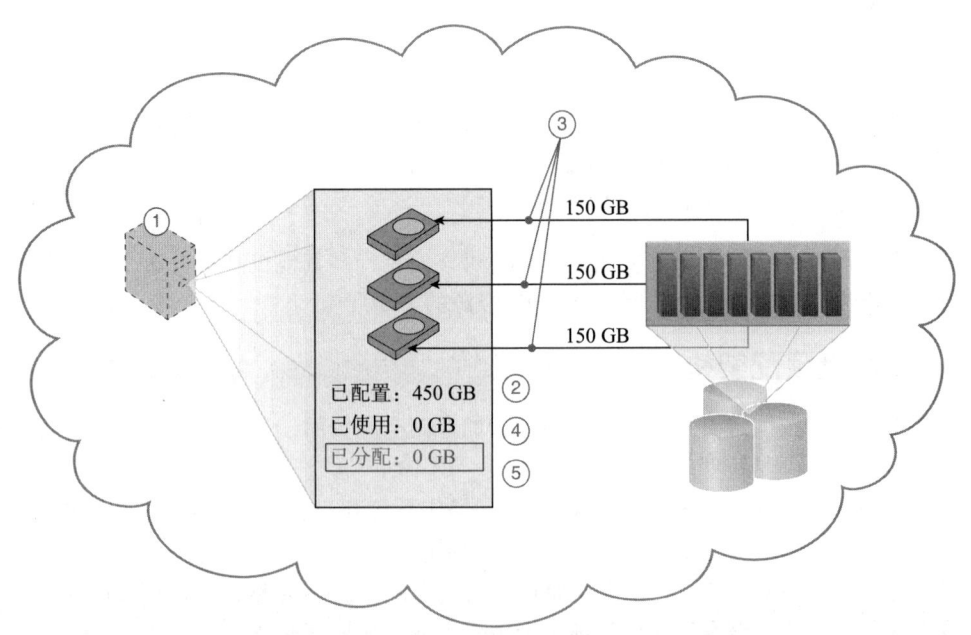

图 13.14 云消费者请求具有三个硬盘的虚拟服务器，每个硬盘的容量为 150 GB（1）。该架构为虚拟服务器预配置了 450 GB 的磁盘空间（2）。尽管尚未预留或分配任何物理磁盘空间，但 450 GB 被设置为该虚拟服务器允许的最大磁盘容量（3）。云消费者尚未安装任何软件，这意味着当前实际使用的空间为 0 GB（4）。由于分配的磁盘空间等于实际使用的空间（当前为 0），因此云消费者不需要为任何磁盘空间付费（5）

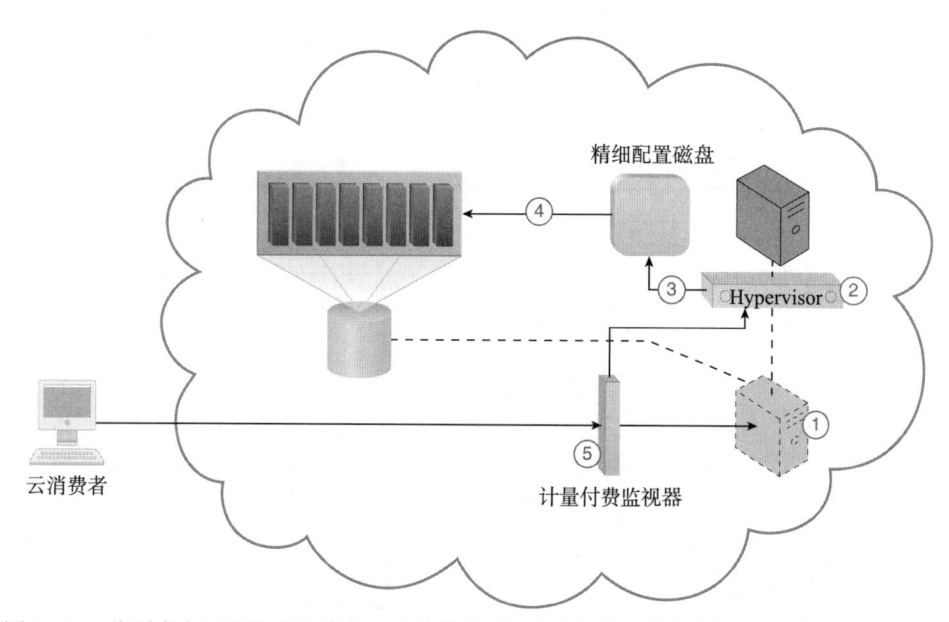

图 13.15 收到来自云消费者的请求，开始预配置新的虚拟服务器实例（1）。作为预配置过程的一部分，硬盘被选择为动态或精细配置磁盘（2）。Hypervisor 调用动态磁盘分配组件来为虚拟服务器创建精细磁盘（3）。虚拟服务器磁盘是通过精细预配程序创建的，并保存在大小接近于零的文件夹中。该文件夹及其文件的大小随着操作应用的安装以及其他文件复制到虚拟服务器上而增长（4）。计量付费监视器跟踪实际动态分配的存储以用于计费目的（5）

除了云存储设备、虚拟服务器、Hypervisor 和计量付费监视器之外，该架构中还可以包含以下机制：

- 云用量监视器——专门的云用量监视器可用于跟踪和记录存储使用波动。
- 资源复制——当需要将动态细盘存储转换为静态厚盘存储时，资源复制是弹性盘预配的一部分。

13.8 冗余存储架构

云存储设备偶尔会出现由网络连接问题、控制器或一般硬件故障或安全漏洞引起的故障和中断。受损的云存储设备的可靠性可能会产生连锁反应，并导致云中依赖其可用性的所有服务、应用和基础设施组件发生故障。

冗余存储架构引入了辅助副本云存储设备作为故障恢复系统的一部分，将其数据与主云存储设备中的数据同步。每当主设备发生故障时，存储服务网关就会将云消费者请求转移到辅助设备（如图 13.16 和图 13.17 所示）。

LUN

逻辑单元号（LUN）表示物理驱动器上划分的逻辑驱动器。

存储服务网关

存储服务网关充当云存储服务的外部接口的组件，并且能够在请求数据的位置发生变化时，自动重定向云消费者请求。

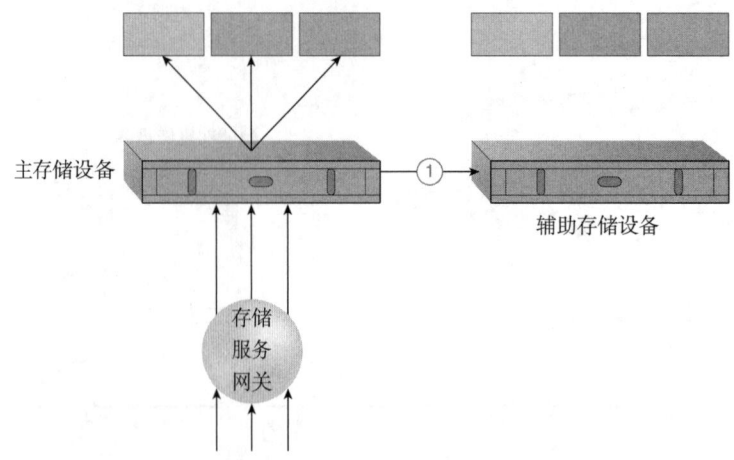

图 13.16　主云存储设备定期复制到辅助云存储设备（1）

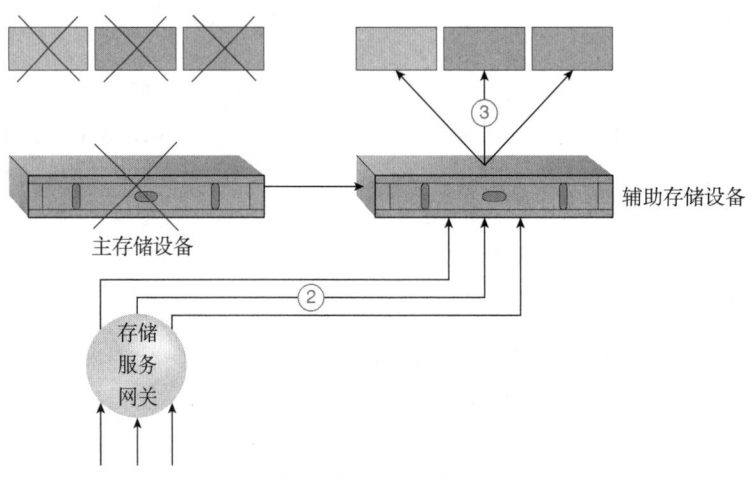

图 13.17　主存储变得不可用，存储服务网关将云消费者请求转发到辅助存储设备（2）。辅助存储设备将请求转发到 LUN，从而允许云消费者继续访问其数据（3）

这种云架构主要依赖于存储复制系统，该系统使主云存储设备与其副本辅助云存储设备保持同步（如图 13.18 所示）。

通常出于经济原因，云供应商可能会将辅助云存储设备放置于与主云存储设备不同的地理区域。然而，这可能会引起某些类型的数据的法律问题。辅助云存储设备的位置可以决定用于同步的协议和方法，因为某些复制传输协议具有距离限制。

一些云供应商使用具有双阵列和存储控制器的存储设备来提高设备冗余，并将辅助存储设备放置在不同的物理位置，以实现云均衡和灾难恢复。在这种情况下，云供应商可能需要租用第三方云供应商的网络连接来实现两个设备之间的复制。

存储复制

存储复制是资源复制机制的一种变体，用于将数据从主存储设备同步或异步复制到辅助存储设备。它可以用于复制部分或整个 LUN。

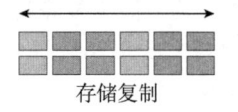

存储复制

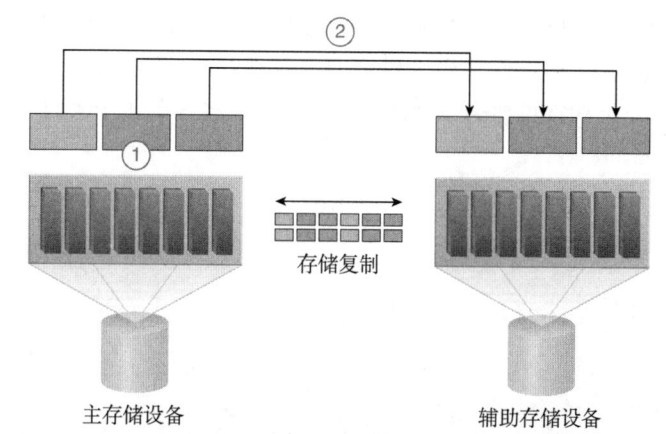

图 13.18　存储复制用于保持冗余存储设备与主存储设备同步

13.9　多云架构

两个或多个公共云组合的云架构称为多云架构（如图 13.19 所示）。这种类型架构中的不同组合云可以通过任何云交付模式——即 IaaS、PaaS 或 SaaS，向外提供它们的资源。使用多云架构的根本原因之一是避免因仅依赖单个云供应商而导致的供应商锁定。

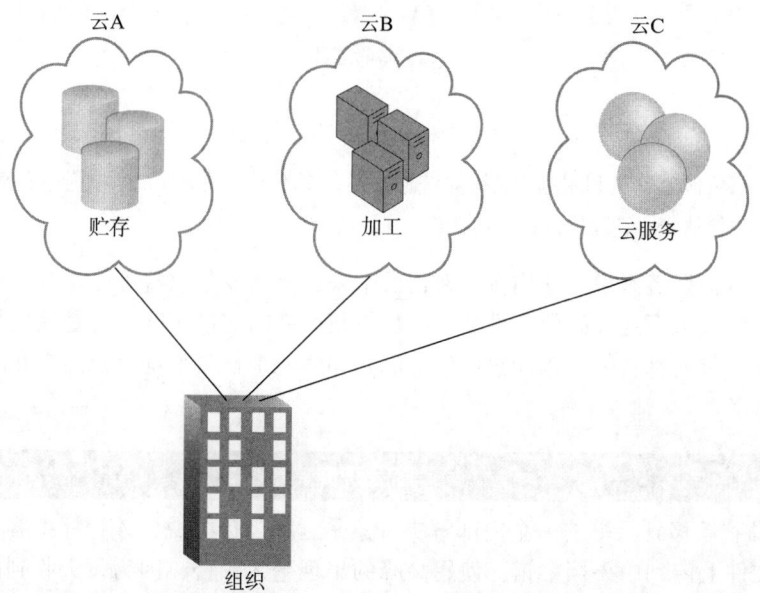

图 13.19　组织使用来自不同云的不同类型的资源，利用每个云更擅长的资源，并避免供应商锁定

使用多云架构时，云消费者通常会根据特定资源或服务相对于其他供应商的优势或好处来选择供应商。

选择某个云供应商而不是其他云供应商的原因可能如下：

❑ 地理位置——当资源的物理位置出于监管目的而要求云消费者使用本地云供应商时。
❑ 经济性——定价或计费模式。
❑ 运营——寻求更高的容量、更强的韧性或更好的性能。
❑ 功能性——寻找云消费者所需的更多特性、专门的能力，或者总体上更好的质量。

为了使云消费者能够利用分布在不同云中的IT资源，云资源管理员使用集中式远程管理系统，通过各自的API连接到每个云供应商的管理系统（如图13.20所示）。这使得云消费者能够从一个中心位置管理所有基于云的IT资源，然后像使用来自单个云的资源一样，轻松地使用和访问它们。

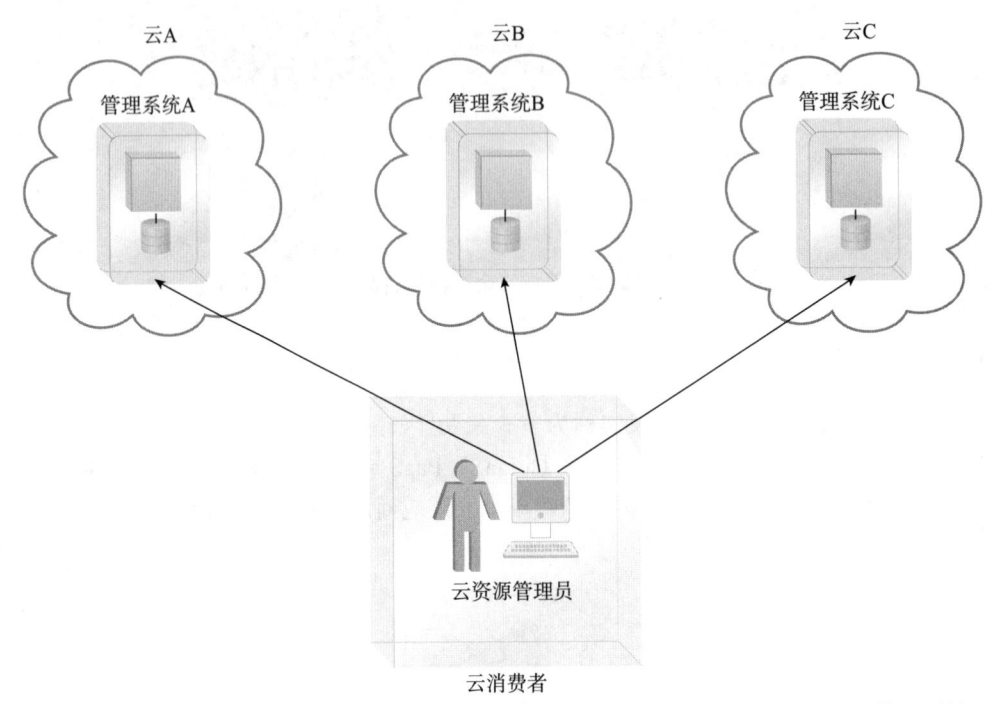

图13.20 云资源管理员利用远程管理系统连接到各个不同云供应商的各自独立的管理系统，以便从中心管理位置管理其资源

对于每个云消费者来说，使用多云架构所带来的最终业务收益可能是差别很大的。无论组织的目标是最大限度地提高业务敏捷性、加快新产品的交付速度，还是优化其云应用和自动化操作，多云架构都将使组织能够灵活地混合和匹配来自多个竞争云供应商的基于云的产品、创新和服务。

案例研究

ATN没有迁移到云端的一个内部解决方案是远程上传模块，该程序由客户每天将会计和法律文件上传到中央档案馆。使用高峰的出现毫无预警，因为每天收到的文档数量是不可预测的。

目前，远程上传模块在满负荷运行时会拒绝上传尝试，这对于需要在工作日结束之前或截止日期之前归档某些文档的用户来说是有问题的。

ATN决定围绕本地远程上传模块服务的实现来创建可利用其基于云环境的云迸发架构，这使其能够在超过本地处理阈值时迸发到云中（如图13.21和图13.22所示）。

当服务使用量下降到一定程度时，将调用"迸入"系统，以便本地远程上传模块可以再次处理服务消费者请求。云服务实例会被释放，并且不会产生额外的、与云相关的使用费用。

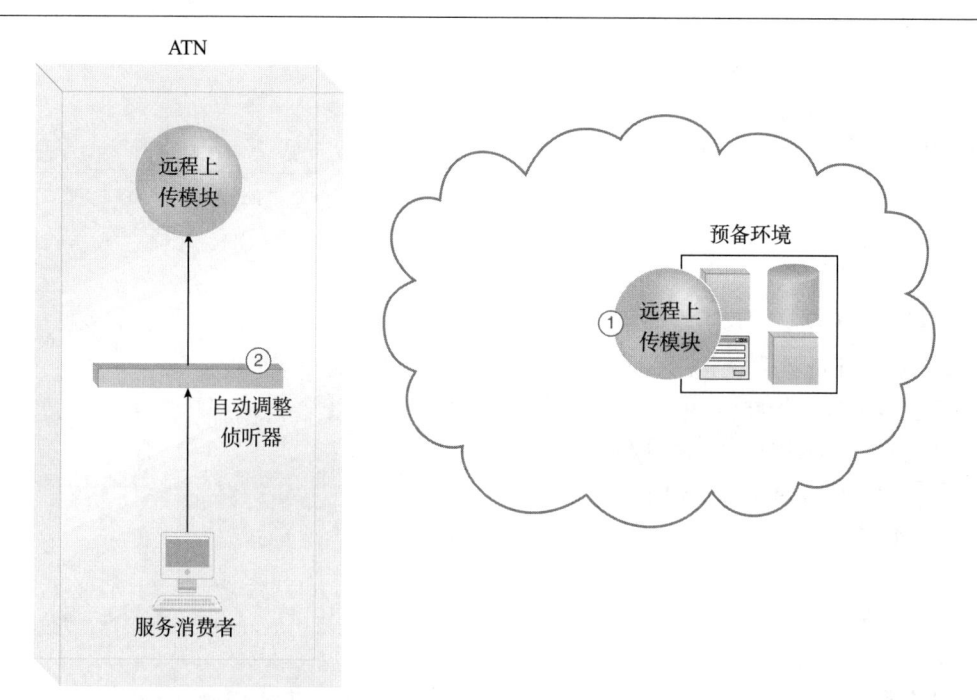

图 13.21 本地远程上传模块服务的基于云的版本部署在 ATN 租用的预备环境上（1）。自动调整侦听器监视服务消费者请求（2）

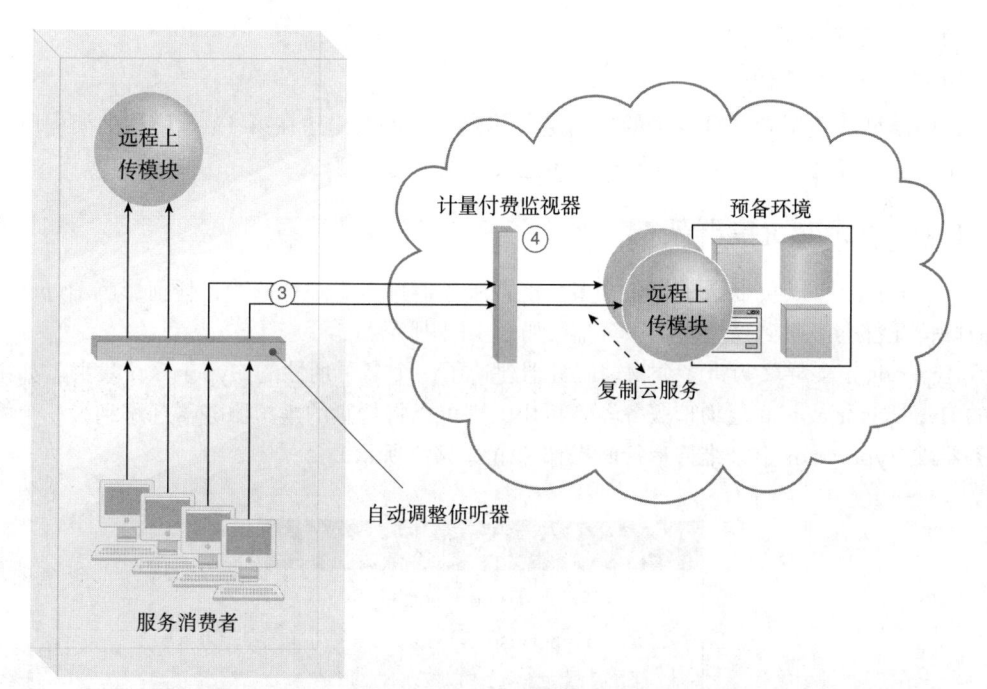

图 13.22 自动调整侦听器检测到服务消费者的使用情况已超过本地远程上传模块服务的用量阈值，并开始将多余的请求转移到基于云的远程上传模块设施上（3）。云供应商的计量付费监视器跟踪从本地自动调整侦听器收到的请求以收集计费数据，并通过资源复制按需创建远程上传模块云服务实例（4）

第 14 章

Cloud Computing: Concepts, Technology, Security & Architecture, Second Edition

高级云架构

本章探讨了以下云技术架构：

- Hypervisor 集群架构
- 虚拟服务器集群架构
- 负载均衡的虚拟服务器实例架构
- 无中断服务重定向架构
- 零停机架构
- 云均衡架构
- 灾难韧性恢复架构
- 分布式数据主权架构
- 资源预留架构
- 动态故障检测和恢复架构
- 快速预配架构
- 存储负载管理架构
- 虚拟专有云架构

这些模型代表了独特且复杂的架构层，其中一些可以构建在第 13 章描述的架构所建立的更基础的环境之上。对于每种架构，还记录了相关的机制。

14.1 Hypervisor集群架构

Hypervisor 可以负责创建和托管多个虚拟服务器。由于路径依赖，任何影响 Hypervisor 的故障情况都会级联到这些虚拟服务器（如图 14.1 所示）。

Hypervisor 集群架构跨多个物理服务器建造了一个高可用性的 Hypervisor 集群。如果给定的 Hypervisor 或其底层物理服务器不可用，则可以将托管的虚拟服务器迁移到另一个物理服务器或 Hypervisor 上来维持运行时操作（如图 14.2 所示）。

> **心跳**
>
> 心跳是 Hypervisor 之间、Hypervisor 与虚拟服务器之间，以及 Hypervisor 与虚拟机之间交换的系统级消息。

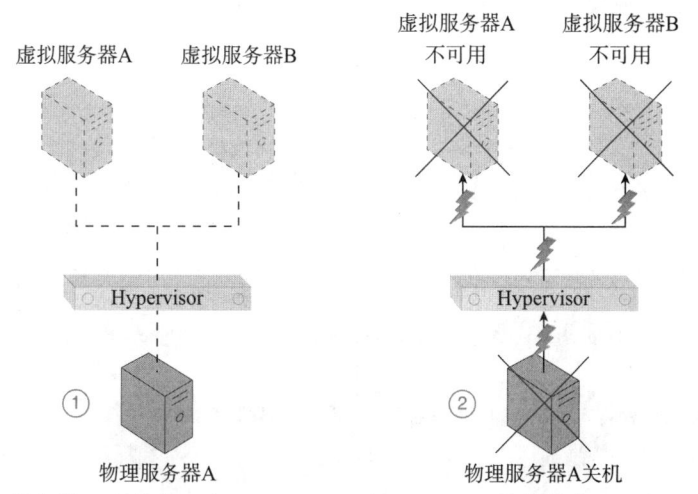

图 14.1 物理服务器 A 运行着一个 Hypervisor，该 Hypervisor 托管着虚拟服务器 A 和 B（1）。当物理服务器 A 发生故障时，Hypervisor 和两个虚拟服务器也随之发生故障（2）

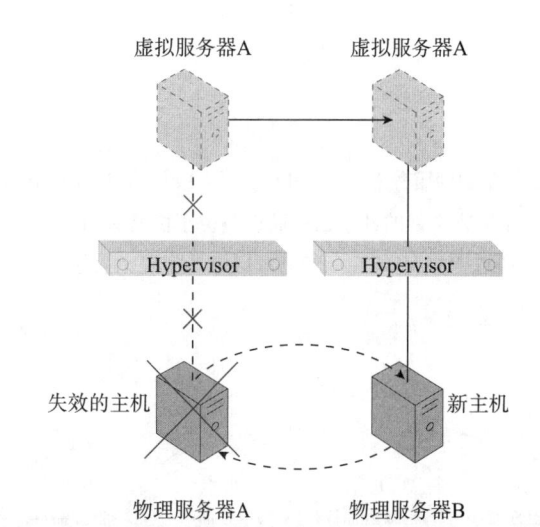

图 14.2 物理服务器 A 变得不可用，并导致其 Hypervisor 出现故障。虚拟服务器 A 迁移到物理服务器 B，该物理服务器 B 具有另一个 Hypervisor，该 Hypervisor 是物理服务器 A 所属集群的一部分

Hypervisor 集群通过中心 VIM 进行控制，该 VIM 定期向 Hypervisor 发送心跳消息，以确认它们已启动并正在运行。未确认的心跳消息会导致 VIM 启动实时 VM 迁移程序，将受影响的虚拟服务器动态迁移到新主机上。

Hypervisor 集群使用共享云存储设备来实时迁移虚拟服务器，如图 14.3～图 14.6 所示。

> **实时虚拟机迁移**
>
> 实时虚拟机迁移是一种能够在运行时重新定位虚拟服务器或虚拟服务器实例的系统。

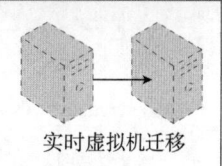

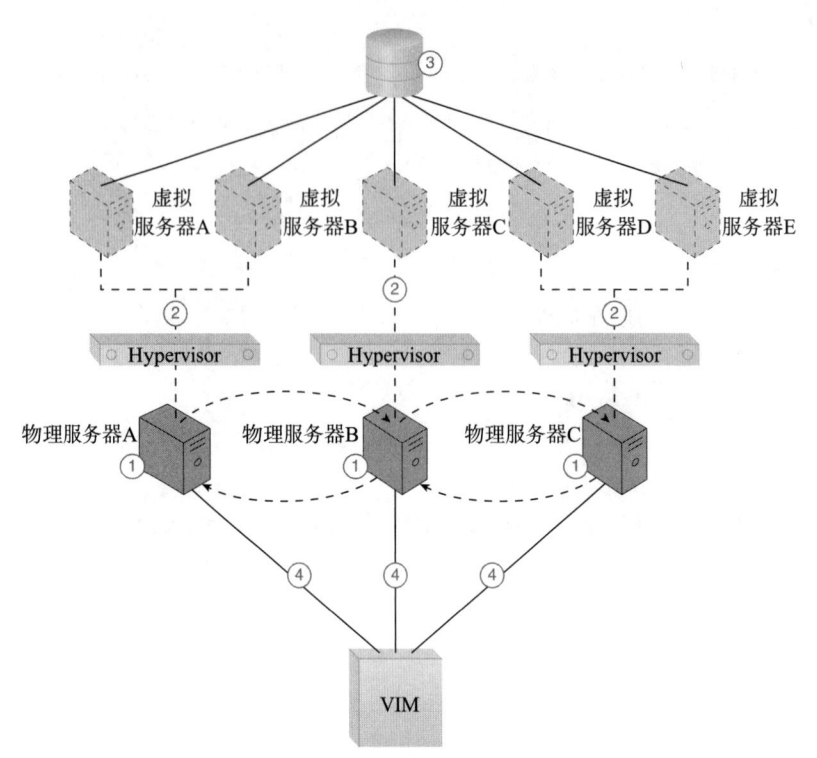

图 14.3　Hypervisor 安装在物理服务器 A、B 和 C 上（1）。虚拟服务器由 Hypervisor 创建（2）。包含虚拟服务器配置文件的共享云存储设备位于供所有 Hypervisor 访问的共享云存储设备中（3）。通过中心 VIM 在三台物理服务器主机上启用 Hypervisor 集群（4）

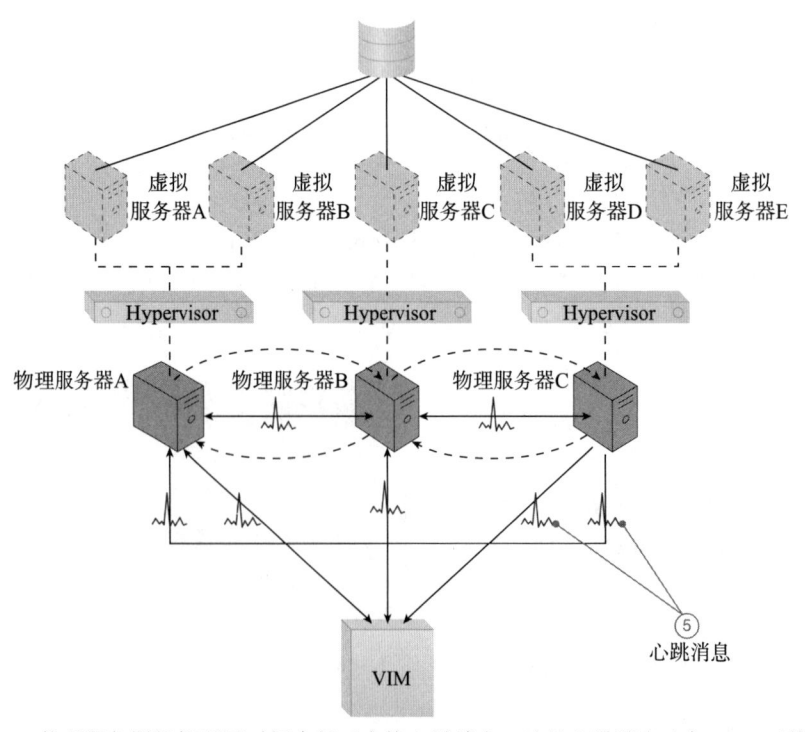

图 14.4　物理服务器根据预置时间表相互交换心跳消息，这些心跳消息也与 VIM 互换（5）

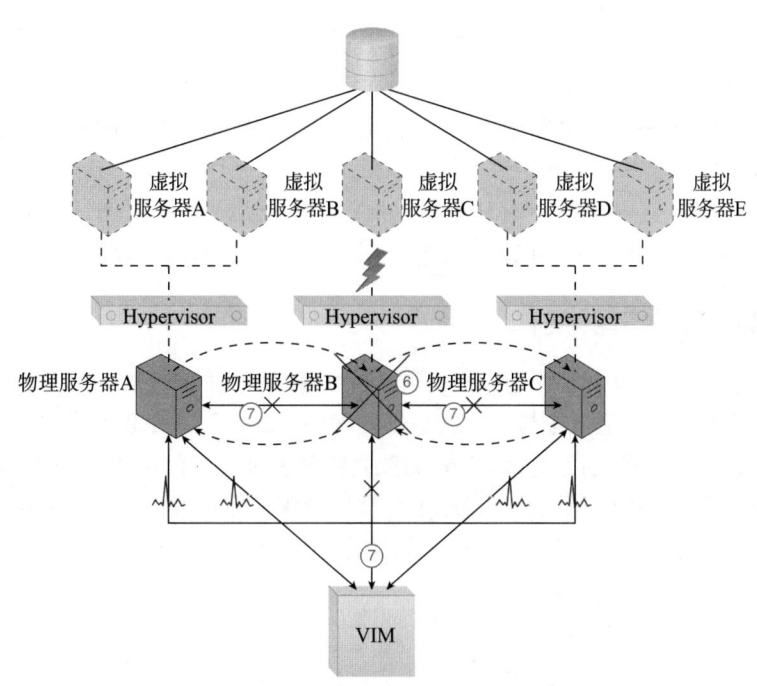

图 14.5 物理服务器 B 发生故障并变得不可用，从而危及虚拟服务器 C（6）。其他物理服务器和 VIM 停止接收来自物理服务器 B 的心跳消息（7）

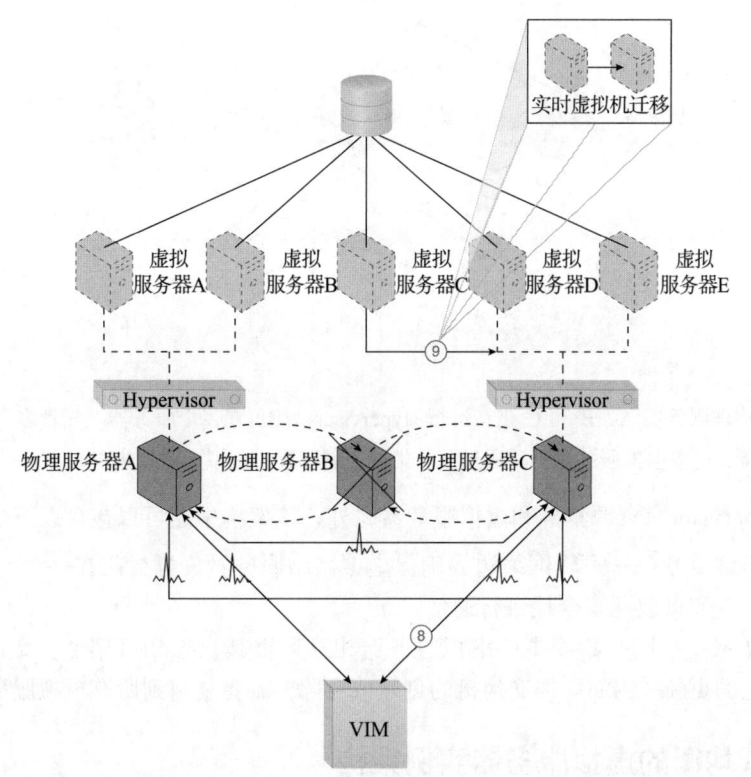

图 14.6 在评估了集群中其他 Hypervisor 的可用能力后，VIM 选择物理服务器 C 作为新主机来获取虚拟服务器 C 的所有权（8）。虚拟服务器 C 实时迁移到物理服务器 C 上运行的 Hypervisor，在恢复正常操作之前可能需要重新启动（9）

除了构成该架构模型核心的 Hypervisor 和资源集群机制，以及受集群环境保护的虚拟服务器之外，还可以考虑以下机制：
- 逻辑网络边界——此机制创建的逻辑边界确保其他云消费者的 Hypervisor 不会意外包含在给定集群中。
- 资源复制——同一集群中的 Hypervisor 相互通报其状态和可用性。集群中发生的任何变更的更新（例如创建或删除虚拟交换机）需要通过 VIM 复制到所有 Hypervisor。

14.2 虚拟服务器集群架构

虚拟服务器集群架构表示在运行 Hypervisor 的物理主机上部署一个或多个虚拟服务器集群。该架构的重点是云通过虚拟化为服务器集群提供效率、韧性和可伸缩性。

单个虚拟服务器是在运行 Hypervisor 的独立物理主机上实例化的（如图 14.7 所示）。这提供了虚拟基础设施，可以在该基础设施上配置虚拟服务器集群以用于各种目的，例如大数据分析、面向服务的架构、分布式 NoSQL 数据库和先进的容器管理平台。

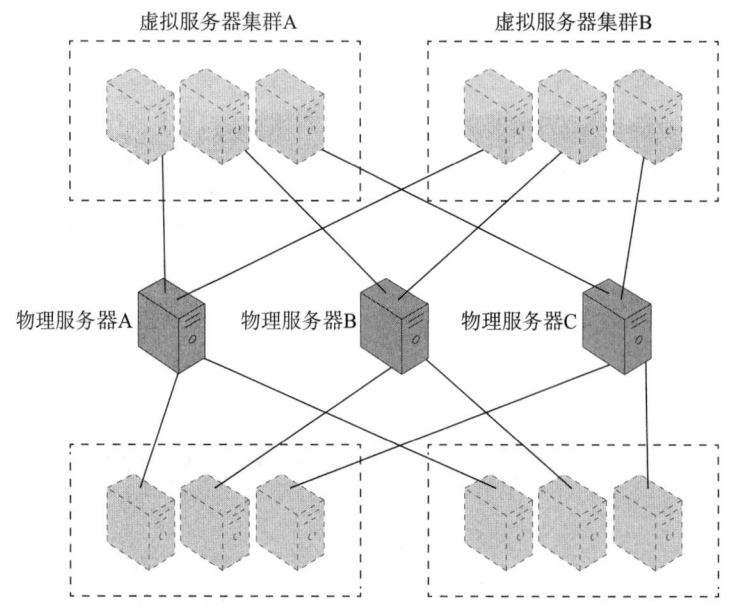

图 14.7 物理服务器 A、B 和 C 正在运行 Hypervisor，使得在每个服务器上托管多个虚拟服务器（这些虚拟服务器然后通过资源集群机制配置为虚拟服务器集群）

除了 Hypervisor、资源集群和虚拟服务器之外，该架构中还可以包含以下机制：
- 逻辑网络边界——逻辑网络边界确保虚拟网络服务器集群封闭在一个互连的环境中，其中所有节点彼此安全地进行通信。
- 资源复制——同一集群中的虚拟服务器相互通报其状态和可用性。集群中发生的任何变化的更新（例如虚拟交换机的创建或删除）需要复制到所有虚拟服务器。

14.3 负载均衡的虚拟服务器实例架构

在操作和管理相互隔离的物理服务器之间保持跨服务器负载的均衡可能具有挑战性。与相邻的物理服务器相比，物理服务器很容易最终托管更多的虚拟服务器或接收更大的工作负载（如图 14.8 所示）。随着时间的推移，物理服务器的过度利用和利用不足都会急剧增加，从而导致持续的性能挑战（对于过度利用的服务器）和持续的浪费（对于未充分利用的服务器处理潜力）。

负载均衡的虚拟服务器实例架构建立了一个容量看门狗系统，在将处理分配到可用的物理服务器主机之前（如图 14.9 所示），动态计算虚拟服务器实例和相关的工作负载。

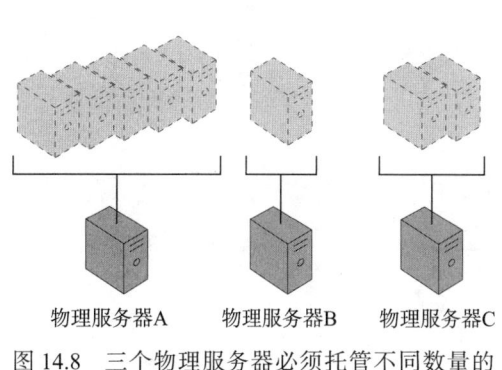

图 14.8　三个物理服务器必须托管不同数量的虚拟服务器实例，从而导致服务器过度利用和利用不足

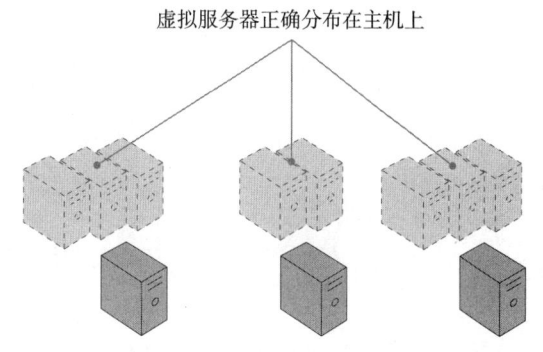

图 14.9　虚拟服务器实例更均匀地分配到物理服务器主机上

容量看门狗系统由容量看门狗云用量监视器、实时虚拟机迁移程序和容量规划器组成。容量看门狗监视器跟踪物理和虚拟服务器的使用情况，并向容量规划器报告任何重大波动，容量规划器负责根据虚拟服务器能力需求动态计算物理服务器计算能力。如果容量规划者决定将虚拟服务器移动到另一台主机以分配工作负载，则会向实时 VM 迁移程序发出信号以移动虚拟服务器（如图 14.10～图 14.12 所示）。

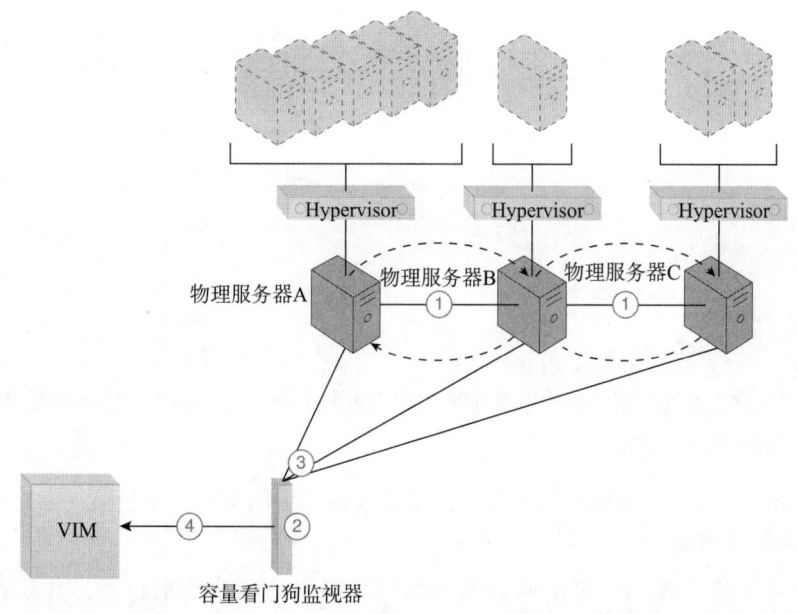

图 14.10　Hypervisor 集群架构为构建负载均衡的虚拟服务器实例架构提供了基础（1）。为容量看门狗监视器定义策略和阈值（2），该监视器将物理服务器容量与虚拟服务器处理容量进行比较（3）。容量看门狗监视器向 VIM 报告过度使用的情况（4）

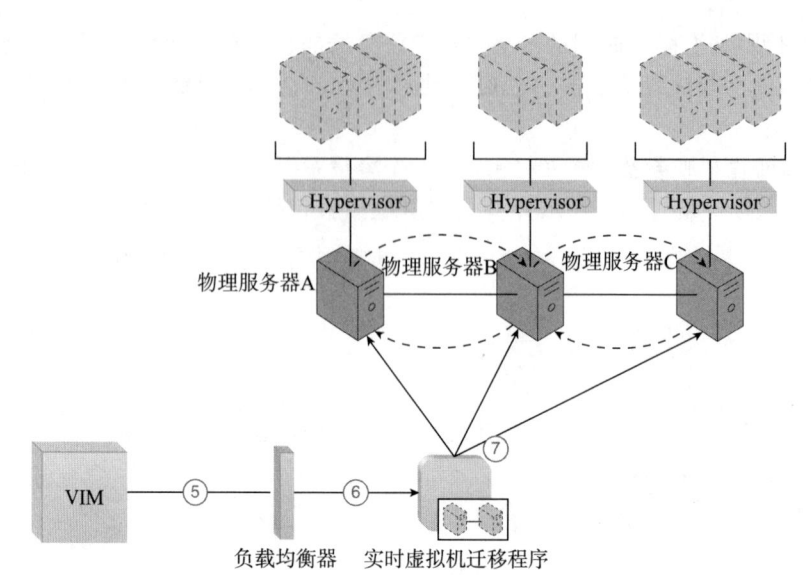

图 14.11 VIM 向负载均衡器发出信号，要求其根据预置的阈值重新分配工作负载（5）。负载均衡器启动实时 VM 迁移程序，迁移虚拟服务器（6）。实时虚拟机迁移将选定的虚拟服务器从一台物理主机迁移到另一台物理主机（7）

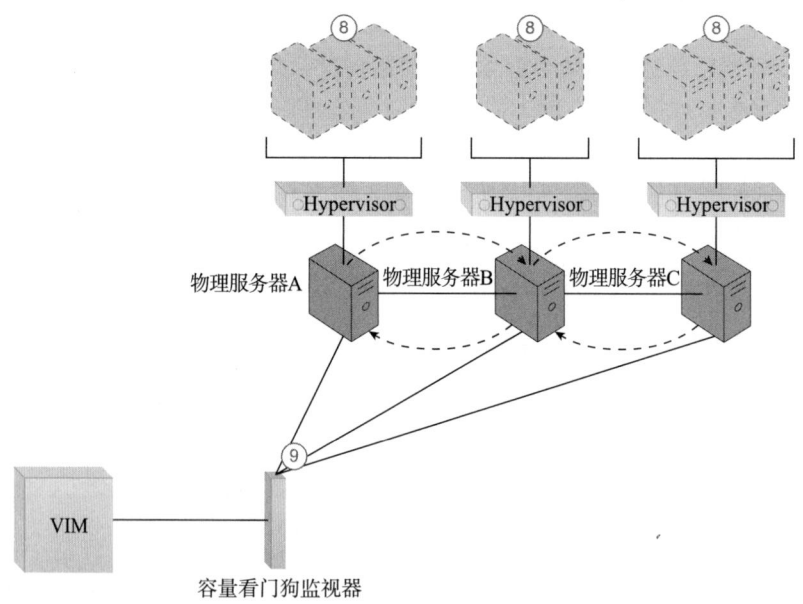

图 14.12 工作负载在集群中的物理服务器之间实现平衡（8）。容量看门狗监视器持续监视工作负载和资源消耗（9）

除了 Hypervisor、资源集群、虚拟服务器和（容量看门狗）云用量监视器之外，该架构中还可以包含以下机制：

- 自动调整侦听器——自动调整侦听器可用于启动负载均衡过程，并动态监视通过 Hypervisor 传入虚拟服务器的工作负载。
- 负载均衡器——负载均衡器机制负责在 Hypervisor 之间分配虚拟服务器的工作负载。
- 逻辑网络边界——逻辑网络边界确保给定的重定向虚拟服务器的目的地符合 SLA 和

隐私法规。
- 资源复制——可能需要复制虚拟服务器实例作为负载均衡特性的一部分。

14.4 无中断服务重定向架构

云服务可能因多种原因而变得不可用，例如：
- 运行时使用需求超出其处理能力
- 强制暂时中断的维护更新
- 永久迁移到新的物理服务器主机

如果云服务不可用，云服务消费者的请求通常会被拒绝，这可能会导致异常情况。即使计划中断，暂时无法使用云服务也不该成为云消费者的优先选项。

无中断服务重定向架构建立了一个系统，通过该系统，预定义事件在运行时触发云服务实现的复制或迁移，从而避免任何中断。云服务活动可以通过在新主机上添加重复的实现，临时转移到另一个运行时托管环境，而不是通过冗余实现来水平扩展或缩小云服务。同样，当原始实现需要进行维护中断时，云服务消费者请求可以临时重定向到一个重复的实现。云服务实现和任何云服务活动的重定向也可以是永久性的，以便云服务迁移到新的物理服务器主机。

底层架构的一个关键方面，在于停用或删除原始云服务实现之前，保证新的云服务实现能够成功接收并响应云服务消费者的请求。实时虚拟机迁移的常见方法是移动托管云服务的整个虚拟服务器实例。自动调整侦听器和/或负载均衡器机制可用于触发云服务消费者请求的临时重定向，以响应缩放和工作负载分配需求。这两种机制中的任何一个都可以联系 VIM 来启动实时 VM 迁移过程，如图 14.13～图 14.15 所示。

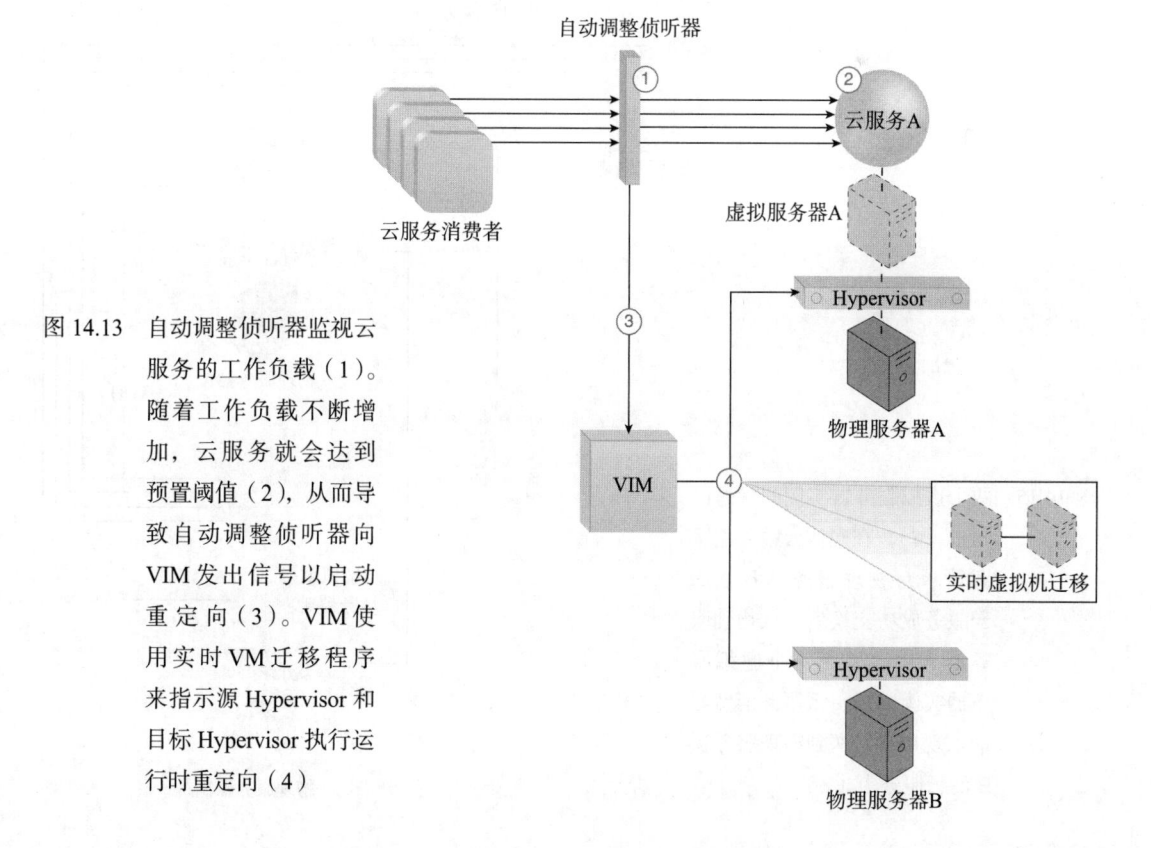

图 14.13　自动调整侦听器监视云服务的工作负载（1）。随着工作负载不断增加，云服务就会达到预置阈值（2），从而导致自动调整侦听器向 VIM 发出信号以启动重定向（3）。VIM 使用实时 VM 迁移程序来指示源 Hypervisor 和目标 Hypervisor 执行运行时重定向（4）

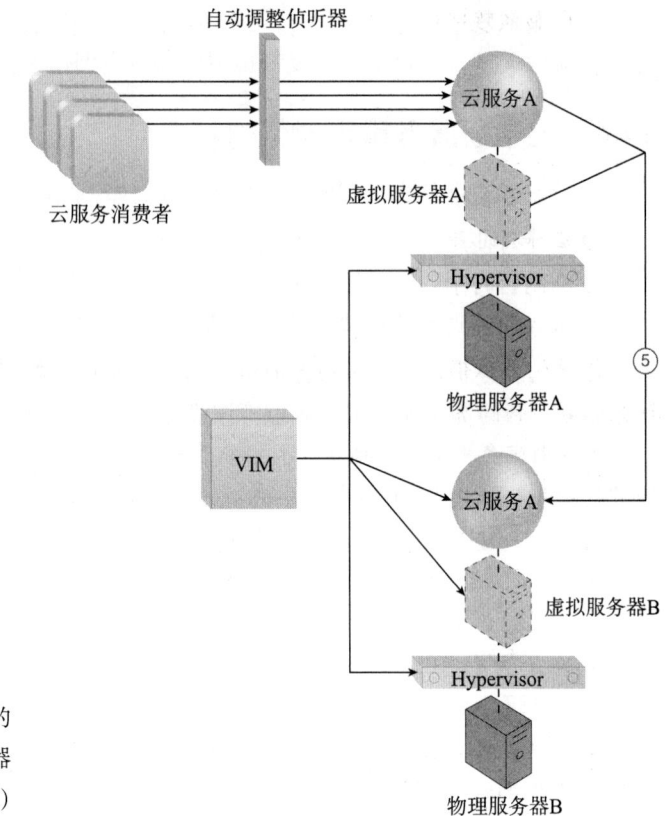

图 14.14 虚拟服务器及其托管云服务的第二个副本是通过物理服务器 B 上的 Hypervisor 创建的（5）

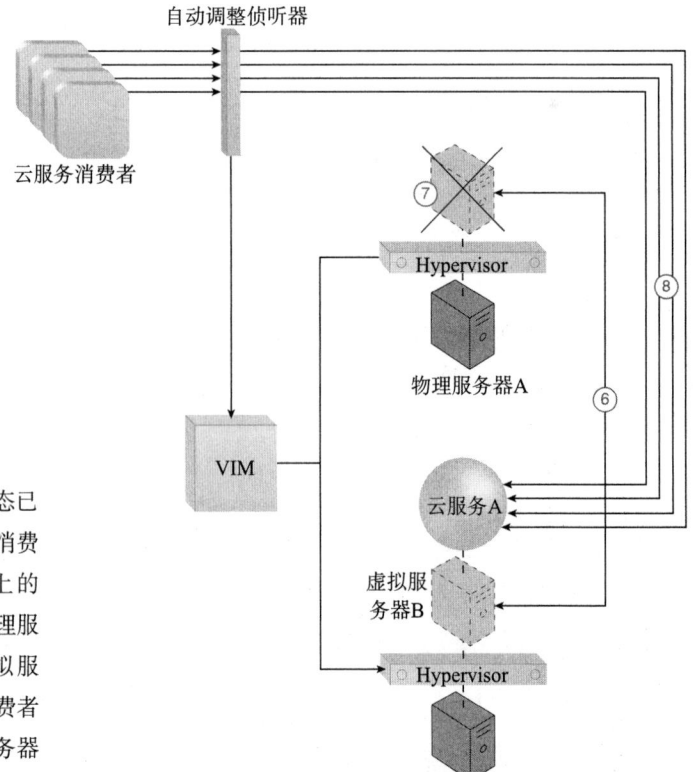

图 14.15 两个虚拟服务器实例的状态已同步（6）。在确认云服务消费者请求与物理服务器 B 上的云服务成功交换后，从物理服务器 A 中删除第一个虚拟服务器实例（7）。云服务消费者请求现在仅仅发送到物理服务器 B 的云服务上（8）

虚拟服务器迁移可以通过以下两种方式之一进行，具体取决于虚拟服务器磁盘的位置和配置：

- 如果虚拟服务器磁盘存储在本地存储设备上或连接到源主机的非共享远程存储设备上，则会在目标主机上创建该虚拟服务器磁盘的副本。创建副本后，虚拟服务器实例会同步，而且虚拟服务器文件会从源主机中删除。
- 如果虚拟服务器的文件已存储在源主机和目的主机之间共享的远程存储设备上，则不需要复制虚拟服务器磁盘。虚拟服务器的所有权只需要从源物理服务器主机转移到目的物理服务器主机，虚拟服务器的状态会自动同步。

该架构可以得到持久虚拟网络配置架构的支持，从而保留迁移的虚拟服务器上定义的网络配置，以保持与云服务消费者的连接。

除了自动调整侦听器、负载均衡器、云存储设备、Hypervisor 和虚拟服务器之外，该架构还可以包括以下机制：

- 云用量监视器——不同类型的云用量监视器可用于持续跟踪 IT 资源使用情况和系统活动。
- 计量付费监视器——计量付费监视器用于收集服务使用数据，用于计算源位置和目标位置 IT 资源的使用开销。
- 资源复制——资源复制机制用于实例化目的主机上云服务的影子副本。
- SLA 管理系统——该管理系统负责处理 SLA 监视器提供的 SLA 数据，以获得云服务复制或迁移期间和之后的云服务可用性保证。
- SLA 监视器——此监视机制收集 SLA 管理系统所需的 SLA 信息，如果可用性保证依赖于此架构，则这些信息可能与此相关。

笔记

无中断服务重定向技术架构与 15.1 节中介绍的直接 I/O 访问架构相冲突，不能一起应用。具有直接 I/O 访问的虚拟服务器被锁定在其物理服务器主机中，无法迁移到该架构中的其他主机上。

14.5 零停机架构

物理服务器自然会充当其托管的虚拟服务器的单点故障点。因此，当物理服务器发生故障或受到损害时，任何（或所有）托管虚拟服务器的可用性都会受到影响。这使得云供应商向云消费者提供零停机担保具有一定的挑战。

零停机架构建立了一套复杂的故障恢复系统，这使得虚拟服务器在源物理服务器主机发生故障时，可动态迁移到不同的物理服务器主机上（如图 14.16 所示）。

多个物理服务器被组装成一个由容错系统控制的群，该群能够不间断地将活动从一台物理服务器切换到另一台物理服务器。实时虚拟机迁移组件通常是这种形式的高可用性云架构的核心部分。

由此产生的容错能力可确保在物理服务器发生故障时，托管虚拟服务器将迁移到某个辅助物理服务器上。所有虚拟服务器都存储在某个共享卷上（根据持久虚拟网络配置架构），以便群中其他物理服务器主机可以访问其文件。

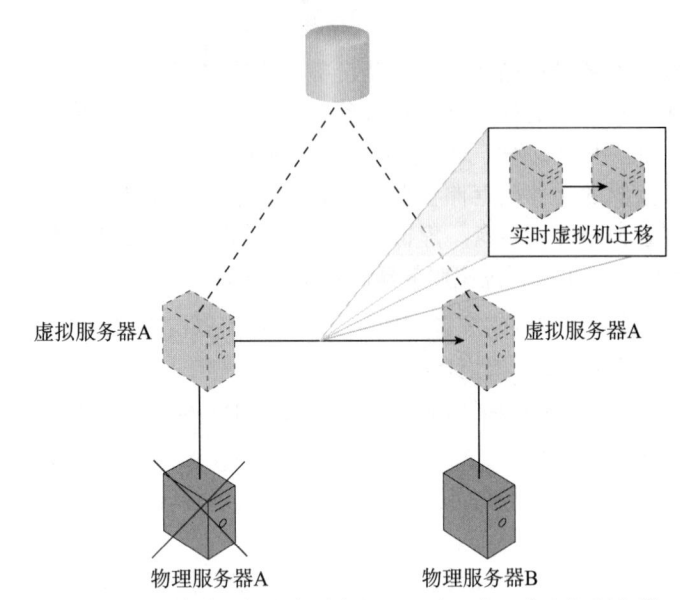

图 14.16　物理服务器 A 发生故障，触发实时虚拟机迁移程序，将虚拟服务器 A 动态迁移到物理服务器 B 上

除了故障恢复系统、云存储设备和虚拟服务器机制之外，该架构还可以包含以下机制：

- 审计监视器——可能需要此机制来检查虚拟服务器是否将托管数据重定向到禁止的位置。
- 云用量监视器——该机制的具象用于监视云消费者的实际 IT 资源使用情况，以帮助确保不超出虚拟服务器能力。
- Hypervisor——每个受影响的物理服务器的 Hypervisor 托管受影响的虚拟服务器。
- 逻辑网络边界——逻辑网络边界提供并维护所需的隔离，以确保每个云消费者在虚拟服务器重定向后仍保持在自己的逻辑边界内。
- 资源集群——资源集群机制创建不同类型的主动–主动集群，可共同提高虚拟服务器托管的 IT 资源的可用性。
- 资源复制——该机制可以在主虚拟服务器发生故障时创建新的虚拟服务器和云服务实例。

14.6　云均衡架构

云均衡架构建立了专门的架构模型，负责在多个云之间对 IT 资源进行负载均衡。

云服务消费者请求的跨云均衡可以帮助：

- 提高 IT 资源的性能和伸缩性
- 提高 IT 资源的可用性和可靠性
- 改善负载平衡和 IT 资源优化

云均衡功能主要基于自动调整侦听器和故障恢复系统机制的组合（如图 14.17 所示）。还有更多的组件（可能还有其他机制）可以成为完整云均衡架构的一部分。

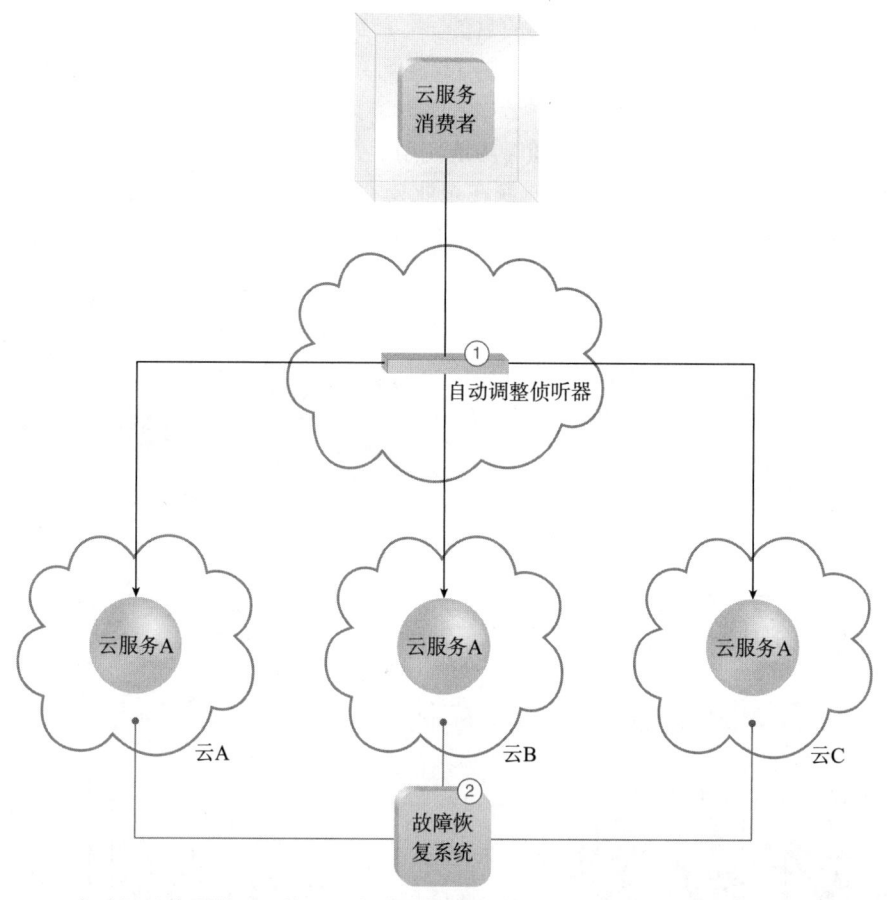

图 14.17 自动调整侦听器通过将云服务消费者的请求路由到分布在多个云中的云服务 A 的冗余实现来达到云的均衡过程（1）。故障恢复系统通过跨云故障恢复来增强该架构的韧性（2）

首先，这两种机制的使用方式如下：

- 自动调整侦听器根据当前的调整和性能要求，将云服务消费者的请求重定向到多个冗余 IT 资源设施之一。
- 故障恢复系统确保冗余 IT 资源能够在 IT 资源或其底层托管环境发生故障时进行跨云故障恢复。IT 资源故障会被广播，以便自动调整侦听器可以避免无意中将云服务消费者的请求路由到不可用或不稳定的 IT 资源上。

为了使云均衡架构有效运行，自动调整侦听器需要了解云均衡架构范围内的所有冗余 IT 资源设施。

注意，如果无法手动同步跨云 IT 资源设施，则可能需要合并资源复制机制来实现自动同步。

14.7 灾难韧性恢复架构

自然或人为灾难可能随时发生且毫无预警。IT 企业可以制定灾难恢复策略，以确保在发生了事件破坏或限制重要 IT 系统功能的情况下，可以使用辅助远程位置来接管这些系统的冗余设施。这就是灾难韧性恢复架构的目的。

云供应商提供具有高可用性的基于云的 IT 资源，这使得云环境成为保护本地 IT 资源免受灾难影响的理想辅助站点。当在公共云中部署时，无处不在的访问和韧性云特征支持这种架构，因为位于公共云中的资源可以随时随地使用，并且可以通过多种方式访问。

灾难韧性恢复架构使用资源复制机制在企业技术架构中创建所有关键资源的冗余副本。然后，这些副本被放置在一个远程位置，并期望与原始副本保持同步，以便在原始位置发生重大灾难时替换原始副本（如图 14.18 所示）。

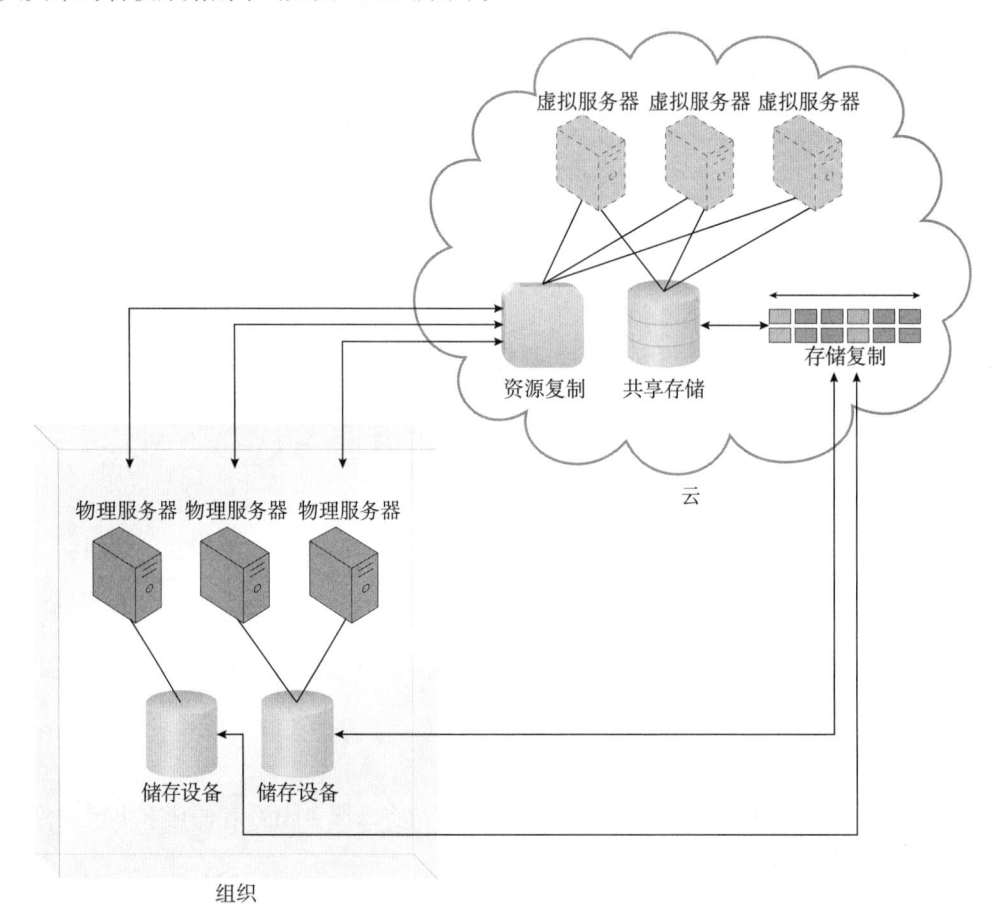

图 14.18　组织使用资源复制机制在公共云中创建其物理基础设施的冗余虚拟实例。存储复制机制将本地数据源与其在云中的副本同步

资源复制机制使得该架构的基于云的部分中复制的 IT 资源与其原始副本持续保持同步。该架构还可能包含以下机制：

- Hypervisor——Hypervisor 机制使得云环境中冗余的物理主机来托管作为本地物理或虚拟服务器副本的虚拟服务器。
- 虚拟服务器——虚拟服务器机制用于保持冗余云架构中原始本地物理或虚拟服务器副本的同步。
- 云存储设备——云存储设备机制将冗余数据副本存储到基于云的副本站点中，这些数据来自原始本地站点。

14.8 分布式数据主权架构

关于数据（尤其个人数据）适当治理的法规，针对不同国家和地区，情况可能有所不同。通常，此类法规要求数据持有者确保受法规保护的数据物理上位于特定地理边界内。云消费者常常被视为基于云的数据的正式数据持有者，而云供应商通常不需要遵守这类法规。

云供应商通常使用成熟的数据复制系统来提供冗余水平，从而能够为其提供的云存储服务提供高可用性。副本通常分布到不同的地理位置上，以确保尽可能高的可用性，因为这种分布更高程度地隔离了潜在故障。

然而，地理上的分布可能会导致云供应商将受保护数据的副本保留在可能违反数据保护法规的位置上，而这些法规应该是云消费者必须遵守的。分布式数据主权架构是一种可以通过确保分布式数据遵守法规进行存储来避免这种情况的模型。这一架构旨在确保受保护的数据存储在一个或多个特定的物理位置上。

分布式数据主权架构的一个重要设计考虑是确保云供应商使用的数据复制机制可以配置成符合法规要求的。该架构进一步依赖于数据治理管理机制来协调受保护数据在区域内的适当存储，以遵守不同的地方或区域法规（如图 14.19 所示）。

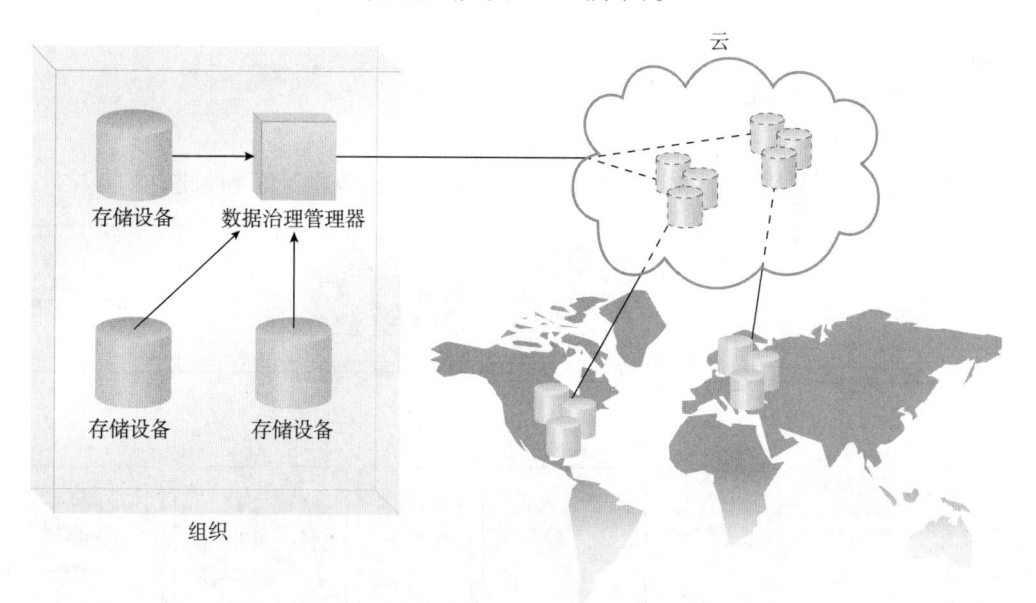

图 14.19 组织使用数据治理管理器机制来确保其基于云的数据位于依据区域数据保护法规必须驻留的区域

此外，以下机制也是该架构的一部分：

- 云存储设备——云存储设备机制将受保护的数据存储到组织遵守区域法规的位置。
- 审计监视器——可能需要此机制来检查本地数据是否已被复制到禁止区域。
- 存储复制——存储复制机制将出于韧性目的而制作的数据副本保留在符合数据保护法规规定区域的存储设备中。

> **笔记**
>
> 另一种方法是让云消费者识别每个不同区域中需要遵守法规的本地云供应商，从而建立一个多云架构（如第 13 章所述），其中每个云属于不同的云供应商。

14.9 资源预留架构

根据 IT 资源共享使用的设计方式及其可用能力水平，并发访问可能会导致称为资源紧张的运行时例外情况。资源紧张是指当两个或多个云消费者被分配共享某个 IT 资源，而该资源无法满足这些云消费者的总处理需求时，出现的情况。因此，一个或多个云消费者就会遇到性能下降或被完全拒绝服务。云服务本身可能会停机，从而导致所有云消费者被拒绝服务。

当不同的云服务消费者同时访问某个 IT 资源（尤其不是那种专门设计用于共享的资源）时，还会发生其他类型的运行时冲突。例如，嵌套资源池和同级资源池引入了资源借用的概念，即一个池可以临时从其他池借用 IT 资源。当借用的 IT 资源由于借用的云服务消费者长时间使用而未归还时，可能会触发运行时冲突。这不可避免地会导致出现资源紧张的情况。

资源预留架构建立了一个系统，专门为给定的云消费者预留以下某种资源（图 14.20 ～ 图 14.22）：

- 单一 IT 资源
- 一个 IT 资源的一部分
- 多种 IT 资源

这就避免了上述资源紧张和资源借用条件，从而保护云消费者免受彼此的影响。

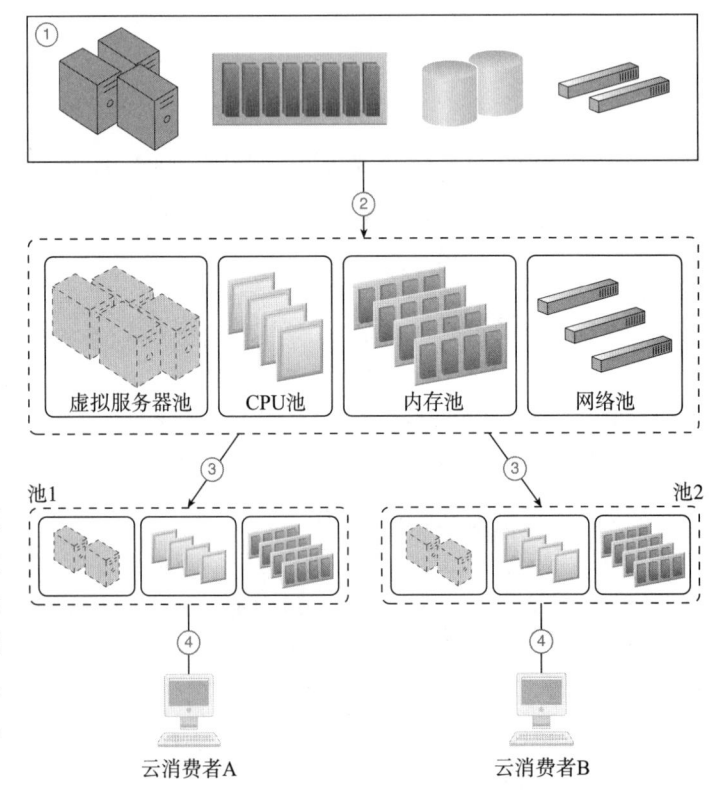

图 14.20 创建物理资源群（1），根据资源池架构从中创建父资源池（2）。从父资源池创建两个较小的子池，并使用资源管理系统定义资源限制（3）。云消费者可以访问自己的专属资源池（4）

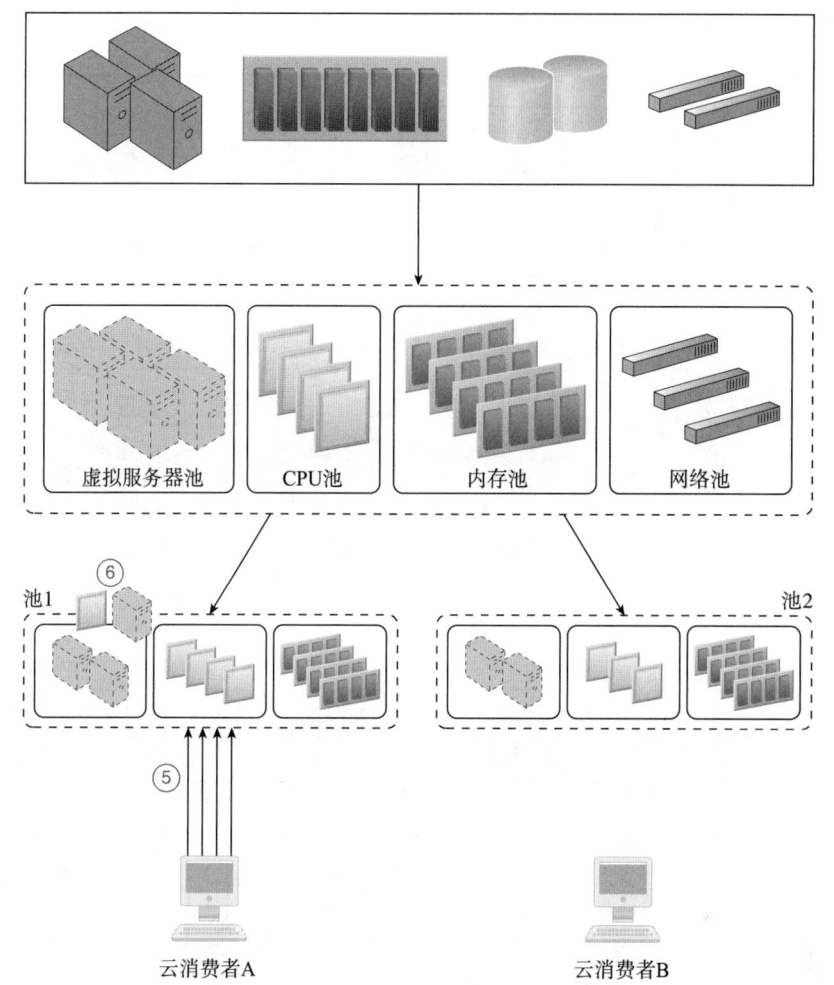

图 14.21　来自云消费者 A 的请求的增加会导致更多的 IT 资源被分配给该云消费者（5），这意味着需要从池 2 借用一些 IT 资源。借用的 IT 资源量受到在步骤 3 中定义的资源限制的约束，以确保云消费者 B 不会面临任何资源紧张的情况（6）

IT 资源预留系统的创建可能需要资源管理系统机制的参与，该机制用于定义各个 IT 资源和资源池的使用阈值。预留会锁定每个池需要保留的 IT 资源量，而池中 IT 资源的余额仍可用于共享和借用。远程管理系统机制还用于实现前端定制，以便云消费者拥有管理控制权来管理其预留的 IT 资源配额。

该架构中通常预留的机制类型是云存储设备和虚拟服务器。该架构还可以包括以下机制：

- 审计监视器——审计监视器用于检查资源预留系统是否符合云消费者审计、隐私和其他监管要求。例如，它可以跟踪预留 IT 资源的地理位置。
- 云用量监视器——监视触发预留 IT 资源分配的阈值。
- Hypervisor——Hypervisor 机制可以为不同的云消费者预留，确保它们被正确分配到有保障的 IT 资源。
- 逻辑网络边界——该机制建立了必要的边界，确保预留的 IT 资源只对某些云用户可用。
- 资源复制——该组件需要随时了解每个云消费者对 IT 资源消耗的限制，以便能方便地复制和配置新的 IT 资源实例。

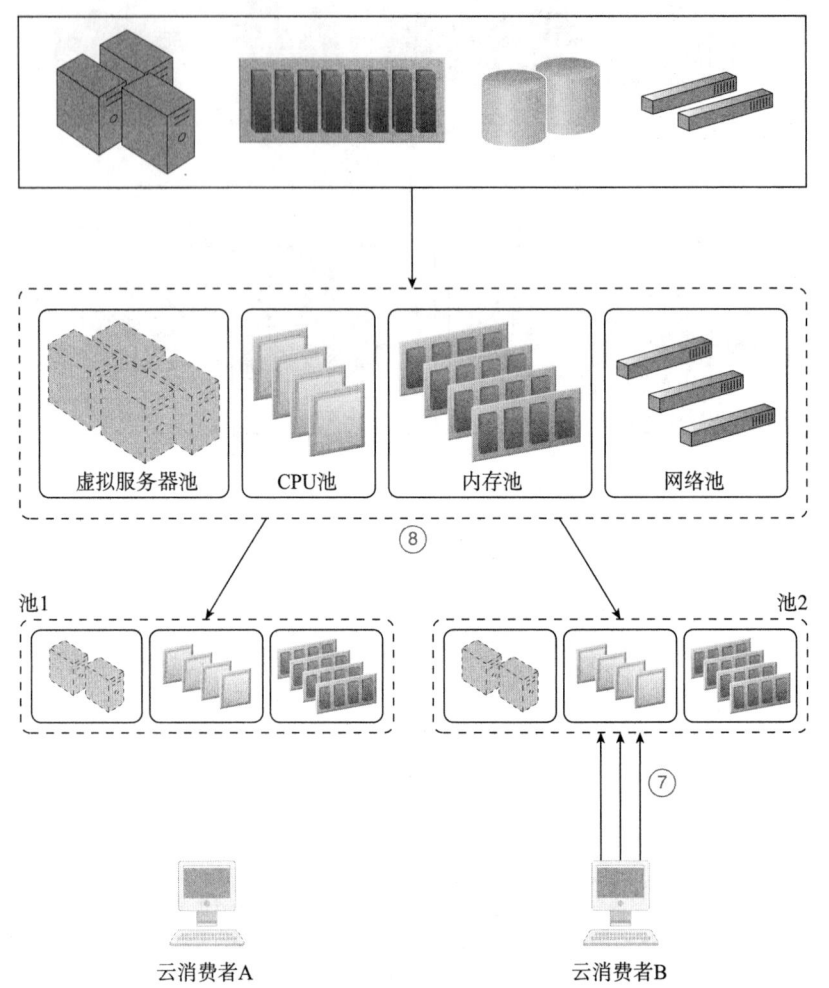

图 14.22　云消费者 B 现在提出了更多的请求和用量需求，并且可能很快需要利用池中的所有可用 IT 资源（7）。资源管理系统强制池 1 释放 IT 资源并将其移回池 2，以供云消费者 B 使用（8）

14.10　动态故障检测和恢复架构

基于云的环境可能由大量云消费者同时访问的巨量 IT 资源组成。这些 IT 资源中的任何一个都可能遭遇需要手动干预才能解决的故障。手动管理和解决 IT 资源故障通常效率低下且不切实际。

动态故障检测和恢复架构搭建了一套韧性看门狗系统来监视和响应各种预定义的故障场景（如图 14.23 和图 14.24 所示）。该系统会通知并上报其无法自动解决的故障情况。它依靠专门的云用量监视器（称为智能看门狗监视器）来主动跟踪 IT 资源，并采取预定义的操作来响应预定义的事件。

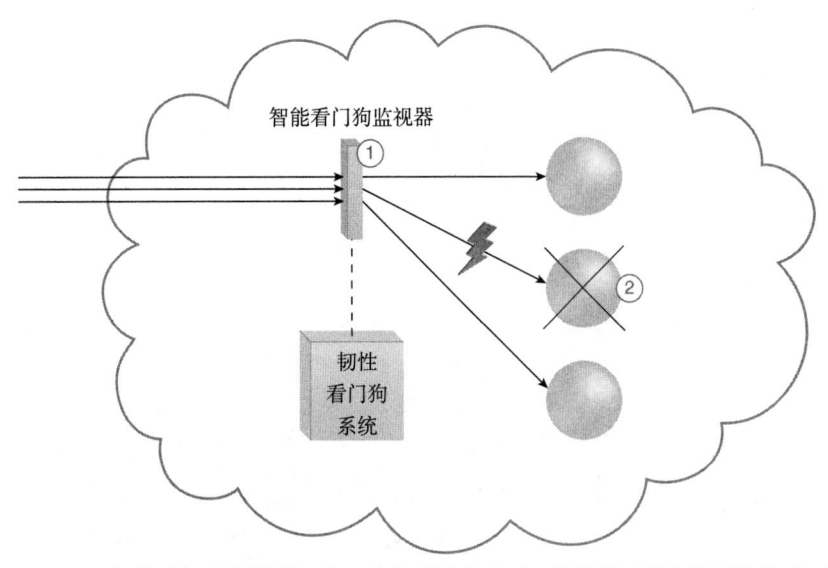

图 14.23　智能看门狗监视器跟踪云消费者请求（1），并检测云服务是否失效（2）

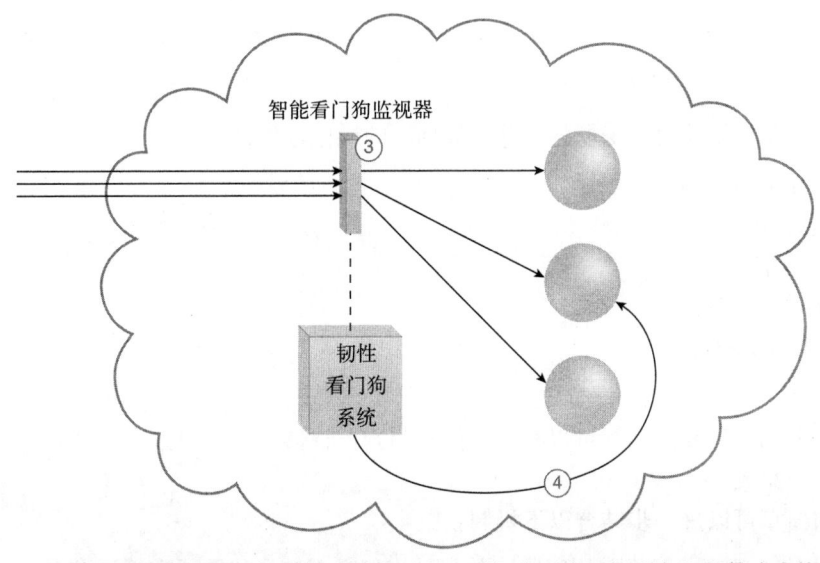

图 14.24　智能看门狗监视器通知看门狗系统（3），看门狗系统根据预定义的策略来恢复云服务。云服务恢复其运行时操作（4）

韧性看门狗监视系统执行以下五个核心功能：
- 监视
- 决定一个事件
- 根据事件采取行动
- 报告
- 不断升级

可以为每个 IT 资源定义顺序恢复策略，以确定发生故障时智能监视器需要采取的步骤。例如，恢复策略可以规定在发出通知之前需要自动执行一次恢复尝试（如图 14.25 所示）。

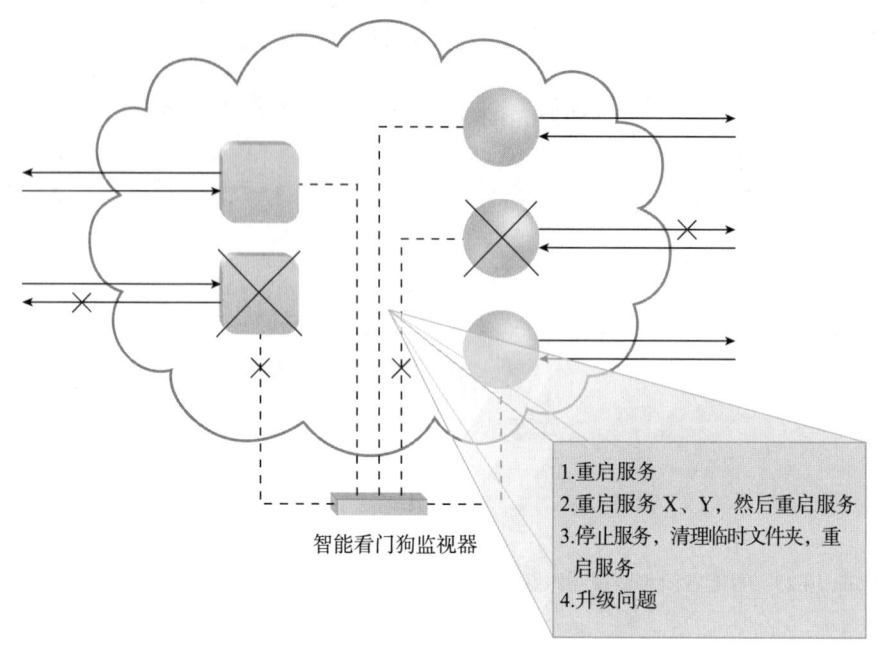

图 14.25 如果发生故障事件，智能看门狗监视器会参考其预定义的策略来逐步恢复云服务，并在问题比预期更严重时升级该处理

智能看门狗监视器通常采取的一些升级问题的操作包括：
- 运行批处理文件
- 发送控制台消息
- 发送短信
- 发送电子邮件
- 发送 SNMP trap
- 记录票证

许多类型的程序和产品都可以充当智能看门狗监视器。它们中大多数可以与标准票务和事件管理系统集成。

该架构模型可以进一步结合以下机制：
- 审计监视器——该机制用于跟踪数据的恢复是否符合法律或政策要求。
- 故障恢复系统——故障恢复系统机制常常在初始尝试恢复失败的 IT 资源期间使用。
- SLA 管理系统和 SLA 监视器——由于应用此架构实现的功能与 SLA 保证是密切相关的，因此系统通常依赖于这些机制管理和处理的信息。

14.11 快速预配架构

常规的预配过程可能涉及许多传统上须由管理员和技术专家手动完成的任务，他们根据预先打包的规范或定制客户请求准备所请求的 IT 资源。在云环境中，需要服务的客户数量更多，并且普通客户需要的 IT 资源数量也更多，手动配置流程是不够的，甚至可能会由于人为错误和低效的响应时间而导致不合理的风险。

例如，一个云消费者请求安装、配置和更新 25 台装有许多应用的 Windows 服务器，其中要求一半应用是相同的安装，而另一半是自定义的。每个操作系统部署最多可能需要 30 分钟，然后需要额外的时间来进行打安全补丁和操作系统更新的操作，并需要重新启动服务器。最后，需要部署和配置应用。使用手动或半自动方法需要大量时间，并且人为错误的可能性会随着每次安装而增加。

快速预配架构建立了一个系统，可以自动配置各种 IT 资源（无论单个还是群集资源）。快速 IT 资源预配的底层技术架构可能非常成熟和复杂，并且依赖于由自动配置程序、快速预配引擎以及用于按需配置的脚本和模板组成的系统。

除了图 14.26 中显示的组件之外，还有许多其他的架构技术可用于协调和自动化 IT 资源配置的不同方面，例如：

- 服务器模板——用于自动实例化新虚拟服务器的虚拟镜像文件模板。
- 服务器镜像——这些镜像与虚拟服务器模板类似，但用于配置物理服务器。
- 应用包——打包用于自动部署的应用和其他软件的集合。
- 应用打包器——用于打包应用的软件。
- 定制脚本——作为智能自动引擎的一部分，自动化管理任务的脚本。
- 序列管理器——用于组织自动化配置任务序列的程序。
- 序列记录器——用于记录自动预配任务序列执行情况的组件。
- 操作系统基线——在操作系统安装后启动的配置模板，可以快速备用。
- 应用配置基线——包含准备新应用所需的设置和环境参数的配置模板。
- 部署数据存储库——存储虚拟镜像、模板、脚本、基线配置和其他相关数据的库。

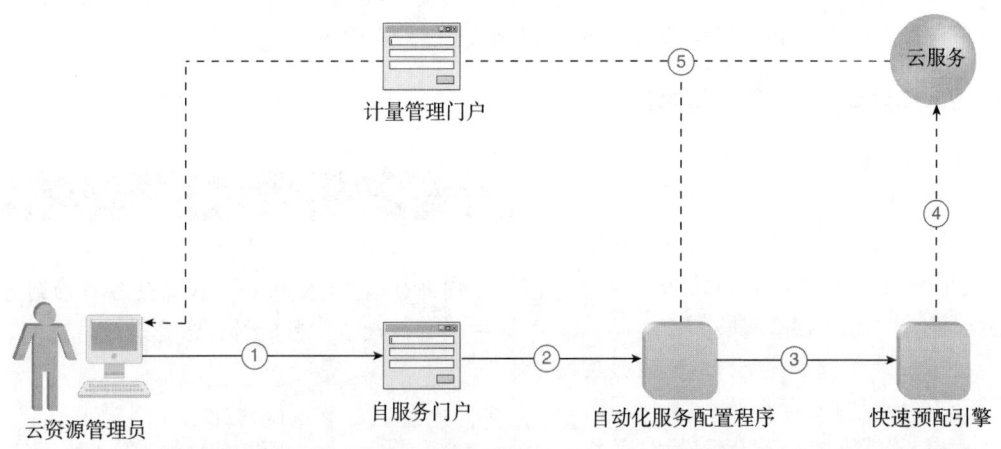

图 14.26 云资源管理员通过自服务门户请求新的云服务（1）。自服务门户将请求传递给安装在虚拟服务器上的自动化服务配置程序（2），该程序将要执行的必要任务传递给快速预配引擎（3）。快速预配引擎在新的云服务准备就绪时发出通知（4）。自动化服务配置程序最后完成云服务的配置并将其发布到计量管理门户上，以供云消费者访问（5）。

以下分步描述有助于深入了解快速预配引擎的内部工作原理，涉及许多前面列出的系统组件：

1）云消费者通过自服务门户请求新服务器。
2）序列管理器将请求转发到部署引擎，该引擎预备部署某个操作系统。

3）如果请求的是虚拟服务器，部署引擎将使用虚拟服务器模板进行配置。否则，部署引擎发送请求以配置物理服务器。

4）所请求的操作系统类型的预定义镜像用于配置操作系统（如果可用）。否则，执行常规部署过程来安装操作系统。

5）当操作系统准备就绪时，部署引擎通知序列管理器。

6）序列管理器更新日志，并将其发送到序列记录器进行存储。

7）序列管理器请求部署引擎将操作系统基线应用到预配置的操作系统。

8）部署引擎应用所请求的操作系统基线。

9）部署引擎通知序列管理器操作系统已应用基线。

10）序列管理器更新已完成步骤的日志，并将其发送到序列记录器进行存储。

11）序列管理器请求部署引擎安装应用程序。

12）部署引擎在所配置的服务器上部署应用。

13）部署引擎通知序列管理器应用已安装。

14）序列管理器更新已完成步骤的日志，并将其发送到序列记录器进行存储。

15）序列管理器请求部署引擎应用该应用的配置基线。

16）部署引擎应用配置基线。

17）部署引擎通知序列管理器已应用了配置基线。

18）序列管理器更新已完成步骤的日志，并将其发送到序列记录器进行存储。

云存储设备机制用于为应用基线信息、模板和脚本提供存储，而 Hypervisor 则快速创建、部署和托管虚拟服务器，这些服务器可以自行配置或托管其他配置的 IT 资源。资源复制机制常常用于生成 IT 资源的复制实例，以响应快速部署需求。

14.12 存储负载管理架构

过度使用的云存储设备会增加存储控制器的工作负载，并可能导致一系列性能挑战。相反，未充分利用的云存储设备会由于处理和存储容量的潜在损失而造成浪费（如图 14.27 所示）。

存储负载管理架构使 LUN 能够均匀分布在可用的云存储设备上，同时建立存储容量系统以确保运行时工作负载在 LUN 之间均匀分布（如图 14.28 所示）。

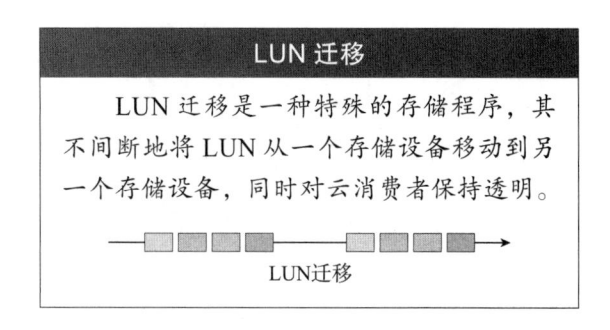

> **LUN 迁移**
>
> LUN 迁移是一种特殊的存储程序，其不间断地将 LUN 从一个存储设备移动到另一个存储设备，同时对云消费者保持透明。
>
> LUN迁移

将云存储设备组合成一个群，可以使 LUN 数据在可用的存储主机之间均匀分配。如图 14.29～图 14.31 所示，配置了一个存储管理系统，并放置自动调整侦听器来监视和均衡群内云存储设备之间的运行时工作负载。

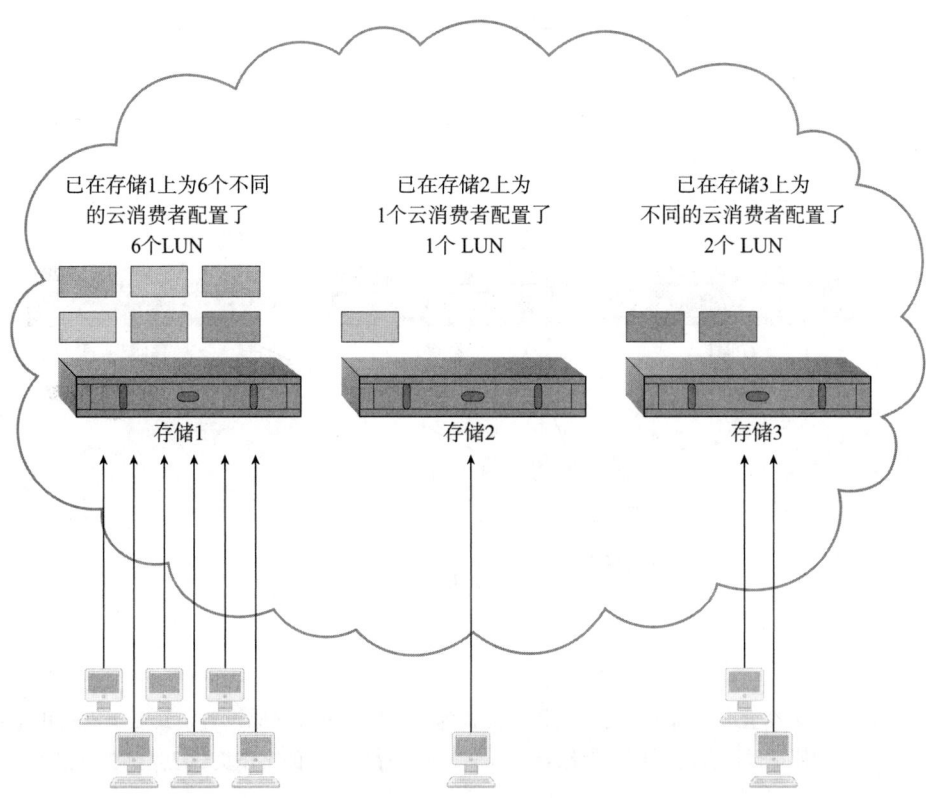

图 14.27 在非均衡云存储架构中，存储 1 为云消费者提供了 6 个存储 LUN，存储 2 托管 1 个 LUN，存储 3 托管 2 个 LUN。大部分工作负载最终由存储 1 完成，因为它托管最多的 LUN

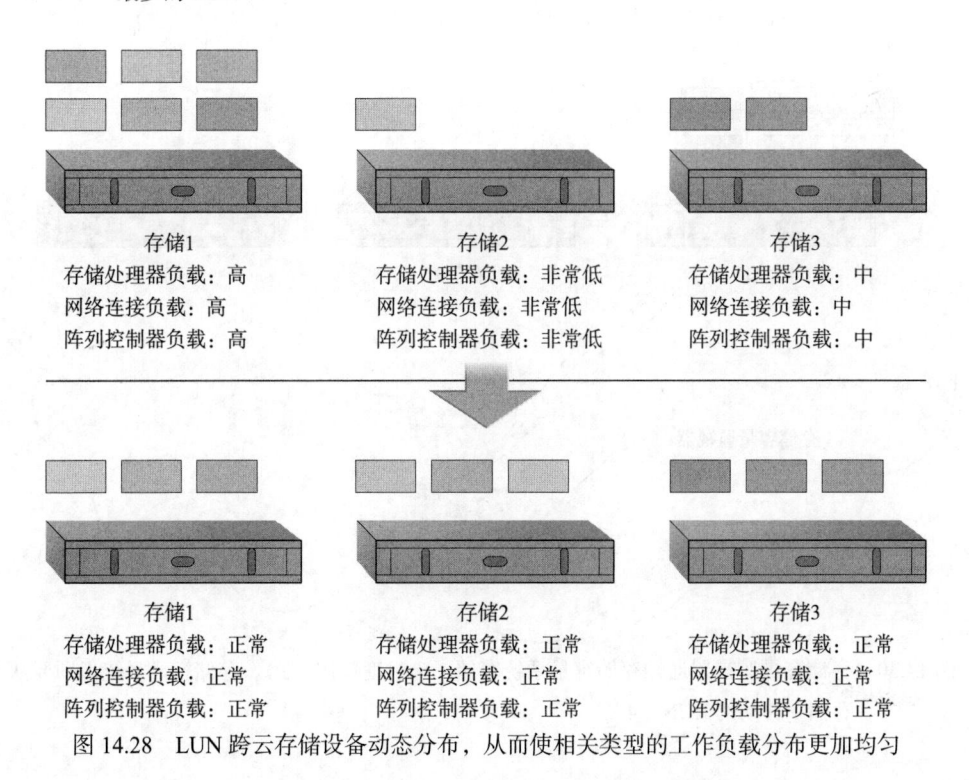

图 14.28 LUN 跨云存储设备动态分布，从而使相关类型的工作负载分布更加均匀

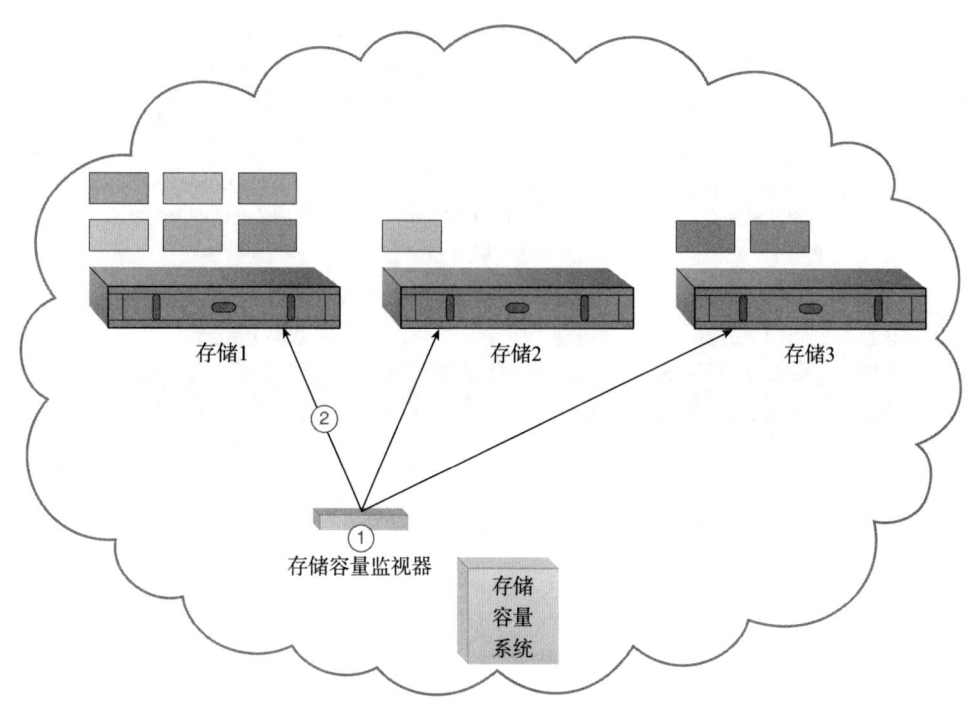

图 14.29　存储容量系统和存储容量监视器配置为实时检查三套存储设备，其工作负载和容量阈值是预设置的（1）。存储容量监视器确定存储 1 上的工作负载已达到其阈值（2）

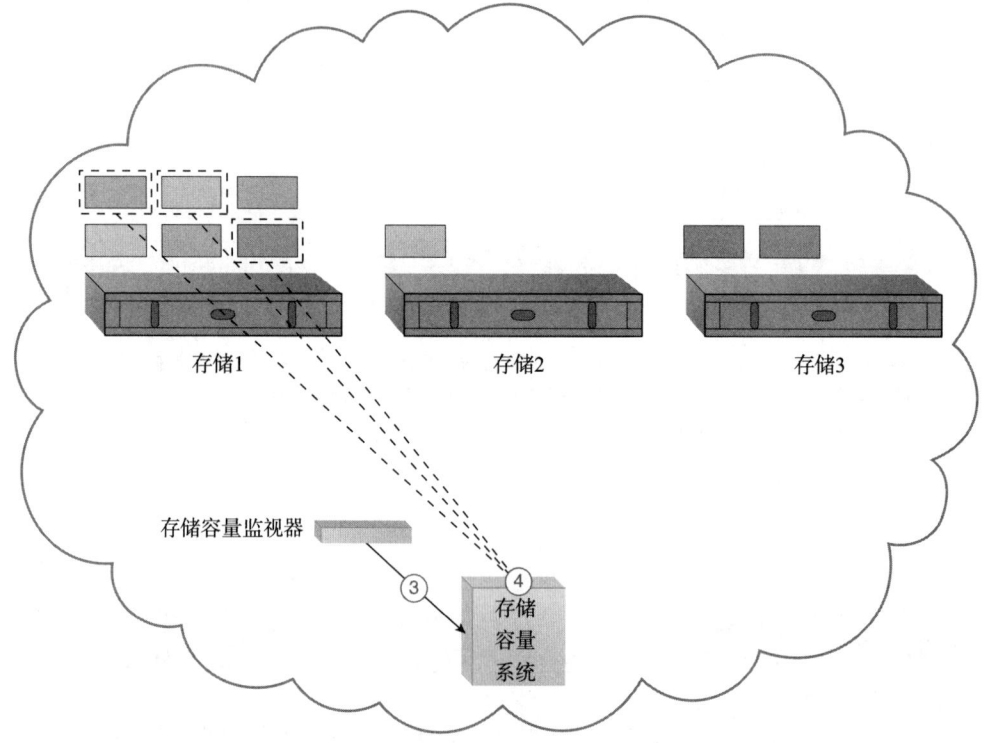

图 14.30　存储容量监视器通知存储容量系统存储 1 已过度使用（3）。存储容量系统识别要从存储 1 移动的 LUN（4）

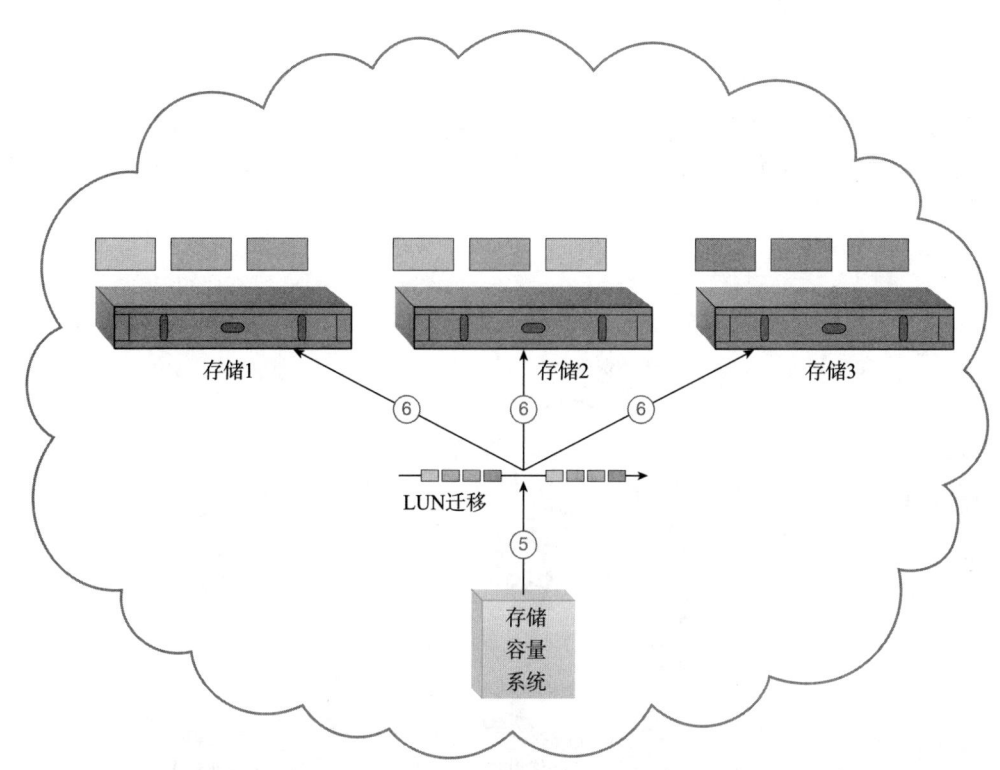

图 14.31　存储容量系统请求 LUN 迁移，将部分 LUN 从存储 1 移动到另外两套存储设备（5）。LUN 迁移将 LUN 转换到存储 2 和存储 3 以均衡工作负载（6）

当 LUN 访问频率较低或仅在特定时间访问时，存储容量系统可以使托管存储设备保持在节能模式。

以下是可以包含在存储负载管理架构中、伴随云存储设备的一些其他机制：

- 审计监视器——此机制用于检查是否符合法规、隐私和安全要求，因为此架构建立的系统可以物理地重新定位数据。
- 自动调整侦听器——自动调整侦听器用于监视和响应工作负载波动。
- 云用量监视器——除了容量工作负载监视之外，还使用了专门的云用量监视器来跟踪 LUN 的移动，并收集工作负载分布统计。
- 负载均衡器——可以添加此机制以水平均衡可用云存储设备之间的工作负载。
- 逻辑网络边界——逻辑网络边界提供隔离级别，以便未经授权的各方无法访问经过重新定位的云消费者数据。

14.13　虚拟专有云架构

虚拟专有云架构建立了一个具有底层基础设施的专有云，该专有云属于公共云供应商，但专用于为其提供专有云的特定云消费者。这对于想要拥有一个专有云，但没有必要的基础设施来支撑它的组织来说非常有用。

对于拥有独占访问权的云消费者来说，这是一个专有云。然而，从云供应商的角度来看，它是其基础设施的一部分，这就是为什么它被称为"虚拟"专有云。底层物理资源通常被虚拟化以提高利用效率，并且不会与其他云消费者共享。相反，它们仅专属于虚拟专有云的"所有者"(云消费者)。

用于构建此架构的物理资源需要与云供应商基础设施的其余部分进行特殊隔离,包括云消费者通过安全虚拟专用网络(VPN)连接到的某个分离的物理网络,如图 14.32 所示。有时,此 VPN 可以替换为从云供应商到云消费者的专用物理链路(尽管这可能会导致架构更加昂贵)。

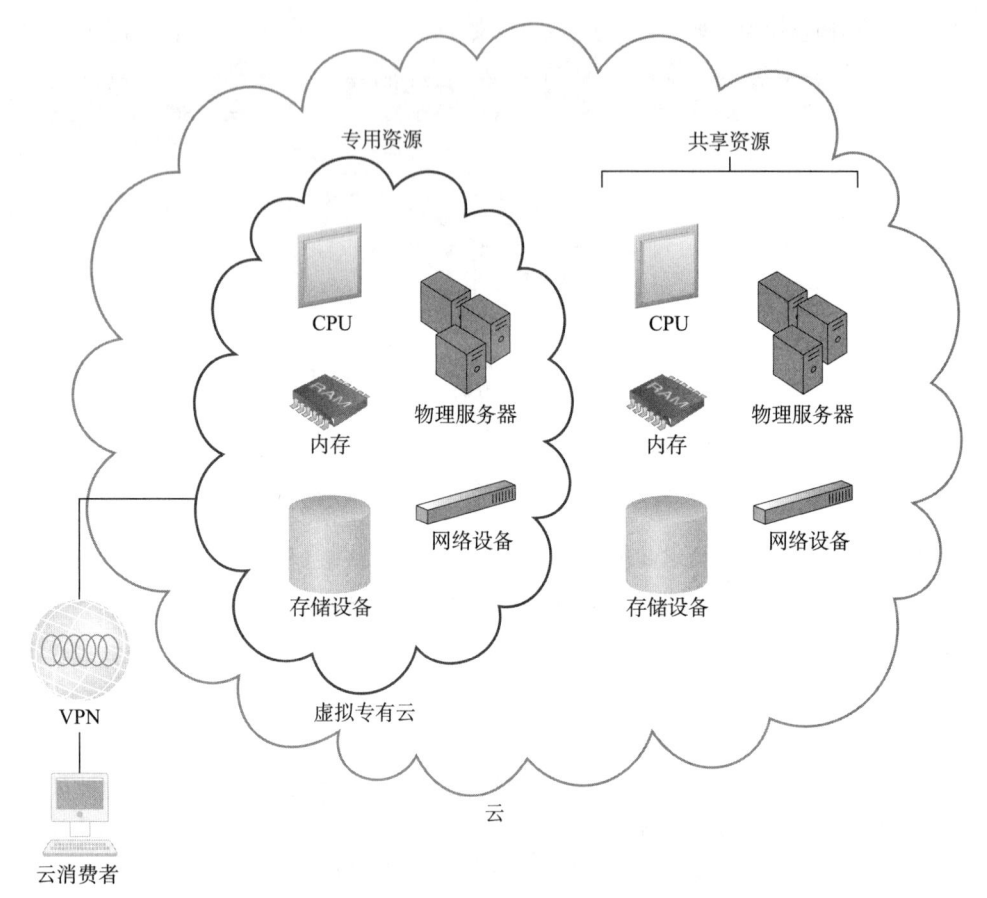

图 14.32 虚拟专有云架构利用来自公共云供应商的物理资源,这些资源专供特定云消费者使用,可通过安全连接(例如,可以由 VPN 提供)访问

此架构中涉及的机制与构建任何其他专有云所需的机制相同,但 VPN 除外,当专有云部署在组织物理边界内的基础设施上时,通常不需要 VPN。这些机制包括:

❑ Hypervisor——Hypervisor 机制使得在物理服务器上部署虚拟服务器成为可能,它提供了一种使用物理服务器的有效方法。
❑ 虚拟服务器——虚拟服务器机制为云环境中可托管的所有类型的负载提供了最常见的资源类型。
❑ 云存储设备——云存储设备机制在虚拟专有云中提供存储能力。
❑ 虚拟交换机——虚拟交换机机制为虚拟服务器与虚拟专有云中其他资源之间提供连接性。

案例研究

Innovartus 正在从两个不同的云供应商租赁两个基于云的环境，并打算利用这个机会为其角色扮演者云服务建立一个试点云均衡架构。

在评估了各个云的需求后，Innovartus 的云架构师依据每个具有多种云服务实现的云制定了一个设计规范。该架构结合了独立的自动调整侦听器和故障恢复系统实现，以及中心负载均衡器机制（如图 14.33 所示）。

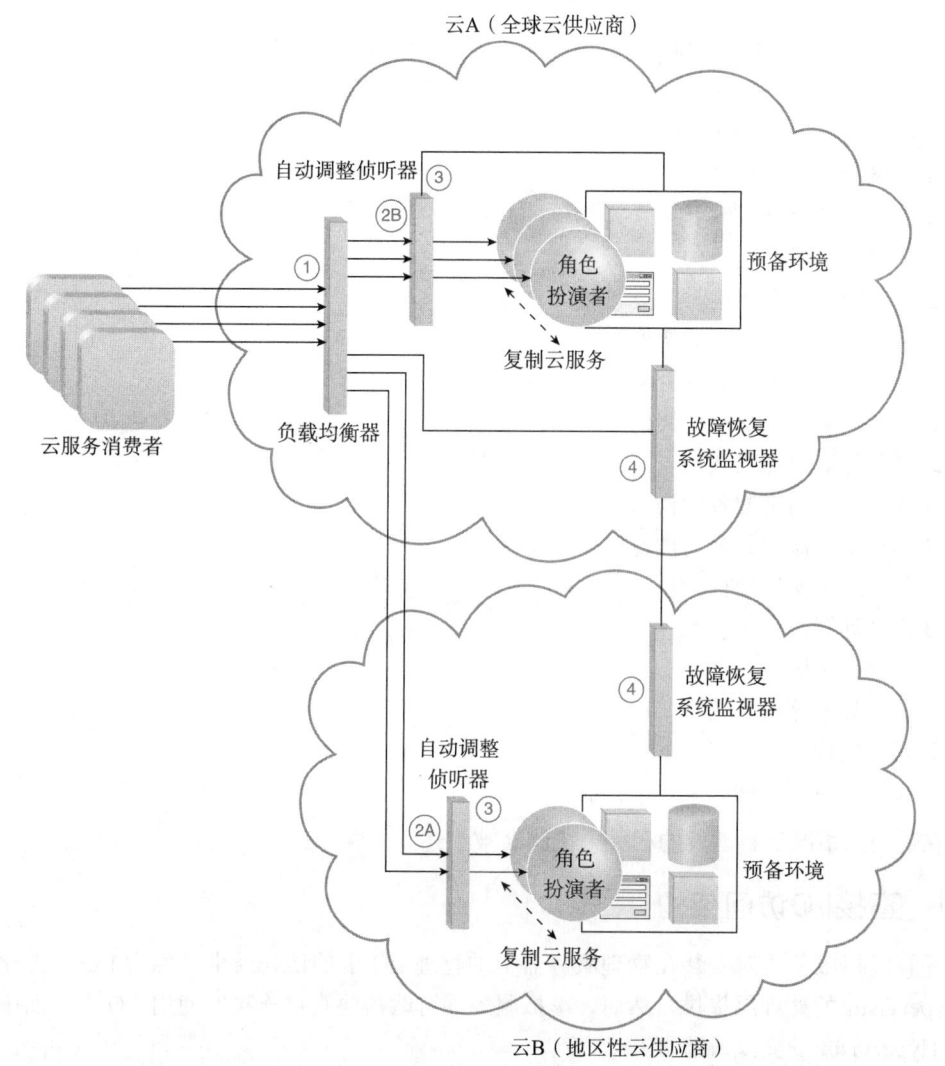

图 14.33 负载均衡服务代理根据预定义的算法路由云服务消费者请求（1）。请求由本地或外部自动调整侦听器（2A、2B）接收，该侦听器将每个请求转发到一个云服务设施（3）。故障恢复系统监视器用于检测和响应云服务故障（4）

负载均衡器使用负载分配算法在云之间分派云服务消费者请求，而每个云的自动调整侦听器将请求路由到本地云服务设施。故障恢复系统可以将故障转移到云内和跨云的冗余云服务设施上。云间故障转移主要在本地云服务实现接近其处理阈值或云遇到严重平台故障时执行。

第 15 章

Cloud Computing: Concepts, Technology, Security & Architecture, Second Edition

专业云架构

本章所涉及的架构模型涵盖了广泛的功能领域和主题，以提供机制和特殊组件的创造性组合。

涵盖的架构如下所示：

- 直接 I/O 访问架构
- 直接 LUN 访问架构
- 动态数据规范化架构
- 弹性网络能力架构
- 跨存储设备垂直分层架构
- 存储设备内垂直数据分层架构
- 负载均衡虚拟交换机架构
- 多路径资源访问架构
- 持久虚拟网络配置架构
- 虚拟服务器的冗余物理连接架构
- 存储维护窗口架构
- 边缘计算架构
- 雾计算架构
- 虚拟数据抽象架构
- 元云架构
- 联合云应用架构

在适当的情况下，涉及的相关云机制会被描述。

15.1 直接I/O访问架构

托管虚拟服务器对安装在物理服务器上的物理 I/O 卡的访问通常由称为 I/O 虚拟化的基于 Hypervisor 的处理层提供。然而，虚拟服务器有时需要直接连接并使用 I/O 卡，而不需要任何 Hypervisor 的交互或仿真。

通过直接 I/O 访问架构，虚拟服务器可以绕开 Hypervisor，并直接访问物理服务器的 I/O 卡，这也成为模拟 Hypervisor 连接的替代方案（如图 15.1～图 15.3 所示）。

为了实现此解决方案，并在没有 Hypervisor 交互的情况下访问物理 I/O 卡，主机 CPU 需要在虚拟服务器上安装适当的驱动程序来支持此类访问。安装驱动程序后，虚拟服务器即可将 I/O 卡识别为硬件设备。

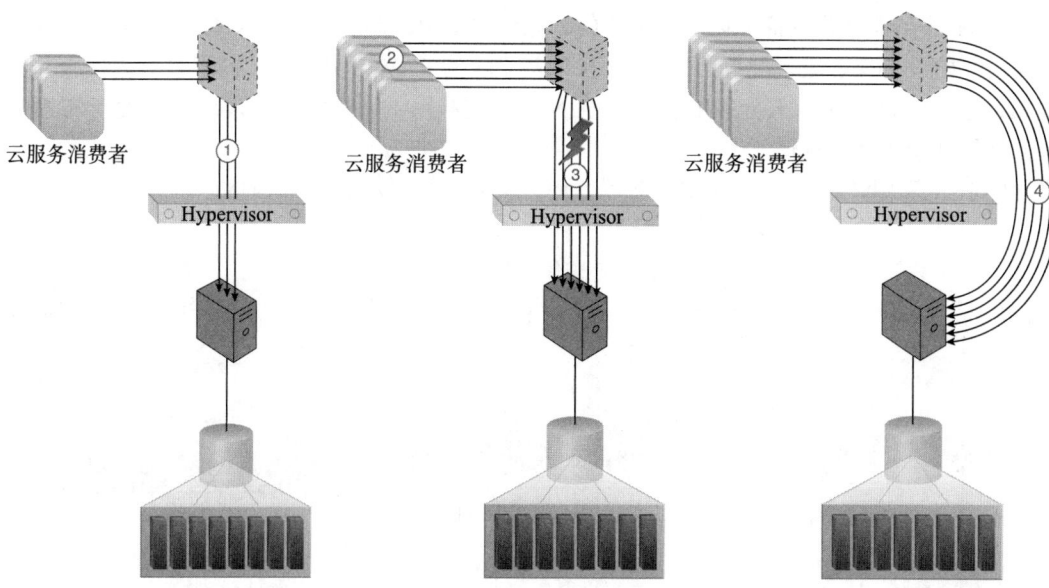

图 15.1 云服务消费者访问虚拟服务器，虚拟服务器访问 SAN 存储 LUN 上的数据库（1）。从虚拟服务器到数据库的连接通过虚拟交换机实现

图 15.2 云服务消费者请求量增加（2），导致虚拟交换机的带宽和性能变得不足（3）

图 15.3 虚拟服务器绕开 Hypervisor，通过与物理服务器的直接物理链路连接到数据库服务器（4）。增加的工作量现在可以得到妥善处理

除了虚拟服务器和 Hypervisor 之外，该架构中可能涉及的其他机制包括：

- 云用量监视器——运行时云服务用量监视器收集的数据可能包括直接 I/O 访问，并对这些访问进行独立分类。
- 逻辑网络边界——逻辑网络边界确保分配的物理 I/O 卡不允许云消费者访问其他云消费者的 IT 资源。
- 计量付费监视器——该监视器收集分配的物理 I/O 卡的使用开销信息。
- 资源复制——复制技术用于将物理 I/O 卡替换为虚拟 I/O 卡。

15.2 直接LUN访问架构

存储 LUN 通常通过 Hypervisor 上的主机总线适配器（HBA）进行映射，并将存储空间模拟为虚拟服务器上的基于文件的存储（如图 15.4 所示）。然而，虚拟服务器有时需要直接访问基于原始块的存储。例如，当实现集群并且使用 LUN 作为两台虚拟服务器之间的共享集群存储设备时，通过模拟适配器进行访问是不够的。

直接 LUN 访问架构通过物理 HBA 卡为虚拟服务器提供 LUN 访问，这是有效的，因为同一集群中的虚拟服务器可以将 LUN 用作集群数据库的共享卷。实施该方案后，虚拟服务器与 LUN 和云存储设备的物理连接由物理主机实现。

LUN 是在云存储设备上创建和配置的，以便将 LUN 呈现给 Hypervisor。云存储设备需要使用原始设备映射进行配置，以使 LUN 以基于块的 RAW SAN LUN 的形式对虚拟服务器可见，这是未格式化、未分区的存储。LUN 需要用唯一的 LUN ID 来表示，以便所有虚拟服务器将其用作共享存储。

图 15.5 和图 15.6 说明了虚拟服务器如何直接访问基于块的存储 LUN。

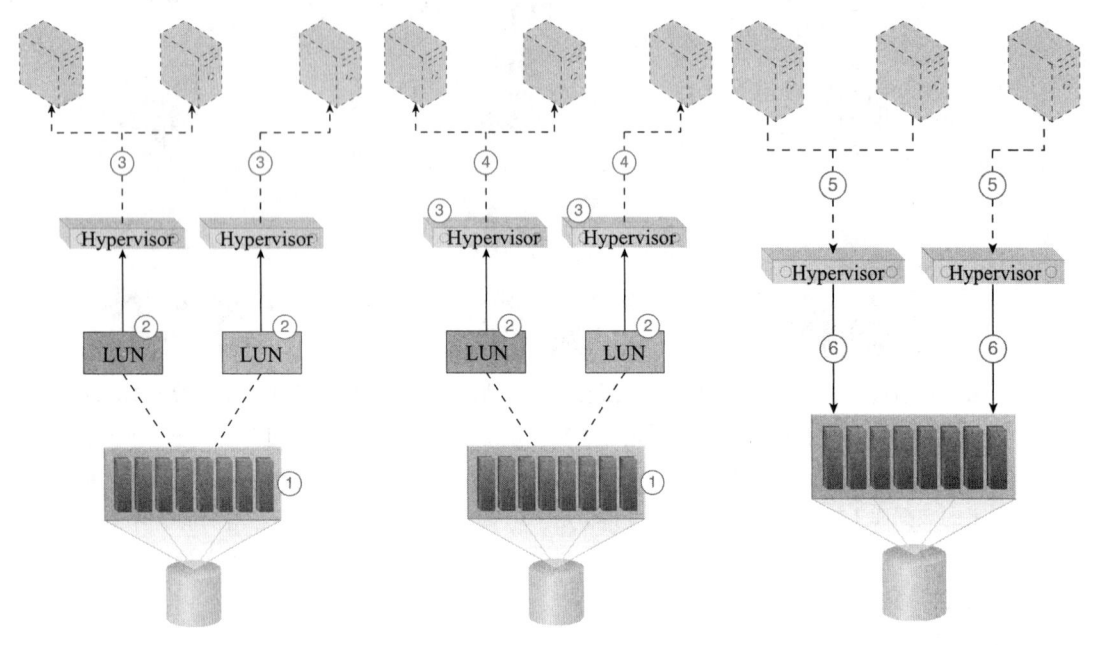

图 15.4 云存储设备已安装并配置（1）。定义 LUN 映射，以便每个 Hypervisor 都可以访问自己的 LUN，还可以查看所有映射的 LUN（2）。Hypervisor 将映射到虚拟服务器的 LUN 作为普通的基于文件的存储来使用（3）

图 15.5 云存储设备已安装并配置（1）。创建所需的 LUN 并将其提供给 Hypervisor（2），Hypervisor 将此 LUN 直接映射到虚拟服务器（3）。虚拟服务器可以将 LUN 视为基于原始 RAW 块的存储，并可以直接访问它们（4）

图 15.6 虚拟服务器的存储命令由 Hypervisor 接收（5），Hypervisor 处理请求并将其转发到存储处理器（6）

除了虚拟服务器、Hypervisor 和云存储设备之外，还可以将以下机制合并到该架构中：

- 云用量监视器——该监视器跟踪并收集与 LUN 的直接使用相关的存储使用信息。
- 计量付费监视器——计量付费监视器收集并将直接 LUN 访问的使用成本信息单独分类。
- 资源复制——该机制涉及虚拟服务器如何直接访问基于块的存储，以取代基于文件的存储。

15.3 动态数据规范化架构

冗余数据可能会在基于云的环境中引起一系列问题，例如：

- 增加存储和编目文件所需的时间
- 增加存储和备份所需的空间
- 由于数据量增加导致成本增加
- 增加复制到辅助存储所需的时间
- 增加备份数据所需的时间

例如，如果云消费者将 100 MB 的文件复制到云存储设备上，并且数据被重复复制十次，则后果可能相当严重：

- 云消费者将按 10×100 MB 的存储空间付费，即使实际上只存储了 100 MB 的唯一数据。
- 云供应商需要在在线云存储设备和任何备份存储系统中提供不必要的 900 MB 空间。
- 需要更多的时间来存储和编目数据。
- 每当云供应商执行站点恢复时，数据复制持续时间和性能都会承受不必要的压力，因为需要复制 1000 MB 而不是 100 MB 数据。

在多租户公共云中，这些影响可能会被显著放大。

动态数据规范化架构建立了一套去冗余系统，通过检测和消除云存储设备上的冗余数据，防止云消费者无意中保存数据的冗余副本。该系统可以应用于基于块和基于文件的存储设备，但它在前者上最有效。该去冗余系统检查每个接收到的块以确定其是否与已经接收到的块重复。冗余块被替换为指向存储中已存在的等效块的指针（如图 15.7 所示）。

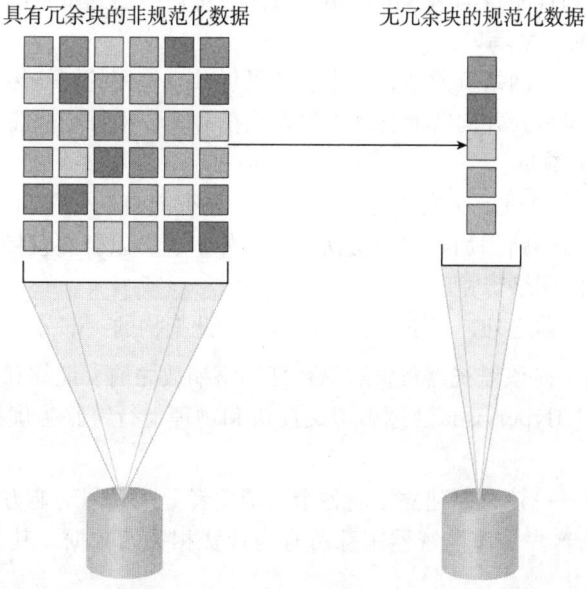

图 15.7 包含冗余数据的数据集是不必要的膨胀存储（左）。去冗余系统对数据进行规范化，以便数据仅存储一次（右）

去冗余系统在将接收到的数据传递给存储控制器之前对其进行检查。作为检查过程的一部分，已处理和存储的每条数据都会有哈希码。哈希和片段的索引也被维护。因此，将新接收的数据块生成的哈希与存储中的哈希进行比较，以确定它是新的还是重复的数据块。保存新块，同时消除重复数据，并创建、保存指向原始数据块的指针。

该架构模型可用于磁盘存储和备份磁带。一个云供应商可以决定仅在备份云存储设备上防止冗余数据,而另一个云供应商则可能更积极地在其所有云存储设备上实施去冗余系统。有不同的方法和算法可用于比较数据块,以确认其是否与其他块重复。

15.4 弹性网络能力架构

即使IT资源通过云平台按需伸缩调整,当对IT资源的远程访问受到网络带宽限制的影响时,性能和伸缩能力仍然会受到抑制(如图15.8所示)。

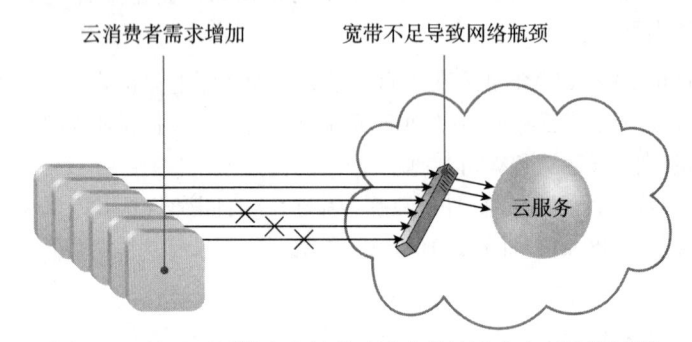

图15.8 缺乏可用带宽会导致云消费者的请求出现性能问题

弹性网络能力架构建立了一个系统,其中额外的带宽被动态分配给网络以避免运行时瓶颈。该系统确保每个云消费者使用一组不同的网络端口来隔离各个云消费者流量。

自动调整侦听器和智能自动引擎脚本用于检测流量何时达到带宽阈值,并在需要时动态分配额外的带宽和/或网络端口。

云架构可以配备一个网络资源池,其中包含可供共享使用的网络端口。自动调整侦听器监视工作负载和网络流量,并向智能自动引擎发出信号,以根据响应需求波动来修改分配的网络端口和/或带宽的数量。

注意,当在虚拟交换机层次实现此架构模型时,智能自动引擎可能需要运行单独的脚本,以专门将物理上行链路添加到虚拟交换机。另外,也可以合并直接I/O访问架构,以增加分配给虚拟服务器的网络带宽。

除了自动调整侦听器之外,以下机制也可以成为此架构的一部分:

- ❏ 云用量监视器——该监视器负责跟踪弹性网络缩放之前、期间和之后的能力。
- ❏ Hypervisor——Hypervisor通过虚拟交换机和物理上行链路为虚拟服务器提供对物理网络的访问。
- ❏ 逻辑网络边界——该机制建立了向各个云消费者分配其网络能力的边界。
- ❏ 计量付费监视器——该监视器跟踪所有与计费相关的数据,其与动态网络带宽消耗有关。
- ❏ 资源复制——资源复制用于向物理和虚拟服务器添加网络端口,以响应负载需求。
- ❏ 虚拟服务器——虚拟服务器托管IT资源和云服务,网络资源的分配及其本身受到网络能力调整的影响。

15.5 跨存储设备垂直分层架构

云存储设备有时无法满足云消费者的性能要求,需要添加更多数据处理能力或带宽来提高每秒输入/输出操作数(IOPS)。这些常规的垂直调整方法通常实施起来效率低下且耗时,并且当增加的能力不再需要时可能会造成浪费。

图 15.9 和图 15.10 中的场景描述了一种方法，其中访问 LUN 的请求数量增加，需要将其手动传输到高性能云存储设备上。

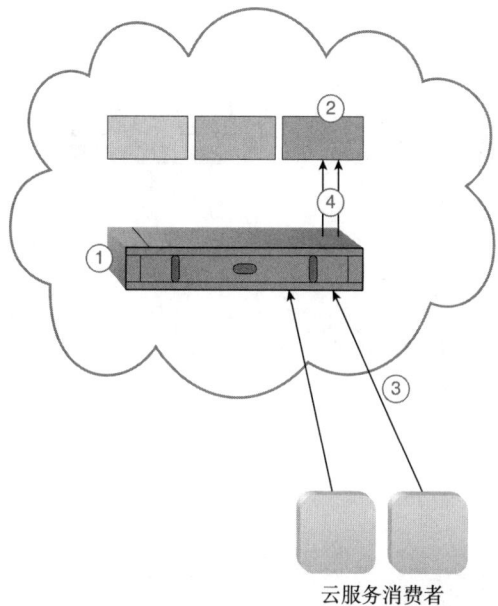

图 15.9　云供应商安装和配置云存储设备（1），并创建可供云服务消费者使用的 LUN（2）。云服务消费者向云存储设备（3）发起数据访问请求，云存储设备将请求转发给其中一个 LUN（4）

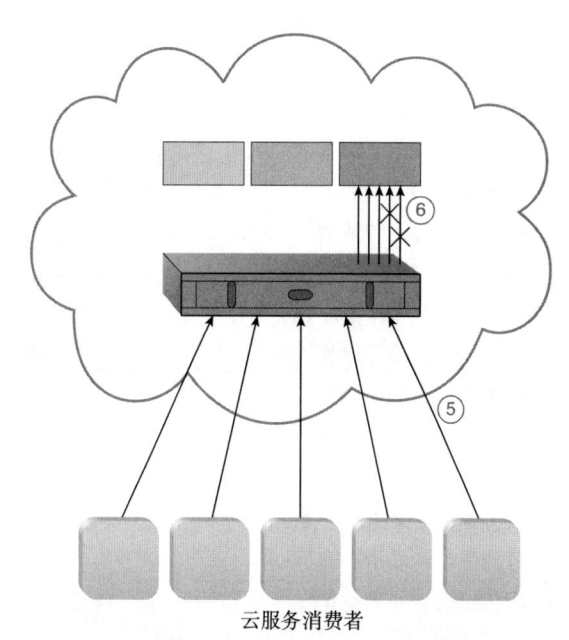

图 15.10　请求数量增加，导致高存储带宽和性能需求（5）。由于云存储设备内的性能限制，一些请求被拒绝或超时（6）

跨存储设备垂直分层架构通过在具有不同容量的存储设备之间进行垂直调整，建立了一个能够克服带宽和数据处理能力限制的系统。LUN 可以在该系统中的多个设备上自动进行垂直扩展和缩减，以便请求可以使用适当的存储设备级别来执行云消费者任务。

即使自动分层技术可以将数据移动到具有相同存储处理能力的云存储设备上，也可以提供容量更大的新云存储设备。例如，固态硬盘（SSD）可以成为数据处理能力升级的合适设备。

自动调整侦听器监视发送到特定 LUN 的请求，并在识别出已达到 LUN 移动到容量更高设备的预定义阈值时，向存储管理程序发出信号。由于传输过程中永远不会断开连接，因此不会发生服务中断。原始设备保持正常运行，而 LUN 数据则垂直扩展到另一个设备。一旦扩展完成，云消费者请求即可自动重定向到新的云存储设备（如图 15.11～图 15.13 所示）。

除了自动调整侦听器和云存储设备之外，该技术架构还可以包含的机制包括：

- 审计监视器——该监视器执行审计，检查云消费者数据的重定位是否不与任何法律或数据隐私法规或政策相冲突。
- 云用量监视器——该基础设施机制代表了运行时的各种监视要求，用于跟踪和记录源存储位置和目的存储位置的数据传输和使用情况。
- 计量付费监视器——在此架构的背景下，计量付费监视器收集源位置和目的位置的存储用量信息，以及用于执行跨存储分层功能的 IT 资源使用信息。

254 第 15 章

图 15.11
较低容量的主云存储设备正在响应云服务消费者的存储请求（1）。安装具有更高容量和性能的辅助云存储设备（2）。LUN 迁移（3）通过存储管理程序进行配置，该存储管理程序被配置为根据设备性能对存储进行分类（4）。阈值在监视请求的自动调整侦听器中定义（5）。云服务消费者请求由存储服务网关接收，并发送至主云存储设备（6）。

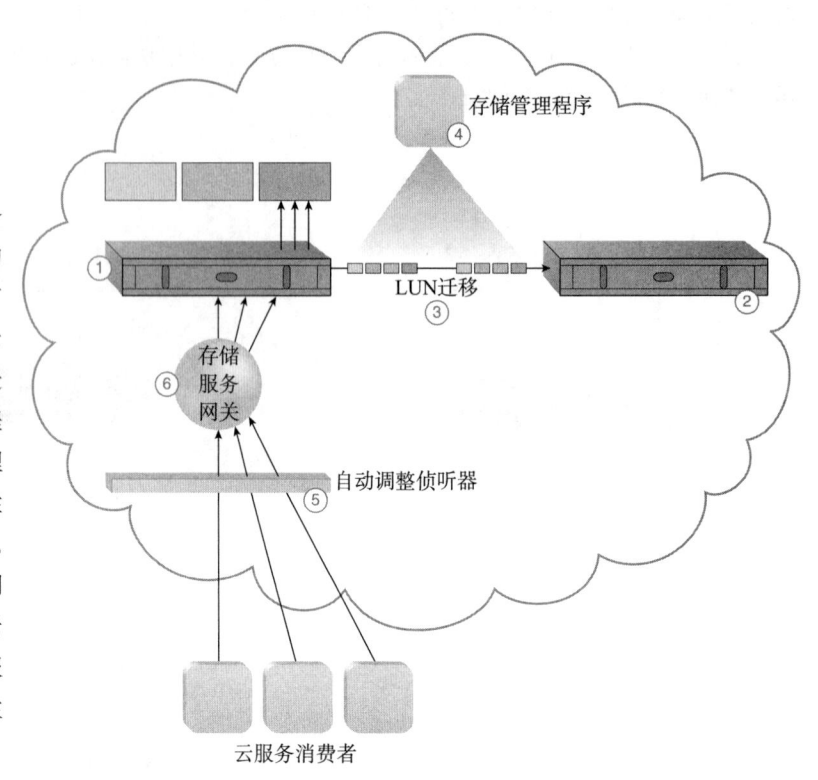

图 15.12
云服务消费者请求数量达到预定义阈值（7），自动调整侦听器通知存储管理程序需要扩展调整（8）。存储管理程序调用 LUN 迁移，将云消费者的 LUN 移动到容量更大的辅助存储设备（9），LUN 迁移执行此移动（10）。

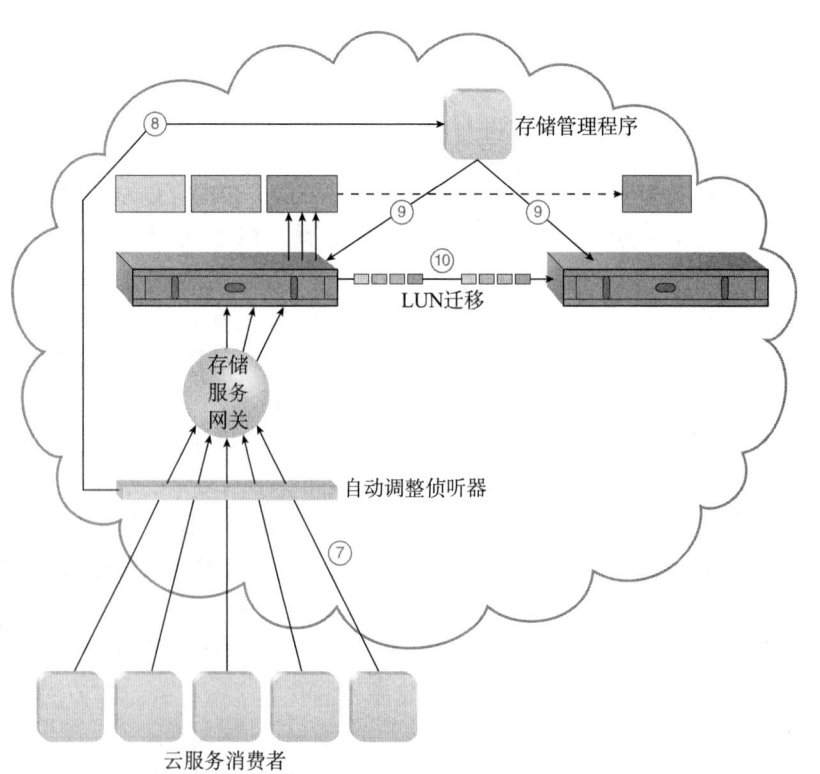

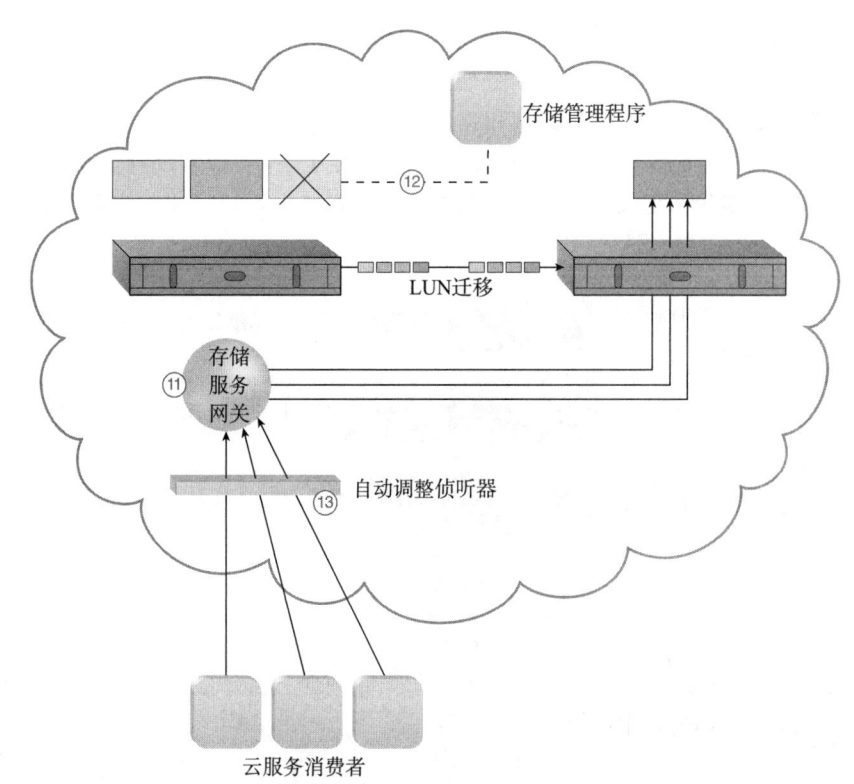

图 15.13　存储服务网关将来自 LUN 的云服务消费者请求转发到新的云存储设备（11）。通过存储管理程序和 LUN 迁移将原始 LUN 从低容量设备中删除（12）。自动调整侦听器监视云服务消费者请求，以确保后续请求均访问已迁移到更大容量的辅助存储的 LUN（13）

15.6　存储设备内垂直数据分层架构

一些云消费者可能有不同的数据存储要求，将数据的物理位置限制在单个云存储设备上。由于安全、隐私或各种法律原因，可能不允许跨云存储设备进行分布式存储。这种类型的限制可能会对设备的存储和性能容量带来严重的伸缩性限制。这些限制可以进一步影响到依赖于该云存储设备使用的任何云服务或应用。

存储设备内垂直数据分层架构建立了一个支持单个云存储设备内垂直伸缩调整的系统。这种设备内调整系统优化了具有不同容量的不同磁盘类型的可用性（如图 15.14 所示）。

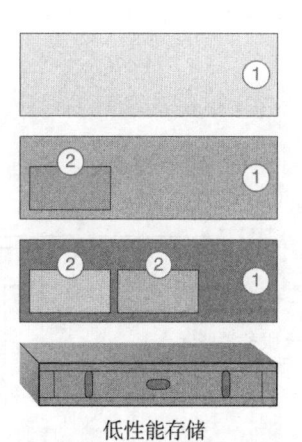

图 15.14　云内部存储设备系统通过按层分级的磁盘类型进行垂直调整（1）。每个 LUN 都会移动到与其处理和存储要求相对应的层（2）

这种云存储架构需要使用复杂的存储设备，以支持不同类型的硬盘，尤其高性能磁盘，如 SATA、SAS 和 SSD。磁盘类型按级分层进行组织，以便 LUN 迁移可以根据磁盘类型的分配情况垂直调整设备，从而满足处理和容量要求。

数据加载条件和定义是在磁盘分类后设置的，以便 LUN 可以移动到更高或更低的等级，这具体取决于满足哪些预定义条件。自动调整侦听器在监视运行时数据处理流量时使用这些阈值和条件（如图 15.15～图 15.17 所示）。

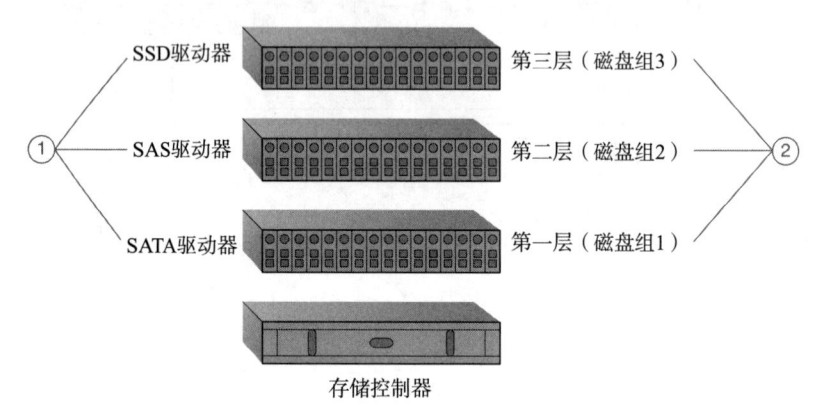

图 15.15　云存储设备（1）的机箱内安装有不同类型的硬盘。将同类磁盘按类型分层，以根据 I/O 性能创建不同等级的磁盘组（2）

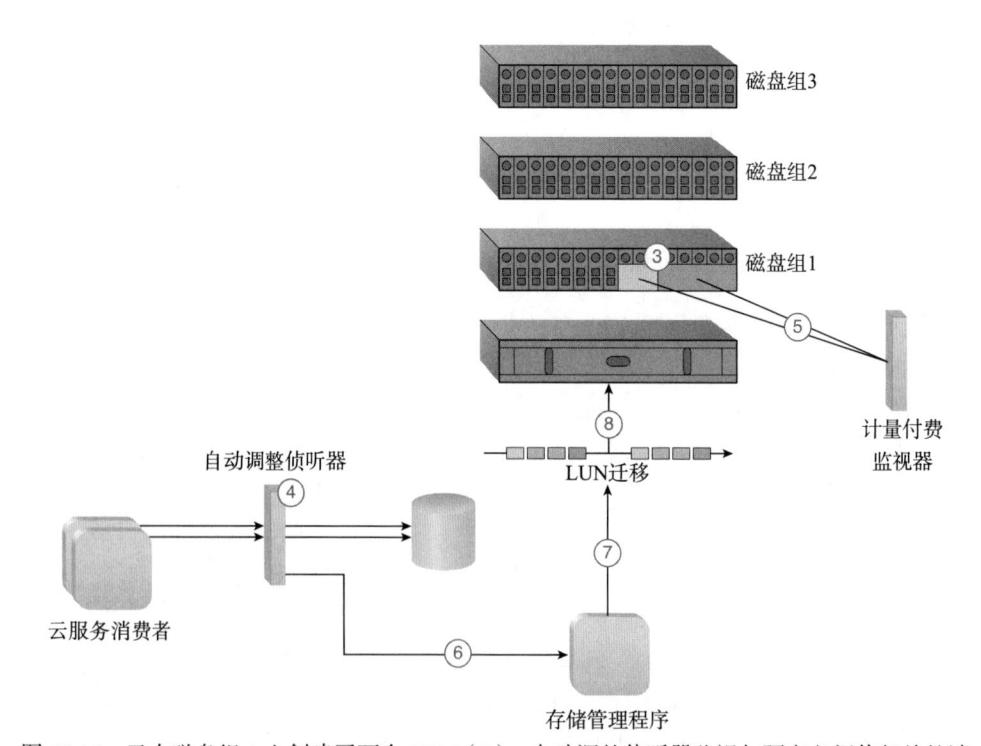

图 15.16　已在磁盘组 1 上创建了两个 LUN（3）。自动调整侦听器监视与预定义阈值相关的请求（4）。计量付费监视器根据可用空间和磁盘组性能跟踪实际磁盘用量（5）。自动调整侦听器确定请求数量达到阈值，并通知存储管理程序需要将 LUN 移动到更高性能的磁盘组（6）。存储管理程序向 LUN 迁移程序发出信号以执行所需的移动（7）。LUN 迁移程序与存储控制器配合，将 LUN 移动到容量更大的磁盘组 2（8）

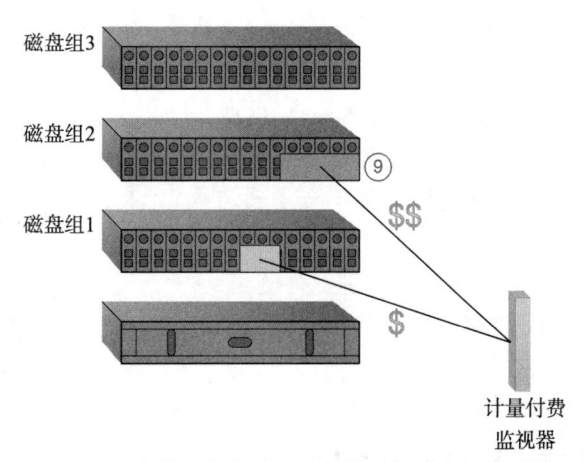

图 15.17　迁移到磁盘组 2 的 LUN 的使用价格现在比以前更高，因为正在使用更高性能的磁盘组（9）

15.7　负载均衡虚拟交换机架构

虚拟服务器通过虚拟交换机连接到外部世界，虚拟交换机使用相同的上行链路发送和接收流量。当上行链路端口上的网络流量增加到会导致传输延迟、性能问题、分组丢失和滞后时间的程度时，就会形成带宽瓶颈（如图 15.18～图 15.19 所示）。

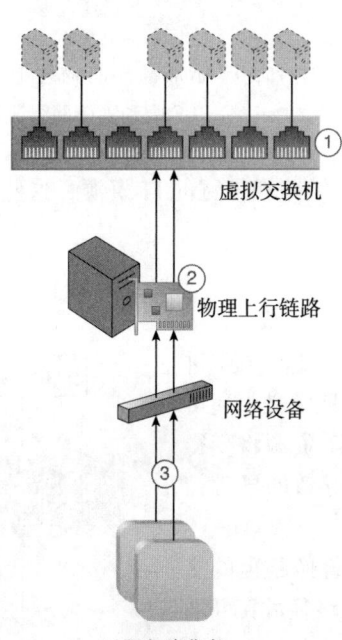

图 15.18　虚拟交换机正在互连虚拟服务器（1）。物理网络适配器已连接到虚拟交换机，用作物理（外部）网络的上行链路，将虚拟服务器连接到云消费者（2）。云服务消费者通过物理上行链路发送请求（3）

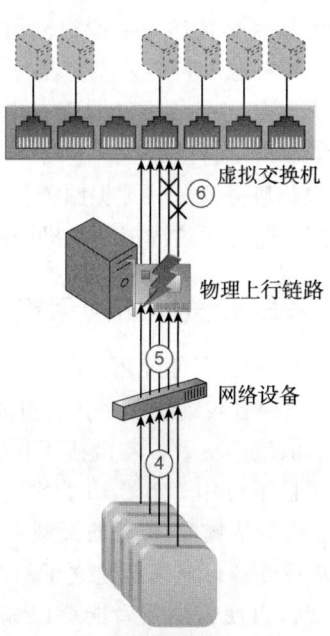

图 15.19　通过物理上行链路的流量随着请求数量的增加而增加。需要物理网络适配器处理和转发的分组数量也会增加（4）。由于网络流量已超出物理适配器的能力，因此它无法处理这一工作负载（5）。网络形成了瓶颈，导致性能下降和时延敏感数据包丢失（6）

负载均衡虚拟交换机架构建立了一个负载平衡系统，提供多个上行链路来均衡多个上行链路或冗余路径的网络流量负载，有助于避免出现传输缓慢和数据丢失问题（如图15.20所示）。链路聚合算法可以用来平衡流量，使得工作负载同时分布在多个上行链路上，因此任何网卡都不会受到超载影响。

虚拟交换机需要配置以支持多个物理上行链路，这些物理上行链路常常配置为一个NIC组，该组已确定流量整形策略。

以下机制可以纳入该架构：

- 云用量监视器——这些监视器用于监视网络流量和带宽使用情况。
- Hypervisor——该机制托管虚拟服务器，并为虚拟交换机和外部网络提供虚拟服务器的访问。
- 负载均衡器——负载均衡器在不同上行链路上分配网络负载。
- 逻辑网络边界——逻辑网络边界创建边界以保护和限制每个云消费者的带宽使用。
- 资源复制——该机制用于生成到虚拟交换机的额外上行链路。
- 虚拟服务器——虚拟服务器托管受益于额外上行链路和带宽的IT资源，这些上行链路和带宽通过虚拟交换机提供。

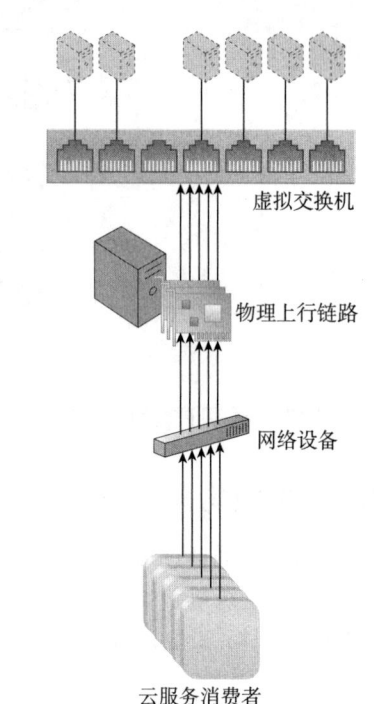

图 15.20 添加额外的物理上行链路，以分配和平衡网络流量

15.8 多路径资源访问架构

某些IT资源只能使用指向其确切位置的指定路径（或超链接）进行访问。该路径可能会丢失，也可能会被云消费者错误地定义，还可能会被云供应商更改。超链接不再由云消费者拥有的IT资源将变得不可访问且不可用（如图15.21所示）。IT资源不可用导致的异常情况可能会影响依赖IT资源的大型云解决方案的稳定性。

多路径资源访问架构建立了一个对IT资源具有可替换路径的多路径系统，以便云消费者能够以编程或手动方式克服路径故障（如图15.22所示）。

图 15.21 物理服务器A通过单个光纤通道与LUN A相连，使用LUN存储不同类型的数据。由于HBA卡故障，该光纤通道连接变得不可用，这使得物理服务器A使用的路径失效，物理服务器A现在无法访问LUN A及其所有存储数据

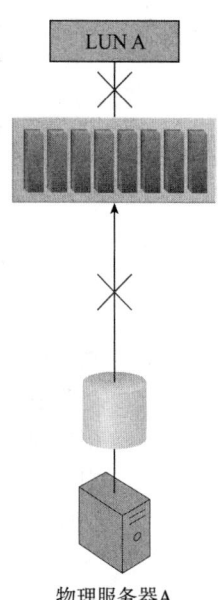

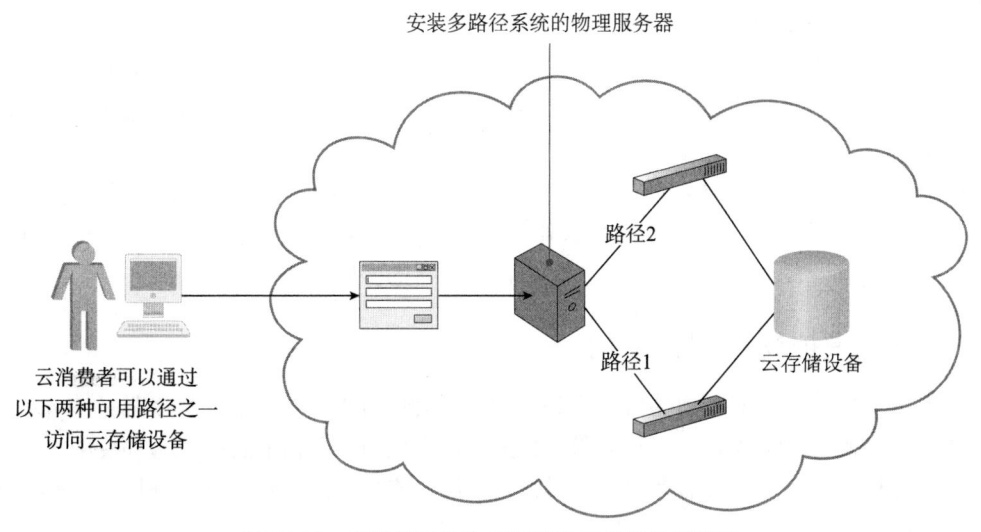

图 15.22 多路径系统为云存储设备提供备用路径

此技术架构需要使用多路径系统并创建给特定 IT 资源的替代物理或虚拟超链接。多路径系统驻留在服务器或 Hypervisor 上，确保每个 IT 资源在被每条可替换路径发现时都是相同的（如图 15.23 所示）。

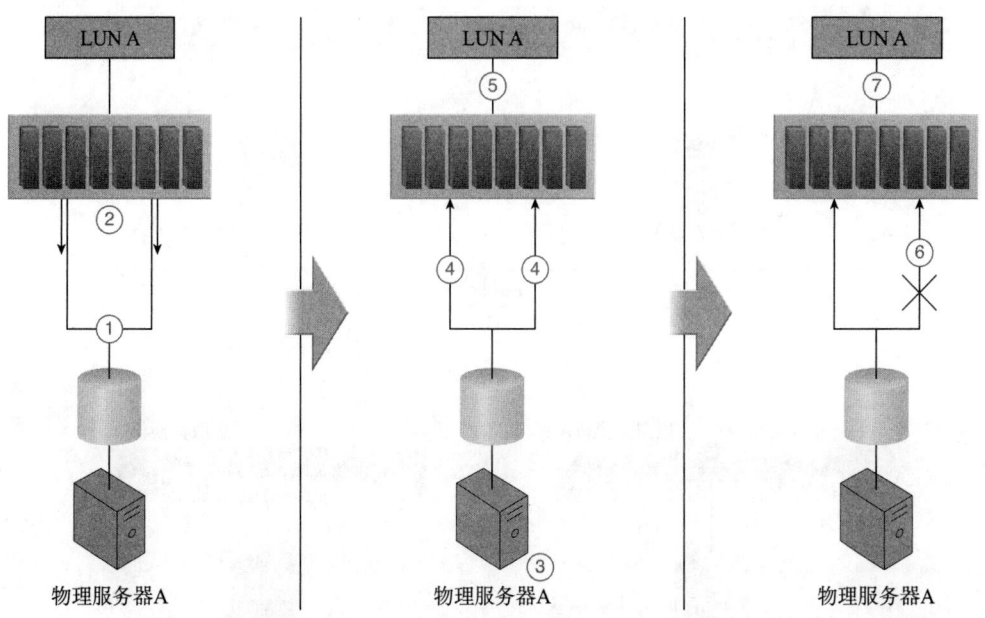

图 15.23　物理服务器 A 通过两条不同的路径（1）连接到 LUN A 云存储设备。LUN A 被视为来自两条路径（2）的不同 LUN。多路径系统已配置（3）。LUN A 被视为来自两条路径的同一个 LUN（4），并且物理服务器 A 可以从两条不同的路径访问 LUN A（5）。当发生链路故障，并且其中一条路径不可用时（6），物理服务器 A 仍然可以使用 LUN A，因为另一个链路仍处于活动状态（7）

该架构可以包含以下机制：

❑ 云存储设备——云存储设备是一种常见的 IT 资源，它要求创建可替换路径，以便保持依赖数据访问的解决方案的可访问性。
- Hypervisor——到 Hypervisor 的可替换路径，以便拥有到托管虚拟服务器的冗余链接。
- 逻辑网络边界——即使创建了通往同一 IT 资源的多条路径，该机制也能保证云消费者隐私的维护。
- 资源复制——当需要创建 IT 资源的新实例以生成可替换路径时，需要资源复制机制。
- 虚拟服务器——这些服务器所承载的 IT 资源，可通过不同链路或虚拟交换机进行多路径访问。Hypervisor 可以提供对虚拟服务器的多路径访问。

15.9 持久虚拟网络配置架构

虚拟服务器的网络配置和端口分配是在主机物理服务器和托管虚拟服务器的 Hypervisor 上创建虚拟交换机时生成的。这些配置和分配驻留在虚拟服务器的直接托管环境中，这意味着移动或迁移到另一台主机的虚拟服务器将失去网络连接，因为目标托管环境没有所需的端口分配和网络配置信息（如图 15.24 所示）。

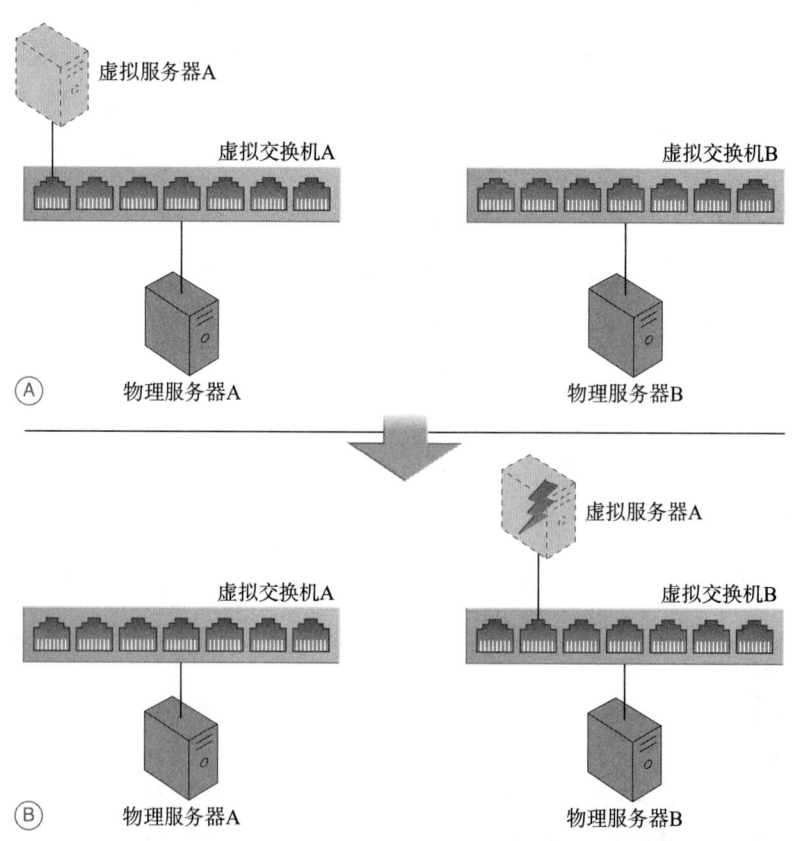

图 15.24 A 部分显示通过虚拟交换机 A 连接到网络的虚拟服务器 A，虚拟交换机 A 是在物理服务器 A 上创建的。在 B 部分中，虚拟服务器 A 在移动到物理服务器 B 后，连接到虚拟交换机 B。但虚拟服务器 A 无法连接到网络，因为其配置参数丢失

在持久虚拟网络配置架构中，网络配置信息存储在中心位置，并复制到物理服务器主机。这允许目标主机在虚拟服务器从一台主机移动到另一台主机时访问配置信息。

采用该架构建立的系统包括中心式虚拟交换机、VIM 以及配置复制技术。中心式虚拟交换机由物理服务器共享，并通过 VIM 进行配置，VIM 启动将配置参数复制到物理服务器（如图 15.25 所示）。

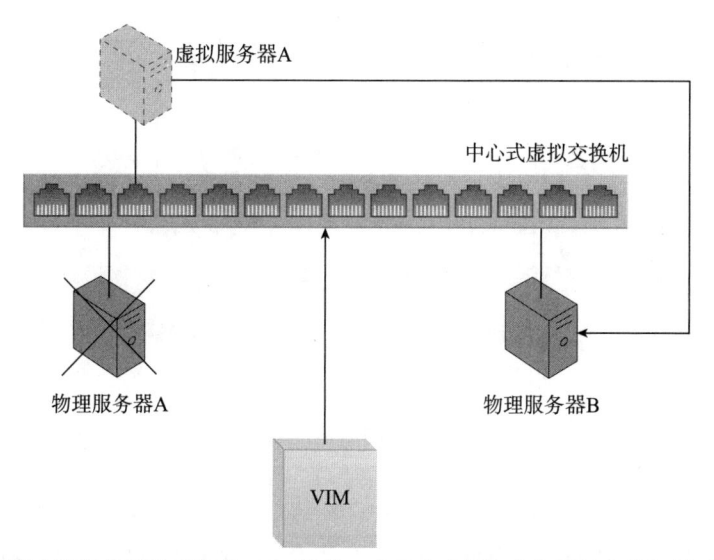

图 15.25 虚拟交换机的配置参数由 VIM 维护，这可以确保将这些配置参数复制到其他物理服务器。发布中心式虚拟交换机，为每台主机物理服务器分配其部分端口。当物理服务器 A 出现故障时，虚拟服务器 A 会移至物理服务器 B。虚拟服务器的网络设置是可检索的，因为它们存储在两台物理服务器共享的中心式虚拟交换机上。虚拟服务器 A 在其新主机物理服务器 B 上维护网络连接

除了提供迁移系统的虚拟服务器机制之外，该架构还可以包括以下机制：

- Hypervisor——Hypervisor 托管着要求在各个物理主机之间复制配置参数的虚拟服务器。
- 逻辑网络边界——逻辑网络边界有助于在虚拟服务器迁移前后，确保被访问的虚拟服务器及其 IT 资源与合法的云消费者隔离。
- 资源复制——资源复制机制用于通过中心式虚拟交换机在 Hypervisor 之间复制虚拟交换机配置和网络容量分配。

15.10 虚拟服务器的冗余物理连接架构

虚拟服务器通过虚拟交换机上行端口连接到外部网络，这意味着如果上行链路出现故障，虚拟服务器将被隔离，并与外部网络断开连接（如图 15.26 所示）。

虚拟服务器的冗余物理连接架构建立一条或多条冗余上行链路连接并将其置于备用模式。该架构确保当主上行链路连接变得不可用时（如图 15.27 所示），有一条冗余上行链路连接主上行链路。

在对虚拟服务器及其用户透明的过程中，一旦主上行链路出现故障，备用上行链路将自动变为主上行链路，虚拟服务器使用新的主上行链路向外发送分组。

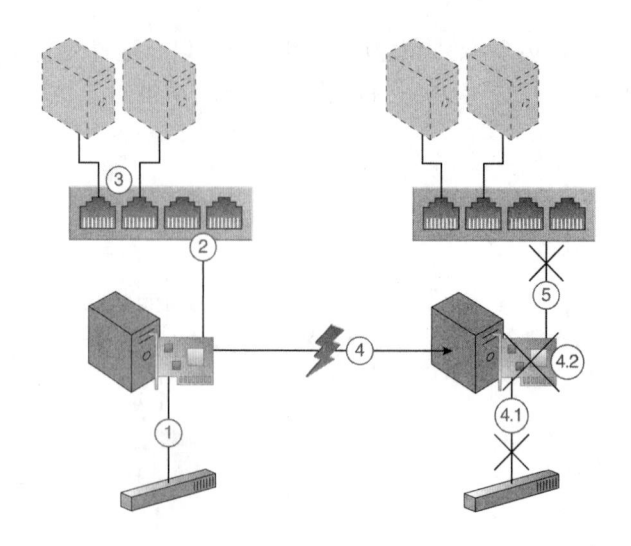

图 15.26 安装在主机物理服务器上的物理网络适配器连接到网络上的物理交换机（1）。创建虚拟交换机，供两台虚拟服务器使用。物理网络适配器连接到虚拟交换机以充当上行链路，因为它需要访问物理（外部）网络（2）。虚拟服务器通过连接的物理上行链路网卡与外部网络通信（3）。发生连接失败的原因可能是物理适配器和物理交换机之间的物理链路连接问题（4.1），也可能是因为物理网卡故障（4.2）。虚拟服务器失去了对物理外部网络的访问权限，并且其云消费者也无法再访问它们（5）

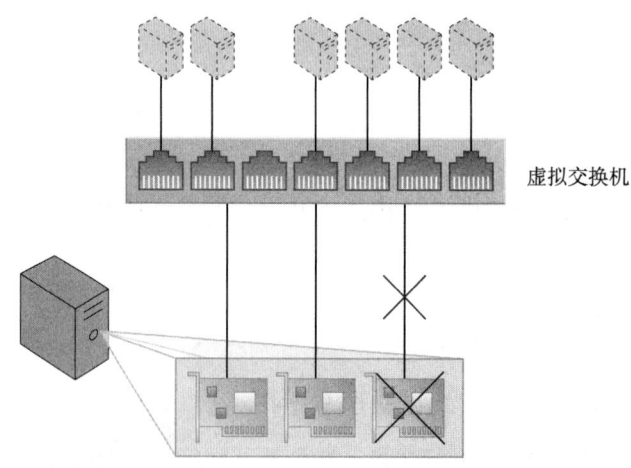

图 15.27 冗余上行链路安装在托管多个虚拟服务器的物理服务器上。当一条上行链路发生故障时，另一条上行链路将接管以维持虚拟服务器的主要网络连接

当主上行链路处于活动状态时，第二个 NIC 不会转发任何流量，即使它接收到了虚拟服务器的分组。然而，如果主上行链路发生故障，备用上行链路将立即开始转发数据包（如图 15.28～图 15.30 所示）。故障上行链路恢复运行后，将再次成为主上行链路，而第二个 NIC 也变回待机模式。

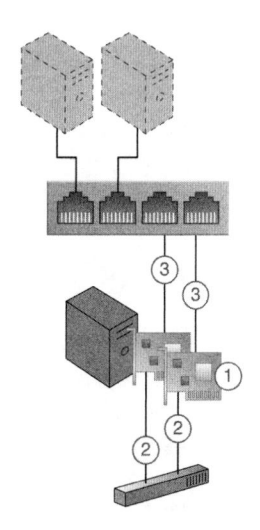

图 15.28 添加了新的网络适配器以支持冗余上行链路(1)。两个网卡都连接到物理外部交换机(2)，并且两个物理网络适配器都配置为虚拟交换机的上行链路适配器(3)

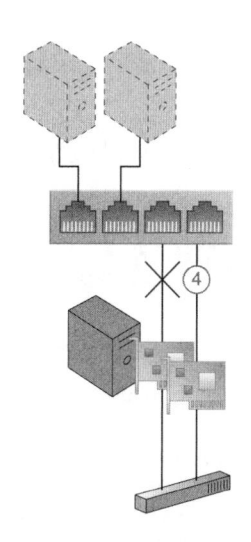

图 15.29 一个物理网络适配器被指定为主适配器(4)，而另一个被指定为提供备用上行链路的辅助适配器。辅助适配器不转发任何分组

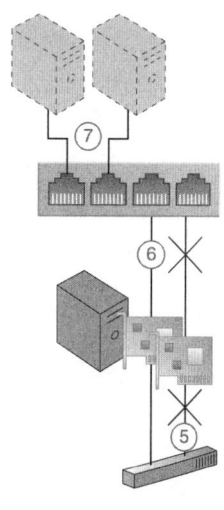

图 15.30 主上行链路变得不可用(5)。备用上行链路自动接管并使用虚拟交换机转发虚拟服务器发送到外部网络的分组(6)。虚拟服务器不会遇到中断并保持与外部网络的连接(7)

除了虚拟服务器之外，该架构通常还包含以下机制：

- 故障恢复系统——故障恢复系统将不可用的上行链路转换到备用上行链路。
- Hypervisor——该机制托管虚拟服务器和一些虚拟交换机，并为虚拟网络和虚拟交换机提供对虚拟服务器的访问。
- 逻辑网络边界——逻辑网络边界确保为每个云消费者分配或定义的虚拟交换机保持隔离。
- 资源复制——资源复制用于将主上行链路的当前状态复制到备用上行链路，以维持网络连接。

15.11 存储维护窗口架构

需要进行维护和管理任务的云存储设备有时需要暂时关闭，这意味着云服务消费者和IT资源将无法访问这些设备及其存储的数据（如图15.31所示）。

可以将即将发生维护中断的云存储设备的数据临时迁移到一个复制的辅助云存储设备上。存储维护窗口架构使云服务消费者能够自动、透明地重定向到辅助云存储设备，而不会意识到其主存储设备已离线。

实时存储迁移

实时存储迁移程序是一个复杂的系统，它利用 LUN 迁移组件来可靠地移动 LUN，使原始副本保持活动状态，直到目标副本已被验证为全功能状态。

实时存储迁移

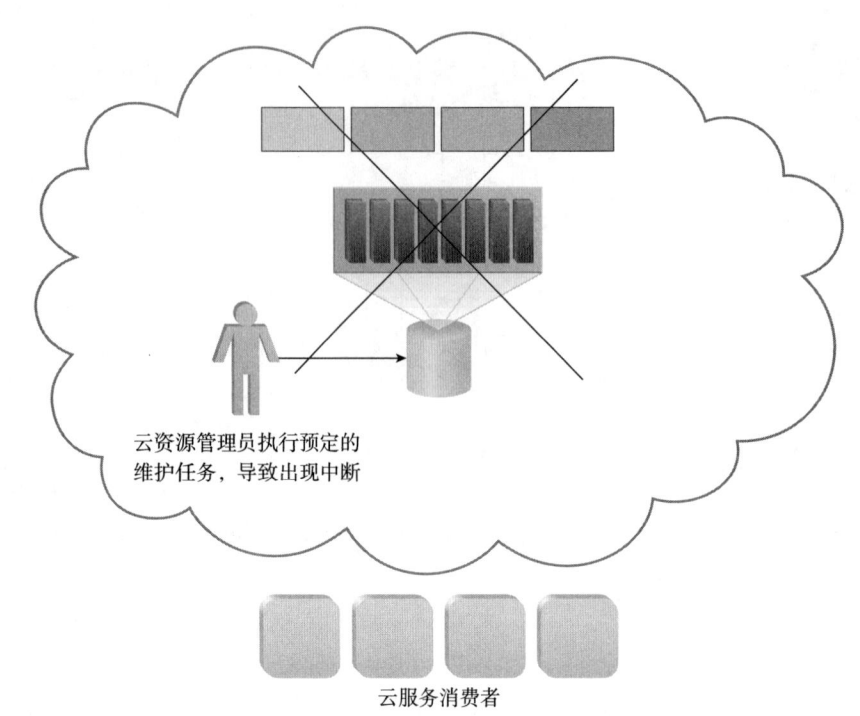

图15.31 云资源管理员执行预定的维护任务，导致云存储设备中断，云服务消费者将无法使用该设备。由于云消费者之前已收到有关中断的通知，因此云消费者不会进行任何数据访问的尝试

该架构使用实时存储迁移程序，如图15.32～图15.37所示。

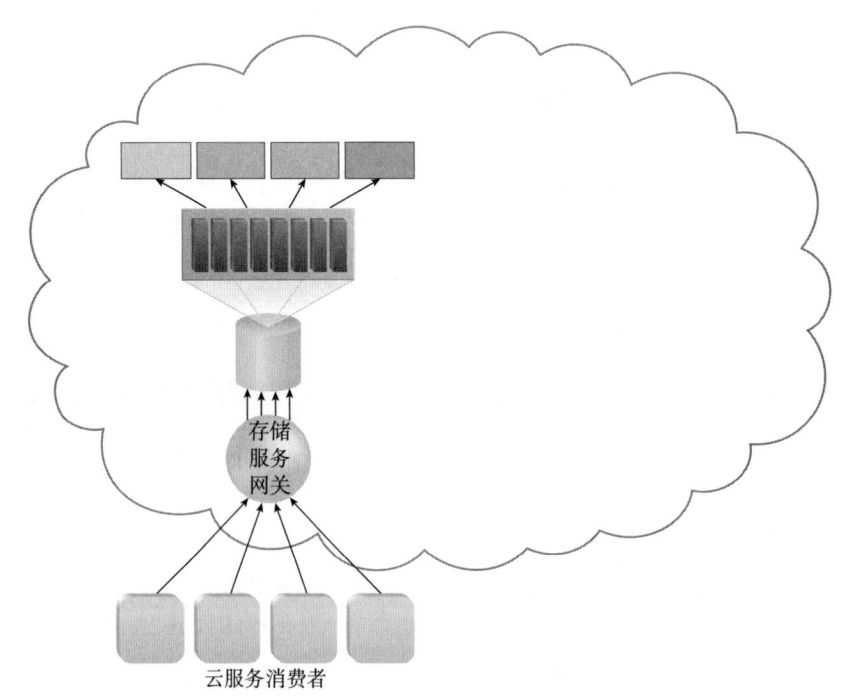

图15.32 云存储设备计划进行维护中断，但与图15.31所示的场景不同，云服务消费者没有收到中断通知，继续访问云存储设备

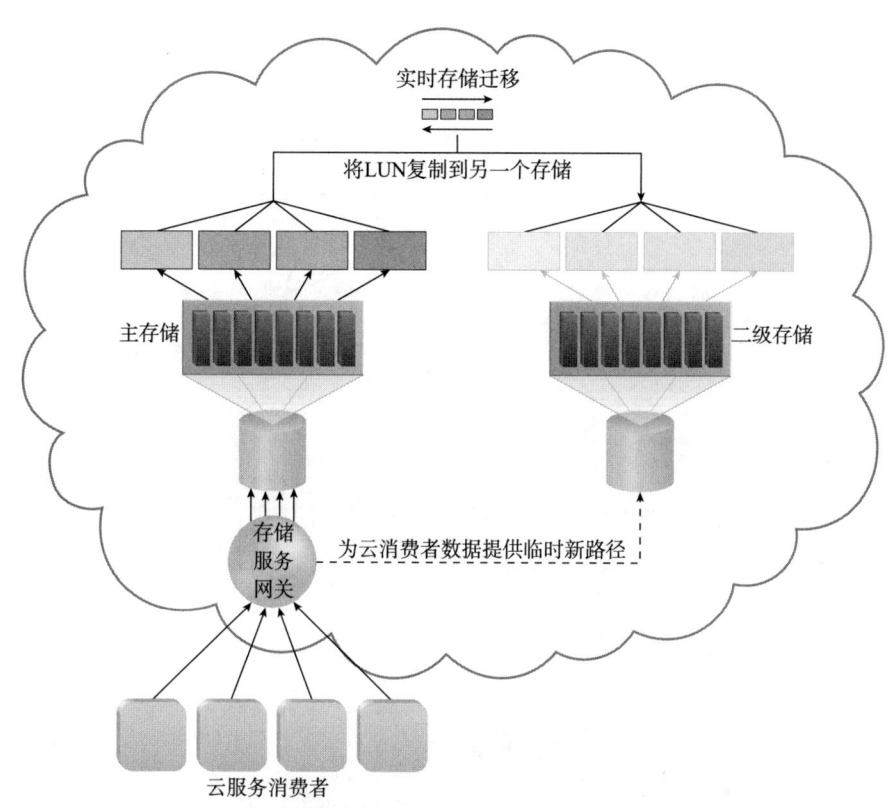

图 15.33 实时存储迁移将 LUN 从主存储设备移动到辅助存储设备

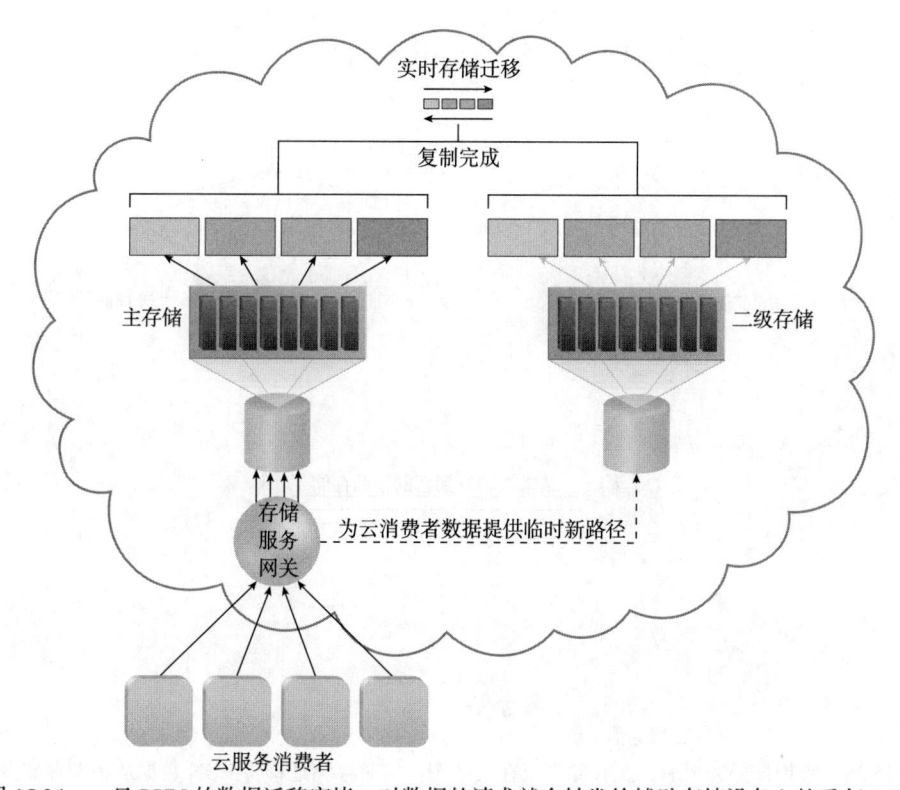

图 15.34 一旦 LUN 的数据迁移完毕,对数据的请求就会转发给辅助存储设备上的重复 LUN

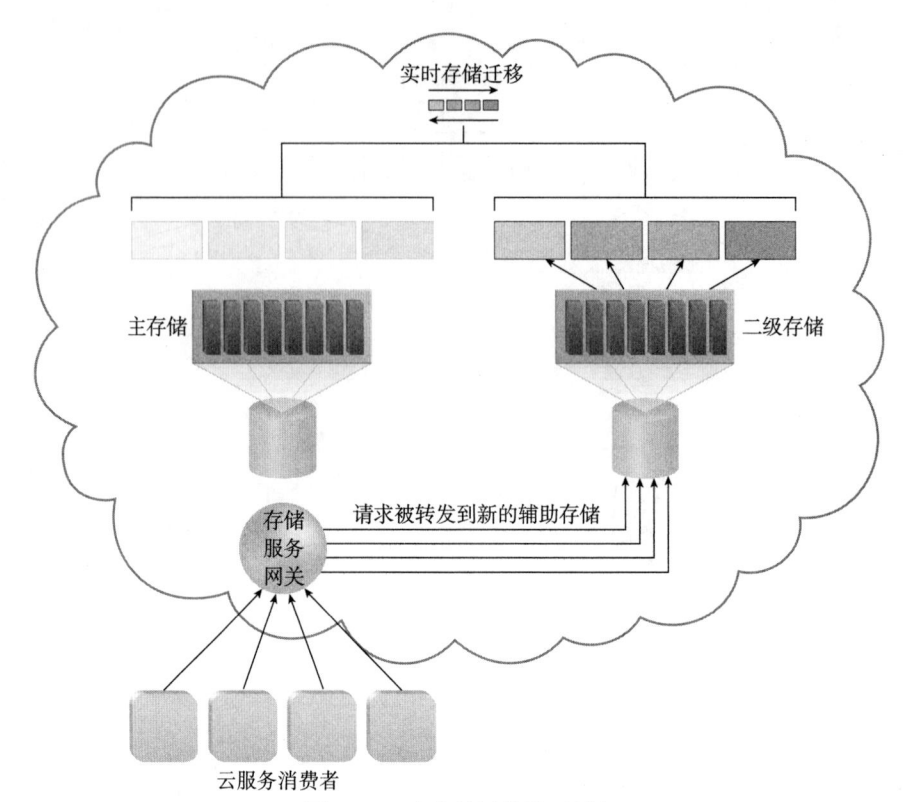

图 15.35　主存储因维护而断电

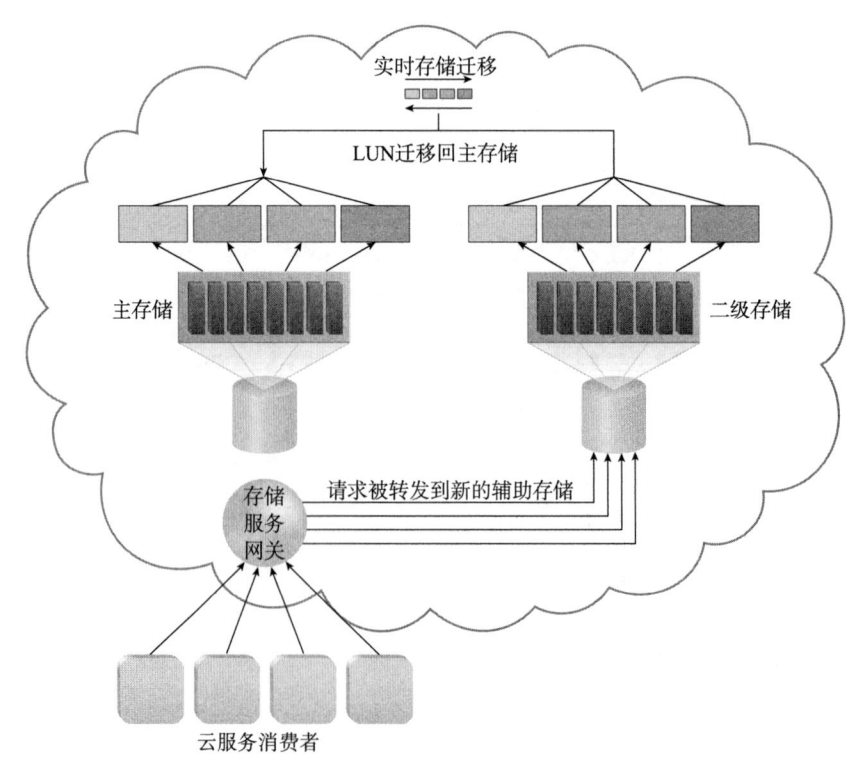

图 15.36　维护任务完成后，主存储恢复在线状态。实时存储迁移将 LUN 数据从辅助存储设备恢复到主存储设备

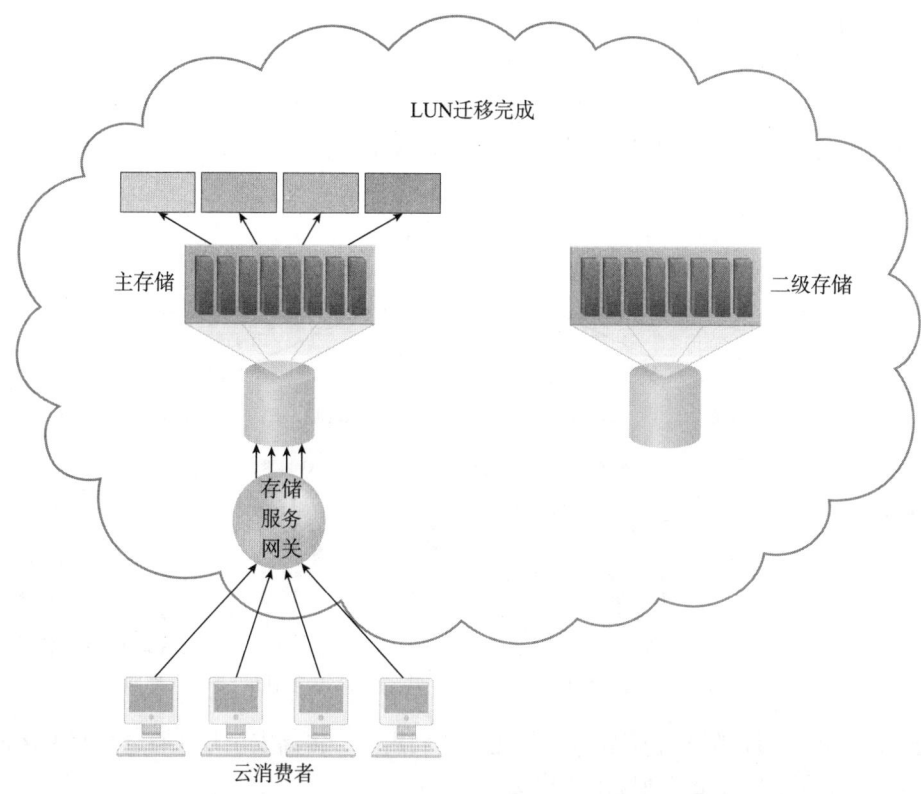

图 15.37　实时存储迁移过程完成，所有数据访问请求都被转发回主云存储设备

除了主要的云存储设备机制之外，该架构还使用了资源复制机制来保持主存储设备与辅助存储设备同步。即使迁移常常是预先计划的，手动和自动启动的故障恢复也可以通过故障恢复系统机制合并到该云架构中。

笔记

边缘计算架构和雾计算架构在云外部建立环境，但在此处仍予以讨论，因为这些环境仍然与云有关，它们的创建主要是为了减轻云的处理负担，从而提高消费者组织解决方案的性能、响应能力和伸缩性。

边缘计算架构和雾计算架构在靠近端用户设备的位置提供数据处理和存储能力，以优化最终将在云端处理和存储的数据流。

边缘计算架构和雾计算架构通常用于物联网解决方案，以支持地理上分散的物联网设备。然而，这两种架构都可以用来为组织的标准业务自动化解决方案提高效益，特别是端用户散于多个物理位置的组织。

15.12　边缘计算架构

边缘计算架构引入了一个物理上位于云和云消费者之间的中间处理层。边缘环境经过精心设计和定位，更易于消费者组织访问，性能也更优。

基于云的解决方案的一部分被移到边缘环境，在那里它们可以得到专用基础设施的支持，从而使它们能够更快、更灵敏地执行并具有更大的伸缩性。通常，较重的处理职责将保留在云中，而解决方案中具有较轻处理职责的部分则转移到边缘层。

边缘计算架构通常由具有多个物理位置分散的消费者组织使用。对于每个这样的位置，都可以建立一个单独的边缘环境（如图 15.38 所示）。边缘计算环境可以在合适的、具有必要资源的第三方位置实施，例如互联网服务供应商和电信供应商。

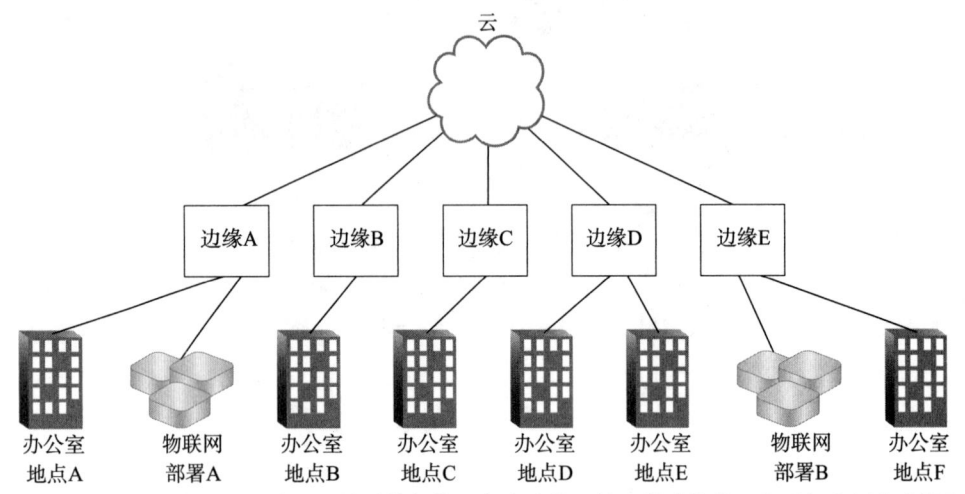

图 15.38　具有一组边缘环境的边缘计算架构，每个边缘环境在单独的物理位置拥有用户或设备

边缘计算可以通过降低带宽要求、优化资源利用率、提高安全性（通过加密更接近其来源的数据），甚至降低功耗来使应用架构受益。

15.13　雾计算架构

雾计算架构在边缘环境和云之间添加了一个额外的处理层（如图 15.39 所示）。这使得中间层处理工作从云转移到雾环境，每个雾环境都支持和协同多个边缘环境。

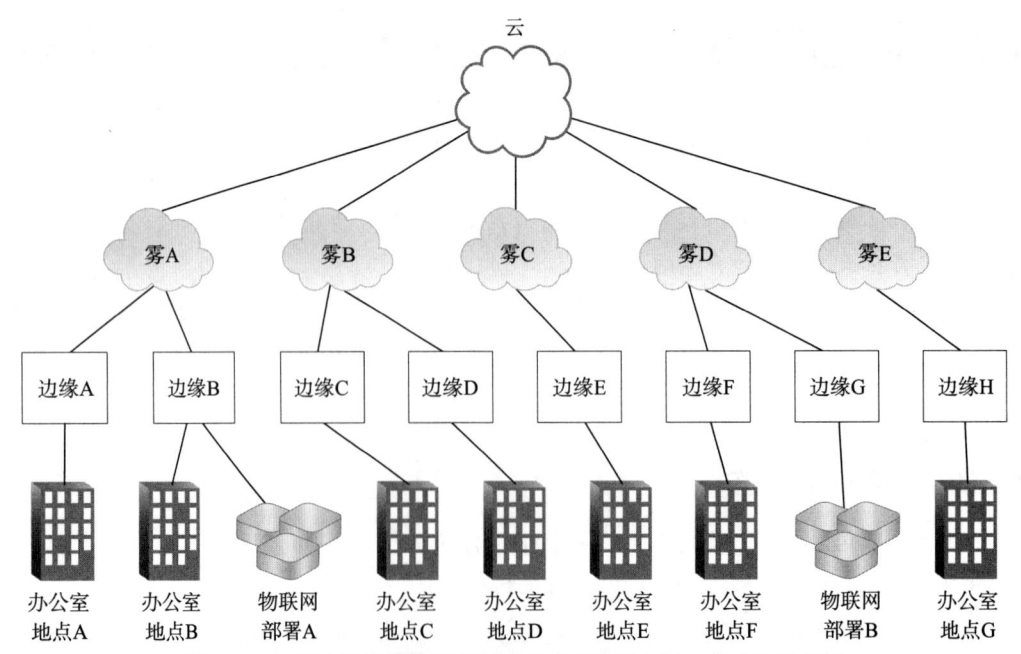

图 15.39　雾计算架构在云和边缘环境之间插入了一个中间处理层

雾计算将数据处理能力从云推送到雾层，其中可能存在网关以在边缘环境和云之间有效地来回收发数据。当边缘环境需要向云端发送大量数据时，雾环境可以首先确定哪些数据携带更大的价值，以优化数据传输。然后，雾中的网关首先将关键数据发送到云端进行存储和处理，而边缘计算机中继的剩余数据可能需要由雾环境中的资源进行本地处理。

与边缘计算一样，雾计算也常用于支持物联网解决方案。当解决方案需要支持高度分散的用户群中的许多用户时，通常需要在业务自动化解决方案中使用雾计算。

笔记
下面的三种架构源自 David Linthicum 撰写的 *An Insider's Guide to Cloud Computing*（Pearson Education，ISBN：9780137935697）中发布的内容。

15.14 虚拟数据抽象架构

需要访问数据源的云应用将承担将不同数据转换和整合为相关的统一数据集的额外责任，这些数据源以不同的格式、结构和模式提供数据。另一个负面后果是云应用需要与数据源形成紧密耦合，而这些数据源将来可能会发生变化、替换或淘汰。

虚拟数据抽象架构通过引入数据虚拟化层来缓解这些问题，该层充当访问不同数据源的云应用的连接点（如图 15.40 所示）。在这一层内，数据实际上存在于数据虚拟化软件中，该软件被配置为解决数据结构差异，从而为云应用访问提供单一、统一的数据 API。

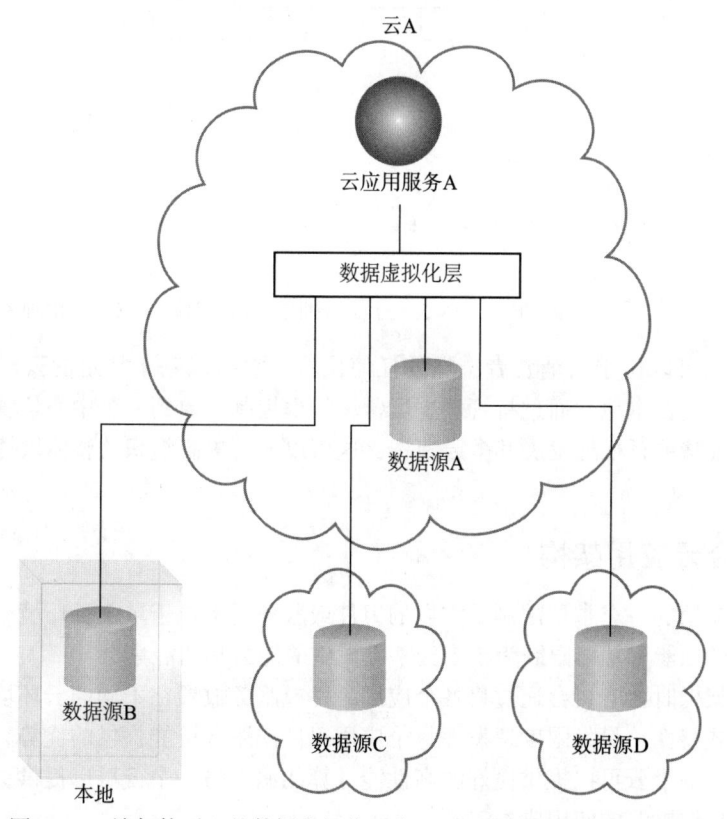

图 15.40　该架构引入的数据虚拟化层位于不同的数据源和云应用之间

虚拟数据虚拟化层的使用使云应用能够与不同的数据源建立松散耦合的关系。如果这些数据源随着时间的推移而发生变化，则可以更新数据虚拟化层，理想情况下不需要更改其向云应用公开的 API。

15.15 元云架构

虽然多云架构使云消费者能够灵活地利用不同的云来最好地满足业务需求，但管理异构性（即操作和管理多个云，每个云都隐含不同的管理要求、专属功能和安全控制）也可能会带来复杂性。

元云架构（如图 15.41 所示）将这些管理、运营和治理控制抽象到一个逻辑域中，为云消费者提供了一个集中管理访问点。在理想情况下，该架构应在采用多云架构之前建立，以便从一开始就能部署中心化管理层。

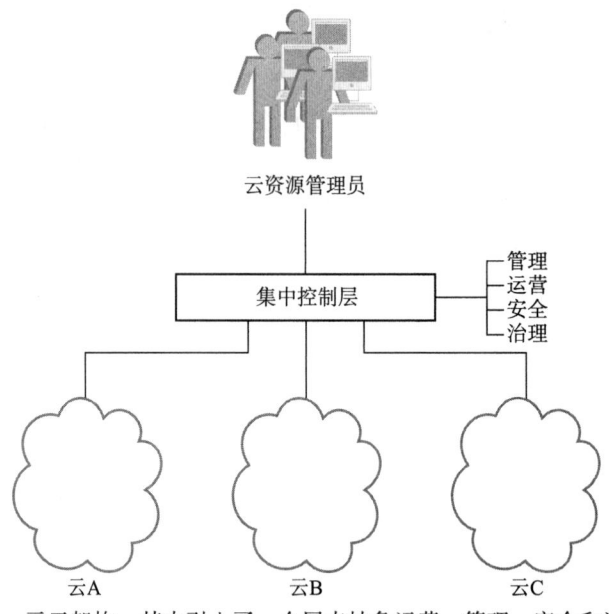

图 15.41　元云架构，其中引入了一个层来抽象运营、管理、安全和治理控制

元层物理上可以位于云消费者选择的任何位置。它可以基于特定的云、分布在多个云中，甚至可以放置在本地。通过将管理、运营和治理控制抽象到一个中心位置，云消费者可以随着时间的推移更轻松地发展其多云架构，这可以显著提高组织的整体敏捷性和对业务变化的响应能力。

15.16 联合云应用架构

分布式云应用的一个常见限制是它们的组件或服务通常位于单个云环境中。这将这些分布式应用部分的性能和功能限制为单个云基础设施的能力和功能集。

使用多云架构时，有机会通过将各个应用组件或服务放置在不同的云环境中来充分利用云应用的分布式特性，最大限度地发挥每个应用组件或服务可能提供的优势。例如，对于给定的应用服务，一个云可以提供更好的高性能计算能源，另一个云可以提供更好的韧性，而另一个云可能提供更低的使用成本。

在联合云应用架构中（如图 15.42 所示），应用组件和服务分布在可用的云中，以便每个组件和服务都部署在最优和最有利的位置。这可能会导致云应用的各种改进，但也会带来显著的架构复杂性。

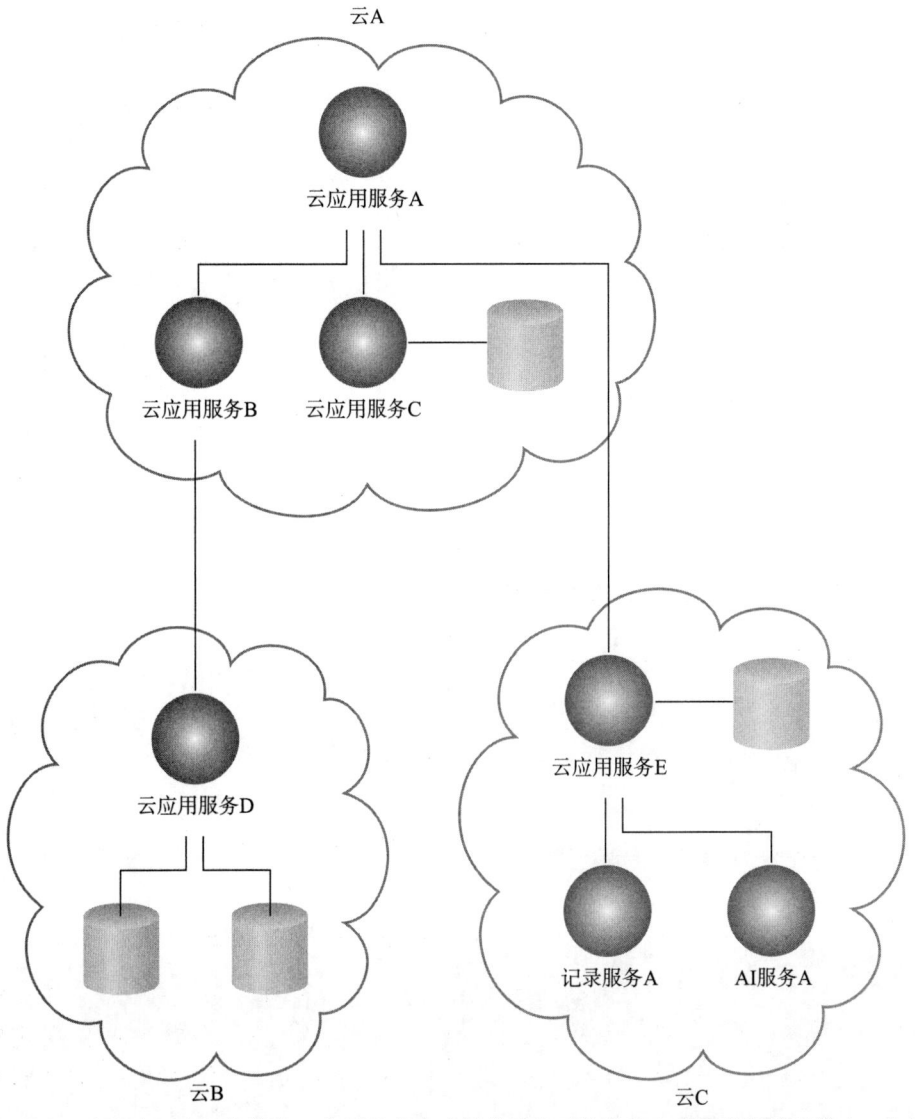

图 15.42 在联合云应用架构中，应用的分布式部分最终可能驻留在不同的托管环境中，包括不同的云和本地环境。应用的每一部分都放置在最能支持其独特需求的位置

第四部分

使用云

第 16 章　云交付模式注意事项
第 17 章　成本指标和定价模型
第 18 章　服务质量指标和 SLA

本部分的每个章节涉及不同的主题领域，这些领域包括规划或使用云环境和基于云的技术。这些章节中引入大量的考虑因素、策略和指标，有助于将前面章节中所涵盖的主题与现实世界的要求和约束联系起来。

第 16 章

Cloud Computing: Concepts, Technology, Security & Architecture, Second Edition

云交付模式注意事项

前几章大多侧重于在云环境中定义和实施基础设施和架构层所使用的技术和模型。本章重温了第 4 章中介绍的云交付模式，以解决现实世界中的基于 IaaS、PaaS 和 SaaS 上下文环境中的一些实际考虑。

本章主要分为两个部分，分别探讨与云供应商和云消费者相关的云交付模式问题。

16.1 云交付模式：云供应商的角度

本节从云供应商的角度探讨 IaaS、PaaS 和 SaaS 云交付模式的架构和管理。研究了这些基于云的环境作为更大环境的一部分的集成和管理，以及它们如何与不同技术和云机制相组合。

16.1.1 构建 IaaS 环境

虚拟服务器和云存储设备机制代表了两种最基本的 IT 资源，它们作为 IaaS 环境中标准化的快速预配架构的一部分交付。它们含有各种标准化配置，这些配置由以下属性定义：

- 操作系统
- 主内存容量
- 处理能力
- 虚拟化存储容量

内存和虚拟化存储容量通常以 1 GB 为增量进行分配，以简化底层物理 IT 资源的配置。当限制云消费者对虚拟化环境的访问时，IaaS 产品会被抢先组装，这由云供应商通过获取预配的虚拟服务器镜像来实现。一些云供应商可能会为云消费者提供对物理 IT 资源的直接管理访问，在这种情况下，无硬件的预配架构可能会发挥作用。

可以对虚拟服务器进行快照，记录虚拟化 IaaS 环境的当前状态、内存和配置。这些记录可用于备份和复制目的，以支持水平和垂直伸缩要求。例如，在虚拟服务器能力增加到需要垂直扩展后，虚拟服务器可以使用其快照在另一个托管环境中重新初始化。快照也可以用于复制虚拟服务器。与定制虚拟服务器镜像相关的管理是远程管理系统机制的一项重要特性。大多数云供应商还支持专属和标准格式定制的虚拟服务器镜像的导入和导出选项。

1. 数据中心

云供应商可以通过地理位置分散的多个数据中心提供基于 IaaS 的 IT 资源，这主要有以下优势：

- 多个数据中心可以连接在一起以提高韧性。各数据中心被放置在不同的位置，以降低单一故障导致所有数据中心同时掉线的可能性。
- 通过低延迟的高速通信网络连接，数据中心可以均衡负载、备份和复制 IT 资源，以及增加存储容量，同时还能提高可用性和可靠性。将多个数据中心分布在更大的区域可以进一步降低网络延迟。

❑ 部署在不同国家的数据中心使受法律和监管要求限制的云消费者能更方便地访问IT资源。

图16.1提供了一个云供应商的示例，该供应商正在管理分散在两个地理区域之间的四个数据中心。

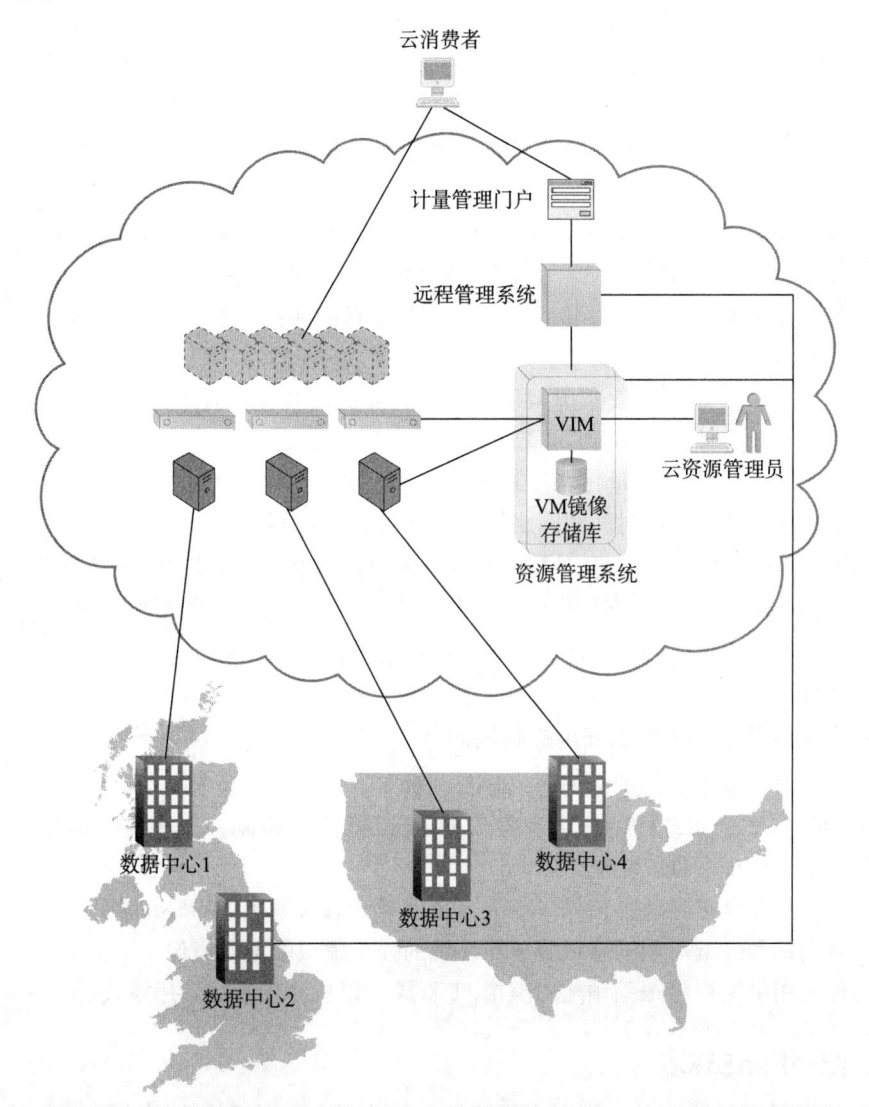

图16.1 一家云供应商正在使用来自美国和英国的不同数据中心的IT资源来配置和管理IaaS环境

当用IaaS环境向云消费者提供虚拟化网络环境时，每个云消费者都被隔离到一个租户环境中，该环境通过互联网将IT资源与云的其余部分隔开。VLAN和网络访问控制软件协同实现相应的逻辑网络边界。

2. 可伸缩性和可靠性

在IaaS环境中，云供应商可以通过动态伸缩架构的动态垂直调整类型自动配置虚拟服务器。只要主机物理服务器有足够的能力，就可以通过VIM执行此操作。如果给定的物理服务器没有足够的能力来支持垂直调整，VIM可以使用资源复制作为资源池架构的一部分来垂直扩展虚拟服务器。负载均衡器机制作为工作负载分配架构的一部分，可用于在池中的

IT 资源之间分配工作负载，以完成水平调整的过程。

手动伸缩性调整要求云消费者与用量和管理程序进行交互，明确地发起 IT 资源调整请求。相反，自动调整能力需要自动调整侦听器来监视工作负载并被动地扩展资源容量。该机制通常充当监视代理，跟踪 IT 资源使用情况，以便在超出容量时通知资源管理系统。

复制的 IT 资源可以安排在高可用性配置中，形成一个可以通过标准 VIM 实现的故障恢复系统。或者，可以在物理服务器级别、虚拟服务器级别或同时在两个级别上创建一个高可用性/高性能资源集群。多路径资源访问架构通常使用冗余访问路径来增强可靠性，并且一些云供应商还通过资源预留架构提供专用 IT 资源的配置。

3. 监视

IaaS 环境中的云用量监视器可以使用 VIM 或直接包含虚拟化平台和/或与虚拟化平台交互的专用监视工具来实现。IaaS 平台涉及监视的几个常见功能如下：

- 虚拟服务器生命周期——记录和跟踪正常运行时间以及 IT 资源的分配，用于计量付费监视器和基于时间的计费。
- 数据存储——跟踪和安排虚拟服务器上云存储设备存储容量的分配，用于计量付费监视器记录存储使用情况以进行计费。
- 网络流量——用于计量付费监视器测量入站和出站的网络使用情况，以及用于跟踪 QoS 指标（例如响应时间和网络损耗）的 SLA 监视器。
- 故障条件——用于跟踪 IT 资源和 QoS 指标的 SLA 监视器，以在发生故障时提供警告。
- 事件触发器——用于评估和评价选定 IT 资源的法规合规性的审计监视器。

IaaS 环境中的监视架构通常涉及与后端管理系统直接通信的服务代理。

4. 安全性

与保护 IaaS 环境相关的云安全机制包括：

- 用于数据传输整体保护的加密、哈希、数字签名和 PKI 机制。
- 用于访问安全系统中的服务和接口的 IAM 和 SSO 机制，这些安全系统依赖用户识别、身份认证和授权功能。
- 基于云的安全组，通过 Hypervisor 和网络管理软件隔离虚拟环境和网络段。
- 针对内部和外部可用的虚拟服务器环境的强化虚拟服务器镜像。
- 各种云用量监视器跟踪预配的虚拟 IT 资源，以检测异常的使用模式。

16.1.2 配备PaaS环境

PaaS 环境通常需要配备一系列应用开发和部署平台，以适应不同的编程模型、语言和框架。通常要为每个编程堆栈创建一个单独的预备环境，这类堆栈包含专门为该平台开发的应用所必需的软件。

每个平台都有与之匹配的 SDK 和 IDE，这些 SDK 和 IDE 可以是定制构建的，也可以通过云供应商提供的 IDE 插件来启用。IDE 工具包可以在 PaaS 环境中本地模拟云运行时，并且通常包括可执行的应用服务器。运行时固有的安全限制也在开发环境中进行模拟，包括检查未经授权的尝试访问系统 IT 资源的行为。

云供应商常常会提供针对 PaaS 平台定制的资源管理系统机制，以便云消费者可以使用预备环境创建和控制定制的虚拟服务器镜像。该机制还提供 PaaS 平台的特定功能，例如管理已部署的应用和配置多租户。云供应商还依赖于称为平台预配的快速预配架构的变体，该架构是专门为配置成预备环境而设计的。

1. 可伸缩性和可靠性

部署在 PaaS 环境中的云服务和应用的可伸缩性要求，一般通过依赖于使用本机自动调整侦听器和负载均衡器的动态伸缩性和负载分配架构来解决。资源池架构进一步用于从资源池中为多个云消费者提供 IT 资源。

在确定如何根据云消费者提供的参数和成本限制调整过载应用时，云供应商可以根据预备环境实例的工作负载评估网络流量和服务器端连接使用情况。或者，云消费者可以配置应用设计来自定义可用机制的组合。

标准故障恢复系统机制（如图 16.2 所示）以及无中断服务重定位架构可以支持预备环境以及托管云服务和应用的可靠性，从而保护云消费者免受故障恢复情况的影响。资源预留架构还可以提供对基于 PaaS 的 IT 资源的独占访问。与其他 IT 资源一样，预备环境也可以跨越多个数据中心和地理区域，以进一步提高可用性和韧性。

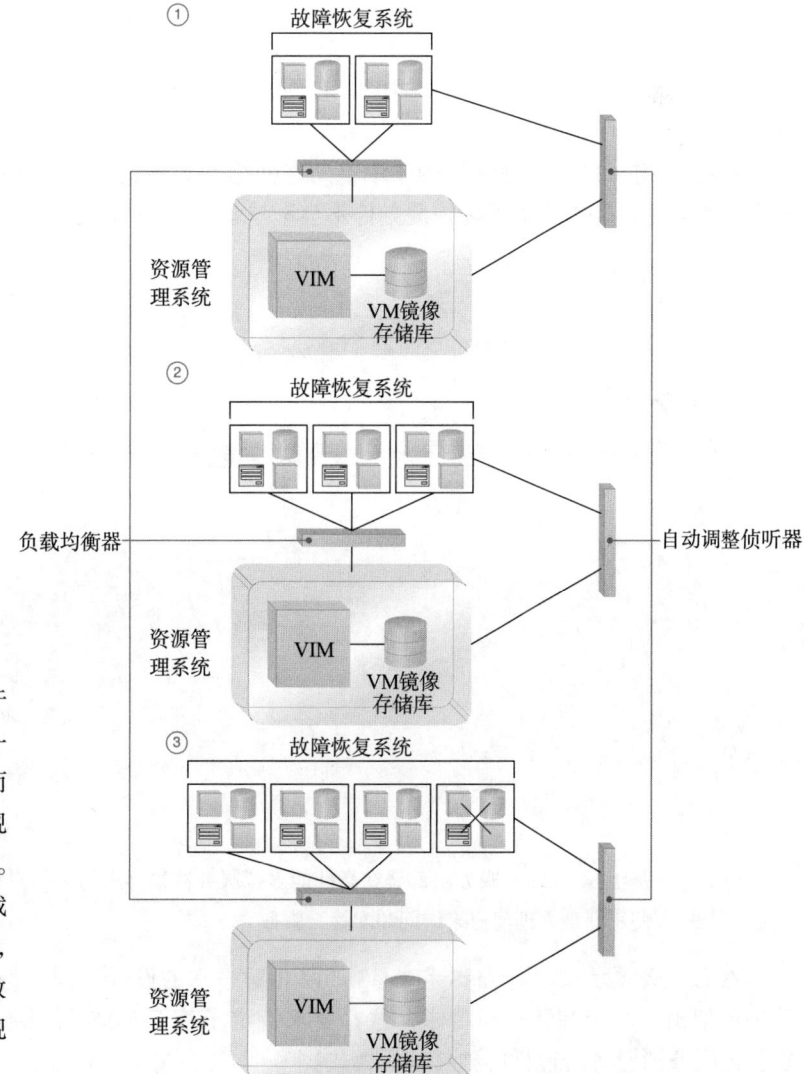

图 16.2 负载均衡器用于分发属于故障恢复系统一部分的预备环境实例，而自动调整侦听器用于监视网络和实例工作负载（1）。预备环境会根据工作负载的增加进行水平扩展（2），故障恢复系统会检测到故障情况，并停止复制出现故障的预备环境（3）

2. 监视

PaaS 环境中的专用云用量监视器用于监视以下内容：

- 预备环境实例——这些实例的应用由计量付费监视器记录，按时间计费。
- 数据持久性——该统计数据由计量付费监视器提供，该监视器记录每个计费周期的对象数量、单独占用的存储大小以及数据库事务。
- 网络使用情况——计量付费监视器和 SLA 监视器跟踪入站和出站的网络使用情况，SLA 监视器还跟踪网络相关的 QoS 指标。
- 故障情况——跟踪 IT 资源需求的 QoS 指标的 SLA 监视器捕获故障统计数据。
- 事件触发器——该指标主要由需要响应某些类型事件的审计监视器使用。

3. 安全

默认情况下，PaaS 环境通常不会引入除 IaaS 环境已提供的安全机制之外的新的云安全机制。

16.1.3 优化SaaS环境

在 SaaS 实施中，云服务架构通常基于多租户环境（如图 16.3 所示），该多租户环境支持和调节并发云消费者访问。与在 IaaS 和 PaaS 环境不同，SaaS 的 IT 资源隔离通常不会在 SaaS 基础设施级别发生。

SaaS 实施在很大程度上依赖于本机动态伸缩性和负载分配架构提供的能力，以及无中断服务的重定位，以确保故障恢复条件不会影响基于 SaaS 的云服务的可用性。

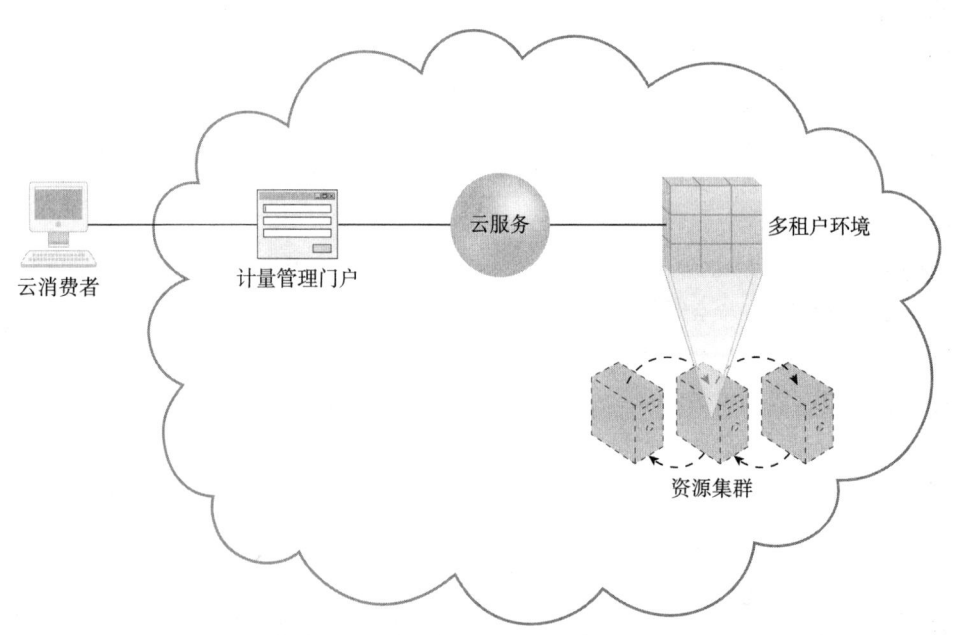

图 16.3 基于 SaaS 的云服务由部署在高性能虚拟服务器集群中的多租户环境托管。云消费者使用计量管理门户来访问和配置云服务

然而，必须承认，与 IaaS 和 PaaS 产品相对平常的设计不同，每个 SaaS 部署都将带来独特的架构、功能和运行时要求。这些要求特定于基于 SaaS 云服务的业务逻辑编程性质，以及云服务消费者所遵循的独特使用模式。

例如，考虑以下公认的在线 SaaS 产品在功能和使用上的多样性：
- 协同创作和信息共享（维基百科、Blogger）。
- 协同管理（Zimbra、Google App）。
- 即时消息、音/视频通信的会议服务（Zoom、Skype、Google Meet）。
- 企业管理系统（ERP、CRM、CM）。
- 文件共享和内容分发（YouTube、Dropbox）。
- 行业专用软件（工程、生物信息学）。
- 消息系统（电子邮件、语音邮件）。
- 移动应用市场（Google Play Store、Apple App Store）。
- 办公生产力软件套件（Microsoft Office、Adobe Creative Cloud）。
- 搜索引擎（Google、Yahoo）。
- 社交网络媒体（Twitter、LinkedIn）。

现在考虑一下，前面列出的许多云服务是通过以下一种或多种实体媒介提供的：
- 移动应用。
- REST 服务。
- Web 服务。

这些 SaaS 实体媒介均提供了基于 Web 的 API，供云消费者进行交互。具有基于 WebAPI 的 SaaS 在线云服务示例包括：
- 电子支付服务（PayPal）。
- 地图和路线服务（Google 地图）。
- 发布工具（WordPress）。

支持移动设备的 SaaS 实体通常由多设备代理机制支持，除非云服务专供特定移动设备访问。

SaaS 功能的潜在多样性、实现技术的变化以及通过多种不同实体媒介冗余地提供基于 SaaS 的云服务的趋势，使得 SaaS 环境的设计高度专业化。尽管对于 SaaS 实现来说不是必需的，但专业化处理要求可能会促使需要融入一些架构模型，例如：
- 服务负载均衡——用于在基于 SaaS 的冗余云服务实现之间进行工作负载分配。
- 动态故障检测和恢复——建立一个可以自动解决某些故障情况而不中断 SaaS 服务的系统。
- 存储维护窗口——允许计划内的维护中断，这样的中断不影响 SaaS 实现的可用性。
- 弹性资源容量/弹性网络能力——在基于 SaaS 的云服务架构中建立固有的弹性，使其能够自动适应一系列运行时可伸缩性要求。
- 云均衡——在 SaaS 实现中构建全面的韧性能力，这对于受到极端并发用量影响的云服务尤其重要。

专业云用量监视器可用于在 SaaS 环境中跟踪以下类型的指标：
- 租户订阅期——计量付费监视器使用此指标来记录和跟踪应用使用情况，以进行按时间计费。这种类型的监视通常包含应用许可和对超出 IaaS 和 PaaS 环境的小时期限的租赁期的定期评估。

- **应用使用情况**——该指标基于用户或安全组，与计量付费监视器一起使用，用于记录和跟踪应用使用情况以进行计费。
- **租户应用功能模块**——该指标由计量付费监视器用于按功能计费。根据云消费者是免费用户还是付费订阅者，云服务可以有不同的功能层次。

与在 IaaS 和 PaaS 实现中执行的云用量监视器类似，SaaS 环境通常也会监视数据存储、网络流量、故障条件和事件触发器。

安全性

SaaS 实现通常依赖于其部署环境固有的安全控制基础。然后，不同的业务处理逻辑将添加额外的云安全机制或专门的安全技术。

16.2 云交付模式：云消费者的角度

本节提出了有关云消费者管理和使用云交付模式的不同方式的各种考虑因素。

16.2.1 使用 IaaS 环境

通过使用远程终端应用在操作系统级别访问虚拟服务器。因此，使用的客户端软件类型直接取决于虚拟服务器上运行的操作系统类型，其中两个常见选项是：

- **远程桌面（或远程桌面连接）客户端**——适用于基于 Windows 的环境，并呈现 Windows GUI 桌面。
- **SSH 客户端**——适用于基于 Mac 和 Linux 的环境，允许与服务器操作系统上运行的基于文本的 Shell 账户进行安全通道连接。

图 16.4 说明了一个典型的使用场景：先使用管理接口创建虚拟服务器，再以 IaaS 服务的形式提供这些虚拟服务器。

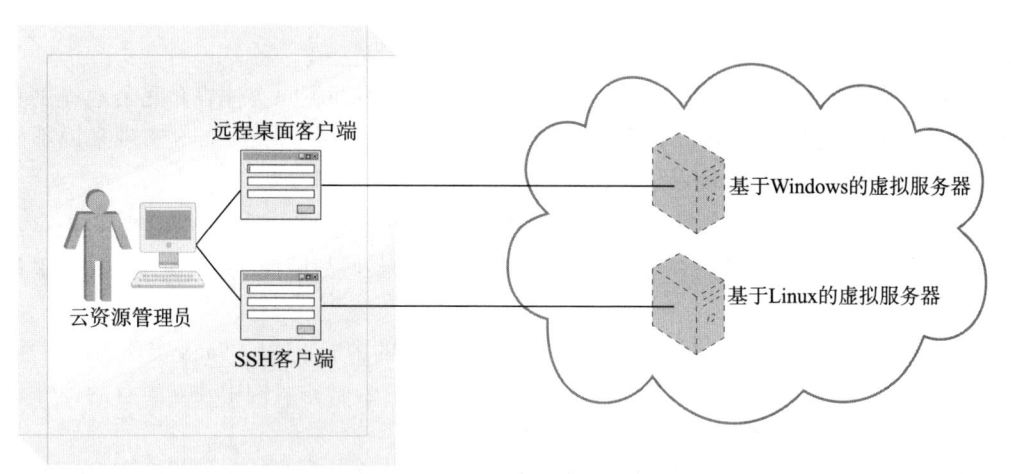

图 16.4 云资源管理员使用基于 Windows 的远程桌面客户端来管理基于 Windows 的虚拟服务器，以及使用 SSH 客户端来管理基于 Linux 的虚拟服务器

云存储设备可以直接附加到虚拟服务器上，并通过虚拟服务器的功能接口进行访问，这些接口由操作系统进行管理。或者，云存储设备可以连接到云外部托管的 IT 资源，例如通过 WAN 或 VPN 访问的本地设备。在这些情况下，通常使用以下格式来操作和传输云存储数据：

- 网络文件系统——基于系统的存储访问，其文件呈现类似于操作系统中文件夹的组织方式（NFS、CIFS）。
- 存储区域网络设备——基于块的存储访问将不同地理位置的数据进行整理和格式化，并合并到聚合文件中，以实现最佳的网络传输（iSCSI、光纤通道）。
- 基于 Web 的资源——基于对象的存储访问，通过一种未集成到操作系统中的接口来表示文件，这些文件可以通过基于 Web 的接口（Amazon S3）进行访问。

IT 资源配置注意事项

云消费者对于如何以及在何种程度上配置 IT 资源作为其 IaaS 环境的一部分拥有高度的控制权。

例如：

- 控制伸缩性功能（自动调整、负载平衡）。
- 控制虚拟 IT 资源的生命周期（虚拟设备的关闭、重新启动和上电启动）。
- 控制虚拟网络环境和网络访问规则（防火墙、逻辑网络边界）。
- 建立并显示服务供应协议（账户条件、使用条款）。
- 管理附加的云存储设备。
- 管理基于云的 IT 资源的预分配（资源预留）。
- 管理云资源管理员的凭据和密码。
- 管理基于云的安全组的凭据，该安全组通过 IAM 获取虚拟化 IT 资源。
- 管理与安全相关的配置。
- 管理定制的虚拟服务器镜像存储（导入、导出、备份）。
- 选择高可用性选项（故障恢复、IT 资源集群）。
- 选择和监视 SLA 指标。
- 选择基本软件配置（操作系统、新虚拟服务器的预装软件）。
- 从大量可用的硬件相关配置和选项（处理能力、RAM、存储）中选择 IaaS 资源实例。
- 选择基于云的 IT 资源应部署的地理区域。
- 跟踪和管理开销。

这些类型的配置任务的管理界面通常是计量管理门户，但也可以通过使用命令行接口（CLI）工具来提供，这些工具可以简化许多脚本管理操作的执行。

尽管标准化管理功能和控件的展示通常是首选，但有时使用不同的工具和用户界面也是合理的。例如，可以编写一个脚本，通过 CLI 每晚打开和关闭虚拟服务器，同时使用门户更轻松地添加或删除存储容量。

16.2.2 使用PaaS环境

典型的 PaaS IDE 可以提供广泛的工具和编程资源，例如软件库、类库、框架、API 以及模拟想要的基于云的部署环境的各种运行时功能。这些功能允许开发人员在云中或本地（企业内部）创建、测试和运行应用代码，同时使用 IDE 模拟云部署环境。然后将编译或完成的应用打包并上传到云端，并通过预备环境进行部署。这个部署过程也可以通过 IDE 来控制。

PaaS 还允许应用使用云存储设备作为独立的数据存储系统来保存特用于开发的数据（例如，在云环境外部可用的存储库中）。通常支持 SQL 和 NoSQL 数据库结构。

IT 资源配置注意事项

PaaS 环境提供的管理控制比 IaaS 环境少，但仍然提供了大量的管理功能。例如：

- 建立并显示服务供应协议，例如账户条件和使用条款。
- 为预备环境选择软件平台和开发框架。
- 选择实例类型，最常见的是前端或后端实例。
- 选择用于预备环境的云存储设备。
- 控制 PaaS 开发的应用的生命周期（部署、启动、关闭、重启和释放）。
- 控制已部署的应用和模块的版本控制。
- 配置可用性和可靠性相关机制。
- 使用 IAM 管理开发人员和云资源管理员的凭据。
- 管理一般安全设置，例如可访问的网络端口。
- 选择和监视 PaaS 相关的 SLA 指标。
- 管理和监视用量和 IT 资源成本。
- 控制伸缩性功能，例如使用配额、活动实例阈值，以及自动调整侦听器和负载均衡器机制的配置和部署。

用于访问 PaaS 管理功能的计量管理门户可以预先选择 IT 资源启动和停止的时间。例如，云资源管理员可以将云存储设备设置为在上午 9:00 自行打开，然后在 12 小时后关闭。基于此系统可以实现这样一个选项：让预备环境在接收到特定应用的数据请求时自动激活，并在长时间不活动后关闭。

16.2.3　使用 SaaS 服务

由于基于 SaaS 的云服务几乎总是伴随着精致且通用的 API，因此它们通常被设计为更大规模的分布式解决方案的一部分。一个常见的例子是 Google 地图，它提供了一个全面的 API，可以将地图信息和图像合并到网站和基于 Web 的应用中。

许多 SaaS 产品都是免费提供的，尽管这些云服务通常附带数据收集子程序，这些子程序可以收集用量数据以使云供应商受益。当使用任何第三方赞助的 SaaS 产品时，它很有可能正在执行某种形式的背景信息收集。阅读云供应商的协议通常有助于了解云服务执行的任何辅助活动。

使用云供应商提供的 SaaS 产品的云消费者不需要承担实施和管理其底层托管环境的责任。云消费者通常可以使用定制选项；然而，这些选项通常仅限于由 / 为云消费者专门生成的云服务实例的运行时控制。

例如：

- 管理与安全性相关的配置
- 管理选定的可用性和可靠性选项
- 管理使用开销
- 管理用户账户、配置文件和访问授权
- 选择和监视 SLA
- 设置手动和自动可伸缩性选项和限制

案例研究

DTGOV 发现需要组装许多额外的机制和技术来完成其 IaaS 管理架构（如图 16.5 所示）：

- 网络虚拟化被纳入逻辑网络拓扑中，并且逻辑网络边界是使用不同的防火墙和虚拟网络建立的。
- VIM 被定位为控制 IaaS 平台并为其配备自配置功能的核心工具。
- 通过虚拟化平台实现了额外的虚拟服务器和云存储设备机制，同时创建了多个为虚拟服务器提供基本模板配置的虚拟服务器镜像。
- 通过使用自动调整侦听器，采用 VIM 的 API 添加动态缩放调整。
- 使用资源复制、负载均衡器、故障恢复系统和资源集群机制创建高可用性虚拟服务器集群。
- 构建直接使用 SSO 和 IAM 系统机制的定制应用，以达到远程管理系统、网络管理工具和 VIM 之间的互操作性。

DTGOV 使用功能强大的商业网络管理工具，该工具经过定制，可将 VIM 和 SLA 监视代理收集的事件信息存储在 SLA 测量数据库中。管理工具和数据库从属于一个更大的 SLA 管理系统。为了实现计费处理，DTGOV 扩展了一种专属软件工具，该工具基于计量付费监视器填充的数据库的一组用量测量结果。计费软件当作计费管理系统机制的基础实现。

图 16.5 DTGOV 管理架构概述

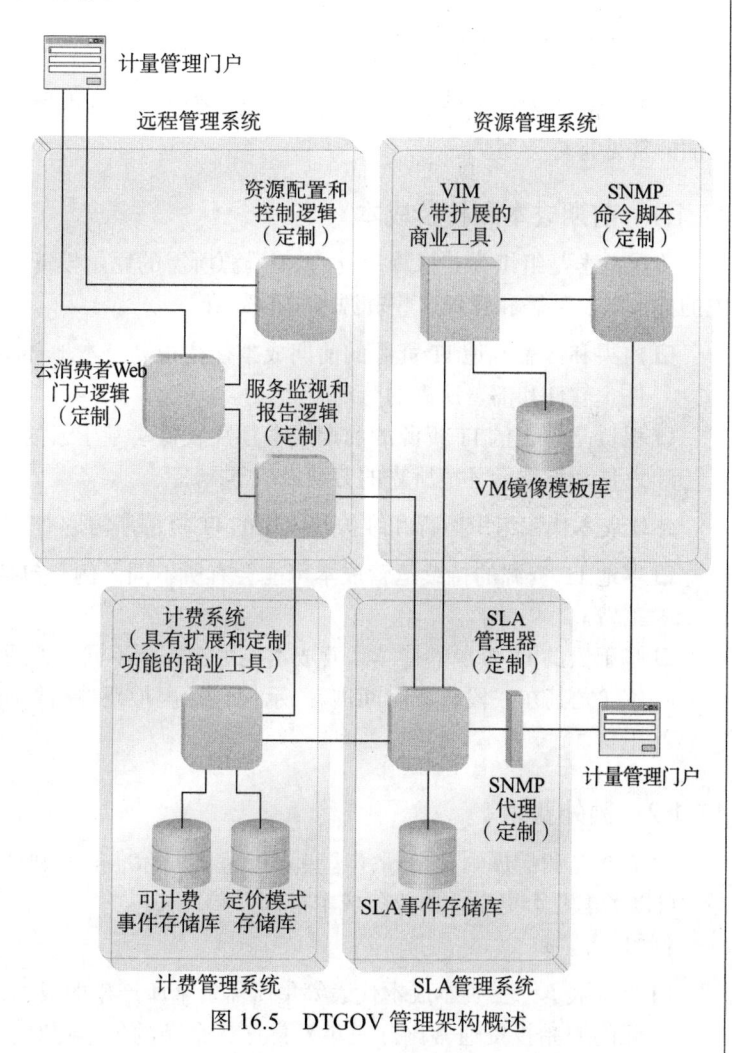

第 17 章

Cloud Computing: Concepts, Technology, Security & Architecture, Second Edition

成本指标和定价模型

降低运营成本和优化 IT 环境对于了解和比较组织内部环境和云环境背后的成本模型至关重要。公共云使用的定价结构通常是基于以公用事业为中心的计量付费模式，使组织能够避开前期基础设施投资。需要根据内部基础设施投资的财务影响和相关的所有权成本承诺来评估这些模型。

本章提供了衡量指标、公式和实践，以帮助云消费者对云采用计划进行准确的财务分析。

17.1 业务成本指标

本节首先描述用于评估租赁基于云的 IT 资源与购买本地 IT 资源在预估成本和业务价值方面的常见指标类型。

17.1.1 前期成本和持续成本

前期成本与组织为其打算投资的 IT 资源所需的原始投资相关。这包括与获取 IT 资源有关的成本以及部署和管理这些资源所需的费用。

- 购买和部署本地 IT 资源的前期成本往往很高。本地环境的前期成本示例可以包括硬件、软件和部署所需的劳动力。
- 租赁基于云的 IT 资源的前期成本往往较低。基于云的环境的前期成本示例可以包括评估和设置云环境所需的劳动力成本。

持续成本代表组织运行和维护其使用的 IT 资源所需的费用。

- 本地 IT 资源的持续运营成本可能会有所不同。例子包括授权费、电费、保险费和人工费。
- 基于云的 IT 资源的持续运营成本也可能有所不同，但通常超过本地 IT 资源的持续成本（尤其在一段较长时间内）。示例包括虚拟硬件租赁费、带宽使用费、授权费和人工费。

17.1.2 额外费用

为了补充和扩展财务分析（这些分析超出了标准前期和持续业务成本指标的计算和比较）可以考虑几个更专业的业务成本指标。

例如：

- 资本成本——资本成本代表筹集所需资金所产生的成本价值。例如，筹集 150 000 美元的原始投资通常比分三年筹集这一金额的成本更高。该成本的相关性取决于组织如何筹集所需资金。如果原始投资的资本成本很高，那么它进一步有助于证明租赁基于云的 IT 资源的合理性。

- 沉没成本——组织通常拥有已付费且可运行的现有 IT 资源。对这些本地 IT 资源进行的先期投入称为沉没成本。将前期成本与巨大的沉没成本进行比较时，可能更难以证明租赁基于云的 IT 资源作为替代方案的合理性。
- 集成成本——集成测试是一种测试形式，用于衡量 IT 资源在一个外部环境中（例如新的云平台）要具备兼容性和互操作性所需要完成的工作。根据组织所考虑的云部署模型和云交付模式，可能需要进一步安排资金来实施集成测试，并投入额外的劳动力以实现云服务消费者和云服务之间互操作性。这些费用称为集成成本。高集成成本可能会降低租赁基于云的 IT 资源的吸引力。
- 锁定成本——如 3.4 节所述，云环境可能会带来移植性限制。当执行指标分析的时间较长时，可能有必要考虑从一个云供应商迁移到另一个云供应商的可能性。由于云服务消费者可能依赖于云环境的专属特性，因此存在与此类迁移相关的锁定成本。锁定成本可能会进一步降低租赁基于云的 IT 资源的长期业务价值。

案例研究

ATN 在将其两个旧应用迁移到 PaaS 环境时，采用的是总所有权成本（TCO）分析。分析生成的报告检查了三年时间内的本地和基于云的实施的比较评估。

以下部分提供了这两个应用的报告摘要。

产品目录浏览器

产品目录浏览器是一个全球使用的 Web 应用，可与 ATN 门户网站和多个其他系统进行互操作。该应用部署在一个虚拟服务器集群中，该集群由在 2 台专用物理服务器上运行的 4 台虚拟服务器组成。该应用拥有 300GB 数据库，该数据库驻留在单独的 HA 集群中。它的代码是最近从一个重构项目生成的。在准备好进行云迁移之前，只需要解决一些小的可移植性问题。

TCO 分析揭示了以下内容：

1) 本地前期费用

- 授权费：托管该应用的每台物理服务器的购买价格为 7500 美元，而运行所有 4 台服务器所需的软件总计为 30 500 美元。
- 人工费：人工成本估计为 5500 美元，包括安装和应用部署。

总前期成本为：(7500 美元 ×2) + 30 500 美元 + 5500 美元 = 51 000 美元

服务器的配置源自考虑峰值负载的能力规划。存储没有作为该规划的一部分进行评估，因为假设应用数据库仅受可以忽略不计的应用部署的影响。

2) 本地持续成本

以下是每月的持续费用：

- 环境费：750 美元
- 授权费：520 美元
- 硬件维护：100 美元
- 人工：2600 美元

本地持续成本总额为：750 美元 + 520 美元 + 100 美元 + 2600 美元 = 3970 美元

3）基于云的前期成本

如果服务器是从云供应商那里租用的，则没有硬件或软件的前期成本。劳动力成本估计为 5000 美元，其中包括解决互操作性问题和应用设置的费用。

4）基于云的持续成本

以下是每月的持续费用：

- 服务器实例：使用费按每虚拟服务器 1.25 美元 / 小时的费率计算。对于 4 台虚拟服务器，结果为 4 × (1.25 美元 × 720) = 3600 美元。然而，当考虑到服务器实例扩展因素时，应用的消耗相当于 2.3 台服务器，这意味着实际持续的服务器使用成本为 2070 美元。
- 数据库服务器和存储费：使用费按数据库大小计算，费率为每月 1.09 美元 /GB，总费用为 327 美元。
- 网络费：使用费按 WAN 出口流量计算，费率为 0.10 美元 /GB 计算，每月流量为 420GB，总费用为 42 美元。
- 人工费：估计每月 800 美元，包括云资源管理任务的费用。

持续成本总额为：2070 美元 + 327 美元 + 42 美元 + 800 美元 = 3139 美元

表 17.1 提供了产品目录浏览器应用的 TCO 明细。

表 17.1 产品目录浏览器应用的 TCO 明细

前期成本	云环境	本地环境
硬件	$0	$15 000
授权	$0	$30 500
人工	$5000	$5500
总前期成本	$5000 美元	$51 000
每月持续成本	云环境	本地环境
应用服务器	$2070	$0
数据库服务器	$327	$0
广域网	$42	$0
环境	$0	$750
软件授权	$0	$520
硬件维护	$0	$100
管理	$800	$2600
持续成本总额	$3139	$3970

对这两种方法进行三年期 TCO 的比较可以得出以下结论：

- 本地 TCO：前期成本 51 000 美元 + 持续成本 (3970 美元 × 36) = 193 920 美元
- 基于云的 TCO：前期成本 5000 美元 + 持续成本 (3139 美元 × 36) = 118 004 美元

根据 TCO 分析的结果，ATN 决定将应用迁移到云端。

17.2 云使用成本指标

本节介绍了一组使用成本指标，用于计算与基于云的 IT 资源用量测量相关的成本：

- 网络使用情况——网络进出流量以及云内网络流量。
- 服务器使用情况——虚拟服务器分配（和资源预留）。
- 云存储设备情况——存储容量分配。
- 云服务情况——订阅期限、指定用户数量、交易数量（云服务和基于云的应用）。

对于每个使用成本指标，本节提供了指标功能描述、测量单位和测量频率，以及最适用于该指标的云交付模式，每个指标都进一步补充了一个简短的示例。

17.2.1 网络使用情况

网络使用情况定义为通过网络连接传输的数据量，通常使用单独测量的、与云服务或其他 IT 资源相关的网络入口使用流量和网络出口使用流量指标来计算。

1. 网络入口使用指标

- 功能描述——网络入口流量。
- 测量——Σ，网络入口流量（以字节为单位）。
- 频率——在预定义的时间段内连续和累积发生量。
- 云交付模式——IaaS、PaaS、SaaS。
- 示例——1GB 以下免费；10GB 以下，一个月为 0.001 美元/GB。

2. 网络出口使用指标

- 功能描述——网络出口流量。
- 测量——Σ，网络出口流量（以字节为单位）。
- 频率——在预定义的时间段内连续和累积发生量。
- 云交付模式——IaaS、PaaS、SaaS。
- 示例——1GB 以下免费；1GB～10TB 为每月 0.01 美元/GB。

网络使用指标可应用于衡量位于不同地理区域的同一云 IT 资源之间的 WAN 流量，以计算同步、数据复制和相关处理形式的成本。相反，位于同一数据中心的 IT 资源之间的 LAN 使用量和其他网络流量通常不会被跟踪。

3. 云内 WAN 使用指标

- 功能描述——同一云内地理上分散的 IT 资源之间的网络流量。
- 测量——Σ，云内 WAN 流量（以字节为单位）。
- 频率——在预定义的时间段内连续和累积发生量。
- 云交付模式——IaaS、PaaS、SaaS。
- 示例——每日最多免费 500MB；500MB～1TB 为每月 0.01 美元/GB；超过 1TB 为每月 0.005 美元/GB。

许多云供应商不对入口流量收费，以鼓励云消费者将数据迁移到云。有些也不对同一云中的 WAN 流量收费。

与网络相关的成本指标由以下属性确定：

- 静态 IP 地址使用——IP 地址分配时间（如果需要静态 IP）。

- 网络负载均衡——负载均衡的网络流量（以字节为单位）。
- 虚拟防火墙——防火墙处理过的网络流量（根据分配时间）。

17.2.2 服务器使用情况

虚拟服务器的分配是使用 IaaS 和 PaaS 环境中常见的计量付费指标来衡量的，这些指标通过虚拟服务器和现成环境的数量来进行量化。这种形式的服务器使用情况测量分为按需虚拟机实例分配和预留虚拟机实例分配两种指标。

前一个指标衡量短期内计量付费的费用，而后一个则计算长期使用虚拟服务器的预付费用。预付费用通常与按使用次数付费的折扣费结合使用。

1. 按需虚拟机实例分配指标

- 功能描述——虚拟服务器实例的正常运行时间。
- 测量——Σ，虚拟服务器开始日期到停止日期。
- 频率——在预定义的时间段内连续和累积发生量。
- 云交付模式——IaaS、PaaS。
- 示例——小型实例为 0.10 美元 / 小时、中型实例为 0.20 美元 / 小时、大型实例为 0.90 美元 / 小时。

2. 预留虚拟机实例分配指标

- 功能描述——预留虚拟服务器实例的前期成本。
- 测量——Σ，虚拟服务器预定的开始日期到停业日期。
- 频率——每天、每月、每年。
- 云交付模式——IaaS、PaaS。
- 示例——小型实例为 55.10 美元 / 小时、中型实例为 99.90 美元 / 小时、大型实例为 249.90 美元 / 小时。

虚拟服务器使用的另一个常见成本指标是衡量性能。IaaS 和 PaaS 环境的云供应商倾向于为虚拟服务器提供一系列性能属性，这些属性通常由 CPU 和 RAM 消耗量以及可用的专用可分配的存储量决定。

17.2.3 云存储设备使用情况

云存储通常根据预先定义的时间段内分配的空间量（通过按需存储分配指标衡量）来收费。与基于 IaaS 的成本指标类似，按需存储分配费用常常基于短时增量（例如每小时）。云存储的另一个常见成本指标是传输的 I/O 数据，它衡量传输的输入和输出数据量。

1. 按需存储空间分配指标

- 功能描述——按需存储空间分配的持续时间和大小（以字节为单位）。
- 测量——Σ，存储释放日期 / 重新分配日期（在存储大小变化时重置）。
- 频率——连续发生量。
- 云交付模式——IaaS、PaaS、SaaS。
- 示例——每小时 0.01 美元 /GB（通常表示为 GB/ 月）。

2. I/O 数据传输指标

- 功能描述——传输的 I/O 数据量。

- 测量——Σ，I/O 数据（以字节为单位）。
- 频率——连续发生量。
- 云交付模式——IaaS、PaaS。
- 示例——0.10 美元 /TB。

注意，某些云供应商不对 IaaS 和 PaaS 设施的 I/O 流量收费，仅对分配的存储空间收取费用。

17.2.4 云服务使用情况

SaaS 环境中的云服务使用情况通常使用下面的三个指标来衡量。

1. 应用订阅周期指标

- 功能描述——云服务使用订阅的使用周期。
- 测量——Σ，订阅开始日期到截止日期。
- 频率——每天、每月、每年。
- 云交付模式——SaaS。
- 示例——每月 69.90 美元。

2. 指定用户数量指标

- 功能描述——具有合法访问权限的注册用户数量。
- 测量——用户数量。
- 频率——每月、每年。
- 云交付模式——SaaS。
- 示例——每月每增加一个用户费用为 0.90 美元。

3. 交易用户数量指标

- 功能描述——云服务所服务的交易数量。
- 测量——交易数量（请求 – 响应消息交换）。
- 频率——连续发生量。
- 云交付模式——PaaS、SaaS。
- 示例——每 1000 笔交易的费用为 0.05 美元。

17.3 成本管理注意事项

成本管理通常以云服务生命周期为中心，它包括：

- 云服务设计和开发——在此阶段，普通定价模型和成本模板通常由交付云服务的组织定义。
- 云服务部署——在部署云服务之前和期间，确定并实现与用量测量和计费相关的数据收集的后端架构，包括计量付费监视器和计费管理系统机制的定位。
- 云服务承包——此阶段包括云消费者和云供应商之间的谈判，目标是根据使用成本指标就费率相互达成协议。
- 云服务供应——此阶段需要通过成本模板和任何可用的定制选项，具化云服务的定价模型。
- 云服务配置——云服务使用和实例创建的阈值可能由云供应商强加或由云消费者设置。

无论哪种方式，这些阈值和其他配置选项可能都会对使用成本和其他费用产生影响。
- 云服务运营——在此阶段，云服务的主动使用生成使用成本指标数据。
- 云服务停用——当云服务暂时或永久停用时，其统计成本数据可能会被归档。

云供应商和云消费者都可以实现参考或构建于上述生命周期阶段的成本管理系统（如图17.1所示）。云供应商还可以代表云消费者执行一些成本管理，然后向云消费者提供定期报告。

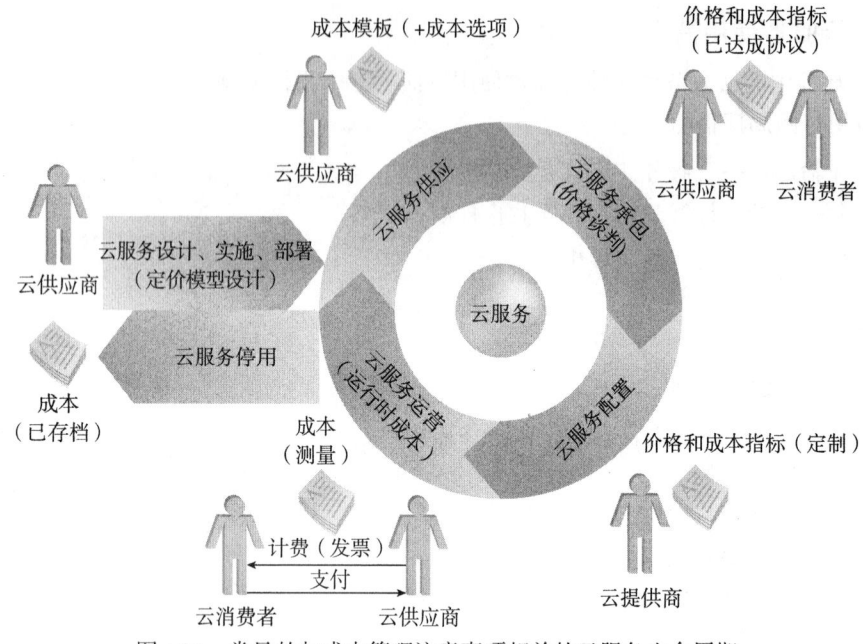

图 17.1 常见的与成本管理注意事项相关的云服务生命周期

17.3.1 定价模型

云供应商使用的定价模型是使用模板定义的，该模板根据使用成本指标为细粒度资源指定单位成本。各种因素都会影响定价模型，例如：

- 市场竞争和监管要求。
- 云服务和其他 IT 资源的设计、开发、部署和运营过程中产生的开销。
- 通过 IT 资源共享和数据中心优化减少开支的机会。

大多数主要云供应商都以相对稳定、有竞争力的价格提供云服务，即使它们自己的费用可能也会波动。价格模板或定价计划包含一系列标准化开销和指标，指示如何衡量和计算云服务费用。价格模板通过设置各种测量单位、使用配额、折扣和其他编码费用来定义定价模型的结构。定价模型可以包含多个价格模板，其形成公式包含很多变量，例如：

- 成本指标和相关价格——这些成本取决于 IT 资源分配的类型（例如按需分配与预留分配）。
- 固定费率和可变费率定义——固定费率基于资源分配，并定义固定价格中包含的使用配额，而可变费率则与实际资源使用情况一致。
- 批量折扣——随着 IT 资源扩展程度的逐渐增加，会消耗更多的 IT 资源，从而可能使云消费者有资格获得更高的折扣。
- 成本和价格定制选项——该变量与付款选项和时间表相关。例如，云消费者可以选择按月、半年度或按年分期付款。

价格模板对于评估云供应商和谈判费率的云消费者来说非常重要，因为它们可能会因所采用的云交付模式而有所不同。例如：

- IaaS——定价通常基于 IT 资源分配和使用量，其中包括传输的网络数据量、虚拟服务器数量以及分配的存储容量。
- PaaS——与 IaaS 类似，此模型通常定义网络数据传输、虚拟服务器和存储的价格。价格随着软件配置、开发工具和授权费用等因素的变化而变化。
- SaaS——因为该模型仅涉及应用软件的使用，所以定价由订阅的应用模块数量、指定云服务消费者数量以及交易数量决定。

一个云供应商提供的云服务可以构建在另一云供应商提供的 IT 资源之上。图 17.2 和图 17.3 演示了两个示例场景。

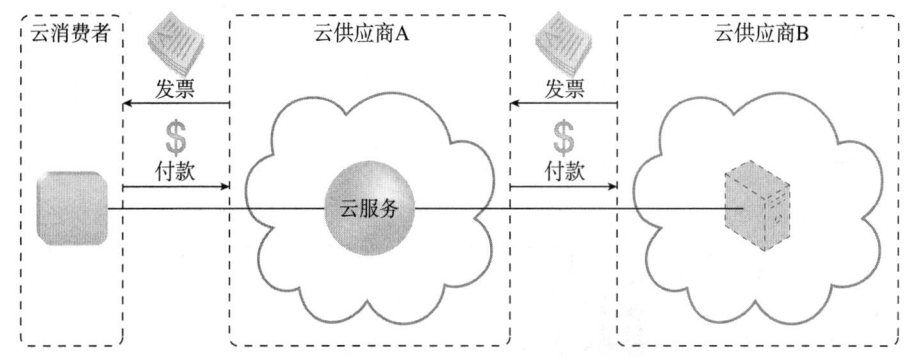

图 17.2 一种集成定价模型，云消费者从云供应商 A 租赁 SaaS 产品，云供应商 A 又从云供应商 B 租赁 IaaS 环境（包括用于托管云服务的虚拟服务器）。云消费者向云供应商 A 付款。云供应商 A 向云供应商 B 付款

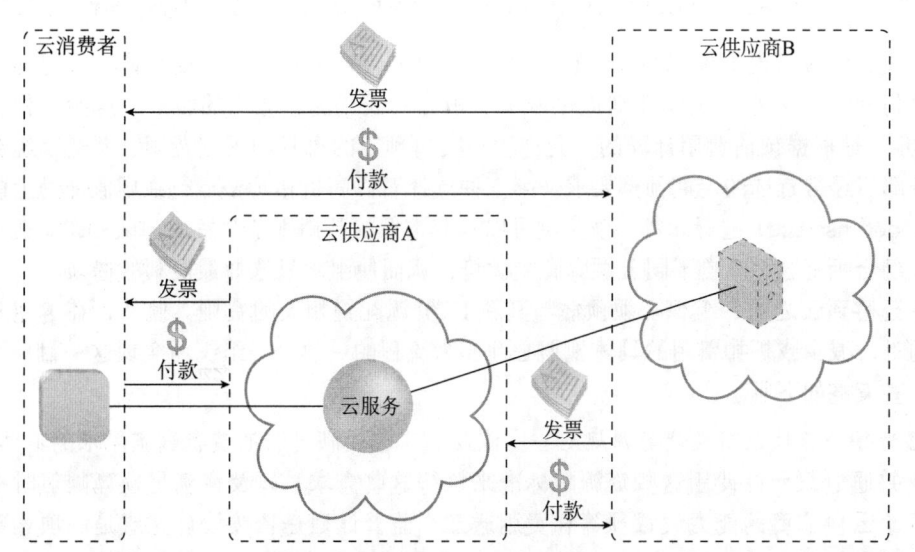

图 17.3 在这种情况下，使用单独的定价模型，云消费者从云供应商 B 租用虚拟服务器来托管云供应商 A 的云服务。这两个租赁协议可能都是由云供应商 A 为云消费者安排的。在这种安排下，云供应商 B 可能仍会直接向云供应商 A 收取一些费用

17.3.2 多云成本管理

在多云环境中，管理与不同云供应商建立的不同的计费、定价和配置安排变得至关重要（如图 17.4 所示）。

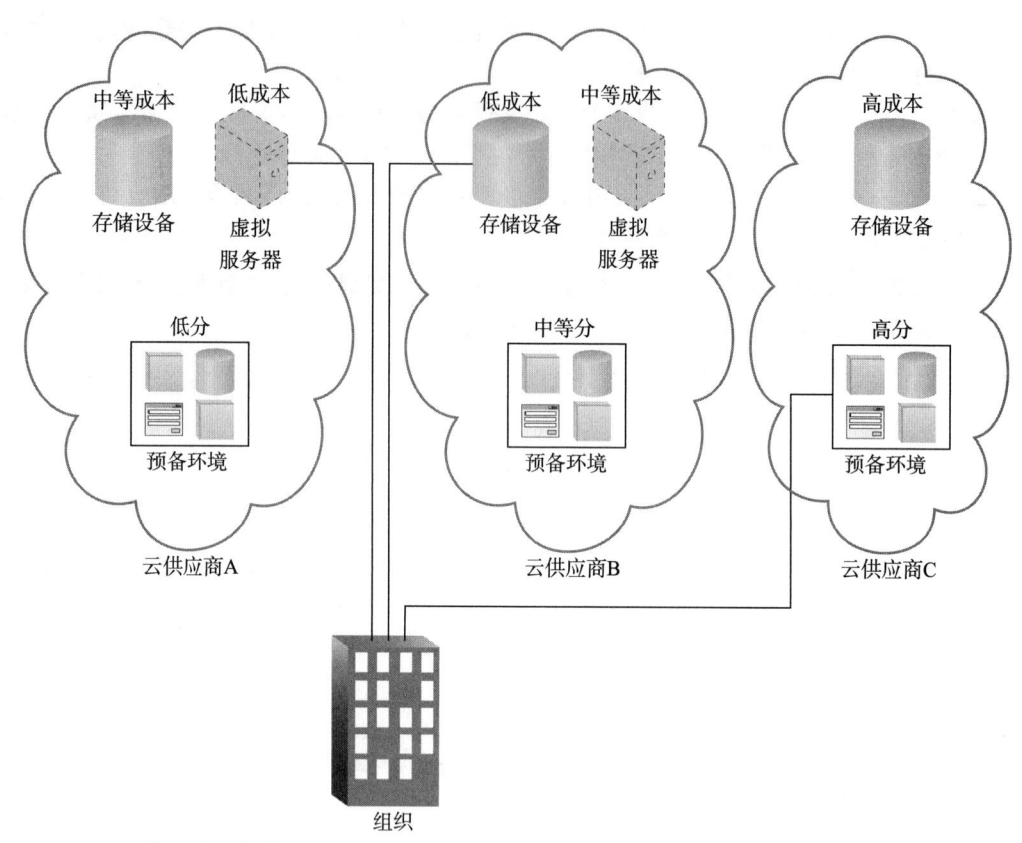

图 17.4 使用多云架构的组织从每个云供应商中识别并选择那些可提供最佳经济优势的服务

一些云供应商提供预留的 IT 资源，针对这些资源，云消费者可能承诺在固定期限内以折扣价付费。另一些云供应商则提供购买"积分"或"优惠券"的服务，这些"积分"或"优惠券"是根据预估费用计算的，允许用户支付预定的每月的固定费用，并适合组织会计和财务部门经常首选的定期预算要求。第三种选择对以高折扣价格运行在虚假能力上的现货实例（spot instance）进行计费，该实例可以以非常低的开销用于开发或测试目的。在多云架构中，组合所有这些来自不同云供应商的优势，从而使组织只选择最便利的选项。

在迁移到云之前，组织必须预估与其新 IT 资源配置相关的费用。此外，在考虑实施多云架构时，减少或折扣费用的具体规划必须成为流程的一部分。组织为实现这一目标可以采取的一些策略如下所示：

❏ 为每个云供应商设计资源规划——该规划应包括满足云消费者真实需求的具体内容，并通过仅允许使用这些资源的标准来执行这些需求，以及在满足预算阈值时根据每个云供应商的能力设置预算和费用通知。监督计划是否按设计完成是一项重要的云治理任务。

❏ 标记资源——利用标记使企业能够对资源进行逻辑分组，以便云环境中的资源能快速识别。它还允许组织确定哪些费用与每个部门或业务单位相关。每个云供应商都有自己的标记系统。使用远程管理系统，可以为多云架构中的所有云供应商实现标记标准化。
- 建立资源部署指南和规则——组织应该指定如何、何时以及由谁为每个不同的云供应商部署不同类型的资源。考虑到每个云供应商提供的各种部署选项，打算提供的资源类型也应该标准化。

17.3.3 其他注意事项

- 谈判——云供应商的定价通常可以进行谈判，特别是对于那些有意愿承诺更高量或更长期限的客户。有时可以通过云供应商的网站在线进行价格谈判，提交估计的使用量以及相应的折扣。云消费者甚至可以使用一些工具来帮助生成准确的IT资源使用估算。
- 付款方式——在完成每个测量周期后，云供应商的计费管理系统会计算云消费者应付的金额。云消费者有两种常见的付款方式：预付款和后付款。采用预付款方式，云消费者可以获得可应用于未来使用账单的IT资源使用积分。采用后付款方式，云消费者需要为每个IT资源消耗周期（通常按月）进行计费和开具发票。
- 成本归档——通过跟踪历史账单信息，云供应商和云消费者可以生成完善的报告，帮助识别使用情况和财务趋势。

案例研究

DTGOV围绕虚拟服务器和基于块的云存储设备的租赁包构建定价模型，并假设资源分配是按需执行或基于预留的IT资源的。

按需资源分配按小时计量和收费，而在预留资源分配方式下，云消费者的使用时间要求为1～3年，并按月计费。

由于IT资源可以自动扩展和缩减，因此每当预留IT资源的扩展超出其分配的能力时，任何额外使用的能力都会根据计量付费方式进行计费。基于Windows和Linux的虚拟服务器具有以下基本性能配置文件：

- 小型虚拟服务器实例——1个虚拟处理器核、4 GB虚拟RAM、320 GB根文件系统存储空间。
- 中型虚拟服务器实例——2个虚拟处理器核、8 GB虚拟RAM、540 GB根文件系统存储空间。
- 大型虚拟服务器实例——8个虚拟处理器核、16 GB虚拟RAM、1.2 TB根文件系统存储空间。
- 内存大型虚拟服务器实例——8个虚拟处理器核、64 GB虚拟RAM、1.2 TB根文件系统存储空间。
- 处理器大型虚拟服务器实例——32个虚拟处理器核、16 GB虚拟RAM、1.2 TB根文件系统存储空间。
- 超大型虚拟服务器实例——128个虚拟处理器核、512 GB虚拟RAM、1.2 TB根文件系统存储空间。

虚拟服务器还可以采用"韧性"或"集群"模式。对于前者，虚拟服务器被复制到至少两个不同的数据中心。在后一种情况下，虚拟服务器运行在由虚拟化平台实现的高可用性集群中。

定价模型进一步基于云存储设备的容量（以 1GB 的倍数表示定价），最小为 40GB。存储设备容量可以是固定的，也可以由云消费者进行管理调整，以 40GB 为增量增加或减少，而块存储的最大容量为 1.2TB。除了适用于 WAN 出口流量的计量付费之外，云存储设备的 I/O 进出流量也需要付费，而 WAN 入口流量和云内流量则是免费的。

免费使用补助允许云消费者在前 90 天内租用最多三个小型虚拟服务器实例和一个 60GB 的基于块的云存储设备、每月 5GB 的 WAN 出口流量。当 DTGOV 准备公开发布定价模型时，它意识到设定云服务价格比它们预期的更具挑战性，因为：

- 它们的价格需要反映和响应市场条件，同时保持与其他云产品的竞争力，并保持 DTGOV 的盈利。
- 客户群尚未确定，DTGOV 正在期待新客户。它们的非云客户预计将逐步迁移到云，尽管实际迁移速度很难预测。

经过进一步的市场调查，DTGOV 确定了以下虚拟服务器实例分配的价格模板：

虚拟服务器按需实例分配

- 指标：按需实例分配
- 测量：按每月（实例垂直扩容后，实际采用小时费率）根据总服务消耗计算的计量付费的费用
- 计费周期：每月

价格模板如表 17.2 所示。

表 17.2　虚拟服务器按需实例分配的价格模板

实例名称	实例大小	操作系统	每小时
小型虚拟服务器实例	1 个虚拟处理器核、4 GB 虚拟 RAM、20 GB 存储空间	Linux Ubuntu	$0.06
		Lunux RedHat	$0.08
		Windows	$0.09
中型虚拟服务器实例	2 个虚拟处理器核、8 GB 虚拟 RAM、20 GB 存储空间	LinuxUbuntu	$0.14
		Linux RedHat	$0.17
		Windows	$0.19
大型虚拟服务器实例	8 个虚拟处理器核、16 GB 虚拟 RAM、20 GB 存储空间	LinuxUbuntu	$0.32
		Linux RedHat	$0.37
		Windows	$0.39
内存大型虚拟服务器实例	8 个虚拟处理器核、64 GB 虚拟 RAM、20 GB 存储空间	Linux Ubuntu	$0.89
		Linux RedHat	$0.95
		Windows	$0.99

(续)

实例名称	实例大小	操作系统	每小时
大型处理器虚拟服务器实例	32 个虚拟处理器核、16 GB 虚拟 RAM、20 GB 存储空间	Linux Ubuntu	$0.89
		Linux RedHat	$0.95
		Windows	$0.99
超大型虚拟服务器实例	128 个虚拟处理器核、512 GB 虚拟 RAM、20 GB 存储空间	Linux Ubuntu	$1.29
		Linux RedHat	$1.69
		Windows	$1.89

集群 IT 资源附加费：120%

韧性 IT 资源附加费：150%

虚拟服务器预留实例分配

- 指标：预留实例分配
- 测量：预付费收取预留实例分配费，按照每月的总消耗量计算按次付费费用（实例垂直扩容期间会额外收费）
- 计费周期：每月

价格模板如表 17.3 所示。

表 17.3　虚拟服务器预留实例分配的价格模板

实例名称	实例大小	操作系统	1 年期定价 预付	1 年期定价 每小时	3 年期定价 预付	3 年期定价 每小时
小型虚拟服务器实例	1 个虚拟处理器核、4 GB 虚拟 RAM、20 GB 存储空间	Linux Ubuntu	$57.10	$0.032	$87.97	$0.026
		Linux RedHat	$76.14	$0.043	$117.30	$0.034
		Windows	$85.66	$0.048	$131.96	$0.038
中型虚拟服务器实例	2 个虚拟处理器核、8 GB 虚拟 RAM、20 GB 存储空间	Linux Ubuntu	$133.24	$0.075	$205.27	$0.060
		Linux RedHat	$161.79	$0.091	$249.26	$0.073
		Windows	$180.83	$0.102	$278.58	$0.081
大型虚拟服务器实例	8 个虚拟处理器核、16 GB 虚拟 RAM、20 GB 存储空间	Linux Ubuntu	$304.55	$0.172	$469.19	$0.137
		Linux RedHat	$352.14	$0.199	$542.50	$0.158
		Windows	$371.17	$0.210	$571.82	$0.167
内存大型虚拟服务器实例	8 个虚拟处理器核、64 GB 虚拟 RAM、20 GB 存储空间	Linux Ubuntu	$751.86	$0.425	$1158.30	$0.338
		Linux RedHat	$808.97	$0.457	$1246.28	$0.363
		Windows	$847.03	$0.479	$1304.92	$0.381

(续)

实例名称	实例大小	操作系统	1 年期定价 预付	1 年期定价 每小时	3 年期定价 预付	3 年期定价 每小时
大型处理器虚拟服务器实例	32 个虚拟处理器核、16 GB 虚拟 RAM、20 GB 存储空间	Linux Ubuntu	$751.86	$0.425	$1158.30	$0.338
		Linux RedHat	$808.97	$0.457	$1246.28	$0.363
		Windows	$847.03	$0.479	$1304.92	$0.381
超大型虚拟服务器实例	128 个虚拟处理器核、512 GB 虚拟 RAM、20 GB 存储空间	Linux Ubuntu	$1132.55	$0.640	$1744.79	$0.509
		Linux RedHat	$1322.90	$0.748	$2038.03	$0.594
		Windows	$1418.07	$0.802	$2184.65	$0.637

集群 IT 资源附加费：100%

韧性 IT 资源附加费：120%

DTGOV 还为云存储设备分配和 WAN 带宽使用提供下列简化的价格模板。

云存储设备

- 指标：按需存储分配、传输的 I/O 数据
- 测量：根据每月总消耗量计算按次付费的费用（以每小时粒度和累积 I/O 传输量计算的存储分配）
- 计费周期：每月
- 价格模板：存储每月 0.10 美元 /GB，I/O 传输每月 0.001 美元 /GB

WAN 流量

- 指标：网络出口使用情况
- 测量：根据每月的总消耗量计算按次付费的费用（WAN 流量累计计算）
- 计费周期：每月
- 价格模板：网络出口数据 0.01 美元 /GB

第 18 章

服务质量指标和 SLA

服务水平协议（SLA）是谈判、合同条款、法律义务、运行时指标和测量的焦点。SLA 正式确定了云供应商提出的保证，并相应地影响或决定了定价模式和付款条件。SLA 设定了云消费者的期望，这对于组织如何围绕使用基于云的 IT 资源来构建业务自动化而言是不可或缺的。

云供应商向云消费者做出的保证通常会被传递下去，因为云消费者组织对其他实体也做出了相同的保证，这些实体包括客户、业务合作伙伴或任何依赖云供应商托管服务和解决方案的人。因此，为了支持云消费者的业务需求，理解并调整 SLA 和相关服务质量指标相当重要，同时确保云供应商实际上能够一致、可靠地履行这些保证。后一个考虑因素对于为大量云消费者托管共享 IT 资源的云供应商来说尤其重要，因为每个这样的云供应商都将发布自己的 SLA 保证。

18.1 服务质量指标

云供应商发布的 SLA 是人类可读的文档，描述一个或多个基于云的 IT 资源的服务质量（QoS）特征、保证和约束。

SLA 使用服务质量指标来表达可测量的 QoS 特征。

例如：

- 可用性——正常运行时间、故障时间、服务持续时间。
- 可靠性——故障间的最短时间间隔、保证的成功响应率。
- 性能——容量、响应时间和交付时间保证。
- 可伸缩性——容量波动和响应保证。
- 韧性——切换和恢复的平均时间。

SLA 管理系统使用这些指标来执行定期测量，以验证是否符合 SLA 保证，此外还收集 SLA 相关数据以进行各种类型的统计分析。

每个服务质量指标均使用以下特征进行理想化定义：

- 可量化——测量单位应明确设定、绝对且适当，以便指标可以量化测量。
- 可重复——当在相同条件下重复时，测量指标的方法需要产生相同的结果。
- 可比较——指标所使用的测量单位需要标准化并具有可比性。例如，服务质量指标无法在数量较小时以比特计，较大时以字节计。
- 易获取——该指标需要基于一种非专属的、通用的测量形式，以便云消费者能够轻松获取和理解。

接下来的部分将提供一系列常见的服务质量指标，其中每个指标都记录了描述、测量单位、测量频率和适用的云交付模式值，以及一个简短的示例。

18.1.1 服务可用性指标

1. 可用率指标

IT 资源的总体可用性通常表示为正常运行时间的百分比。例如，始终可用的 IT 资源的正常运行时间为 100%。

- 功能描述——服务正常运行时间的百分比
- 测量——总正常运行时间 / 总时间
- 频率——每周、每月、每年
- 云交付模式——IaaS、PaaS、SaaS
- 示例——至少 99.5% 的正常运行时间

可用率是累积计算的，这意味着不可用期间会被合并起来，以计算整个中断时间（如表 18.1 所示）。

表 18.1 以秒为单位测量的样本可用率

可用性（%）	停机时间 / 周（秒）	停机时间 / 月（秒）	停机时间 / 年（秒）
99.5	3024	216	158 112
99.8	1210	5174	63 072
99.9	606	2592	31 536
99.95	302	1294	15 768
99.99	60.6	259.2	3154
99.999	6.05	25.9	316.6
99.9999	0.605	2.59	31.5

2. 中断持续时间指标

该服务质量指标用于定义最大和平均连续中断服务水平目标。

- 功能描述——单次中断的持续时间
- 测量——中断结束日期 / 时间 − 中断开始日期 / 时间
- 频率——每个事件
- 云交付模式——IaaS、PaaS、SaaS
- 示例——最长 1 小时，平均 15 分钟

> **笔记**
>
> 除了量化测量之外，还可以使用诸如高可用性（HA）等术语来定性描述可用性，HA 用于标记具有极低中断时间的 IT 资源，这通常是由于底层资源复制和 / 或集群基础设施引起的。

18.1.2 服务可靠性指标

与可用性密切相关的一个特征是可靠性，它指的是 IT 资源能够在预定义条件下执行其预期功能而不发生故障的概率。可靠性侧重于服务按预期执行的频率，这要求服务保持在可

操作且可用的状态。某些可靠性指标仅将运行时错误和异常情况视为故障，而这通常仅在IT资源可用时才进行测量。

1. 平均故障间隔时间（MTBF）指标

- 功能描述——连续服务故障之间的预期时间
- 测量——Σ，正常运行周期持续时间/故障数量
- 频率——每月、每年
- 云交付模式——IaaS、PaaS
- 示例——90天平均值

2. 可靠率指标

总体可靠性的测量更为复杂，通常由代表成功服务结果的百分比的可靠率来定义。该指标衡量正常运行期间发生的非致命错误和故障的影响。例如，如果IT资源每次被调用时都按预期执行，则可靠性为100%，但如果每五次有一次无法执行，则可靠性仅为80%。

- 功能描述——在预定义的情况下得到成功服务结果的百分比
- 测量——成功响应总数/请求总数
- 频率——每周、每月、每年
- 云交付模式——SaaS
- 示例——最低99.5%

18.1.3　服务能力指标

服务能力指IT资源在期望参数内执行其功能的能力。这种能力是使用服务能力指标来衡量的，每一项指标都侧重于IT资源能力的相关可测量特征。本节提供了一组常见的性能能力指标。注意，根据所测量IT资源的不同的类型，可能会应用不同的指标。

1. 网络能力指标

- 功能描述——网络能力的可测量特征
- 测量——带宽/吞吐量（以比特/秒为单位）
- 频率——连续
- 云交付模式——IaaS、PaaS、SaaS
- 示例——每秒10 MB

2. 存储设备容量指标

- 功能描述——存储设备容量的可测量特征
- 测量——存储大小（以GB为单位）
- 频率——连续
- 云交付模式——IaaS、PaaS、SaaS
- 示例——80 GB存储空间

3. 服务器容量指标

- 功能描述——服务器容量的可测量特征
- 测量——CPU数量、CPU频率（以GHz为单位）、RAM大小（以GB为单位）、存储大小（以GB为单位）

- 频率——连续
- 云交付模式——IaaS、PaaS
- 示例——1 个 1.7 GHz 核、16GB RAM、80GB 存储空间

4. Web 应用能力指标

- 功能描述——Web 应用能力的可测量特征
- 测量——每分钟的请求率
- 频率——连续
- 云交付模式——SaaS
- 示例——每分钟最多 100 000 个请求

5. 实例启动时间指标

- 功能描述——初始化一个新实例所需的时间长度
- 测量——实例启动的日期/时间 – 启动请求的日期/时间
- 频率——每个事件
- 云交付模式——IaaS、PaaS
- 示例——最长 5 分钟，平均 3 分钟

6. 响应时间指标

- 功能描述——执行同步操作所需的时间
- 测量——（请求日期/时间 – 响应日期/时间）/总请求数
- 频率——每天、每周、每月
- 云交付模式——SaaS
- 示例——平均 5 毫秒

7. 完成时间指标

- 功能描述——完成异步任务所需的时间
- 测量——（请求日期 – 响应日期）/请求总数
- 频率——每天、每周、每月
- 云交付模式——PaaS、SaaS
- 示例——平均 1 秒

18.1.4 服务伸缩性指标

服务伸缩性指标与 IT 资源弹性能力相关，即 IT 资源所能达到的最大能力，以及适应工作负载波动的能力的度量。例如，服务器可以垂直扩展到最多 128 个 CPU 核心和 512 GB RAM，或者水平扩展到最多 16 个负载均衡的冗余实例。

以下指标有助于确定是主动还是被动地满足动态服务需求，以及是手动或自动 IT 资源分配过程所产生的影响。

1. 存储伸缩性（水平）指标

- 功能描述——允许的存储设备容量随着增加的负载而变化
- 测量——存储大小（以 GB 为单位）
- 频率——连续

- 云交付模式——IaaS、PaaS、SaaS
- 示例——最大 1000GB（自动伸缩调整）

2. 服务器伸缩性（水平）指标
- 功能描述——允许服务器能力随着增加的负载而变化
- 测量——资源池中虚拟服务器的数量
- 频率——连续
- 云交付模式——IaaS、PaaS
- 示例——最少 1 个虚拟服务器，最多 10 个虚拟服务器（自动伸缩调整）

3. 服务器伸缩性（垂直）指标
- 功能描述——允许服务器能力随着负载波动而波动
- 测量——CPU 数量、RAM 大小（以 GB 为单位）
- 频率——连续
- 云交付模式——IaaS、PaaS
- 示例——最多 512 个核，512 GB RAM

18.1.5 服务韧性指标

IT 资源从操作干扰中恢复的能力通常使用服务韧性指标来衡量。当韧性在 SLA 韧性保证中或与其相关的范围内进行描述时，它通常依赖不同物理位置上的冗余实现和资源复制技术，以及各种灾难恢复系统。

云交付模式的类型决定了如何实施和度量韧性。例如，实现韧性云服务的冗余虚拟服务器的物理位置可以在 IaaS 环境的 SLA 中显式表达，而相应的 PaaS 和 SaaS 环境则隐式表达。

韧性指标可以应用于三个不同的阶段，以应对可能威胁正常服务水平的挑战和事件：

- 设计阶段——度量系统和服务应对挑战准备程度的指标。
- 运营阶段——度量服务水平在停机事件或服务中断之前、期间和之后差异的指标，这些指标进一步通过可用性、可靠性、性能和伸缩性指标进行界定。
- 恢复阶段——度量 IT 资源从停机中恢复速度的指标，例如系统记录中断并切换到新虚拟服务器的平均时间。

接下来描述与度量韧性相关的两个常见指标。

1. 平均切换时间（MTSO）指标
- 功能描述——完成从严重故障到不同地理区域中的冗余实例切换的期望时间
- 测量——（切换完成的日期/时间 – 故障发生的日期/时间）/故障总数
- 频率——每月、每年
- 云交付模式——IaaS、PaaS、SaaS
- 示例——平均 10 分钟

2. 平均系统恢复时间（MTSR）指标
- 功能描述——韧性系统从严重失败至完全恢复的期望时间
- 测量——（恢复日期/时间 – 故障发生日期/时间）/失败总数

- 频率——每月、每年
- 云交付模式——IaaS、PaaS、SaaS
- 示例——平均 120 分钟

案例研究

在经历了一次云中断导致其门户网站大约一个小时不可用后，Innovartus 决定彻底审查其 SLA 的条款和条件。它们首先研究云供应商的可用性保证，事实证明这些保证是含糊不清的，因为没有明确说明云供应商的 SLA 管理系统中的哪些事件被归类为"停机"。Innovartus 还发现 SLA 缺乏可靠性和韧性指标，而这对于其云服务运营至关重要。

为了准备与云供应商重新协商 SLA 条款，Innovartus 决定编制一份附加要求和保证规定列表：

- 需要更详细地描述可用性比率，以便更有效地管理服务可用性条件。
- 需要包括支持服务运营模型的技术数据，以确保选定的关键服务的运营保持容错性和韧性。
- 需要包括有助于服务质量评估的其他指标。
- 需要明确定义从可用性指标测量中排除的任何事件。

在与云供应商的销售代表进行多次对话后，Innovartus 获得了修订后的 SLA，添加了以下内容：

- 除了 ATN 核心过程所依赖的任何 IT 资源之外，增加了度量云服务可用性的方法。
- 包含一组经 Innovartus 批准的可靠性和性能指标。

六个月后，Innovartus 又进行了一次 SLA 指标评估，并将新生成的值与 SLA 改进之前生成的值进行比较（如表 18.2 所示）。

表 18.2 由云资源管理员监控的 Innovartus SLA 评估的演变

SLA 指标	以前的 SLA 统计值	修订后的 SLA 统计值
平均可用性	98.10%	99.98%
高可用模型	冷备	热备
平均服务质量 * 基于客户满意度调查	52%	70%

18.2 SLA 指南

本节提供了许多 SLA 的最佳实践和建议，其中大部分适用于云消费者：

- 将业务案例映射到 SLA——这有助于确定给定自动化解决方案必需的 QoS 需求，然后将这些需求一个个链接到 SLA 中描述的保证，这些保证确保执行该自动化方案的 IT 资源。这可以避免 SLA 无意中不一致或可能不合理地偏离其保证（随后涉及 IT 资源使用）的情况。

- **云和本地 SLA 的使用**——由于可用于支持公共云中 IT 资源的庞大基础设施,SLA 中为基于云的 IT 资源发布的 QoS 保证通常优于为本地 IT 资源提供的 QoS 保证。需要理解这种差异,特别是在构建利用本地和基于云的服务的混合分布式解决方案时,或者是在融合交叉环境技术架构(例如云迸发)的时候。
- **了解 SLA 的范围**——云环境由许多支持架构和基础设施层组成,IT 资源驻留在这些层上并进行集成。重要的是要了解给定 IT 资源保证的适用范围。例如,SLA 可能仅限于 IT 资源实现,但不限于其底层托管环境。
- **了解 SLA 监视的范围**——SLA 需要指出在何处执行监视、何处做度量,这主要与云的防火墙有关。例如,云防火墙内的监视并不总是有利,或并不总是与云消费者所需的 QoS 保证有关。即使最高效的防火墙也会对性能产生一定程度的影响,甚至可能出现故障点。
- **以适当的粒度记录保证**——云供应商使用的 SLA 模板有时会用泛义术语来定义保证。如果云消费者有特殊要求,则应使用相应的详细描述来陈述保证。例如,如果需要跨特定地理位置进行数据复制,则需要直接在 SLA 中指出来。
- **定义违规处罚**——如果云供应商无法履行 SLA 中承诺的 QoS 保证,追索权可以以补偿、处罚、偿还或其他方式正式记录在案。
- **纳入不可度量的要求**——有些保证不那么容易利用服务质量指标来进行度量,但仍然与 QoS 相关,因此仍应记录在 SLA 中。例如,云消费者可能对云供应商托管的数据有特殊的安全和隐私要求,这可以通过定义租赁的云存储设备的 SLA 保证来解决。
- **合规性验证和管理的披露**——云供应商通常负责监视 IT 资源,以确保遵守其自己的 SLA。在这种情况下,SLA 本身应说明除了可能发生的任何法律相关审计之外,还使用哪些工具和实践来执行合规性检查过程。
- **包含特定指标公式**——一些云供应商在其 SLA 中没有提及常见的 SLA 指标或与指标相关的计算,而是重点关注强调最佳实践和客户支持使用的服务水平描述。用于衡量 SLA 的指标应成为 SLA 文档的一部分,包括指标所依据的公式和计算。
- **考虑独立的 SLA 监视**——虽然云供应商通常拥有复杂的 SLA 管理系统和 SLA 监视器,但聘请第三方组织来执行独立监视可能符合云消费者的最佳利益,尤其是在质疑云供应商并不总是满足 SLA 保证(尽管有定期发布的监视报告)的时候。
- **归档 SLA 数据**——由 SLA 监视器收集的 SLA 相关统计数据通常由云供应商存储和归档,以供将来报告之用。如果云供应商打算保留针对某个云消费者的 SLA 数据,但这个云消费者已经不再继续与云供应商保持业务关系,那么应该公开说明。云消费者可能有数据隐私要求,不允许未经授权存储此类信息。同样,云消费者在与云供应商合作期间和之后,可能也希望保留历史 SLA 相关数据的副本。这对于将来比较云供应商可能特别有用。
- **披露跨云依赖性**——云供应商可能会从其他云供应商那里租赁 IT 资源,这会导致它们失去向云消费者做出保证的控制权。尽管云供应商将依赖其他云供应商向其提供的 SLA 保证,但云消费者可能希望披露以下事实:其租赁的 IT 资源可能依赖于其租赁的云供应商组织环境之外。

案例研究

DTGOV 通过与法律咨询团队合作，开始其 SLA 模板创作流程，该团队一直坚持采用一种方法，即向云消费者提供简述 SLA 保证的在线网页，以及一个"单击一次接受"按钮。默认协议包含了大量限制 DTGOV 在可能出现 SLA 不合规的情况下的责任条款，如下所示：

- SLA 仅定义了服务可用性的保证。
- 同时为所有云服务定义服务可用性。
- 服务可用性指标的定义比较粗略，以建立一定程度的、与意外中断有关的灵活性。
- 条款和条件链接到云服务客户协议，所有使用自服务门户的云消费者都默认接受这一点。
- 长时间的不可用性将通过货币型"服务积分"进行补偿，这些积分可以在今后购买产品时打折，没有实际的货币价值。

以下是 DTGOV SLA 模板的关键摘录。

1. 范围和适用性

本服务级别水平（"SLA"）规定了适用于 DTGOV 云服务（"DTGOV 云"）的服务质量参数，是 DTGOV 云服务客户协议（"DTGOV 云协议"）的一部分。

本协议中所指定的条款和条件仅适用于虚拟服务器和云存储设备服务，此处称为"涵盖的服务"。本 SLA 分别适用于 DTGOV 云的每个云消费者（"消费者"）。DTGOV 保留根据 DTGOV 云协议随时更改本 SLA 条款的权利。

2. 服务质量保证

所涵盖的服务将在任何日历月中至少 99.95% 的时间内运行并可供消费者使用。如果 DTGOV 未满足此 SLA 要求，而消费者成功满足其 SLA 义务，则消费者将有资格获得金融积分作为补偿。本 SLA 规定了如果 DTGOV 未能满足 SLA 要求，消费者享有获得赔偿的专有权利。

3. 定义

以下定义将应用于 DTGOV 的 SLA：

- "不可用"被定义为消费者的所有运行实例在至少连续五分钟的时间内没有外部连接，在此期间消费者无法通过 Web 应用或 Web 服务 API 向远程管理系统发出命令。
- "停机时间段"定义为服务处于不可用状态的连续五分钟或更长时间的时间段。少于五分钟的"间歇性停机时间"不计入停机时间。
- "每月正常运行时间百分比"（MUP）的计算公式为：

    （一个月内的总分钟数 − 一个月内停机时间段的总分钟数）/（一个月内的总分钟数）

- "金融积分"定义为记入消费者未来每月收据的额度与每月收据总额的百分比，计算公式如下：

    99.00% < MUP% < 99.95% − 每月收据的 10% 计入消费者账户
    89.00% < MUP% < 99.00% − 每月收据的 30% 计入消费者账户
    MUP% < 89.00% − 每月收据的 100% 记入消费者账户

4. 金融积分的使用

每个计费周期的 MUP 将显示在每个月度收据上。消费者应提交金融积分请求，才有资格兑换金融积分。为此，消费者应从收到注明 MUP 收据之日起的三十天内通知 DTGOV。通知将通过电子邮件发送至 DTGOV。不遵守此要求的消费者将丧失兑换金融积分的权利。

5. SLA 不适用场景

SLA 不适用于以下情况：

- 由 DTGOV 无法合理预见或预防的因素造成的不可用时期。
- 由于消费者的软件和/或硬件、第三方软件和/或硬件或两者的故障而导致的不可用时期。
- 由于滥用或有害行为以及违反 DTGOV 云协议的行为而导致的不可用时期。
- 到期未缴费或被 DTGOV 视为信誉不佳的消费者。

第五部分

附录

附录A 案例研究结论
附录B 通用容器化技术

附录 A

Cloud Computing: Concepts, Technology, Security & Architecture, Second Edition

案例研究结论

本附录简要总结了首次在第 2 章引入的三个案例研究的故事情节。

A.1 ATN

云倡议需要将选定的应用和 IT 服务迁移到云，以便在拥挤的应用组合中整合和淘汰解决方案。并非所有应用都可以迁移，因此选择合适的应用是云迁移计划的一个主要问题。一些选定的应用需要大量的重新开发工作才能适应新的云环境。

大部分应用迁移到云后，能有效降低其开销。将六个月的支出与三年内传统应用的开销成本进行比较后发现了这一点。投资回报率（ROI）评估中考虑了资本支出和运营支出。

ATN 在使用基于云的业务领域的服务水平有所提高。过去，这些应用中的大多数在高峰使用期间会表现出明显的性能下降。现在，只要出现峰值负载，基于云的应用就可以水平扩展。

ATN 当前正在评估其他应用是否有可能进行云迁移。

A.2 DTGOV

尽管 DTGOV 为公共部门组织外包 IT 资源已有 30 多年的历史，但建立云及其相关 IT 基础设施是一项耗时两年多的重大任务。DTGOV 现在向政府部门提供 IaaS 服务，并正在构建针对私营部门组织的新型云服务组合。

在对技术架构进行了所有更改，建立了成熟的云之后，逻辑上，客户和服务组合的多元化是 DTGOV 的下一个步骤。在继续下一阶段之前，DTGOV 会生成一份报告，记录其已完成的云过渡的各个方面。报告摘要见表 A.1。

表 A.1 DTGOV 云计划的分析结果

云前状态	需要更改	业务效益	挑战
数据中心和相关 IT 资源没有完全标准化	标准化 IT 资源，包括服务器、存储系统、网络设备、虚拟化平台和管理系统	通过建设大量 IT 基础设施来减少投资成本 通过优化 IT 基础设施降低运营成本	为 IT 采购、技术生命周期管理和数据中心管理建立新实践案例
IT 资源由于长期客户承诺而导致被动部署	部署以大规模计算能力的基础设施作支撑的 IT 资源	通过大量采购 IT 基础设施并根据客户需求弹性调整 IT 资源来减少投资	能力规划和相关的 ROI 计算是具有挑战性的任务，需要持续培训
IT 资源通过长期承诺合同预配置	通过全面应用虚拟化来灵活分配，重分配、释放和控制可用的 IT 资源	云服务配置对客户而言是敏捷、按需的，并通过 IT 资源的灵活（基于软件的）分配和管理来实现	建立与 IT 资源配置相关的虚拟化平台

(续)

云前状态	需要更改	业务效益	挑战
监视是基础技能	详细监视云服务使用情况和QoS	服务配置为客户按需且计量付费的方式 服务费用与实际IT资源消耗成正比。服务质量管理使用与业务相关的SLA	建立SLA监视器、计费监视器和管理机制，这些对于DTGOV的架构来说都是新的
整体IT架构具备基本韧性	IT架构的韧性得到强化，与数据中心完全互连，以及与IT资源的协同分配和管理	为客户提高了计算上的韧性	对大规模韧性系统的合规和管理工作的治理和监管意义重大
外包合同及相关规定遵从"一约（合同）一制"和"一（客）户一制"	用于云服务配置的新定价和SLA合同	为客户提供快速（敏捷）、按需和可伸缩的服务（计算能力）	在新的基于云的合同模式中与现有客户协商合同

A.3 Innovartus

促进公司发展的业务目标要求对原始云进行重大修改，因为它们需要从区域云供应商迁移到大型全球云供应商。迁移后才发现可移植性问题，当区域云供应商无法满足其所有需求时，必须创建新的云供应商采购流程。这还解决了数据恢复、应用迁移和互操作性问题。

高可用计算IT资源和计量付费特性是开发Innovartus业务可行性的关键，因为最初无法获得资金和投资资源。

Innovartus已经制定了在未来几年将要实现的几个业务目标：

- 其他应用将迁移到不同的云，使用多个云供应商来提高韧性并减少对各个云供应商的依赖。
- 将创建一个新的只针对移动设备的业务领域，因为移动访问它们的业务云服务增长了20%。
- Innovartus开发的应用平台正被当作增值PaaS来评估，该平台提供给需要增强和创新的、以UI为中心特性的公司，以进行基于Web和移动应用的开发。

附录 B

Cloud Computing: Concepts, Technology, Security & Architecture, Second Edition

通用容器化技术

作为对第 6 章的补充，本附录探讨了 Docker 容器引擎和 Kubernetes 容器化平台，并进一步解释它们常常是如何被使用的。该内容有助于说明第 6 章中描述的术语、概念和技术在现实环境中是如何应用的。

注意以下事项：

- Kubernetes 平台需要部署在主机集群上。Docker 容器引擎需要单独部署在该集群中的每台主机上。
- Docker 和 Kubernetes 都引入了各自不同的术语。在合适的情况下，接下来的章节将引用第 6 章中建立的术语。它们常常显示在括号中，旁边是相应的 Docker 或 Kubernetes 术语。

B.1 Docker

Docker 是首个在业界广泛使用的容器化引擎。Docker 容器（也称为 Docker）带来了许多重要的优势和特性，这些将在下面进行介绍。

从架构角度来看，Docker 容器化解决方案可以分为以下四个关键领域：

- Docker 服务器
- Docker 客户
- Docker 注册表
- Docker 对象

B.1.1 Docker服务器

Docker 服务器（也称为 Docker 主机）是运行 Docker 容器化引擎的主机。从技术架构的角度来看，Docker 主机是运行 Windows 或 Linux 操作系统的物理服务器或虚拟机。Docker 服务器可以安装在任何支持 X86-64 或 ARM 以及其他一些 CPU 架构的 Windows 或 Linux 计算机上。Docker 容器引擎可以安装在任何能够运行这些操作系统的系统上。

Docker 服务器为容器化解决方案提供以下关键功能：

- Docker 服务器为运行容器化解决方案和容器化应用提供所需的关键功能服务。这些服务由 Docker 守护进程提供，它是 Docker 容器化解决方案中的容器化引擎。Docker 守护进程拥有许多不同的组件和子系统，它们被设计和部署为 Docker 软件的一部分。它负责调度、重启动和关闭容器，以及管理任何与容器的交互。
- Docker 服务器托管容器，而容器又托管应用。每个容器都部署在一台容器主机上。可以存在一种解决方案，该方案包含一个或多个托管容器及其应用的 Docker 服务器。
- Docker 服务器还托管其托管的容器所使用的镜像，这些镜像允许不同的容器使用，并共享相同的基础镜像，而不需要为多个容器部署多个镜像。

B.1.2 Docker客户

Docker 客户是一个运行不同工具的组件，这些组件使用户和服务消费者能够与 Docker 服务器及其服务进行交互。

Docker 容器化解决方案支持以下两种类型的客户：
- 应用编程接口（API）
- 命令行界面（CLI）

Docker 容器不提供用于与服务交互或配置服务的图形用户界面（GUI）。这减少了它的占用空间，因为它不需要渲染重负载 GUI，并用之与用户交互。这也导致维护和管理代码变得更少，进一步降低了容器化解决方案的安全风险。

如图 B.1 所示，Docker 客户可用于与 Docker 服务器或 Docker 主机交互，以部署、维护和管理容器及其应用。图中显示的所有交互都是通过使用 Docker 守护程序服务发生的，该服务充当 Docker 解决方案中的容器引擎。Docker 守护进程控制对容器的访问，并为客户提供与每个容器交互的方式。

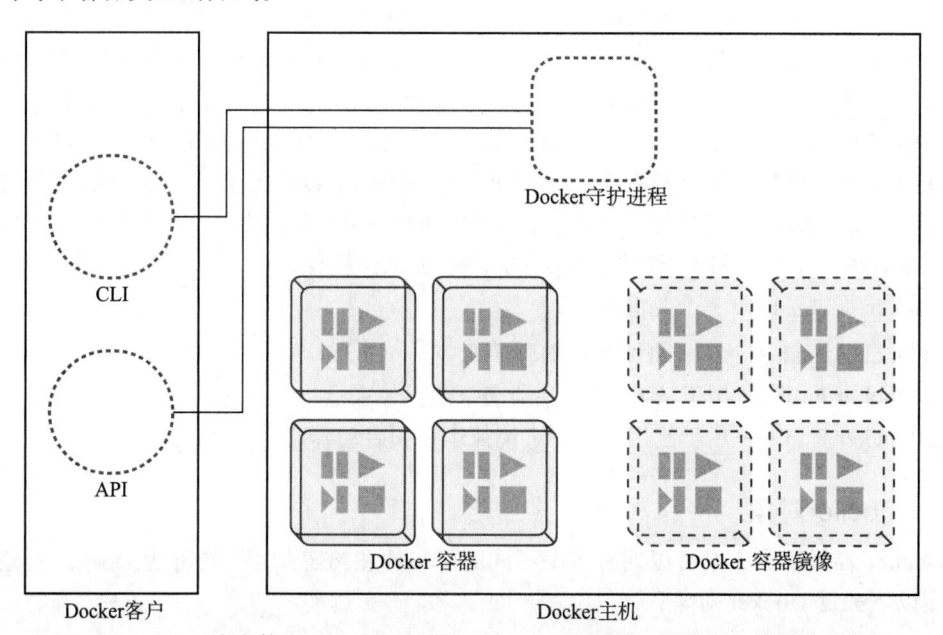

图 B.1 Docker 客户使用 API 或 CLI 通过 Docker 守护进程（服务）与容器进行交互

Docker 守护程序（服务）提供基于 REST 的 API，Docker 客户可以通过这些 API 成为 API 客户。这些 API 的目的是提供标准接口，服务消费者可以通过这些接口与 Docker 引擎交互以部署和管理容器。

Docker 客户可以在多种操作系统上运行，包括 Windows、Linux 和 Mac。

B.1.3 Docker 注册表

Docker 注册表是一个存储库（镜像注册表），用于存储不同类型的 Docker 镜像，Docker 主机使用这些镜像来部署容器（如图 B.2 所示）。Docker 注册表能够托管和部署多个容器镜像，以及同一镜像的不同版本。这允许应用所有者和系统管理员决定在部署容器及其应用时使用什么容器镜像或什么容器镜像版本。

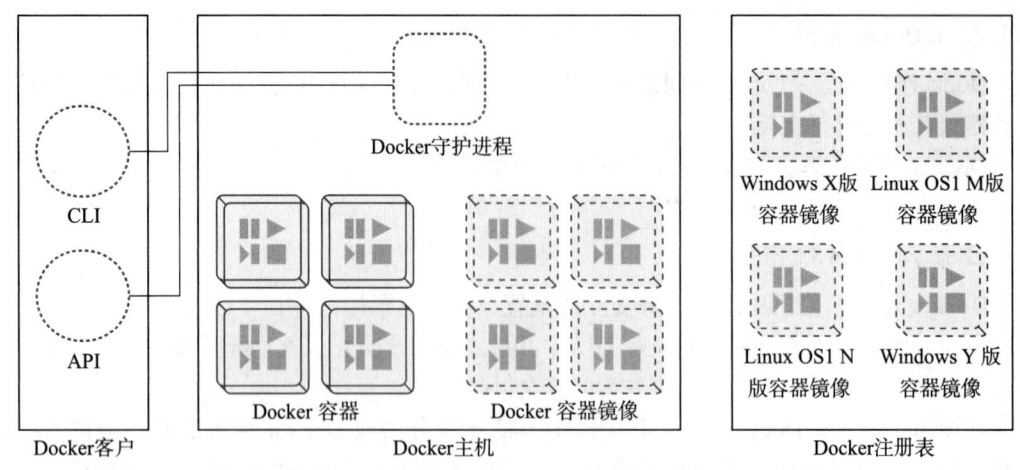

图 B.2　Docker 注册表托管可用于部署 Docker 容器的容器镜像

注册表与主机和 Docker 守护进程（容器引擎）的分离进一步使得 Docker 容器能够提供不同镜像的存储库，而不会增加 Docker 主机上的任何负担或存储空间。

Docker 提供了基于标准操作系统（例如 Windows 和 Linux）的不同镜像的公共存储库。这个公共存储库也称为 Dockerhub，存储库中的镜像可用于部署容器。如果使用 Docker hub 提供的标准 Docker 镜像，则不需要部署 Docker 注册表或分配任何额外存储来构建注册表。

Docker 还允许用户拥有私有 Docker 注册表。例如，由于安全要求，Docker 镜像可能需要保存在组织内部，组织外部的任何人都无法访问。在这种情况下，可以部署私有 Docker 注册表来容纳将要配置和用于容器化解决方案的 Docker 镜像。

Docker 提供了以下三个关键命令：

- Docker Push——用于将镜像添加到注册表。
- Docker Pull——用于从 Docker 注册表下载镜像来运行一个容器。
- Docker Run——用于使用某个特定镜像运行和启动容器。

B.1.4　Docker对象

Docker 容器解决方案可以拥有多个不同的子组件和关键元素，统称为 Docker 对象。本节介绍以下关键 Docker 对象：

- Docker 容器——Docker 容器是容器镜像的一个实例，代表将托管应用的实际容器。容器可以被停止、启动、删除，或安排在特定时间运行。
- Docker 镜像——镜像是在 Docker 注册表中创建和部署的只读模板，可用于开发和运行容器。例如，可以为 Linux 操作系统创建基础镜像，然后将之部署成多个不同的容器。接着，每个容器可以在基础镜像上进行特定的更改，以使容器环境适合不同的应用。但是，容器无法修改基础镜像。
- 服务——Docker 容器引入并使用许多不同的服务来运行 Docker 容器解决方案，其中许多服务是 Docker 引擎内部自带的，无法直接交互。最关键的 Docker 服务是 Docker 守护进程（容器引擎）和 swarm（容器编排器）。
- 命名空间——为了提供在同一 Docker 主机上托管多个不同容器的能力，Docker 容器化引擎需要一种将容器彼此隔离的方法，以提供可以部署多个容器的安全环境。

Docker 使用一种称为命名空间的技术来提供容器之间的安全隔离。这进一步使 Docker 容器能够安全地将网络接口中的进程和容器的许多其他元素彼此隔离，即使它们托管在同一 Docker 主机上。

- Docker 控制组——为了确保 Docker 容器使用特定系统资源运行，并变得可操作和发挥作用，Docker 主机和 Docker 守护进程需要使容器能够访问 Docker 主机提供的资源。这是通过控制组建立的，控制组将容器内部署的应用限制为一组特定的 Docker 主机资源。
- 联合文件系统（容器镜像层）——联合文件系统（也称为 unionFS）是一种文件系统，它使 Docker 容器引擎能够在基础容器镜像之上创建轻量级且快速的可写层，以创建一个可写环境，供应用和容器根据需要进行自己的特定配置。这使得容器引擎可以按预期运行，而不需要修改基础镜像。
- Docker Orchestrator（容器编排器）——Docker 容器提供自己的嵌入式编排组件，可用于编排容器解决方案，以提高其生产力并自动执行所需的可重复任务。Docker 编排器嵌入在 Docker 容器引擎中，可供系统管理员或应用开发人员用来编排任务。

B.1.5 Docker swarm

尽管在同一台 Docker 主机上部署多个不同的容器可以在容器和应用之间节省和共享资源方面带来许多好处，但这也可能带来风险，如果主机丢失，则托管这些应用的应用和容器也将丢失。为了防止这个问题，Docker 容器可以使用 Docker swarm。

Docker swarm 是一个容器编排器，作为 Docker 容器化解决方案的一部分进行部署。Docker swarm 功能由 swarm 服务控制，这是一个关键的 Docker 容器服务，用于创建和管理 Docker 主机集群（也称为 swarm），用于均衡不同物理主机之间的负载。它还可用于提高 Docker 容器的可用性，允许应用所有者在不同的 Docker 主机上部署同一容器的多个实例，同时集群由 Docker swarm 管理。swarm 内的每个 Docker 容器主机集群都由称为集群管理器的服务进行管理。

图 B.3 展示了 Docker swarm 的逻辑架构。

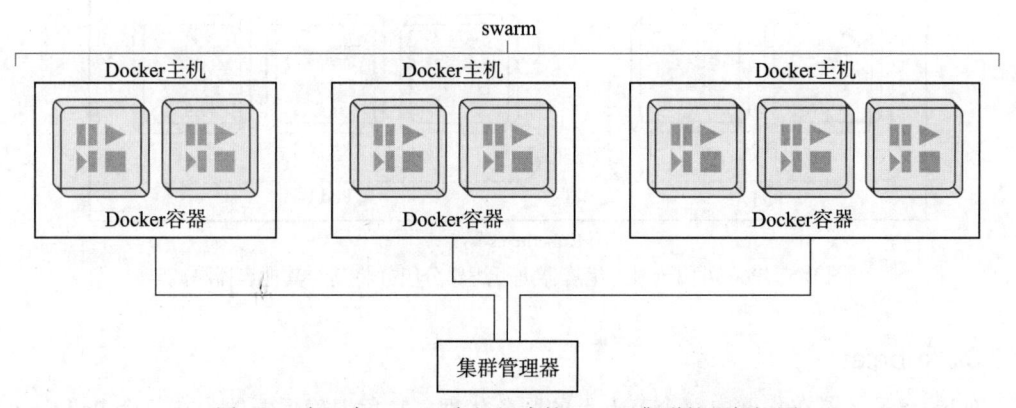

图 B.3 由三台 Docker 主机组成的 swarm 集群的逻辑视图

Docker 容器解决方案可以部署在私有数据中心或服务器的私有系统上，也可以部署在将 Docker 作为容器即服务的公共云供应商的不同云平台上，包括 Amazon Web Services、Microsoft Azure 和 Google Cloud。

B.2 Kubernetes

Kubernetes（也称为 K8s），是一个开源容器编排器，提供了增强 Docker 的关键优势和特性。Kubernetes 引入了可以跨越多个不同主机的集群概念。该系统通过提供更适合企业级应用和更大规模分布式系统的企业级架构和构造，将 Docker 容器化引擎提供的容器能力提升到一个新的水平，这非常适合复杂的应用。本节介绍 Kubernetes 解决方案的关键组件。

B.2.1 Kubernetes 节点（主机）

在运行 Kubernetes 软件来托管其容器的 Kubernetes 架构中，Kubernetes 节点相当于 B.1 节中讨论的容器化主机或 Docker 主机。每个 Kubernetes 集群（主机集群）可以有一个或多个节点。

图 B.4 显示了 Kubernetes 节点（也称为 Kubernetes 主机），这也是 Kubernetes 解决方案的关键组件。

每个 Kubernetes 节点（主机）都具有三个关键组件，使 Kubernetes 能够在 Pod 中托管容器，本节稍后将对此进行解释：

- kubelet
- kube-proxy
- 容器运行时

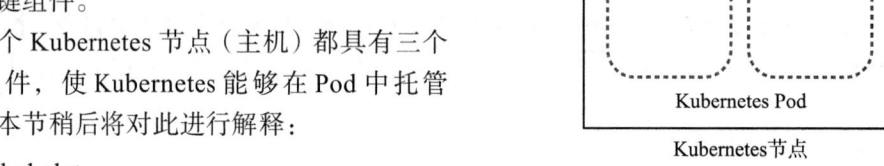

图 B.4 Kubernetes 节点用于托管容器，在本例中是 Kubernetes Pod 的两个实例

B.2.2 Kubernetes Pod

Kubernetes Pod 是不同容器的逻辑边界或逻辑组，它们在同一 Kubernetes 节点上共享存储和网络资源。每个 Pod 中部署的容器也共享同样的配置，以及关于如何运行它们的规范。例如，Pod 内托管的每个容器将始终一起托管在集群中的同一个 Kubernetes 节点上。

图 B.5 显示了 Pod 的逻辑视图以及如何使用 Pod 对同一主机上的容器进行逻辑分离。

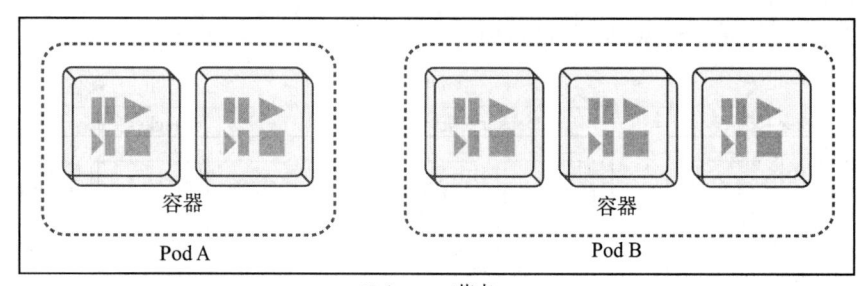

图 B.5 Pod 可用于对一组容器进行逻辑分组并将其与其他容器隔离

B.2.3 kubelet

kubelet 是部署在集群内每个节点上的服务代理。它负责确保配置为在每个 Pod 中运行的容器能够正常操作并按预期运行。

B.2.4 kube-proxy

kube-proxy 是在每个 Kubernetes 节点中运行的服务。它充当服务代理，使部署在 Pod 内的容器能够访问网络资源，并进一步与外部世界进行通信。每个 kube-proxy 维护节点上的网络规则。这些网络规则可以由系统管理员定义，用于允许 Kubernetes 集群中的每个 pod 进行内部和外部网络通信。

图 B.6 显示了 Kubernetes 节点及其 kubelet 和 kube-proxy 组件的概念。

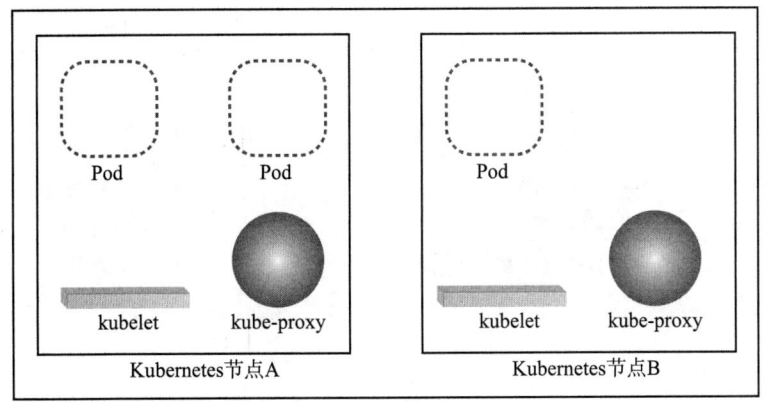

图 B.6　Kubernetes 集群由两个节点组成：Kubernetes 节点 A 和 Kubernetes 节点 B。每个节点都有自己的 kubelet 和 kube-proxy 来为其 Pod 提供服务

B.2.5　容器运行时（容器引擎）

在 Kubernetes 架构中，容器引擎（称为容器运行时）使解决方案能够利用 Kubernetes 技术架构及其特性来部署各种容器。除了支持不同的容器运行时之外，Kubernetes 还提供自己的容器运行时接口（CRI）。它类似于 Docker 容器引擎。作为使用 CRI 托管容器的替代方案，可以部署 Docker 容器引擎在 Kubernetes 节点之上托管 Docker 容器（如图 B.7 和图 B.8 所示）。

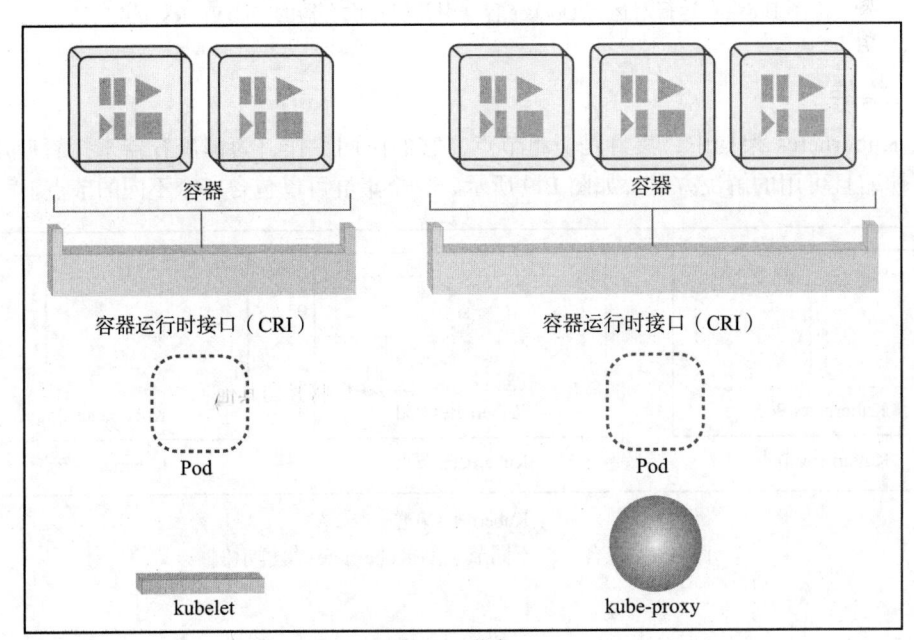

图 B.7　使用 CRI 作为容器引擎托管容器的 Kubernetes 节点

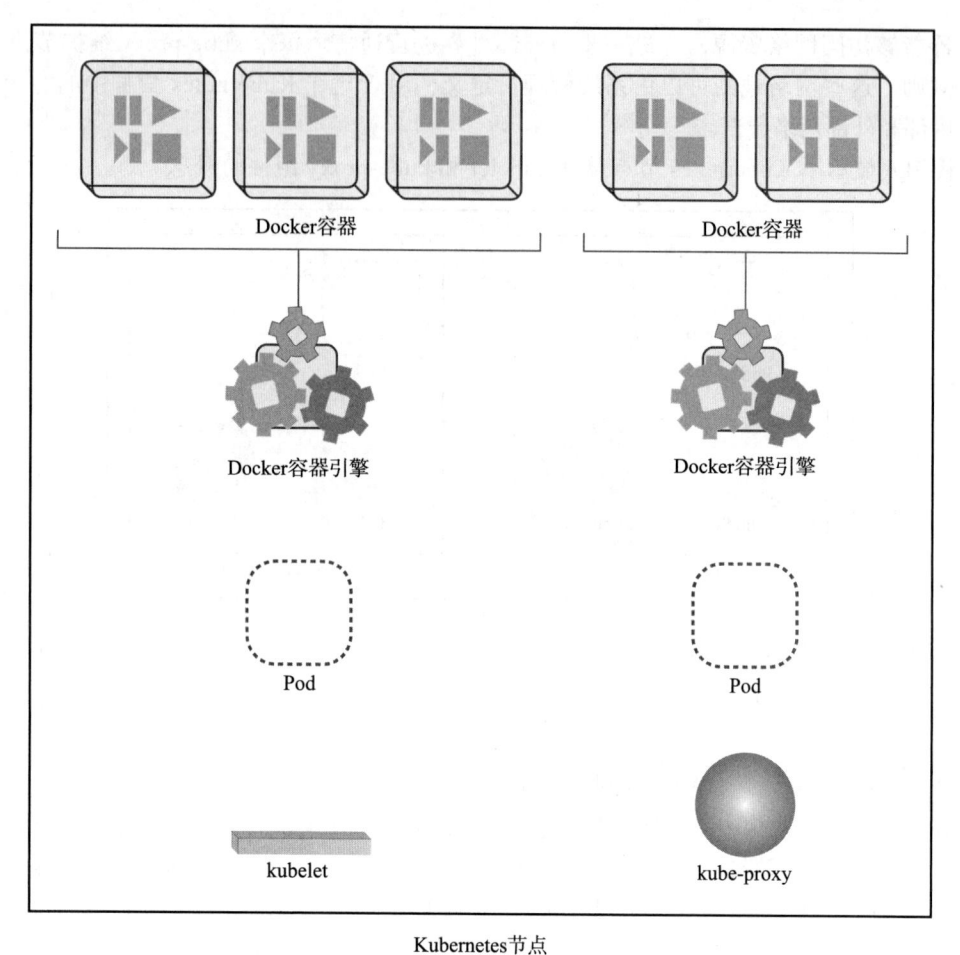

图 B.8　在运行时运行 Docker 容器引擎以提供容器的 Kubernetes 节点

B.2.6　集群

在 Kubernetes 架构中，集群是一组节点，它们协同工作，为部署容器来托管应用提供高度可伸缩且可用的解决方案。如图 B.9 所示，一个集群可以包含多个不同的节点。

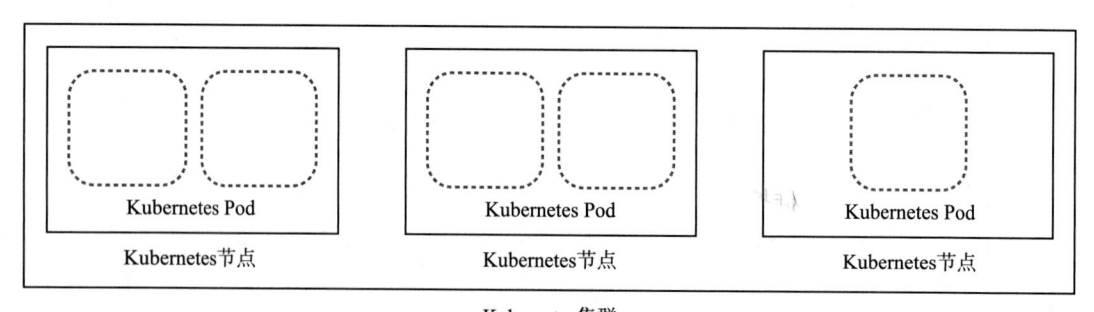

图 B.9　包含三个不同节点的 Kubernetes 集群示例

与 Docker 容器不同是，Docker 容器引入了 swarm 集群的概念，将多个不同 Docker 容器主机组成一组，而 Kubernetes 则引入了更全面的概念和技术架构，为企业创建了一个高度可扩展的容器化主机集群。

B.2.7　Kubernetes 控制平面

控制平面可用于 Kubernetes 集群架构中，以提供更好的服务和更多功能，让应用所有者和系统管理员能够充分利用容器化解决方案的潜力。控制平面负责制定适用于整个集群的决策，为系统管理员或应用所有者提供一组用于管理集群中节点的通用工具。本节介绍 Kubernetes 集群中控制平面的关键组件。

- Kubernetes API——Kubernetes API 为应用所有者、系统管理员和开发人员提供了一种方法，能与 Kubernetes 架构、其节点以及每个 Kubernetes 集群中部署的容器进行交互。
- kube-apiserver——kube-apiserver 向服务消费者公开 Kubernetes API，以便它们可以通过 API 与 Kubernetes 集群及其组件以及部署在集群内的容器进行互动。kube-apiserver 作为独立组件部署，可以水平缩放调整，以处理来自服务消费者的大量 API 调用和请求，适应解决方案调整时所需的性能。
- etcd——etcd 服务用于存储控制平面内部集群配置数据。这不包括来自容器化应用的任何用户数据或应用数据。
- kube-scheduler——kube-scheduler 负责调度和运行容器。每次部署新容器时，kube-scheduler 都会检查集群内节点以及每个节点上不同 Pod 的资源利用率，以确定调度和运行新容器的最佳位置。
- kube-controller-manager——kube-controller-manager 组件负责运行和管理控制平面进程。在 Kubernetes 解决方案的上下文中，上述每个控制平面组件都将作为自己独立且单独的进程运行。kube-controller-manager 提供了一种以中心视角管理所有前述组件及其关联进程的简单方法，从而为系统管理员提供了一种管理 Kubernetes 解决方案控制平面的方法。
- cloud-controller-manager——当解决方案部署在公共云或允许访问云供应商 API 的任何类型的云中时，cloud-controller-manager 组件就会发挥作用。例如，如果 Kubernetes 解决方案部署在 Amazon Web Services、Microsoft Azure 或 Google Cloud 上，此组件会将这些特定环境的 API 公开给集群。但是，如果解决方案未部署在云环境中，则不需要此组件。

图 B.10 显示了 Kubernetes 整体部署架构的示例。

如图 B.10 所示，集群控制平面部署在与 Kubernetes 节点不同的服务器上。这样做的目的是消除管理集群所需组件的可用性方面的任何相互依赖性，并确保当节点发生故障时控制平面不会受到影响。

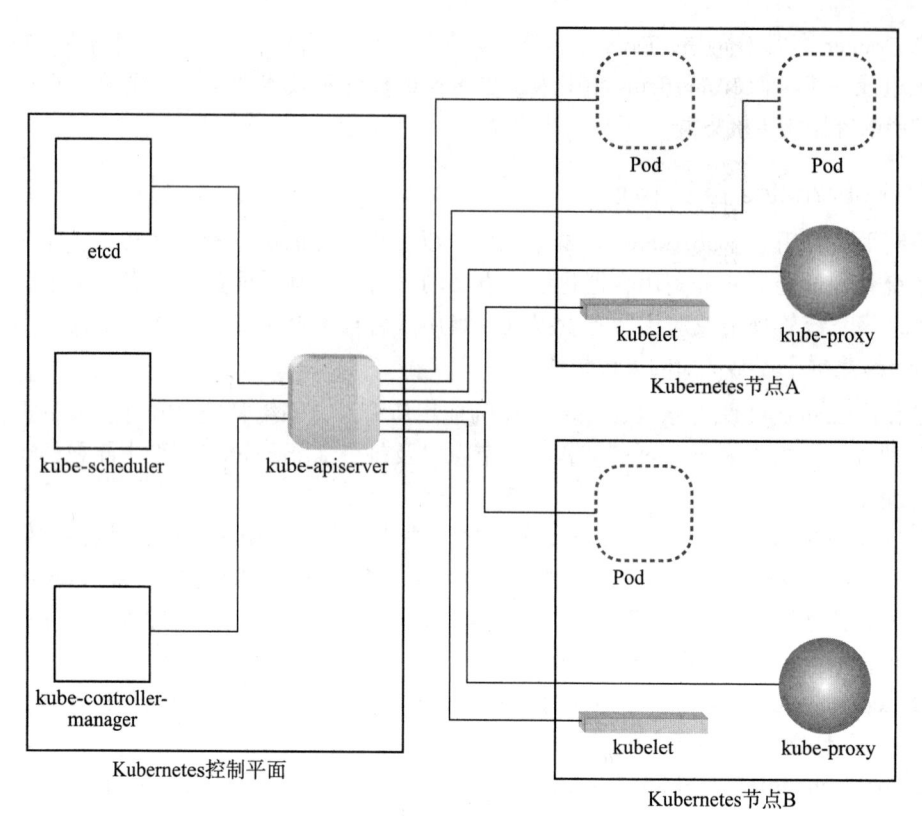

图 B.10 具有两个节点和一个控制平面的 Kubernetes 集群，包括控制平面的组件